国家出版基金项目
NATIONAL PUBLICATION FOUNDATION

"十四五"时期
国家重点出版物出版专项规划项目

工业和信息化部"十四五"规划教材建设
重点研究基地精品出版工程

U0268174

高效毁伤系统丛书

HIGH ENERGY SOLID PROPELLANT

高能固体推进剂

罗运军　孙世雄●编著

北京理工大学出版社
BEIJING INSTITUTE OF TECHNOLOGY PRESS

图书在版编目（CIP）数据

高能固体推进剂／罗运军，孙世雄编著. -- 北京：
北京理工大学出版社，2023.1
　　ISBN 978 - 7 - 5763 - 2076 - 3

Ⅰ. ①高… Ⅱ. ①罗… ②孙… Ⅲ. ①固体推进剂 -
研究 Ⅳ. ①V512

中国国家版本馆 CIP 数据核字（2023）第 012784 号

责任编辑：李颖颖　　　文案编辑：李丁一
责任校对：周瑞红　　　责任印制：李志强

出版发行／北京理工大学出版社有限责任公司
社　　址／北京市丰台区四合庄路 6 号
邮　　编／100070
电　　话／（010）68944439（学术售后服务热线）
网　　址／http：//www.bitpress.com.cn

版 印 次／2023 年 1 月第 1 版第 1 次印刷
印　　刷／三河市华骏印务包装有限公司
开　　本／710 mm×1000 mm　1/16
印　　张／33.25
字　　数／615 千字
定　　价／158.00 元

《高效毁伤系统丛书》
编 委 会

丛书序

国防与国家的安全、民族的尊严和社会的发展息息相关。拥有前沿国防科技和尖端武器装备优势，是实现强军梦、强国梦、中国梦的基石。近年来，我国的国防科技和武器装备取得了跨越式发展，一批具有完全自主知识产权的原创性前沿国防科技成果，对我国乃至世界先进武器装备的研发产生了前所未有的战略性影响。

高效毁伤系统是以提高武器弹药对目标毁伤效能为宗旨的多学科综合性技术体系，是实施高效火力打击的关键技术。我国在含能材料、先进战斗部、智能探测、毁伤效应数值模拟与计算、毁伤效能评估技术等高效毁伤领域均取得了突破性进展。但目前国内该领域的理论体系相对薄弱，不利于高效毁伤技术的持续发展。因此，构建完整的理论体系逐渐成为开展国防学科建设、人才培养和武器装备研制与使用的共识。

《高效毁伤系统丛书》是一项服务于国防和军队现代化建设的大型科技出版工程，也是国内首套系统论述高效毁伤技术的学术丛书。本项目瞄准高效毁伤技术领域国家战略需求和学科发展方向，围绕武器系统智能化、高能火炸药、常规战斗部高效毁伤等领域的基础性、共性关键科学与技术问题进行学术成果转化。

丛书共分三辑，其中，第二辑共 26 分册，涉及武器系统设计与应用、高能火炸药与火工烟火、智能感知与控制、毁伤技术与弹药工程、爆炸冲击与安全防护等兵器学科方向。武器系统设计与应用方向主要涉及武器系统设计理论与方法，武器系统总体设计与技术集成，武器系统分析、仿真、试验与评估等；高能火炸药与火工烟火方向主要涉及高能化合物设计方法与合成化学、高能固体推进剂技术、火炸药安全性等；智能感知与控制方向主要涉及环境、目标信息感知与目标识别，武器的精确定位、导引与控制，瞬态信息处理与信息对抗，新原理、新体制探测与控制技术；毁伤技术与弹药工程方向主要涉及毁伤理论与方法，弹道理论与技术，弹药及战斗部技术，灵巧与智能弹药技术，新型毁伤理论与技术，毁伤效应及评估，毁伤威力仿真与试验；爆炸冲击与安全防护方向主要涉及爆轰理论，炸药能量输出结构，武器系统安全性评估与测试技术，安全事故数值模拟与仿真技术等。

　　本项目是高效毁伤领域的重要知识载体，代表了我国国防科技自主创新能力的发展水平，对促进我国乃至全世界的国防科技工业应用、提升科技创新能力、"两个强国"建设具有重要意义；愿丛书出版能为我国高效毁伤技术的发展提供有力的理论支撑和技术支持，进一步推动高效毁伤技术领域科技协同创新，为促进高效毁伤技术的探索、推动尖端技术的驱动创新、推进高效毁伤技术的发展起到引领和指导作用。

《高效毁伤系统丛书》
编委会

前　言

为实现火箭、导弹等武器系统远程打击的目标，提高能量成为固体推进剂永恒的追求。20 世纪 80 年代以来，国内外的固体推进剂技术均取得了长足的发展，在固体填料方面，第二代含能材料已全面应用，以 CL - 20 为代表的第三代含能材料已进入工程应用阶段，第四代含能材料已开发出多种；在黏合剂方面，可被含能增塑剂塑化的聚醚、聚酯型黏合剂和含能黏合剂相继出现；在推进剂制备方面，材料科学的进步和工艺技术水平的提升助力推进剂的固含量屡创新高。多因素的交叉融合使各种类型的推进剂能量性能均有突破，提高了武器装备的作战效能。为适应我国固体推进剂事业发展的需要，总结国内外近年来在推进剂高能化研究方面取得的重要进展，并加强我国军工高等院校、科研院所的教材建设，特编写本书。

本书共分 12 章。第 1 章介绍了固体推进剂的基本概念、发展简史、主要性能和制备工艺等，第 2~12 章依次阐述了高能螺压改性双基推进剂、高能复合改性双基推进剂、高能交联改性双基推进剂、改性丁羟推进剂、硝酸酯增塑聚醚推进剂、含能黏合剂推进剂、高能不敏感推进剂、端羟基聚酯推进剂、聚双环戊二烯推进剂、含能热塑性弹性体推进剂以及富燃料固体推进剂。

本书为满足固体推进剂科研、生产单位研究高能化固体推进剂，以及国防特色学科专业的教学需要而编写，以期为推动国防科技与教育事业的发展做出一点贡献。

本书由罗运军和孙世雄编写，赵本波、桑超、靳鹏、武威、陈科科、朱国翠、赵帅、张锡铭、朱聪参与了部分内容的编写工作。在编写过程中，兵器工业集团有限公司第 204 研究所樊学忠研究员、李吉祯研究员等提供了部分参考资料，在此编著者对他们致以衷心的感谢。

本书得到了国家出版基金的资助，并获批为北京理工大学"双一流"研究生精品教材。

限于编者水平，书中疏漏之处在所难免，敬请读者指正。

编著者

目 录

第 1 章

绪　论

|1.1 基本概念|

固体推进剂是指为固体火箭、导弹发动机提供推力的能源材料，为一种复合含能材料，属火药中的一类[1,2]。其自身含有氧化剂和还原剂，在无须外界供氧的条件下可由外界能量激发，产生规律性燃烧，快速释放出大量的高温燃气，通过喷管膨胀产生推力，将化学能转变为火箭、导弹飞行的动能，从而实现远程打击目的，固体推进剂是构建现代装备体系的核心关键材料之一。

固体推进剂的分类方法很多，可以按照能量水平分为高能、中能和低能固体推进剂，也可以按使用性能特征分为有烟、少烟和无烟推进剂，目前普遍采用的是按其组成的结构特征将固体推进剂分为双基推进剂、复合推进剂以及在此两类推进剂基础上形成的改性双基推进剂。双基推进剂是硝化纤维素与硝化甘油组成的均质混合物，突出优点是结构均匀、再现性好，且工艺成熟、原料来源广泛、价格低廉、经济性好，适合作为自由装填火箭发动机装药，实际比冲一般为 1 600 ~ 2 200 N·s/kg。复合推进剂是以高聚物为基体，混有氧化剂和金属燃料等组分的多相混合物。复合固体推进剂能量水平比较高，实际比冲达到 2 256 ~ 2 453 N·s/kg，低温力学性能好，可制备大尺寸药柱，适合作为壳体黏结式火箭发动机装药，应用于各类战术和战略导弹。之后，研究人员借鉴了复合固体推进剂的优点，将氧化剂和金属燃料等引入双基推进剂对其进行改性研究，开发出了改性双基推进剂（MDB），加入固体填料后推进剂内部结构与复合固体推进剂相似，存在多相界面，所以又称为复合改性双基推进剂（CMDB），该推进剂可采用压伸和浇铸两种成型工艺。采用不同的成型方法时推进剂的配方结构、药柱构型和性能特点等均差别较大，因此也可根据成型方式将采用挤出成型方法制备的推进剂称为螺压改性双基推进剂（EMDB），将采用充隙浇铸或淤浆浇铸的非交联改性双基推进剂命名为复合改性双基推进剂，将采用固化剂通过化学反应成型的推进剂命名为交联改性双基推进剂（XLDB）。20 世纪 80 年代后，将双基推进剂的硝酸酯与复合推进剂的高分子黏合剂结合，诞生了一种新的推进剂，即硝酸酯增塑聚醚（NEPE）推进剂，目前已广泛应用。

提高能量是固体推进剂永恒的追求，自诞生至今，固体推进剂已历经数次迭代，不同时期推进剂装药的种类不同，其各方面性能往往有较大差异，在能量水平方面，固体推进剂经历了由低到高逐渐增长的过程。因此，高能固体推进剂在不同时期的内涵也有所不同，从比冲角度考虑，NEPE 推进剂是当今世界上公开报道已获得应用的能量最高的固体推进剂，实测比冲可达 2 400 ~ 2 500 N·s/kg。随着推进剂制备工艺水平的提高、材料科学的进步等，推进剂中高能组分比例逐渐提高，含能组分的能量水平也越来越高。因此，各种类型的推进剂能量性能均有突破，衍生出众多与典型产品相比能量水平较高的固体推进剂，即为高能固体推进剂。

| 1.2　发展简史 |

从做功形式上讲，用于发射枪炮弹丸的发射药和用于推进火箭、导弹的推进剂统称为火药。火药是中国古代四大发明之一[2-4]，早在唐朝初期，公元 682 年左右，炼丹家孙思邈所著《丹经》一书中就有黑火药的配方，它是用 15% 的木炭作为燃烧剂，75% 硝酸钾作氧化剂，10% 的硫磺既是燃烧剂又有黏结木炭和硝酸钾的作用。公元 975 年用黑火药的火箭已作为一种武器在战争中使用，宣告了热兵器时代的开始。13 世纪这种火箭传入阿拉伯国家，以后又传到欧洲，13 世纪后半期欧洲才有火药用于战争的记载。16 世纪以后，随着金属熔炼、铸造技术的发展，枪炮在战争中的应用越来越广泛，推动了火药的制造和使用。直到 19 世纪，黑火药仍是世界上唯一用于战争的火炸药。但是黑火药能量低，强度差，不能制成较大的药柱，燃烧时生成大量的烟和固体残渣。使用黑火药的固体火箭射程近、杀伤力小。目前，黑火药在军事上主要用作固体火箭发动机的点火药。

1846 年，瑞士人舍拜因发明了硝化纤维素，同年，意大利人索布列罗制成了硝化甘油，这两种物质的发现，为现代火药的发展创造了基础。1884年，法国人维也里采用醇醚混合溶剂将硝化纤维素塑化加工制成以硝化纤维为唯一成分的火药——单基药。1888 年，瑞典人诺贝尔以低氮量的硝化纤维素吸收硝化甘油制成了双基火药，其后，这两种火药在战争中获得大规模的应用。它们主要用于发射枪炮弹丸。1935 年，苏联将双基火药首先应用于火箭发动机，研制成功的"喀秋莎"火箭炮在第二次世界大战中发挥了重要作用。

1940 年美国也开始将双基推进剂应用于火箭推进系统。1942 年，美国喷气推进实验室（JPL）以沥青为黏合剂（14.10%），高氯酸钾为氧化剂（76.50%），重油（SAE10）为增塑剂（9.40%）制成第一个现代复合推进剂品种，其比冲为 1 724.8 N·s/kg（176 s），14.28 MPa 时的燃速为 4.06 mm/s，压力指数为 0.76，为发展更高能量的固体推进剂开辟了新的领域。与此同时，美国还研制成功了浇铸双基推进剂，为发展浇铸工艺打下了基础。其后，随着高分子科学技术的迅速发展，先后研制成功多个复合推进剂品种，其中，首先有工程应用价值的是 1946 年 JPL 研究成功的聚硫橡胶推进剂，其黏合剂预聚物为液态聚硫橡胶（26.0%），而且首次使用了高氯酸铵为氧化剂（71.0%），配方中其余成分为催化剂（2.0%）及工艺附加物（1.0%），推进剂的实测比冲达到了 2 107 N·s/kg（215 s），并首次制成了贴壁浇铸的药柱。其后，性能更好的高分子黏合剂相继问世。1949 年，开始研究聚酯型聚氨酯推进剂，1953年开始研究聚醚型预聚物，当年小型发动机（装药量 1 lb，1 lb = 0.453 6 kg）试飞，至 1955 年，作为 Genie 发动机装药生产，美国人称为第一代复合推进剂的代表。20 世纪 50 年代后期，为了获得更高的能量，铝（Al）粉作为轻金属燃料被引入推进剂配方，Al 粉在配方中的使用，使推进剂的比冲提高近 10%，美国人称此种聚氨酯推进剂为第二代复合推进剂，并成功应用于"北极星"A1 导弹的第一级和第二级发动机，以及"民兵I"导弹的第二级发动机中。

在发展聚醚型聚氨酯推进剂的同时，聚硫化学公司（Thiokol）发展了一种由丁二烯－丙烯酸共聚物（PBAA）为黏合剂的复合推进剂，但该黏合剂很快为性能更好的三元共聚物（丁二烯－丙烯酸－丙烯腈，即 PBAN）所代替。该体系以环氧化合物为固化剂，在多种火箭发动机中获得应用，曾用于大型发动机装药。由于这种三元共聚物的相对分子质量分布及官能度分布较宽，随后即为端羧基聚丁二烯（CTPB）所代替。以自由基乳液聚合法生产的 CTPB 在相对分子质量及相对分子质量分布、官能度及官能度分布方面，较 PBAN 有所改善，制成的推进剂曾用于美国"民兵Ⅱ"导弹的第二级，"民兵Ⅲ"导弹的第二、三级发动机以及法国的 M-2、M-4 战略导弹及苏联的"萨姆-7"火箭发动机装药。CTPB 的固化系统一般为环氧化合物及氮丙啶化合物，在氧化剂 AP 及水分存在的条件下，所产生的副反应使固化反应不能按预期的化学计量要求进行，其结果是既影响推进剂的力学性质，也对推进剂的储存老化性能不利，而且端羧基的存在使药浆黏度偏高。工艺性能不佳至 20 世纪 70 年代，CTPB 逐渐为端羟基聚丁二烯（HTPB）所代替。美国航空喷气推进公司于1961 年开始研究 HTPB 推进剂，1972 年，美国国家航空航天局（NASA）将HTPB 推进剂用于 D 型及 F 型 ASTROBEE·HI 的试飞。美国军用 HTPB 的代表产品为 R45M 及 M20。以 HTPB 为黏合剂时推进剂具有药浆黏度较低、配方中固体含量高、推进剂力学性能优良、能量水平高于以往的复合推进剂等优点，因而在 20 世纪 70 年代以后逐渐成为复合推进剂的主流产品，大量应用于各种战略、战术导弹和火箭中。

在复合推进剂发展的同时，改性双基推进剂也获得迅速的发展。在双基成分（硝化纤维素、硝化甘油）的基础上，引入无机氧化剂 AP、金属燃料（Al）及高能炸药（如奥克托今或黑索今）形成了实测比冲达 2 469.6 N·s/kg（252 s）的高能推进剂——复合改性双基推进剂（CMDB）。当引入交联剂时，则称为交联改性双基推进剂（XLDB）。从事该方面研究的主要机构有美国赫克力斯（Hercules）公司和法国 SNPE 公司。改性双基推进剂发展中的重要技术突破是采用浇铸工艺（配浆浇铸或充隙浇铸）实现了可贴壁浇铸和复杂药形结构的大型发动机装药。而且，由于其黏合剂大分子（硝化纤维素）及增塑剂（硝化甘油）为含能组分，在 NEPE 推进剂开发之前，它一直是能量最高的固体推进剂品种。美国第一代战略导弹"民兵"及"北极星"第三级发动机均使用了该高能推进剂。20 世纪 70 年代末，人们找到了可以为硝酸增塑的高分子预聚物——脂肪族聚醚或聚酯，这类高分子取代传统的硝化纤维素之后，改性双基推进剂中使用大量硝酸酯增塑而获得高能量的特点以及复合推进剂理想的三维网络所赋予的优良的力学性能被综合到一起，形成了一类新的推进剂品种，即 NEPE 推进剂，其标准实测比冲可达 2 500 N·s/kg（255 s）。此外，20 世纪 70 年代，新型氧化剂二硝酰胺铵（ADN）出现。1987 年，美国公布高能量密度化合物六硝基六氮杂异伍兹烷（HNIW，代号 CL-20）开发成功，以及含能黏合剂聚叠氮缩水甘油醚（GAP）、叠氮环丁烷共聚物探索成功，这些新型材料推动了高能固体推进剂的进一步发展，使推进剂的实测比冲达到 2 548 N·s/kg（260 s）的水平。固体推进剂的发展历程如图 1-1 所示。

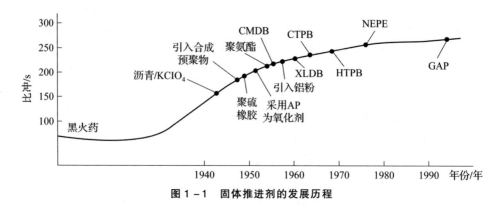

图 1-1　固体推进剂的发展历程

我国的火药工业创始于 1895 年，在上海龙华兵工厂建立火药厂，至 1949 年中华人民共和国成立，仅能生产枪炮用的发射药。1950 年，为适应抗美援朝战争的需要，在东北首先采用难挥发性溶剂压伸工艺制成了双基推进剂。1958 年，在固体推进剂领域，开展了科研与新产品试制，发展了浇铸双基推进剂、聚硫橡胶推进剂及其他复合推进剂。1960 年，我国第一条半连续化螺旋压伸生产线投入生产，为大批量生产双基推进剂提供了重要手段，在这条生产线上不仅生产了多种型号的野战火箭用双基推进剂，还试制了几种型号的战术导弹用双基推进剂。1970 年，我国研究与发展了改性双基推进剂与聚丁二烯推进剂，之后又成功开发了高能 NEPE 推进剂。进入 21 世纪后，我国科技发展迅速，新材料合成技术、材料结构性能表征技术取得长足进步，推进剂配方和装药设计技术、成型加工技术、性能调控技术更加完善，随着新平台、新装备、新应用的不断涌现，研究人员适应时代需求，开发出众多性能优异、指标先进、功能性强、适应性广的固体推进剂，现在我国已建立起品种齐全、基础配套全面的固体推进剂工业体系，具备各类固体推进剂的研制和生产能力。

|1.3　固体推进剂性能|

要保证固体推进剂装药结构完整、燃烧规律稳定、生产使用安全，推进剂的基本性能需达到一定的要求，通常关注其能量性能、力学性能、燃烧性能、工艺性能和安全性能（并称为五大性能），但各性能之间并不相互独立，如针对高能推进剂往往需要加入较多的固体填料，这一般会降低推进剂的力学性能，升高压力指数，同时给推进剂的加工成型带来挑战，推进剂的感度也可能因此而升高。所以，要充分了解推进剂五大性能的内涵，在设计推进剂配方时既要考虑发动机对推进剂的性能指标要求，又要兼顾、平衡推进剂的综合性能。

1.3.1 固体推进剂的能量性能[1,5]

推进剂的能量特性通常以比冲量（简称比冲/I_{sp}）、密度 ρ、密度比冲和特征速度 C^* 来描述。而影响其能量特性的因素主要包括爆热 Q_v、燃气产物的相对平均分子质量 $\bar{M}$。在工程应用中则通过实测比冲、密度和特征速度的测定值来直接表示。同时，也可以测定推进剂的爆热和比热容作为间接的衡量。

1. 比冲

比冲（Specific Impulse，I_{sp}）是评价推进剂能量水平的重要参数。其定义为：单位质量推进剂所产生的冲量（N·s/kg），即

$$I_{sp} = \frac{I_n}{W_P} \tag{1-1}$$

式中　I_n——火箭发动机的总冲量，N·s；

　　　W_P——推进剂的总质量，kg。

而火箭发动机的总冲量是发动机推力与工作时间的积分，即

$$I_n = \int_0^{t_0} F \mathrm{d}t \tag{1-2}$$

式中　t_0——发动机的工作时间，s；

　　　F——火箭发动机所产生的推力，N。

所以，比冲又定义为

$$I_n = \frac{1}{W_P} \int_0^{t_0} F \mathrm{d}t \tag{1-3}$$

火箭发动机比冲的实际测量一般利用式（1-3）进行。即通过记录的时间–推力曲线，积分出曲线下的总面积，除以推进剂的总质量而得出比冲值。

2. 特征速度

特征速度是表征推进剂能量性能的又一重要参数，其定义为喷管喉部面积 A_t 和燃烧室压力 P_c 的乘积与喷管的质量流量 q_m 之比，数学表达式为

$$C^* = \frac{P_c A_t}{q_m} \tag{1-4}$$

式中　C^*——特征速度，m/s；

　　　A_t——喷管喉部面积，m^2；

　　　P_c——燃烧室压力，Pa；

　　　q_m——燃气质量流量，kg/s。

C^* 是推进剂热力学性质和燃烧室条件的函数，与发动机的结构参数无关，所以，使用特征速度 C^* 作为推进剂性能的特定标准更为直接和方便。一般双基推进剂的 C^* 值在 1 400 m/s 左右，能量高一些的含 Al 改性双基和复合推进剂的 C^* 可达 1 500 ~ 1 600 m/s。

3. 爆热

爆热（Heat of Explosion，Q_v）是推进剂通过燃烧化学反应可释放出多少能量的一种量度。其定义为：1 kg 温度为 298 K 的固体推进剂在惰性气体中定容绝热燃烧，当产物由燃烧达到的温度 T 冷却至燃烧前推进剂的初始温度（298 K）时所释放的全部热量。当冷却过程中无化学变化时，此过程释放的热量为

$$Q_v = \int_{298}^{T_v} n\overline{C_{v,m}}\mathrm{d}T = n\overline{C_{v,m}}(T - 298) \tag{1-5}$$

式中　n——燃气产物的摩尔数，mol；

　　　$\overline{C_{v,m}}$——在 298 K 与 T_v 之间推进剂燃气产物的比定容摩尔比热容，J/(mol · K)；

　　　Q_v——推进剂的定容爆热，kJ/kg。

若推进剂的燃烧过程在绝热和定压条件下完成，则燃烧产物由定压绝热燃烧温度 T_p 冷却至 298 K 时所释放的热量称为定压爆热，以 Q_p 表示，二者之间存在换算关系。

推进剂爆热的测定一般在弹式量热计中进行。将定量的推进剂置于量热弹内于一定压力（充氮气）下燃烧，在测量体系达到热平衡后，测定量热计水温的变化，并经过一定的修正，即可获得该推进剂燃烧产物水为液态的定容爆热。

对于固体推进剂，其比冲值是表征其能量性能最常用的技术参数，但是比冲测试需要制备推进剂药柱并装配发动机，工程量较大，而理论比冲也可在一定程度上表示推进剂的能量性能，且采用软件计算即可完成。因此，通常采用标准条件下的理论比冲优化推进剂的配方。典型固体推进剂的理论能量特性如表 1 - 1 所示。此外，与实测比冲相比，推进剂的爆热测试较为简单，且在一定程度上也可代表推进剂的能量性能，为方便对比，研究人员有时也用爆热代表推进剂的能量性能。

表 1 - 1 典型固体推进剂的理论能量特性

推进剂	$I_{sp}/(N \cdot s \cdot kg^{-1})$	T_c/K	$\rho/(g \cdot cm^{-3})$	$C^*/(m \cdot s^{-1})$
NC/NG	2 156 ~ 2 256	2 533	1.60	1 280 ~ 1 300
NC/NG/RDX/Al	2 551	3 456	1.73	1 486
NC/NG/HMX/AP/Al	2 597 ~ 2 646	3 650 ~ 3 800	1.75 ~ 1.80	1 550
HTPB/AP/Al	2 551 ~ 2 600	2 866 ~ 3 477	1.772	
CTPB/AP/Al	2 551 ~ 2 660	2 866 ~ 3 477	1.772	
PU/AP/Al	2 548 ~ 2 597	3 033	1.716	
HTPB/AP/HMX/Al	2 628 ~ 2 641	3 500 ~ 3 600	1.80 ~ 1.82	1 586 ~ 1 591
PEG/AP/Al/NG/BTTN	2 648 ~ 2 667	3 710 ~ 3 884	1.85 ~ 1.89	1 602 ~ 1 625

1.3.2 固体推进剂的力学性能[6]

用于武器装备的推进剂装药具有规定的形状和尺寸,以使推进剂按照设计的规律进行燃烧,这是由武器的性能要求决定的。推进剂的规律性燃烧要求推进剂具有足够的力学强度,以使推进剂在加工、储存、运输和使用过程中,在承受各种载荷作用时,其结构不致被破坏。所以推进剂的力学性能是指推进剂受到各种载荷作用时抵抗变形和破坏的性质。

根据推进剂的受力情况,可以把表征推进剂力学性能的物理量分为两类:一类是推进剂在受到外力作用时产生的响应量,描述的是推进剂的形变过程,把应力和应变联系起来,如弹性模量、柔量、泊松比等;另一类是作为结构破坏判据的量,描述的是推进剂抵抗外力的极限能力,反映其破坏过程,如屈服强度、断裂强度、临界应力强度因子、临界能量释放率、裂纹扩展阻力、表面能等。这两类物理量都是材料本身固有的性能参数。故推进剂的力学性能参数有很多,最常用的为表征推进剂抗拉、抗压和抗冲击性能的拉伸强度、延伸率、压缩强度、冲击强度等。

1. 抗拉性能

推进剂的抗拉性能是指在规定的温度与湿度下,推进剂抵抗拉伸载荷的能力。表征方法包括单轴拉伸试验和双轴拉伸试验,其中单轴拉伸试验比较常用,其是指在规定的试验温度、湿度和应变速率的条件下,在试件上沿纵轴方向施加拉伸载荷直至试件破坏，以测定试件承受的应力与应变响应函数关系，并得到试样的最大抗拉强度、最大伸长率、断裂强度、断裂率以及初始模量等性能参数。

单轴拉伸试验的试样为哑铃形，按相关要求选择试验条件，从拉伸曲线图（图1-2）上采集最初出现的最大载荷 F_m（点 M）和断裂时的载荷 F_b（点 B）以及其相对应的伸长量 ΔL_m 和 ΔL_b。

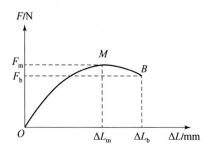

图1-2　拉伸曲线取值示意图

最大抗拉强度按下式计算：

$$\sigma_m = \frac{F_m}{A} \tag{1-6}$$

式中　σ_m——最大抗拉强度，MPa；

　　　F_m——试样所承受的最大载荷，N；

　　　A——试样工程标距段初试横截面积，mm^2。

断裂强度由式（1-7）计算：

$$\sigma_b = \frac{F_b}{A} \tag{1-7}$$

式中　σ_b——断裂强度，MPa；

　　　F_b——试样断裂时所承受的载荷，N。

最大伸长率按下式计算：

$$\varepsilon_m = \frac{\Delta L_m}{L_0} \times 100\% \tag{1-8}$$

式中　ε_m——最大伸长率，%；

　　　ΔL_m——试样承受最大载荷时工程标距段的伸长量，mm；

　　　L_0——试样初始工程标距，mm。

断裂伸长率按下式计算：

$$\varepsilon_b = \frac{\Delta L_b}{L_0} \times 100\% \tag{1-9}$$

式中　ε_b——断裂伸长率，% ；

　　　　ΔL_b——试样断裂时工程标距段的伸长量，mm。

2. 抗压性能

推进剂的抗压性能是指试件在压缩载荷下的形变特征，具体来说，是指在规定的温度、湿度和应变速率的条件下，对试件施加轴向压缩载荷直至试件屈服或破坏得到的压缩应力与应变响应函数关系，以及得到的试样的最大抗压强度、压缩率、压缩弹性模量等数值。自由装填推进剂装药设计时，需要抗压性能参数。

当推进剂受力不大、形变较小、药型结构未受到破坏时，推进剂通常被认为是线性黏弹材料，其应力—应变关系可用微分算子表达式表示。对于压缩载荷，当推进剂脆性较大时，推进剂受力发生一定变形后脆性断裂，过程中试样处于弹性变形阶段，压缩应力—应变关系近似符合胡克定律，如图 1 - 3（a）所示，此时抗压强度即为样品断裂时的应力；当推进剂具有一定的韧性时，压缩过程中样品将产生屈服，应力—应变曲线可分为多个阶段，如图 1 - 3（b）所示，此时样品的抗压强度可根据屈服应力进行计算，σ_{cb} 为推进剂的抗压强度，ε_{cb} 为推进剂的压缩应变。上述两种情况下抗压强度可由下式计算：

$$\sigma_c = \frac{P_c}{A} \qquad (1 - 10)$$

式中　σ_c——抗压强度，MPa；

　　　　P_c——最大压缩载荷值（或压缩形变值为 70% 点的压缩载荷），N；

　　　　A——试样初始横截面积，mm^2。

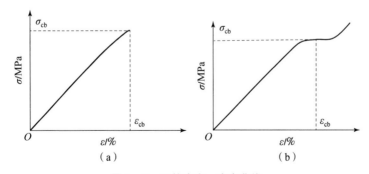

图 1 - 3　压缩应力 - 应变曲线

压缩率按下式计算：

$$\varepsilon_c = \frac{\Delta H}{H_0} \times 100\% \qquad (1 - 11)$$

式中　ε_c——压缩率，%；

　　　ΔH——压缩形变，mm；

　　　H_0——试样的原始高度，mm。

当推进剂的韧性较好，材料的压缩应力—应变曲线上没有明显的屈服点时，考虑压缩时的大变形情况，可采用真应力公式计算样品的抗压强度：

$$\sigma = \frac{F}{A}(1 - \varepsilon) \qquad (1-12)$$

式中　σ——真应力；

　　　F——加载力；

　　　A——试件的原始横截面积；

　　　ε——应变。

3. 抗冲击性能

推进剂的抗冲击性能是指在冲击载荷条件下推进剂抵抗破坏的能力。冲击损伤是推进剂常见的结构损伤方式，尤其是对于自由装填火箭发动机装药。冲击试验包括落锤冲击和摆锤冲击，其中摆锤冲击较为常用，其原理是将一定质量的摆锤以一定的角度下落，冲断装置底部推进剂试样后摆锤在另一侧扬起到某一个角度，通过这两个角度的差值计算出推进剂试样在高速冲击下试样断裂过程中消耗的能量，以此来表征推进剂的抗冲击性能。

摆锤冲击试验有两种：一种是悬臂梁式；另一种是简支梁式。试验的原理基本一致，不同的是两种方法测试时试样的放置方式，如图 1-4 所示。

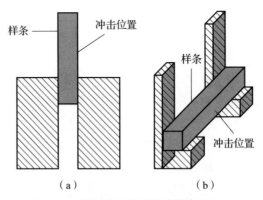

图 1-4　摆锤式冲击试验试样放置方式

（a）悬臂梁式；（b）简支梁式

根据能量守恒定律可知，摆锤损失的势能转化为三个部分：①试样断裂所消耗的功；②摆锤运动过程中克服阻力消耗的功；③试样断裂后具有的动能。

一般情况下后两项可忽略不计，所以冲击试样所消耗的功为

$$A_k = WL(\cos\beta - \cos\alpha)$$ (1 - 13)

式中 A_k——冲击试样所消耗的功，J；

  W——摆锤的重力，N；

  L——摆锤的摆长；

  β——摆锤冲断试样后的升角，rad；

  α——摆锤冲击前的扬角，rad。

试样的抗冲击强度由下式计算：

$$\alpha_k = \frac{A_k}{a \cdot b} \times 10^3$$ (1 - 14)

式中 α_k——抗冲击强度的数值，kJ/m²；

  A_k——试样断裂所消耗的冲击能的数值，J；

  a——试样中部 1/3 试样长度段的宽度的数值，mm；

  b——试样中部 1/3 试样长度段的厚度的数值，mm；

冲击试验按照样品有无缺口可分为无缺口冲击试样和缺口冲击试样两种，如图 1 - 5 所示，无缺口冲击试样主要用于测定推进剂抵抗冲击破坏的能力，缺口冲击试样主要用于测定推进剂在冲击载荷作用下抵抗裂纹扩展的能力。

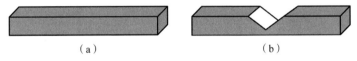

（a）   （b）

图 1 - 5 冲击试验试样形状

（a）无缺口冲击试样；（b）缺口冲击试样

1.3.3 固体推进剂的燃烧性能

固体推进剂在火箭发动机中通过燃烧过程将其化学能转化为高温气体的热能[1]，再通过喷管把高温气体的热能转化为火箭飞行的动能。由此可见，推进剂燃烧过程的调控、能量的释放、燃速变化的规律和燃烧过程的稳定性是推进剂在武器中应用的关键问题。

1. 燃烧性能参数

1）燃速

推进剂的燃烧速度通常有两种表示方法，即线性燃烧速度和质量燃烧速度。推进剂的线性燃烧速度是指单位时间内沿推进剂燃烧表面的法线方向上固相消失的距离，简称推进剂的燃速。燃速由燃烧的化学变化速率决定，受反应

物和反应条件的影响。在推进剂组成确定后，燃速受推进剂燃烧各反应区的热量向未燃层表面的传播速度控制。推进剂的线性燃速为

$$u = \frac{\mathrm{d}e}{\mathrm{d}t} \qquad (1-15)$$

式中　u——推进剂的线性燃速，mm/s，cm/s；

e——推进剂的燃烧层厚度，mm，cm；

t——推进剂燃烧厚度为 e 时所需要的时间，s。

推进剂的质量燃烧速度是指火药燃烧时单位时间、单位面积上固相消失的质量，简称推进剂的质量燃速。质量燃速在武器内弹道学设计和装药设计中具有重要意义。推进剂的质量燃速与线性燃速的关系为

$$u_m = \rho u \qquad (1-16)$$

式中　u_m——火药的质量燃速，$g/(cm^2 \cdot s)$；

ρ——火药的密度，g/cm^3。

2）燃速压力指数

推进剂燃速除受推进剂的组分、含量以及物理性能的影响外，还受初温、燃烧时的压力等外界条件的影响。实验发现，当推进剂的组成和初温一定时，推进剂燃速与压力的关系式（维也里（Vielle）经验公式）如下：

$$u = u_1 p^n \qquad (1-17)$$

式中　u_1——燃速系数，$mm/s(s \cdot MPa^n)$；

p——燃烧室压力，MPa；

n——燃速压力指数

对式（1-17）取对数可得

$$\ln n = \ln u_1 + n\ln p \qquad (1-18)$$

对式（1-18）进一步微分可得

$$n = \frac{\mathrm{d}\ln u}{\mathrm{d}\ln p} \qquad (1-19)$$

由式（1-18）可知，燃速压力指数也可定义为燃速对压力的敏感程度。

推进剂的燃速压力指数 n 是表征火药燃速和压力关系的重要参数。n 值的大小不仅与推进剂种类、组分有关，而且与压力大小有关。对于火箭发动机使用的中等压力范围，不含催化剂的双基推进剂 n 值为 $0.5 \sim 1$；复合推进剂的 n 值为 $0.2 \sim 0.5$；含有催化剂的平台推进剂的 n 值在平台压力范围内为 $0 \sim 0.2$；而含有催化剂的"麦撒"推进剂，在某一定压力范围内，其压力指数为负值（小于 0）。典型的火箭发动机用推进剂的燃速—压力关系如图 1-6 所示。在火箭发动机工作的压力范围内，推进剂燃速压力的关系一般符合式（1-17）。

因此，在火箭发动机的内弹道设计中，最普遍的是采用该式进行计算。通常，为了保证火箭发动机稳定工作，希望发动机产生的推力不随时间变化或变化很小，即要求推进剂的燃速与压力的依存关系小，燃速对压力的变化不敏感，这就要求 n 值越小越好，最好为 0。理想的发动机 p—t 曲线如图 1 – 7 所示。

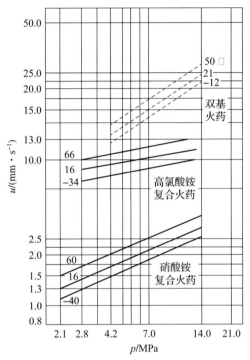

图 1 – 6　典型的火箭发动机用推进剂的燃速—压力关系

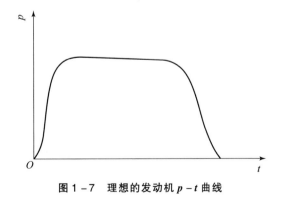

图 1 – 7　理想的发动机 p – t 曲线

为了进一步阐述燃速压力指数对发动机燃烧室工作压力稳定性的影响，下面用图解法直观地进行分析。在发动机燃烧室中，燃气的生成率 $\dot{m}_b$ 和燃气的

流出率 $\dot{m}_t$ 分别为

$$\dot{m}_b = \rho_p S u_1 P_c^n \qquad\qquad (1-20)$$

$$\dot{m}_t = C_D A_t P_c \qquad\qquad (1-21)$$

式中　ρ_p——火药的密度；

$\quad\quad$ S——火药的燃烧面积；

$\quad\quad$ u_1——燃速系数；

$\quad\quad$ P_c——燃烧室的平衡压力；

$\quad\quad$ n——燃速压力指数；

$\quad\quad$ C_D——喷管流量系数；

$\quad\quad$ A_t——喷喉面积。

　　假设发动机结构尺寸和推进剂组分、温度均相同，只是燃速压力指数 n 大小的不同，对 $n<1$ 和 $n>1$ 分别作图如图 1-8 中（a）和（b）所示，下面分别进行讨论。

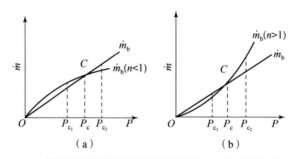

图 1-8　n 值不同时燃烧室压力变化对发动机工作的稳定性分析

　　当 $n<1$ 时，如图 1-8（a）所示，m_b 二阶导数为负值，一阶导数为渐减性，曲率逐渐减小。发动机设计时燃烧室的平衡压力为 P_c，这时的燃气生成率 $\dot{m}_b$ 等于燃气的流出率 $\dot{m}_t$，即两曲线交于 C 点，发动机工作稳定。如果由于偶然因素（如药柱产生裂纹或气泡）使压力偏离平衡点 P_c 而升高到 P_{c2}，这时 $\dot{m}_b < \dot{m}_t$，压力将自动降到平衡压力 P_c；若因偶然因素而使燃烧室的压力降到 P_{c1} 时，这时 $\dot{m}_b > \dot{m}_t$，由于燃气生成率的增加较快而使燃烧室压力自动回复到 P_c。由此可知，当 $n<1$ 时，燃烧室的压力总能自动回复到平衡压力 P_c，C 点即为真正的平衡点。

　　当 $n>1$ 时，如图 1-8（b）所示，$\dot{m}_b$ 的二阶导数为正值，$\dot{m}_b$ 曲线的曲率为渐增性。发动机设计的平衡压力仍为 P_c，两曲线交于 C 点，即 $\dot{m}_b = \dot{m}_t$，发动机在 C 点稳定工作。由于偶然因素使 $P_c = P_{c1}$ 时，这时的 $\dot{m}_b < \dot{m}_t$，因燃气的流出率大于燃气的生成速率而使燃烧室的压力越来越低，有可能导致不正常

燃烧或熄火；或者因偶然因素使 $P_c = P_{c2}$ 时，$\dot{m}_b > \dot{m}_t$，即这时的燃气生成速率反而大于燃气的流出率。这种循环的影响导致燃气流阻塞而使燃烧室压力越来越大，使发动机不能稳定工作，甚至因燃烧室无法承受升高的压力而发生爆炸。由此可知，在 $n > 1$ 时 C 点为一暂时的平衡点，不能保证发动机始终稳定工作。

由上述分析可以得出结论：保证发动机稳定工作的必要条件是火药的燃速压力指数 $n < 1$。火药的燃速压力指数通常在 $0 \sim 1$，n 值在 $0 \sim 0.2$ 时称为平台火药，其燃速基本不随着压力变化而改变；n 值小于 0，则称为负压力指数或麦撒（Mesa）火药，其燃速随压力升高而减小。降低燃速压力指数，对改善火药燃烧性能，确保发动机稳定工作的可靠性具有重要意义。

3）燃速温度系数

我国地域辽阔，从南方的热带到北方的寒带，从炎热的夏天到寒冷的冬天，温差可达 90 ℃，所以，在我国一般武器的使用温度为 $-40 \sim 50$ ℃。若为飞机携带的导弹，则使用的最低温度为 -60 ℃，最高使用温度为 60 ℃，长航时无人机甚至要求在 $-70 \sim 70$ ℃ 温度范围内可靠工作。因此，要求推进剂的燃烧特性应在极限使用温度范围内满足战术技术要求。

初温越高，推进剂的燃速越大。对于同一种推进剂，压力范围不同，初温对燃速的影响程度也可能不同。在火箭发动机中，初温对推进剂燃速的影响，直接影响到火箭发动机的工作性能，表现在推力—时间（$F - t$）曲线和压力—时间（$p - t$）曲线发生变化，在一定的装药条件（K_N 一定）下，初温升高，燃速增大，燃烧室的压力升高，发动机产生的推力增大，燃烧时间缩短；初温降低，则得出相反的结果。K_N 一定时，初温对发动机推力—时间曲线的影响如图 1-9 所示。

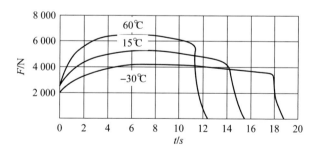

图 1-9 推进剂温度对发动机推力—时间曲线的影响

燃速温度系数是指在一定压力条件下，某一初温范围内火药温度变化 1 K 时所引起的燃速的相对变化量，以 σ_p 表示，其数学表达式为

$$\sigma_p = \left[\frac{\partial \ln u}{\partial T} \right]_p \tag{1-22}$$

式中　T——初温。

根据火药燃速公式 $u = u_1 p^n$ 代入式（1-22），可得

$$\sigma_p = \left[\frac{\partial \ln u_1}{\partial T} + \frac{\partial \ln p^n}{\partial T} \right]_p \tag{1-23}$$

根据 σ_p 的定义，p 为一恒定值，则

$$\sigma_p = \frac{\mathrm{d} \ln u_1}{\mathrm{d} T} = \frac{\mathrm{d} u_1}{u_1 \mathrm{d} T} \tag{1-24}$$

由式（1-24）看出，初温对燃速的影响，实质上是影响推进剂的燃速系数 u_1 值。如果将式（1-24）变换为

$$\frac{\mathrm{d} u_1}{u_1} = \sigma_p \mathrm{d} T \tag{1-25}$$

积分式（1-25）可得

$$u_1 = u_0 \mathrm{e}^{\sigma_p (T - T_0)} \tag{1-26}$$

式中　u_1——推进剂初温为 T 时的燃速系数；

　　　u_0——推进剂初温为 T_0 时的燃速系数。

其中，σ_p 是在靶线法燃速仪中进行测定的。首先，在一个恒定的温度下测定不同压力下的燃速，计算出该温度下的 u_1 值；然后在恒定的压力（一般采用 6.87 MPa）下测定不同温度下的燃速，求出 σ_p 值，用式（1-26）就可求出任何温度下的 u_1 值。推进剂的燃速温度系数一般为 $0.002 \sim 0.005 \ \mathrm{K}^{-1}$。表 1-2 列出了几种制式推进剂的 n 和 σ_p 值。应当指出，σ_p 值随着压力不同而不同，有的随着压力的升高而降低，当压力升高至某一值以上，σ_p 趋于常数；有的则随压力升高而增大，没有统一的规律。表 3-2 列出了几种制式推进剂在不同压力下的燃速温度系数。从表 1-3 可以看出，平台推进剂的 σ_p 值最低。

表 1-2　几种制式推进剂的 n 和 σ_p 值

推进剂	$n(3.0 \sim 10 \ \mathrm{MPa})$	$\sigma_p / \mathrm{K}^{-1}(6.86 \ \mathrm{MPa})$
SS-2（双基）	0.485	0.002 5（-40~50 ℃）
SQ-2（双基）	0.526	0.002 3（-40~60 ℃）
SM-3（双基）	0.500	0.002 47（-40~60 ℃）
AP/PS/Al（双基）	0.226	0.002 3（-50~50 ℃）

表 1 - 3 几种推进剂不同压力下的 σ_p

推进剂	$\sigma_p/(\times 100 \text{ K}^{-1})$						$T/℃$
	3.92 MPa	4.90 MPa	6.86 MPa	7.84 MPa	9.10 MPa	10.79 MPa	
161（双基）	0.267	0.278	0.302		0.322		-40～50
PT - 12（双基）				0.087	0.094	0.120	-50～50
SFM - 2（双基）		0.190	0.179		0.167		-57～60
SQ - 2（双基）		0.226	0.232		0.239		-60～50
81#（复合）			0.230				-55～55
82#（复合）			0.300				-55～55
83#（复合）			0.180				-55～55

2. 燃烧性能理论

1）双基推进剂的稳态燃烧机理

典型的双基推进剂主要由硝化纤维素、硝化甘油等硝酸酯和其他附加组分组成，通过高温塑化工艺使双基推进剂成为微观结构比较均匀的高分子固体。其燃烧过程的主要特点如下。

（1）通过点火热源点火后，由分解产物的化学反应放出的热加热推进剂表面，并通过热传导传至一定深度。当表面升温至 T_s（约 600 K）时，推进剂的基本组分（NC、NG）加速分解至固相消失。为了维持推进剂继续燃烧，分解产物放出的热能自行向固相传导，并一层一层地被点燃。加热层的厚度与推进剂的物理化学性质及燃烧条件有关。

（2）在推进剂燃烧表面层不同深度，其温度分布不同，并分别在不同深度的位置发生软化、熔化、蒸发、升华等物理过程和硝酸酯（NC、NG）的热分解，以及热分解产物之间的化学反应放热过程。

（3）分解产物之间、分解中间产物与尚未分解的凝聚相之间相互发生化学反应使推进剂各组分完全分解汽化，形成复杂的化学反应，并生成 NO、H_2、CO、H_2O、CO_2、CH_4 及低级醛和酸（少量）等产物。若压力过低或燃烧温度过低，燃烧过程有可能在此阶段结束。

（4）在较高的压力或温度下，NO 与 CO、H_2 和 CH_4 等继续发生氧化还原反应生成最终的燃烧产物 CO_2、H_2O、CO、H_2 和 N_2 等。若温度高于 3 000 K，还可能产生它们的解离产物，同时放出大量的热，并把燃烧产物加热到发光的温度以上而发出明亮的火焰。

帕尔（Parr）和克劳富德（Crawford）根据上述特点，将双基推进剂的燃烧过程描绘成一个多阶段（或多区域）物理化学模型，并将其理想化划分为四个区，即亚表面及表面反应区、嘶嘶区、暗区及火焰反应区，各区中表现出不同的物理化学特点。当然，在实际中这四个区是相互渗透，而不是截然分开的。根据这些特点提出的典型双基推进剂燃烧过程的物理化学模型如图 1-10 所示，燃烧各区的特点分述如下。

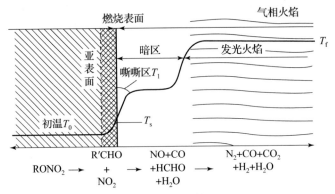

图 1-10　典型双基推进剂燃烧物理化学模型示意图

（1）亚表面及表面反应区。当双基推进剂表面受热被点燃后，热量从推进剂表面向推进剂内部传递，由表及里形成一个温度梯度。这个区从双基推进剂中最不稳定的组分（通常是 NG）发生热分解（称为亚表面）开始，到温度达到 T_s 即固相的消失面（又称燃烧表面）为止。这个区中，靠近亚表面的推进剂发生软化、熔化、以及硝酸酯的吸热化学分解和分解产物之间的放热化学反应，靠近燃烧表面一定深度的凝聚相中充满了气体和液体，形成泡沫状物质。

该区总反应是放热的，约占推进剂总放热量 10%。这个区的亚表面处温度为 85~90 ℃，为 NG 开始分解的温度，该区温度由 T_0 上升到燃面的温度 T_s（约 300 ℃），并且随着压力的增加有一定提高。反应区很薄，当压力由 6~21 MPa 变化，反应区厚度从 0.13 mm 下降到 0.06 mm。

（2）嘶嘶区。嘶嘶区也称为一次火焰区，分解的气体产物从凝聚相反应区逸出时发出嘶嘶声，故称为嘶嘶区。气体逸出时带出固体、液体微粒，构成气—固—液并存的异相区，该区内发生均相和异相化学反应，主要反应是 NO_2 氧化醛和低分子烃的反应。该区放热量约为总热量的 40%，在 0.1 MPa 下，该区的温度可由 300 ℃（T_s）急升至 700~1 000 ℃（T_1）。亚表面及表面反应区维持燃烧反应所需的热量主要由嘶嘶区传入，这对推进剂燃速的快慢起着非常重要的作用，嘶嘶区的厚度随着压力的升高而变薄。

嘶嘶区化学反应后的产物主要为 NO、H_2、CO，以及少量的 H_2O 和 CO_2。这时硝酸基分解出的 NO_2 几乎全部变为 NO。NO 与 CO 和 H_2 需要在高压和高温（在没有催化剂存在下，压力约 10 MPa，温度在 1 500 ℃ 以上）条件下才能继续快速反应。

（3）暗区。暗区又称暗区预备区。在嘶嘶区的化学反应进行完毕后，起氧化剂作用的 NO_2 已几乎全部变成了 NO。嘶嘶区的反应温度也只达到 1 000 ℃ 左右。这时燃烧的中间产物之间的反应，即 NO 与 H_2、CO、CH_4 等的进一步快速反应，需要在 1 500 ℃ 以上，此时的气体产物也未达到发光的温度，所以形成了一个化学反应速率极低又不发光的暗区。凡主要以硝基或硝酸酯基化合物为氧化剂的这类推进剂，燃烧过程中均出现暗区。暗区一般较厚，随着压力升高，暗区急剧变薄。

（4）火焰反应区。火焰区也称发光火焰区。当暗区的燃烧中间产物被加热到 1 500 ℃ 以上时，NO 与其他中间可燃气体发生剧烈的化学反应，放出大量的热，将燃烧气体加热到 1 800 ℃ 以上而发出明亮的光。被火焰区是双基推进剂燃烧反应的最后阶段。在该区燃烧反应时氧化性气体全部消耗，NO 中的氮变成气体分子氮气 N_2。温度低于 2 500 ℃ 且压力较高时，气体产物不会发生解离。该区所放出的热量约占总热量的 50%，典型双基推进剂的最高火焰温度仍在 2 500 ℃ 左右。

火焰区火焰高度同样受压力的影响，压力升高，火焰区高度降低。火焰区反应放出的热量一部分传给暗区，使暗区产物升高到反应所需的温度，大部分则随燃烧的最终产物散失到环境中。在武器系统中，正是利用这种气相反应产物和热量做功推进或发射弹丸。在高压下，暗区几乎消失，火焰区的热量可直接传给嘶嘶区。

2）AP 改性双基推进剂的稳态燃烧模型

1976 年，久保田等通过对 AP – CMDB 推进剂进行显微照相和温度测量发现：

（1）不同 AP 晶粒的双基基体，其火焰结构与一般双基推进剂没有明显区别，气相反应区仍由嘶嘶区、暗区和发光火焰区构成。

（2）加入细粒度（18 μm）AP 后，观察到暗区有许多来自燃烧表面的发光火焰流束。随着 AP 含量的增加，火焰流束数目相应增加。当 AP 含量达 30% 时，暗区完全消失，代之以发光火焰。认为火焰流束是由 AP 在燃烧表面分解后形成的。

（3）加入大颗粒（3 cm）AP 后，则在 AP 晶粒上方有不亮的半透明浅蓝色火焰出现，同时，在此火焰周围又出现淡黄色的发光火焰流束。认为前者是 AP 分解产物 NH_3 和 $HClO_4$ 形成的预混火焰，后者是 AP 分解产物与 DB 基体分解产物间形成的扩散火焰。

（4）AP - CMDB 推进剂嘶嘶区温度梯度很大，同时暗区温度也高。含有大颗粒 AP（150 μm）的 CMDB 推进剂在嘶嘶区和暗区温度会产生较大的脉动。这时单位体积中 AP 颗粒少、粒度大，这是 AP 与 DB 分解产物形成扩散火焰所致。

基于以上试验观察，提出了 AP - CMDB 推进剂火焰结构由 DB 预混火焰、AP 分解火焰和 AP/DB 扩散火焰三部分组成的物理模型。为了获得简捷的燃速计算的数学表达式，久保田进一步假设：

（1）远离 AP 晶粒的 DB 基体表面，由双基火焰的气相区向表面反馈热量，其消失速度与 DB 推进剂的燃速 u_{DB} 相同。

（2）AP 晶粒附近的双基基体表面，反馈的热量来自 AP/DB 扩散火焰，其消失速度近似等于 AP 晶粒的消失速度（u_{AP}）。

根据上述假设，由各区所占的体积分数即可写出 AP - CMDB 推进剂的燃速，即

$$u = \frac{1}{\dfrac{\xi}{u_{AP}} + \dfrac{1-\xi}{u_{DB}}} \tag{1-27}$$

式中　ξ——以 AP 晶粒燃速燃烧的体积分数。

根据试验研究结果，可得出假设（2）中嵌入 DB 基体内的 AP 晶粒的燃速：

$$u_{AP} = \frac{kp^{0.45}}{d_0^{0.15}} \tag{1-28}$$

式中　k——与基体燃速无关的常数。

式（1-28）表明 AP 晶粒的燃速与压力成正比，与初始粒子直径 d_0 成反比，而与 DB 基体无关。

久保田在处理这里的双基基体燃速时，仍然以自己先前的嘶嘶区反应速度为常数的稳燃模型为基础，即

$$u_{DB} = p \left[\frac{\lambda_s Q_s Y_0 Y_F A_s \exp\left(-\dfrac{E_g}{RT_s}\right)}{\rho_p^2 C_p C_g \left(\dfrac{T_s - T_i - Q_s}{C}\right) RT_s^2} \right]^{\frac{1}{2}} \tag{1-29}$$

其中，

$$T_s = T_i + \frac{Q_g}{C_p} + \frac{Q_g}{C_g} \tag{1-30}$$

燃烧表面热分解的公式为

$$u_{DB} = A_s \exp\left(-\frac{E_s}{RT_s}\right) \tag{1-31}$$

根据已知的推进剂性能参数和动力学数据，由式（1-29）~式（1-31）联立可解出 u_{DB}、T_s 作为压力 p 的函数。利用上述推导出的各公式即可计算出 AP-CMDB 推进剂的燃烧特性，计算结果与试验数据符合较好。

3）硝胺基改性双基推进剂的稳态燃烧模型

通过试验，久保田观察到 HMX-CMDB 推进剂的稳燃过程与 AP-CMDB 不同之处如下。

（1）在 DB 基体内加入 HMX 后，火焰结构未发生变化。未观察到扩散火焰流束，暗区厚度仍保持不变。

（2）由于 HMX 的绝热火焰温度高达 3 275 K，而暗区温度仅约 1 500 K，加入的 HMX 在燃烧表面升华或分解，再在 DB 基体的发光火焰区内燃烧，使得该区亮度显著增加。

（3）加入 HMX 后，对 DB 推进剂的燃速影响不大，一般随 HMX 含量的增加先降低，当超过 50% 时，燃速重新增加。

因此，久保田根据以上试验观察结果，认为 HMX-CMDB 推进剂与双基基体完全相同，完全可以应用双基推进剂的燃速公式来计算燃烧特性，只是要将燃烧表面的净放热量修改为

$$Q_{s,H} = \alpha_H Q_{s,HMX} + (1 - \alpha_H) Q_{s,DB} \tag{1-32}$$

式中　$Q_{s,H}$——含 HMX 的 CMDB 推进剂的表面放热量；

　　　α_H——HMX 在 CMDB 中的质量分数；

　　　$Q_{s,HMX}$——HMX 的放热量。

HMX-CMDB 推进剂的计算结果与实验数据符合得很好。

4）复合推进剂燃烧理论

高氯酸按复合推进剂一般由氧化剂 AP、黏合剂和金属燃料（一般为 Al 粉）组成的非均质混合物。它的燃烧过程十分复杂。研究发现，Al 粉在推进剂燃烧表面上凝结成团，但不能在燃烧表面上或表面附近的气相中点火，而是在远离燃烧表面的气相火焰中燃烧。所以认为，Al 的存在基本上不影响推进剂的燃烧机理，只是影响推进剂的燃烧效率，故在研究复合推进剂的燃烧机理时，一般不考虑铝的影响。因此，复合推进剂的燃烧就简化成高氯酸铵与黏合剂的混合燃烧过程。

根据对复合固体推进剂燃烧过程中的燃速控制步骤及火焰结构的不同认识，国内外曾先后提出许多燃烧理论模型，力图解释其燃烧机理和预测燃烧行

为。这些燃烧模型可归结为两类：一类是气相放热反应为速度控制步骤的气相型稳态燃烧模型；另一类是凝聚相放热反应为速度控制步骤的凝聚相型稳态燃烧模型。前者的代表为粒状扩散火焰模型（GDF），后者为 BDP 多火焰模型。

（1）萨默菲尔德粒状扩散火焰模型。此模型是气相型稳态燃烧模型。萨默菲尔德于 20 世纪 60 年代初在总结大量试验研究的基础上提出了复合推进剂的粒状扩散火焰模型，即所谓的 GDF 模型。

①火焰是一维的，稳定的火焰接近于燃烧表面。

②燃烧表面是干燥和粗糙的，因此，氧化剂和黏合剂的气体靠热分解或升华直接由固相逸出，以非预混状态进入气相。

③黏合剂与氧化剂仅在气相中两相渗混，在固相中两者不发生反应。

④黏合剂的热解产物以具有一定质量的气袋形式从表面辐射出来。气袋的平均质量比氧化剂晶粒的平均质量小得多，但两者的质量成正比，而与压力无关气袋在通过火焰区的过程中逐渐消逝，其消逝的速度取决于扩散渗混与化学反应速度。由于渗混的可燃气体在化学反应中放出热量，所以这种燃烧模型称为"粒状扩散火焰"模型。

⑤氧化剂蒸发与黏合剂热解是高温火焰向推进剂表面热量反馈的结果。热量传递的主要形式是热传导，可不考虑热辐射的影响。

⑥气相的输运（包括热传导与扩散）是分子输运，不属于湍流传递。因为气相流动的雷诺数很小，故可认为它处于层流状态。

GDF 燃烧模型如图 1-11 所示。

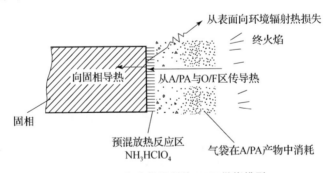

图 1-11　复合推进剂的 GDF 燃烧模型

（2）BDP 多层火焰燃烧模型。20 世纪 70 年代前后，迪尔（Derr）等就观察到，AP 复合推进剂的燃烧表面结构形状与压力有着密切的关系。当压力大于 4.12 MPa 时，AP 晶粒在黏合剂表面以下；当压力等于 4.12 MPa 时，AP 的消失速度与黏合剂的消失速度近似相等；当压力小于此值时，AP 的晶粒就凸出在黏合剂表面以上。因此，他们认为，AP 晶体上方的火焰结构是相当复杂的，初始扩散火焰的影响不能忽视。在全部试验压力范围内，都可观察到在燃烧表面的 AP 晶体上有一薄的熔化液层，这表明在复合推进剂的燃烧过程中存在凝聚相反应。

　　根据以上试验观察，1970 年由贝克斯梯德、迪尔以及普莱斯三人共同提出了复合固体推进剂稳态燃烧的多层火焰模型，简称为 BDP 模型，如图 1 – 12 所示。

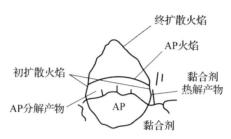

图 1 – 12　AP 复合推进剂的火焰结构

图 1 – 12 中各部分的物理化学变化过程如下。

　　① 表面上进行的凝聚相反应主要包括两部分：一部分是氧化剂和黏合剂的初始热分解；另一部分是分解产物间的非均相放热反应，整个表面反应总热效应为放热。

　　② 初扩散火焰（初焰，PF）是 AP 分解产物与黏合剂热解产物之间的化学反应火焰，与扩散混合及化学反应速度有关，可用下式表示：

　　　黏合剂热解产物　+　HClO$_4$ 分解产物　→　PF 火焰燃烧产物

　　　（CH$_2$，CH$_4$，C，…）　（HClO，HO，O$_2$，…）

此反应为二级气相反应。

　　③ AP 单元推进剂火焰（AP 火焰）是自身分解产物 NH$_3$ 和 HClO$_4$ 之间的反应火焰。该火焰为预混火焰，只与气相化学反应速度有关，而与扩散混合速度无关，其反应方程式为

　　　NH$_3$(g) + HClO$_4$(g)→惰性产物 + 氧化性物质

该反应为二级气相反应。

　　④ 终焰（FF）是黏合剂热解产物与 AP 火焰的富氧燃烧产物之间的化学反应火焰。由于终焰的反应物已被预热到 AP 的火焰温度（约 1 400 K），反应速度很快，而终焰的反应速度仅取决于扩散混合速度。

　　为了能够推导出燃速的理论表达式，BDP 模型还需要做下述假设。

　　① 过程是一维稳定的；

　　② 氧化剂和黏合剂的表面分解反应均服从阿累尼乌斯公式；

③气相反应为简单的均相反应；

④产物为理想气体，其物性参数（λ、d、D、c）在反应过程中保持为常数且取平均值。

根据以上假设，在稳态燃烧的情况下，推进剂质量燃速与氧化剂、黏合剂质量燃速之间应满足下列质量守恒关系：

$$u_{m} = \frac{u_{mo}}{\alpha}\left(\frac{S_{o}}{S}\right) = \frac{u_{mf}}{1-\alpha}\left(\frac{S_{f}}{S}\right) \qquad (1-33)$$

式中　u_{m}——推进剂质量燃速，$g/(cm^2 \cdot s)$；

u_{mo}——氧化剂质量燃速，$g/(cm^2 \cdot s)$；

u_{mf}——黏合剂质量燃速，$g/(cm^2 \cdot s)$；

α——氧化剂质量分数；

S——总燃烧面积，m^2；

S_{o}——氧化剂燃烧面积，m^2；

S_{f}——黏合剂燃烧面积，m^2。

目前，一般认为 BDP 模型既考虑了推进剂燃烧表面的微观结构及气相反应中扩散和化学反应两个过程，又考虑了气相反应热和凝聚相反应热的作用，并特别强调凝聚相反应的重要性，这些已被许多现代试验所证实。因此，BDP 模型比之前的一些模型较为完善。该模型理论计算结果与试验数据符合较好，受到人们的普遍重视并推广应用于 AP、HMX、RDX 等单元推进剂、双基推进剂和硝胺推进剂。BDP 模型也有一定的局限性，它只描述了较低压力下 AP 晶粒凸出在燃烧表面的情况，推导燃速公式采用一维模型，模型只适用无催化剂和仅有一种直径的球形氧化剂等，故此公式只能起定性估算之用，不能定量计算燃速。

1.3.4　固体推进剂的安全性能[1,6]

固体推进剂的安全性能又称危险性能，是指当固体推进剂受到外界能源（如热、撞击、摩擦、静电火花和冲击波等）激发时，发生燃烧或爆炸的难易程度。这种对激发能源响应的难易程度又称为感度。固体推进剂在生产、储存、运输和使用过程中，不可避免地要受到热、摩擦、撞击、静电火花和冲击波等的作用。因此，其对外界激发能量的敏感程度对其安全性有重大意义。评价固体推进剂的安全性能常以固体推进剂对外界激发能源的敏感程度来表示，可能的激发能源有热、火焰、机械作用（冲击和摩擦）、静电火花、冲击波与子弹贯穿等。所以，在安全性能中常以固体推进剂对各种外界激发能源的不同来分类。目前，使用最普遍的感度有热感度、撞击感度、摩擦感度、静电火花感度和爆轰感度。

1. 含硝酸酯固体推进剂的热感度

热感度是固体推进剂在热作用下发生燃烧或爆炸的难易程度。固体推进剂在常温下发生热分解所放出的热很少，可以及时导走，温度不会升高，因而在储存中一般不会发生着火。但当固体推进剂受到加热作用时，发生热分解的活化分子数目增多，这时反应的速度加快，反应放出的热量增加，固体推进剂的温度会自动升高，这反过来又会促进反应速度加快。对于含硝酸酯的固体推进剂，当安定剂消耗完后，还存在 NO_2 自动催化加速分解而导致自燃的危险。所以，当固体推进剂发生热分解时，热平衡发生两个过程：一是固体推进剂化学反应放热使体系温度升高；二是固体推进剂向周围环境散失热量使体系温度降低。只有当放热反应速度大于散热速度时，固体推进剂的温度不断升高，最终导致自燃。

固体推进剂受热作用发生着火的表示方法常用爆发点表示，又称自动着火点。所谓爆发点，是指在一定的条件下，将固体推进剂加热到爆燃时加热介质的最低温度。在某一温度下，将固体推进剂加热到爆燃所需要的时间称为固体推进剂的爆发感应期或固体推进剂的爆发延滞期。很显然，加热固体推进剂的温度越高，爆发延滞期就越短。

测定爆发点的试验装置如图 1 – 13 所示。试验时首先将合金浴加热到预定的温度；然后将 0.05 g 的固体推进剂试样装入 8 号雷管壳 2 中，雷管壳用软塞封堵，将雷管插入一定深度的热合金浴中，同时开始计时，记录从雷管放入到固体推进剂发生爆燃的时间。调整温度，记录不同温度下的发火延滞期 τ，延滞期为 1~300 s 以上，再以延滞期 τ 和对应的温度 T 作图，如图 1 – 14 所示。

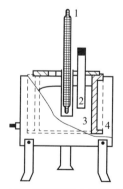

图 1 – 13　测定爆发点的试验装置

1—温度计；2—雷管壳；

3—伍德合金浴；4—加热保温套

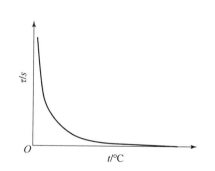

图 1 – 14　延滞期 τ 和温度 T 的关系曲线

由于爆发点是以固体推进剂爆燃时加热介质的最低温度来表示的，所以，理论上爆发点是延滞期为无穷大时加热介质的温度，实际中难以测定。为了确定固体推进剂的爆发点，常规定延滞期为 5 s 或 5 min，这样不同固体推进剂便可以对比。从图 1 - 7 可求出 5 s 或 5 min 延滞期下的爆发点。

此外，固体推进剂发火点也是固体推进剂热感度的一种。它的测定原理是，将试样放入专用试验装置中以规定的升温速率（固体推进剂为 5 ℃/min，NC 为 3 ℃/min）加热，测定试样加热至发生燃烧或爆炸时的加热介质温度，以此温度作为试样的发火点。发火点现为运输部门评估危险性不可缺少的指标之一，它与爆发点不同的是爆发点规定了延滞期（5 s 或 5 min）加热质的温度值，而发火点没有延滞期，测试环境也有所区别。所以，二者数据是不相同的。

2. 撞击感度

固体推进剂的撞击感度是指固体推进剂受到机械撞击作用时发生燃烧或爆炸的难易程度。固体推进剂及其原材料在加工、运输和使用时，很容易受到撞击作用，预测固体推进剂及其含能原材料和加工中的半成品的撞击感度，对于安全事故的防患很有实际意义和指导作用。除对固体推进剂成品要进行撞击感度试验外还要对含能原材料如 NC、NG、AP、HMX、RDX、CL - 20 等以及复合固体推进剂在固化前的药浆都要进行撞击感度测试。撞击感度是各国在危险品中必须提供的感度数据之一，但各国的试验方法并不完全统一，因而往往不能进行统一比较。所以，在提供撞击感度数据的同时，还必须提供相应的试验条件。在固体推进剂撞击试验中，我国普遍采用的 WL - 1 型立式落锤仪，表示方法主要有爆炸百分数表示法和 50% 爆发临界落高表示法。下面分别加以介绍。

1）以爆炸百分数表示撞击感度

用爆炸百分数表示固体推进剂的撞击感度是广泛采用的方法之一，试验采用 2 kg 落锤，落高 25 cm，平行试验 25 次，计算其爆炸的百分数。按下式计算：

$$P_d = \frac{x}{25} \times 100\% \qquad (1 - 34)$$

式中　P_d——爆炸百分数，% ；

x——25 次试验中发生爆炸、燃烧、分解的总次数。

若 100% 不发生爆炸，或特性落高超过 60 cm，则采用 10 kg 落锤试验。该方法的最大缺点是 100% 爆炸和 0 爆炸的固体推进剂需更换落锤，不能在同一标准进行比较。

2）以特性落高表示撞击感度

特性落高是指在一定质量的落锤撞击作用下，固体推进剂爆炸概率为50%时落锤下落的高度，又称临界落高，以 H_{50} 表示（单位 cm）。一般固体推进剂的特性落高试验采用 2 kg 的落锤，用阶梯法（又称升降法）进行 30 次试验，求出临界落高。进行两组平行试验，以算术平均值的误差小于 20% 为合格，取两组平均值为试验结果。

3）以撞击能表示撞击感度

以 50% 爆炸的特性落高乘以落锤作用在试样上的力即为撞击能。特性落高取 m，落锤作用力取 N，撞击能则为 J，落锤的质量可根据固体推进剂不同的感度在 2 kg、5 kg 和 10 kg 之中选取。撞击能多用于表示复合推进剂的撞击感度。部分固体推进剂的撞击能如表 1-4 所示。一般固体推进剂的能量越高，撞击能越小，撞击感度就越大。用撞击能表示，可不受落锤质量不同的影响，但特性落高不得大于 60 cm，否则将引起较大误差。

表 1-4　部分固体推进剂的撞击能（2 kg 落锤）

推进剂	撞击能/J
AP/FC/A1	6.87 ~ 7.85
AP/DB/A1	0.88 ~ 1.96
AP/CTPBA/Al	4.51
AP/HTPB/A1	2.16 ~ 4.32
AP/PU/Al	3.92 ~ 4.91
AP/PU/Be	6.87
AP/PVC	4.71
AP/HMX/DB	2.35
AN/CTPB	50.96

3. 摩擦感度

固体推进剂的摩擦感度是指在机械摩擦作用下，固体推进剂发生燃烧或爆炸的难易程度。固体推进剂在生产、运输和使用中经常要受摩擦作用，如双基推进剂的压延、压伸，复合固体推进剂的混合、脱模、拔模芯、整形等，固体推进剂运输中的振动摩擦，固体推进剂使用中的装卸等，在这些过程中，因摩擦作用而发生燃烧或爆炸是固体推进剂事故的重要原因之一。

固体推进剂摩擦感度用摆式摩擦仪进行测定。目前，我国普遍采用的是 WM－1 型摆式摩擦仪，试验原理是，将规定粒度和量的固体推进剂，在具有一定正压力和相对速度的摩擦作用下，测定发火概率。摆锤质量为 1 500 g，摆长 760 mm，击杆可移动的距离为 1.5~2.0 mm，试样量为 20 mg，施加压力和摆角根据推进剂的感度水平选择。测试时观察试样是否发生爆炸（声响、冒烟、气味、痕迹和变色），平行试验 25 发，以爆炸百分数表示。按下式计算：

$$P_D = \frac{X_D}{25} \times 100\% \qquad (1-35)$$

式中　P_D——摩擦引起的爆炸百分数,%；

　　　X_D——25 发试验中的爆炸总发数。

固体推进剂及其含能原材料的摩擦感度对于指导生产和使用安全规范的制定具有实际意义。固体推进剂生产中，因摩擦而引起的着火或爆炸事故时有发生，必须引起足够的重视。

4. 静电火花感度

静电现象在生产和生活中是一种常见的现象。例如，在干燥的冬天，人们脱去化纤服装时，就会遭到电击，天空因不同云层的强对流摩擦而闪电雷鸣，这些都是静电放电现象。推进剂在生产包装、运输和使用过程中，要与生产设备、容器等发生接触摩擦而产生电荷积聚，电压可达数千伏甚至上万伏。一旦有放电条件存在，就会产生放电火花。当放电能量达到足以点燃固体推进剂时，就会引起着火事故。

至今，世界各国对静电火花感度的表示方法还没有统一的标准，大多采用针尖放电产生火花点燃试样的能量来表示。静电火花感度测试装置原理图如图 1－15 所示。测量方法是在样品池 2 中放入试样后，将开关 S 置 a 的位置，用高压电源 E 将系统充电至需要的电压，然后将开关 S 置 b 的位置，极板 1 和针极 4 之间则放电产生静电火花将样品 3 点燃。若样品被点燃，爆燃小室 5 内的压力就要升高，压力变化由 U 形毛细管 6 反映出来。

静电火花能由下式计算：

$$E = \frac{1}{2}CV^2 \qquad (1-36)$$

式中　E——放电火花的能量，J；

　　　C——电容量，F；

　　　V——电压，V。

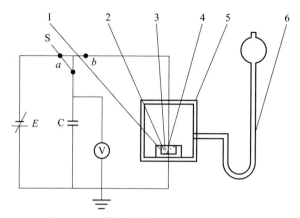

图 1 - 15　静电火花感度测量装置原理图

1—极板；2—样品池；3—样品；4—针极；5—爆燃小室；6—U 形毛细管；

E—高压电源；S—开关；C—电容器；V—电压表

静电火花感度表示的方法有多种，如在一定的静电火花能下的爆燃百分数、50% 爆燃的临界静电火花能、100% 爆燃所需最小的静电火花能和 0 爆燃最大静电火花能等。目前，我国逐步趋向采用 50% 爆燃的临界静电火花能来表示静电火花感度，其关系式为

$$E_{50} = \frac{1}{2}CV^2 \tag{1 - 37}$$

式中　　E_{50}——50% 爆燃的临界静电火花能，J。

E_{50} 测定方法为升降法（阶梯法），试验在 25 次以上，取两组平均值为最终结果。

静电在固体推进剂生产和运输中的危害是很大的，因而必须采用各种措施来消除静电。包括所有生产设备必须接地，铺设导电橡胶或喷涂导电涂料，操作工房空气环境增湿，加抗静电剂等。

5. 固体推进剂的爆轰感度

固体推进剂的爆轰感度是指固体推进剂在爆轰冲击波作用下发生殉爆的难易程度，又称爆轰波感度。固体推进剂在生产、储存、运输和战场使用时，常因周围的爆炸物爆炸而受到冲击波的作用，了解固体推进剂的爆轰感度对于安全防护措施的制定很有意义。

爆轰感度最普遍的试验方法是卡片试验，是从炸药爆轰波感度试验衍生过来的。除试验条件略有差异外，基本原理和方法是相同的。我国规定试验所用的主发药柱是钝化的 RDX 或 TNT/PETN = 50/50 的混合炸药，尺寸为 $\phi36$ mm ×

25.4 mm。卡片材料为三醋酸纤维，厚 0.17 mm。被发药柱为 ϕ36.5 mm×140 mm，外套钢管。主发药柱用 8 号雷管起爆，以见证板（钢板）是否被击穿来判断被发药柱是否殉爆。

　　爆轰感度的表示方法是以固体推进剂 50% 殉爆的卡片数（或总厚度）来表示，称为临界卡片数。卡片数越多，表示固体推进剂的感度越大。在复合固体推进剂当临界卡片厚度大于 17.5 mm 时，则认为该固体推进剂存在爆轰危险性。表 1-5 列出了部分推进剂的爆轰感度。主发药柱为 PETN，隔板为醋酸纤维卡片，每张厚度为 0.25 mm，被发药柱的直径为 38.1 mm。表中有的固体推进剂的卡片数为 0，即不加隔板也不殉爆。这是因为试验药柱直径 38.1 mm 小于爆轰临界直径。所以，对于那些 50% 爆炸的卡片数为 0 的固体推进剂，并不意味着没有爆轰危险性，只要装药直径大于爆轰的临界直径，仍具有一定的爆轰危险性。

表 1-5　部分推进剂的爆轰感度

推进剂	50%爆炸的卡片数/张
NC/NG	35
AP/DB/Al	75
AP/NC – TEGDN/Al	63~64
AP/CTPB/Al	0
AP/PSR	0
AP/PU/A	0
AP/PVC	0

|1.4　组成与功能|

　　固体推进剂是由多种组分组成的一种复合含能材料，其组分比较复杂，因使用要求和推进剂的种类而异[1,4,7]。在确定配方时，要根据火箭发动机的性能指标要求通过合理的设计和大量的试验加以确定。其中，配方设计是推进剂研究中的一个重要步骤，是获得性能良好推进剂的关键。而推进剂中各组分的性质是决定推进剂性能的重要因素，因此有必要了解推进剂配方中所包含的各种必需的组分及它们的功能。根据各组分在推进剂中所起的作用，可将其分为黏合剂、氧化剂、溶剂与增塑剂、高能燃烧剂、固化剂、键合剂、燃烧催化剂、燃烧稳定剂、安定剂、工艺附加剂等。

1. 黏合剂（Binder）

黏合剂是将固体填料粉末聚集、黏结成性能均匀连续体的基体，其赋予推进剂一定的力学性能，是推进剂的力学骨架，通常是高分子化合物或预聚物，目前广泛使用的黏合剂包括可增塑的热塑性大分子和可通过交联反应固化成型的热固性高分子两大类。前者主要是硝化纤维素（NC，又称硝化棉）、聚氯乙烯、热塑性弹性体等线型聚合物；后者主要是聚硫橡胶、聚氨酯、聚丁二烯、聚醚等热固性黏合剂。黏合剂的性质对推进剂的工艺性质、力学行为以及能量水平都有重要影响。

1）热塑性黏合剂

硝化纤维素因其主要以棉纤维为原料，因此通常称为硝化棉。它是双基推进剂与改性双基推进剂的黏合剂，是热塑性黏合剂的典型代表。硝化棉品号的质量要求如表 1-6 所示。其所含能量的大小以硝化度（含氮量）表示。根据硝化度的不同，可分为多种品号，其中用于推进剂的有 3 号硝化棉、混合硝化棉（由 1 号与 3 号硝化棉混合而成）、皮罗硝化棉等。一般双基系推进剂均使用 3 号硝化棉。为了提高能量，可以采用混合硝化棉与皮罗硝化棉。衡量硝化棉的质量指标有如下 8 项：含氮量，醇醚溶解度，乙醇溶解度，黏度，细断度，碱度，灰分和安定度。

表 1-6 各种硝化棉品号的质量要求

指标名称 品号	含氮量/%	醇醚 溶解度/ %	乙醇 溶解度/ %	黏度/ （mPa·s）	细断度/ mL	灰分/ %	碱度以 $CaCO_3$ 计/%	132 ℃ 安定度/ （mL·g^{-1}）
B 级棉 （1 号硝化棉）	$N \geqslant 13.13$	≤15	≤4	22.23~ 148.2	≤90	≤0.5	≤0.25	≤3.5
A 级棉 （皮罗棉）	12.50~ 12.70	≥99	≤7		≤60	≤0.5	≤0.25	≤2.5
D 级棉 （3 号硝化棉）	11.75~ 12.10	≥98	≤12	14.1~ 19.3	≤65	≤0.5	≤0.20	≤2.5

此外，近年来在含能黏合剂开发过程中，以聚叠氮缩水甘油醚（GAP）为软段制备的含能热塑性聚氨酯弹性体（GAP-ETPE）逐渐崭露头角，其不仅

能量水平高、感度低、燃尽性好、力学性能好，而且可溶可熔，赋予推进剂可回收、可循环利用和可再加工的"3R"特性，使推进剂有望成为绿色固体推进剂。因此，GAP - ETPE 被誉为最有前景的含能热塑性弹性体，国内外均已开展其应用研究。国内北京理工大学在含能热塑性弹性体的设计、合成及应用方面进行了大量探索研究，针对不同应用要求开发出一系列综合性能好、功能性强的含能热塑性弹性体，典型 GAP - ETPE 的性能如表 1 - 7 所示。

表 1 - 7　典型 GAP - ETPE 的性能

固化剂	$\overline{M_n}/(\text{g} \cdot \text{mol}^{-1})$	$\rho/(\text{g} \cdot \text{cm}^{-1})$	$T_g/℃$	σ_m/MPa	$\varepsilon_b/\%$	$P/\%$	H_{50}/cm
HMDI	33 000	1.22	-37.5 ℃	-8.37	792	0	>120

注：P 为爆炸百分率（66°，2.45 MPa）；H_{50} 为特性落高（2 kg 落锤）。

2）热固性黏合剂

这类黏合剂一般由预聚物和固化剂组成，其中，预聚物是端部具有活性官能团的分子（即遥爪型黏合剂，Telechelic Binder），固化交联剂一般是异氰酸酯、氮丙啶类物质。预聚物的化学结构、官能团的性质以及固化交联剂的反应能力对所制得的推进剂的力学性能具有重要影响，一般复合推进剂用黏合剂预聚物的性质如表 1 - 8 所示。

表 1 - 8　一般复合推进剂用黏合剂预聚物的性质

预聚物	$\rho/(\text{g} \cdot \text{cm}^{-3})$	$\Delta H_f/(\text{kJ} \cdot \text{kg}^{-1})$	$\overline{M_n}/(\text{g} \cdot \text{mol}^{-1})$	$T_g/℃$
聚硫橡胶	1.27 ~ 1.32	-573	~4 000	-48
端羟基聚酯	1.19	-4 480	~1 800	
端羟基聚醚	1.05 ~ 1.10	-3 747	~4 000	-60
端羧基聚丁二烯	0.9	-586	3 500 ~ 5 000	-58 ~ 72
端羟基聚丁二烯	0.9	—	3 500 ~ 5 000	-80
聚叠氮缩水甘油醚	1.3	492	2 900 ~ 4 400	
双环戊二烯	0.97	219	132.2	

2. 氧化剂（Oxidizer）

氧化剂是推进剂的主要成分之一，对高能固体推进剂而言，其含量往往是推进剂中最高的，作用是在燃烧过程中提供所需的氧。因此，其应具有足够高的有效含氧量，并具有尽可能高的生成焓和尽可能高的密度，分解时产物应为气体，在加工、储存时，物理化学安定性好。现用的氧化剂多为无机盐类，如高氯酸铵（AP）、硝酸铵（AN）、硝酸钾（PN）等。在高能推进剂中，还使用硝胺炸药如黑索今（RDX）、奥克托今（HMX）和六硝基六氮杂异伍兹烷（CL-20），以及近年来新开发的高能氧化物如二硝酰胺铵（ADN）等。双基推进剂中的硝酸酯（如硝化甘油、硝化二乙二醇等）既是含能增塑剂，又是推进剂中的氧化剂。高能推进剂常用固体氧化剂性能如表1-9所示。

表1-9 高能推进剂常用固体氧化剂性能

氧化剂	分子式	$T_m/℃$	$\rho/(g \cdot cm^{-3})$	氧平衡/%	$\Delta H_f/(kJ \cdot kg^{-1})$
高氯酸铵	NH_4ClO_4	150	1.95	34.0	-2 477
硝酸铵	NH_4NO_3	169.6	1.73	20.0	-4 575
高氯酸钾	$KClO_4$	610	2.52	46.2	-3 130
RDX	$C_3H_6N_6O_6$	205	1.82	-21.6	276.9
HMX	$C_4H_8N_8O_8$	278	1.90	-21.6	283.6
ε-CL-20	$C_6H_6N_{12}O_{12}$		2.04	-10.9	960.0~1 000
ADN	$N_4H_4O_4$	93	1.82	25.8	-1 131

T_m：开始分解温度

3. 高能燃烧剂（Fuel）

为了提高推进剂的能量水平，可以在推进剂配方中加入燃烧时能释放高热量的物质，以提高燃烧温度从而获得高的比冲量和特征速度，适合作为高能燃烧剂的物质有轻金属、金属氢化物和储氢合金等。目前，广泛使用的轻金属为Al粉，在某些特殊配方中还可以使用硼和镁粉。此外，为提高推进剂的能量水平，有研究人员探索了AlH_3和储氢合金等材料的应用研究。一些常见金属高能燃烧剂的性能如表1-10所示。

表1-10 一些常见金属高能燃烧剂的性能

燃烧剂	$T_m/℃$	$\rho/(g \cdot cm^{-3})$	燃烧热/$(kJ \cdot kg^{-1})$
铝	659	2.70	31.066
硼	2 027	2.30	24.739
镁	650	1.74	601.64

燃烧剂	$T_m/℃$	$\rho/(g \cdot cm^{-3})$	燃烧热/$(kJ \cdot kg^{-1})$
氢化铝	110	1.48	
氢化镁		1.42 ~ 1.48	
氢化铍		0.59 ~ 0.90	
$(Mg_{0.45}Ni_{0.05}B_{0.5}H_x)_{0.2}Al_{0.8}$		2.412	32.342
$(Mg_{0.45}Ni_{0.05}B_{0.5}H_x)_{0.3}Al_{0.7}$		2.371	33.425

4. 燃烧性能调节剂 （Combustion Modifier）

燃烧性能调节剂通过物理或化学作用来调节推进剂燃速及其压力指数。以化学方法改变推进剂燃速的化合物称为燃速催化剂，有增速催化剂和降速催化剂之分，它们的作用机理主要是通过改变推进剂的燃烧波结构以改变其燃烧速度。同时，还可以减少燃速受压力影响的程度，在一定压力范围内获得燃速不随压力变化的"平台"推进剂。

常用的燃烧催化剂有下述几种类型。

（1）无机金属化合物，如 PbO、CuO、MgO、Fe_2O_3、Fe_3O_4、TiO_2、Co_2O_3、$PbCO_3$、亚铬酸铜（氧化和氧化铬的混合物）等。

（2）有机金属化合物，如水杨酸铅、苯二甲酸铅、己二酸铜等。

（3）二茂铁及其衍生物，这是一类有机金属络合物。目前，应用较多的有正丁基二茂铁、叔丁基二茂铁和高沸点的二茂铁衍生物卡托辛（Catocene）。

以物理方法改变燃速的附加物一般是一些可以增加热传导速率的金属丝或碳纤维，加入银、铜等金属丝的推进剂可以在沿金属丝轴向上大幅提高燃速，从而获得大推力的发动机工作状态。

5. 增塑剂 （Plasticizer）

增塑剂是一类可以降低高分子材料的玻璃化转变温度、增加其柔韧性并使之易于加工成型的物质。在热塑性推进剂（如改性双基推进剂）中，主要使用多元醇硝酸醋，它们既是硝化纤维素的一种良好的增塑剂，又是双基推进剂的一个主要能量成分，它们对半刚性的硝化纤维素成为可挤压成型的物料和降低玻璃化转变温度有重要作用。通常使用的硝酸酯有硝化甘油、硝化二乙二醇、硝化三乙二醇、1,2,4-丁三醇三硝酸酯以及 N-硝基二乙醇胺二硝酸酯等。

甘油三醋酸酯、苯二甲酸二丁酯、苯二甲酸二辛酯等高沸点惰性增塑剂也是双基和复合推进剂常用的惰性增塑剂，常见增塑剂的分子结构如图 1－16 所示。

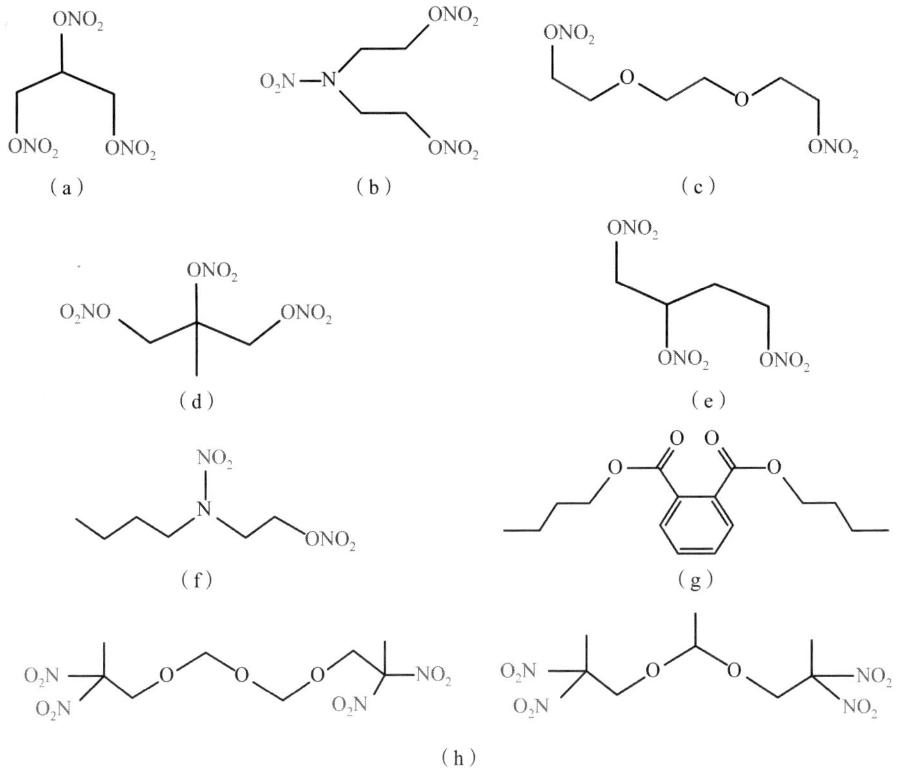

图 1－16 推进剂常见增塑剂的分子结构

（a）硝化甘油（NG）；（b）吉纳（DINA）；（c）硝化三乙二醇（TEGDN，太根）；

（d）季戊三醇三硝酸酯（TMETN）；（e）丁三醇三硝酸酯（BTTN）；

（f）N－丁基硝氧乙基硝胺（Bu－NENA）；（g）邻苯二甲酸二丁酯（DBP）；

（h）双（2,2－二硝基丙基）缩甲醛与双（2,2－二硝基丙基）缩乙醛的等质量比混合物（A3）

6. 安定剂和防老剂（Stabilizer/Antiager）

为了抑制推进剂的分解和老化，确保推进剂有足够长的储存和使用寿命，在推进剂配方中要加入此类功能助剂。在以硝酸酯为主要成分的推进剂中加入安定剂，复合推进剂中则加入防老剂。双基和改性双基推进剂的安定剂为一类弱碱性化合物，其作用机理是可以吸收硝酸酯缓慢分解产生的氮氧化物，是含硝酸酯的推进剂中必不可少的组分。常用的安定剂为尿素的衍生物，称为中定剂，如 1 号中定剂—二乙基二苯基脲、2 号中定剂—二甲基二苯基脲、3 号中定剂—甲基乙基二苯基脲。此外，还有一些苯胺的衍生物，如 2－硝基二苯胺等。防老剂一般应用于复合推进剂中，目的是终止高分子链降解所产生的初级自由基，常用的防老剂有 N,N′-二苯基对苯二胺（防老剂 H）和 2,2′-亚甲基-双-（4-甲基-6-叔丁基苯酚）（俗称2246）。

7. 键合剂（Bonding Agent）

键合剂也称偶联剂（Coupling Agent），是固体推进剂中能有效改善力学性能的一种功能添加剂，其作用主要是增强高分子黏合剂基体与固体填料（主要是氧化剂）之间的界面相互作用，使填料及黏合剂基体在形变过程中共同承担载荷而不过早产生相界面分离。在复合推进剂或其他填充复合材料的形变过程中，一旦产生相界面分离，在应力—应变曲线上将表现为屈服，此时，材料承担应力作用的能力下降。键合剂的用量一般只占配方中的千分之几，使用的种类与填料性质有关，在含 AP 的聚氨酯或丁羟推进剂中，较有效的键合剂有脂肪族醇胺类化合物如三乙醇胺三氟化硼等，以及氮丙类化合物如氮丙啶膦化氧（MAPO）等。在 HMX 的推进剂中，所使用的键合剂则是与 HMX 有较强作用的酰胺类和含—CN 基的化合物，如由丙烯腈、丙烯酰胺和丙烯酸羟乙酯组成的中性大分子键合剂（Neutral Polymeric Bonding Agent，NPBA）等。一些常见的键合剂如表 1-11 所示。

表 1-11 一些常见的键合剂

代号	名 称
MAPO	三-（2-甲基氮丙啶基）氧化膦
HX-868	1,3,5-苯三甲酰（2-乙基氮丙啶）
HX-752	间苯二甲酰（2-甲基氮丙啶）
HX-874	2,4,6-三［1-（2-乙基氮丙啶基）］三嗪
LBA-278	
LBA-303B	改性醇胺和三氟化硼的络合物
MT-4	2 mol MAPO、0.7 mol 己二酸与 0.3 mol 酒石酸的反应物
TEA	三乙醇胺
	TEA 与 BF$_3$ 的络合物
	氰乙基取代的四乙撑五胺
T313	
G1	

|1.5 制备工艺|

按照成型方式不同，固体推进剂主要有压伸成型和浇铸成型两种制备方法[1,6,8]，压伸法主要用于制备热塑性推进剂，如双基及改性双基推进剂，该方法生产周期短、效率高、批间重现性好，是战术武器推进剂的重要制备方法；浇铸法也是目前广泛使用的固体推进剂制造工艺，该工艺可分为三种：一是适合于复合推进剂的浇铸工艺；二是适合于高能推进剂（如 NEPE、XLDB）的配浆（淤浆）浇铸工艺；三是适合于双基、CMDB 推进剂的粒铸（充隙浇铸）工艺。该工艺适应性广，不仅可制备大尺寸的形状复杂的药柱，还可用于生产多种性能的推进剂，如适于壳体黏结的"软"药、适于自由装填的"硬"药、不同能量水平的推进剂以及不同燃烧特性的推进剂等。

1.5.1 压伸成型工艺

典型的压伸工艺是喷射吸收 – 螺旋压伸成型，它有如下优点：质量分布均匀，重现性良好，可靠性高；生产周期短；在制量小，推进剂中的燃烧催化剂易于分散，燃烧性能好；可压制尺寸稍大的药柱（相对于溶剂压伸工艺），主要包括吸收药制造、药料塑化和压伸成型。

1. 吸收药的制造

"吸收"是指在水中将推进剂各种组分按配方所需比例均匀地混合在一起，并彼此牢固结合。吸收药制造过程主要包括吸收、混同和熟化。

1）吸收

双基推进剂一般采用喷射吸收工艺，是较为先进的吸收工艺之一，它是利用喷射器使各组分剧烈分散混合，制成浆状物。在固体推进剂中还含有一些固体的弹道改良剂，也需要经表面处理后分散在水中，并黏附于硝化纤维素上。其典型的工艺流程如图 1 – 17 所示。

由于 NG 的储存、使用等均较为危险，因而一经生产便由喷射工艺制备成 NC/NG 混合体系（含有中定剂），俗称白料，且喷射吸收过程 NC/NG 的比例通常难以精准控制。因此，改性双基推进剂一般以已经吸收好的白料为原料，在吸收釜中将推进剂各组分进行混合吸收。

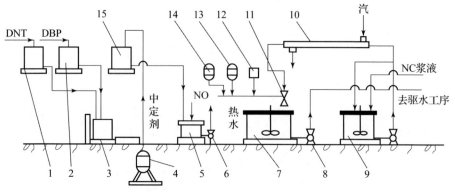

图 1-17 喷射吸收工艺流程图

1—DNT 高位槽；2—DBP 高位槽；3—称量槽；4—三成分配制槽；5—混合槽；6—喷射器；
7—混同槽；8—泵；9—硝化纤维素浆精调槽；10—套管加热器；11—喷射吸收器；
12—凡士林乳化器；13—憎水槽；14—乳化器；15—三成分高位槽

2）混同与熟化

混同是指将数小批吸收药放在混同槽中进行一定时间的搅拌，以达到混合均匀，获得大批量成分均匀的物料。熟化是采用放置过夜的方法使药料中的增塑剂进一步进入 NC 分子中，使体系更加均匀。

2. 塑化药料的制造

1）药料驱水

吸收好的药浆中含 90% 左右的水分，在成型过程中要将水分除掉。药浆中的水可分为游离水、物理结合水和物化结合水。驱水一般分两步，主要由螺旋驱水机完成，一次驱水可将药浆中的水分驱除到 70% 以下（一般为 25% ~ 40%），二次驱水使药料中的水进一步驱除至 5% ~ 10%。二次驱水过程中，药料被与螺杆同步旋转的盘刀切成药粒。

2）沟槽压延

驱水后的药料还含有较大量的水，由于这部分水是物理结合水，需用较大的压力才可挤出，因此需要在压延机上进行。压延的另一个目的是使药料塑化和混合均匀，在此过程中，新的药料不断加入，辊筒上的药料不断向两端移动，逐渐塑化完全，并从工作辊两端的成型环孔中挤出，再通过圆盘刀切成药粒。

3）烘干

烘干压延后药粒的水分一般控制在 0.8% ~ 2.3%。经压延后的药料所含水是物化结合水，干燥速度较慢。因此，需要较长的时间，一般采用辊筒式烘干机用热风烘干。烘干的另一个目的是调节药料温度，使之适合于压伸工序的需要。

3. 压伸成型

1）螺旋压伸成型

双基推进剂药粒挤压成型用的螺压机是一种单螺杆锥形螺压机，主要由螺杆、机体、入料口和传动部件等组成，外壁有保温夹套，可以通水调温。塑化药由送料管进入螺压机后，大致可分为三个工作段。入送段（又称喂料段或输送段）中，药粒被螺杆带动一起旋转，旋转时产生的轴向分力把药粒向前推动。压缩段（又称过渡段）中，随着药粒的向前移动，药粒受到越来越大的挤压和剪切作用，靠近螺翅推进侧的药粒，在机筒的拖曳作用下首先被压紧，并逐渐向螺翅拖曳侧发展。同时，靠近螺翅拖曳侧嵌进机筒沟槽内的药粒，由于受到较大的剪切作用，使药粒受到的剪切应力超过其流动屈服值后，首先发生黏性形变而黏合，形成所谓"塑化棱"。随着药料向前移动，剪切作用逐渐增强，而且由机筒和螺翅拖曳侧附近向螺翅推进侧和螺根附近发展，直到药粒界面完全黏合。凝固段（又称塑化段）中，药料承受的剪切应力均已超过其流动极限 τ_y，所以全部发生黏性形变。在热、挤压、剪切力的作用下，药料界面完全黏合而"凝固"成一个均匀的整体，沿着螺槽定量而均匀地流入模具。

2）其他挤压成型工艺

（1）柱塞式挤压工艺，其工艺流程如图 1-18 所示。将吸收药在卧式压延机上压延，经薄压、厚压、多次压延成药片，在这一过程中进行药料的驱水、塑化。然后在立式压延机上压成厚度均匀的药片，并卷成药卷，放入柱塞式挤压机中挤压成型。这种工艺较简单，但由于只能间断操作，且生产效率低，产品质量的重现性较差。

图 1-18　柱塞式挤压工艺流程

（2）除无溶剂法生产双基推进剂外，还有溶剂法挤压工艺，其流程如图 1-19 所示。在捏合工序中加入所需组分与挥发性溶剂，如丙酮、醇醚溶剂等。为安全起见，硝化甘油可溶于溶剂后加入，也可使硝化纤维素裹在水中吸收硝化甘油，驱水后加入捏合机。配制的药料经过螺压机或柱塞式压机塑化成型，压出的药柱切断后驱除溶剂。这种工艺只能压制弧厚较小的药柱。

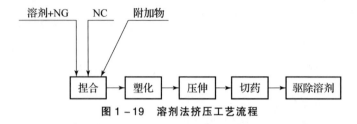

图1-19 溶剂法挤压工艺流程

（3）双螺杆螺旋压伸工艺。双螺杆挤压机的突出优点是：混炼效果好，质量分布均匀；适用范围广，黏度大的、小的药料均可适用；螺杆特性硬，不论制品截面大小，均可在同一压力下生产；生产过程中药料的温升较小，对安全有利。

德意志诺贝尔炸药公司发展了一种连续自动化双螺杆压伸工艺流程，如图1-20所示。

图1-20 连续自动化双螺旋压伸工艺流程

该流程造粒、塑化、成型三道工序均使用双螺杆螺压机，结构紧凑，占地面积小。这种工艺据称可压制 $\phi300$ mm 的药柱。

1.5.2 双基、改性双基推进剂的浇铸成型工艺

双基和改性双基推进剂的浇铸工艺分为充隙浇铸工艺（简称粒铸工艺）和配浆浇铸工艺。这两种工艺的差别很大，但从本质上来看，都包括"造粒""混合""浇铸""固化"等几个过程。

1. 粒铸工艺

粒铸工艺流程如图1-21所示。

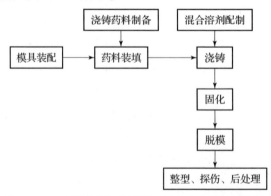

图1-21 充隙浇铸工艺流程（以自由装填药柱为例）

1）粒状药的制造

粒铸工艺中，粒状药的制备是较为复杂的工序，一般采用机械造粒工艺。该方法借鉴了枪炮发射药的设备和工艺，包括混合（捏合）、压伸、切药、驱溶、光泽、混同等工序。需要指出的是，粒状药制造时常需混入各种弹道改良剂（燃烧催化剂、弹道稳定剂）、固体含能添加剂（如 RDX）和固体金属粉末等，这是一般粒状枪炮药制备中所没有的。因此，在混合（捏合）工序中，溶剂的选择（种类、溶剂量及溶剂比等）及工艺条件要相应地加以调整。

2）浇铸溶剂（液）配制

溶剂配制的目的是将推进剂组分中的各种液相组分及在常温下是固态但可溶于液相的组分都混合在一起，配制成混合溶剂。这有利于各组分的均匀混合，降低液相的机械感度，同时，增加液相的比例。配制时可先将可溶固体与三醋酸甘油酯、苯二甲酸酯等一起加热溶解，适当降温后，再加入至硝化甘油中。混合溶剂配制后要在真空下干燥，使水分降至 0.05% 以下。

3）粒状药装填

药粒装填即是把粒状药装入模具（发动机）中，它是充隙浇铸的关键工艺过程。

对于自由装填式药柱，常用的装填方法是"筛装法"。这种方法就是使药粒经过大孔径分配板和小孔径（约为药粒直径 2 倍）筛网分散板后依次均匀地分散到药模内；对于壳体黏结式发动机，由于药型复杂、发动机开口小等，"筛装法"已不适用，需采取更先进的"空气分散药粒装填技术"。这种方法是将药粒用空气加速，药粒随着气流以相当高的速度流过管子，然后以适当的角度分散吹入发动机内。该装填方法如图 1-22 所示。药粒装填时常使用振动器，以增加装填密度，且为了除去空气和挥发物，装填好的药粒要抽真空，在 0.098 MPa 以下，抽真空 16~40 h。

4）浇铸

浇铸的目的是用混合溶剂充满药粒的间隙。混合溶剂可以从顶部或底部流入药粒之中。实践证明，顶部注溶剂的方法不如从底部注溶剂的方法。图 1-23 所示为在真空下从底部浇铸的典型装置。浇铸过程就是迫使溶剂流过和充满药粒床间隙的过程。在给定时间内，溶剂充满药粒床的高度即表示浇铸速度的大小，它是浇铸过程控制的主要参数。

与压伸工艺相比，充隙浇铸工艺简单，不需要复杂的设备和大量的工房，物料的处理条件比较缓和，安全性较好。但是，对于尺寸较小的装药，单发药柱的装填和浇铸很不方便，成本也较高。

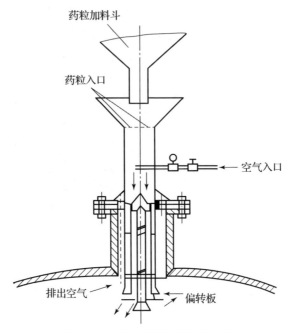

图 1-22　空气分散药粒装填设备

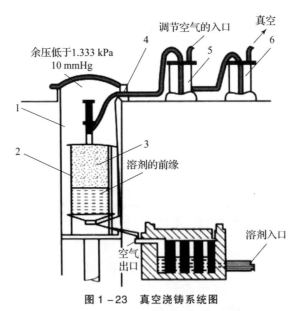

图 1-23　真空浇铸系统图

1—真空罐；2—发动机；3—浇铸药粒床；4—罐的接口；5—浇铸溶剂干燥器；6—收集器

2. 配浆浇铸

典型的配浆浇铸工艺流程如图 1 – 24 所示，主要包括球形药的制备、配浆、淤浆浇铸和固化成型。

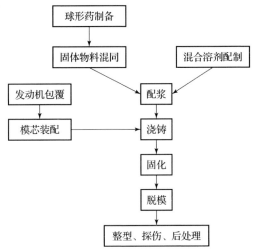

图 1 – 24　典型的配浆浇铸工艺流程（以壳体黏结发动机为例）

1）球形药的制备

配浆工艺用球形药的颗粒要细得多，具体视黏合剂含量而定，对于高能量、低黏合剂含量的改性双基推进剂，必须用非常细（如 50 μm 以下）的球形药。配浆工艺用球形药主要采用悬浮法制备，分为内溶法和外溶法。我国主要采用内溶法，其工艺为：将硝化棉悬浮于水中并加入乙酸乙酯，加热搅拌使硝化棉溶解并分散于水中，在表面张力的作用下，形成球形小液滴，加入稳定剂防止相互聚结，加入硫酸钠使药粒脱水后，升温蒸发出乙酸乙酯，使球形药硬化，滤出球形药，最后烘干即可。

2）配浆

首先采用筛混法使球形药和固体填料混合，以简化配浆的操作过程；然后将高分子聚酯（醚）预聚体和固化剂等加入硝化甘油混合溶剂中；最后在真空下将固体物料混合后一次加入（或依次单独加入）混合溶剂中，并搅拌均匀。

3）淤浆浇铸

为防止空气混入，获得无气孔的推进剂装药，复合改性双基推进剂通常采用真空顶部浇铸，药浆靠大气压力通过软管注入发动机中。一个小型的浇铸系统如图 1 – 25 所示。

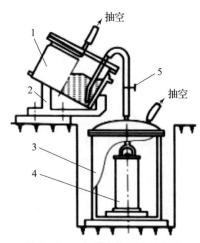

图 1-25 小型浇铸系统示意图

1—配浆锅；2—支架；3—浇铸罐；4—发动机；5—管夹

4）固化成型

浇铸后的固液混合物（药浆）在加热的条件下凝固成固体推进剂药柱的过程称为固化。无论是粒铸工艺还是配浆法浇铸工艺，其固化机理、固化工艺条件和设备基本相同。没有固化反应时，黏合剂主要由硝化纤维素和硝化甘油构成，其固化过程就是硝化纤维素被硝化甘油及增塑剂塑溶，形成高分子浓溶液的过程。这种浓溶液黏度很大，体系不再具有流动特性，即由固液混合物变成固体推进剂。因此，复合改性双基推进剂的固化过程是塑溶固化过程。有交联反应时，固化过程从单纯的溶解过程变成了既包括溶解又包括化学反应的复杂过程。该过程的温度和时间要根据药柱特征而定，对于大尺寸装药，为了减小热应力，通常固化温度低，时间较长。

两种浇铸工艺的优点如表 1-12 所示。

表 1-12 两种浇铸工艺的优点

项目	粒铸	配浆浇铸
优点	（1）性能高度再现性（大批量的粒状药的混同准确调整配方的组分和燃速）； （2）可利用单基药的现有的工艺和设备生产粒状药； （3）燃烧性能和力学性能优于配浆浇铸工艺的制品（催化剂得到均匀的分散，硝化纤维素更好地塑化）	（1）可以在配浆过程中方便地改变配方组分及其含量，故配方研究周期短； （2）配方性能调节范围广； （3）可加入预聚体和交联剂，因此配浆浇铸工艺比粒铸工艺更具发展前途

1.5.3 复合推进剂的浇铸法制造工艺

复合固体推进剂以液体高分子预聚物为黏合剂，与氧化剂、添加剂、性能调节剂、固化剂及其他组分经混合均匀后浇铸到模具或发动机中，预聚物和固化剂化学反应形成网状结构，从而固化成型。典型的 HTPB 推进剂真空浇铸工艺流程如图 1-26 所示，主要包括以下流程。

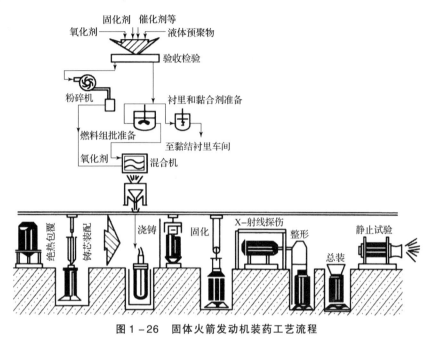

图 1-26 固体火箭发动机装药工艺流程

1. 准备工作

复合推进剂浇铸前的准备工作包括多个方面，如对于推进剂原材料，包括原材料的除水、胶料混匀、原材料预混等；对发动机准备，包括发动机的壳体准备，如对壳体黏结的发动机内表面进行处理，以增加其与绝热层或衬层间的黏结性，保证装药的完整性；对模芯准备，如模芯表面需处理，在表面涂敷或喷涂一层脱模剂，以及发动机的绝热、包覆。一般在发动机壳体内表面与推进剂之间要粘贴绝热层、自由脱黏层及喷涂包覆层，使推进剂与发动机壳体间更好黏结。

2. 物料混合

混合就是把推进剂所有组分按一定的顺序加入混合机内，进行捏合，搅拌，使固液界面润湿，固体颗粒被良好包覆，各组分分散均匀一致，形成工艺性良好的高黏度悬浮体（推进剂药浆）。药浆浇铸到发动机内，其药浆表面能很快流平。

混合设备主要是混合机（捏合机），包括卧式混合机、立式混合机和双螺杆式连续混合机。此外，还包括配套的恒温、控制等系统。混合时首先将黏合剂加入混合锅中；然后加入 MAPO 及键合剂；最后加入 Al 粉，在混合机预混，可减少物料损失。混合过程中，正车是捏合，使固—液料之间润湿；反车时，在死角部分物料能得到清理，使物料更均匀。混合过程中，温度控制由选用的固化剂确定。用 TDI 作固化剂时，一般药温控制在（40 ± 5）℃；若用 IPDI 作固化剂，药温可控制在（60 ± 5）℃。

3. 浇铸

浇铸是把经混合后的药浆浇铸到发动机壳体内，固化后形成符合设计要求的发动机装药。模芯可先装配后再浇药，也可浇完药浆后再插模芯。主要的浇铸工艺方法有以下几种。

1）真空浇铸

真空浇铸工艺装置如图 1 – 27 所示。在真空条件下，把推进剂药浆经花板分割成许多细药条滴入真空罐内的发动机壳体或模具中。在浇铸过程中，真空度既是药浆浇铸的主要驱动力，也是排除药浆中空气的主要手段。保证药柱无气孔、致密、良好的结构强度和弹道的稳定性，有利于药柱质量的重现性。

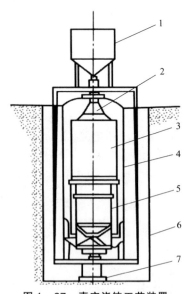

图 1 – 27　真空浇铸工艺装置

1—浇铸漏斗；2—花板；3—发动机；4—真空罐；5—发动机支座；6—坑壁；7—升降机

2）底部压铸

将已除气的药浆装在压力罐内，其上部连接增压装置（通氮气或压缩空气），底部出口处连接导管，将药浆压入发动机壳体内，药位逐渐上升，直至充满壳体为止。加压也可通过螺杆方式进行挤压，发动机上端同时抽真空，这种方式对黏度较高的药浆也适宜。

4. 固化工艺

高分子聚合物与固化剂在一定温度下进行化学交联反应，称为固化过程。固化的工艺条件取决于固化系统，即所用固化剂品种和用量，固化温度与多种参数有关，通常物料混合、浇铸和固化温度大体一致。在一定温度条件下，推进剂药浆达到最适宜的物理性能所需要的固化时间，通常用推进剂的抗拉强度和延伸率来选定，如图1-28所示。

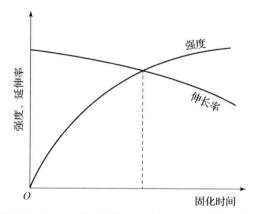

图1-28　固化时间对推进剂力学性能的影响示意图

采用常压固化，当推进剂采用TDI作固化剂，固化温度取（50±2）℃时，固化时间需6~8天，若温度取（70±2）℃时，固化时间只需3~4天；当推进剂采用IPDI作固化剂，固化温度取（60±2）℃时，固化时间需6~8天。一般药柱直径较小时，固化温度可选高些，以便缩短固化时间。

5. 后处理工序

复合推进剂固化完成后需进行脱模处理，得到一定形状和尺寸的完整药柱。之后是整形，主要是对发动机装药柱或内型面的几何形状、尺寸等按设计要求进行修整。因发动机弹道性能的要求，对装药的端面需进行包覆。端面包覆一方面可限制推进剂端面燃烧，另一方面也可起到部分密封作用。

|1.6 发展趋势[1]|

高新武器装备的发展对固体推进剂的性能提出了更高的要求，火箭、导弹要求射程更远、运载能力更大，对固体推进剂能量提出了更高要求，动能拦截武器要求固体推进剂燃烧速度更快，制导武器要求推进剂特征信号低，航空母舰、战机等高价值平台要求武器弹药钝感等，这要求固体推进剂进一步提高能量并改善综合性能，故固体推进剂今后的发展趋势主要表现为以下几方面。

1. 进一步提高推进剂的能量性能水平

提高固体推进剂的能量是永恒的目标，进一步提高固体推进剂能量主要有以下几种技术途径。

1) 引入新型高能材料

近年来 CL-20 的制备技术趋于成熟，其能量性能优于 HMX 和 RDX，是现阶段能够进入实用的第三代含能材料，引入到固体推进剂中可明显提高推进剂的能量性能水平。目前的问题是其成本高，限制了它的使用，随着新技术实施和应用批量的增加，成本会逐渐降低。同时，一些其他新型高能组分如 ADN、DNTF、HNF、TKX-50 等也有望提高推进剂的能量性能，改善综合性能，是未来提高固体推进剂的有效技术途径。

此外，铝粉仍然是今后最主要的高能燃烧剂，其燃烧效率可影响推进剂的能量，因此，应研究活化铝粉的方法，如对其进行包覆。或者引入 AlH_3、含 Al 储氢合金等，这些材料的能量水平和燃烧效率均优于目前使用的铝粉，目前已有相关探索研究，今后应继续深入开展其应用的研究。

2) 黏合剂体系含能化

HTPB 等复合固体推进剂工艺成熟，综合性能好，虽然不是能量最高的推进剂品种，但仍是大量现役武器装备的推进剂装药。该类型推进剂的黏合剂体系（预聚物、增塑剂）均不含能，可通过共混或共聚法引入含能黏合剂，并采用与之相容的含能增塑剂，使推进剂的黏合剂体系部分含能，从而提高推进剂的能量性能。

此外，含能预聚物发展迅速，目前已有 GAP、PBT 在推进剂中应用，显著提高了推进剂的能量。但是，GAP 的能量比 PBAMO/AMMO 高、PBT 不是能量最高的含能黏合剂，PBAMO、PBAMO/AMMO、PGN 以及含氟预聚物在推进剂中的应用是未来提高推进剂能量的有效途径。

3）提高推进剂的固体含量

固体推进剂配方中，高能填料是重要的供能组分，提高其含量是提高能量水平的有效途径。但是，经过十几年的发展，其已处于较高水平，进一步提高固体填料含量（简称固体含量或固含量）时容易引起工艺和力学性能问题。因此，需要在保证其可靠性的基础上探索提高高能组分固体含量的方法。

4）提高推进剂的工作压力

根据推进剂相关研究基础可知，提高工作压力可有效提高推进剂的比冲和做功能力，以往受限于发动机壳体材料强度等因素，无法提高工作压力。近年来，材料科学进步明显，高强度复合材料逐渐应用到发动机中，使提高发动机工作压力成为可能。因此，应开展推进剂高压燃烧性能研究，并探索其在高压发动机中的应用。

2. 提高固体推进剂的安全性能

近年来，随着推进剂能量水平的提高，其安全性能有下降的趋势，由此引发的安全事故时有发生，故推进剂的感度成为重点关注的性能，未来的发展趋势主要有以下几点。

（1）使用高能钝感材料。AP、HMX 等感度较高含能材料是固体推进剂普遍使用的填料，尤其在高能固体推进剂中，其用量一般较高，这是造成推进剂感度较高的重要原因，因此开发新型低感度含能材料代替这些材料以降低推进剂的感度将成为发展趋势。

（2）使用低感度增塑剂。目前，螺压改性双基推进剂、双基推进剂和部分复合固体推进剂中使用 NG 作为含能增塑剂，NG 对机械刺激极为敏感，应用低感度含能增塑剂如 Bu – NENA、TMETN、BTTN、TEGDN 和 DEGDN 等代替 NG，或与 NG 混合使用形成混合酯以有效降低推进剂的感度，成为目前推进剂降感研究的趋势之一。

（3）开发不敏感推进剂[9]。HTPE 推进剂是美国在 20 世纪 90 年代新研制以改善 HTPB 复合推进剂钝感弹药特性为目标的一类以端羟基嵌段共聚醚预聚物（HTPE）为黏合剂的新型固体推进剂，是目前国际上公认能完全满足 MIL – STD – 2105D 不敏感技术要求的推进剂品种。未来的发展趋势是在满足钝感性能的前提下进一步提高推进剂的能量，并拓展不敏感推进剂的应用。

3. 降低推进剂的特征信号[10]

固体推进剂排气中不仅烟雾会暴露导弹的发射位置和弹道，而且对己方制导产生干扰，既严重影响导弹命中率，又容易被发现拦截。为此，自 20 世纪 60 年代开始，国外便积极研制无烟推进剂，尤其在现代战争中，突防能力成为武器装备实现高效毁伤的重要前提。因此，采用有效途径如提高推进剂配方的氧平衡，使燃烧完全，降低铝粉及其他金属添加剂的含量，用 ADN、奥克托今或黑索今取代高氯酸铵，采用电子捕获剂和消焰剂等，优化推进剂配方，降低其特征信号仍是今后固体推进剂发展的趋势。

4. 提高推进剂的力学性能

良好的力学性能是保证固体推进剂正常使用的前提，在武器装备更新换代和新型武器层出不穷的大背景下，各类型推进剂均有提高其力学性能的需求。除了改善配方、填料形貌优化和粒度级配等传统手段外，对于热塑性推进剂采用高分子补强推进剂的研究越来越多，包括包覆硝胺炸药以改善界面、弹性体增韧、三维网络结构增强等。对于热固性推进剂，采用新型高效键合剂，利用 IPN、Semi – IPN 等新技术完善 HTPB 推进剂网络结构等呈现出较好的优化效果，成为推进剂力学增强研究的发展趋势。

5. 拓宽推进剂的燃速调节范围

反弹道导弹、防空导弹、反坦克火箭以及高超声速导弹等对推进剂的燃速有很高要求，提高燃速的方法主要有催化剂、纳米材料、增加热传导等。但是，目前燃速大于 100 mm/s 的高燃速推进剂还很少，迫切需要采用新技术途径提高推进剂的燃速。需要注意的是，提高燃速的同时还要保障推进剂具有足够的安全性是一个巨大的挑战。同时，也需要研制低燃速推进剂，主要用作气体发生剂。此外，部分推进剂中硝胺炸药含量较高，给推进剂的燃烧性能调节带来挑战。因此，构建新型高效催化体系，提高推进剂的燃速，降低温度系数和压力指数，扩大平台压力与平台燃速范围是固体推进剂发展的另一个重要方向。

6. 改善推进剂的制备工艺[11]

推进剂的成型工艺和推进剂的成型质量及安全制备息息相关，尤其是对于高能固体推进剂，大量的固体填料不仅对成型质量带来挑战，而且成型过程中的剪切摩擦作用容易造成热点，使制备过程危险性增加。因此，采用调配工艺助剂、调控工艺参数、优化制备路线等途径改善推进剂的制备工艺是当前发展趋势之一。一些新的工艺技术，如声共振混合、多腔室捏合、增材制造、复合推进剂双螺杆混合浇铸等也是未来的发展方向。

7. 研究新型固体推进剂

1）富燃料固体推进剂[12,13]

自 20 世纪 70 年代以来，固体冲压火箭发动机和与之相适应的富燃料固体推进剂（又称贫氧固体推进剂）研究取得了一些突破，贫氧推进剂在初燃室燃烧产生的一次燃气经喷嘴向复燃室喷出，与火箭飞行时冲压注入的空气进行混合和复燃。由于利用了空气中的氧气，不仅经济而且大大提高了比冲，成为高超声速武器、复合增程武器等武器装备的备选推进剂装药，目前已获得应用。今后仍需提高推进剂的热值和燃烧效率等。

2）绿色固体推进剂[14,15]

随着人们环保意识的增强，固体推进剂的绿色化成为发展的必然趋势。国外十分重视绿色固体推进剂的研制，20 世纪 90 年代美国便研制出绿色火箭推进剂配方，之后开发出各种无铅双基系推进剂。同时，国内也从多个方面开始研究绿色固体推进剂，鉴于双基系推进剂具有良好的燃烧特性、环境适应性、较低的特征信号等优点，今后继续开发无铅催化的双基系绿色推进剂仍具有应用价值和环境保护意义。针对铋盐、稀土类催化剂催化效能低等问题，应利用纳米技术、催化剂高效负载技术、催化剂/高能材料复合等技术途径，提高催化效率。针对 AP 存在 HCl 排放的问题，采用 ADN 和 HNF 等新型无卤高能材料代替 AP，减少对环境的污染。此外，具有 3R 特性的可再生 TPE 推进剂是今后推进剂发展的一种趋势。黏合剂可水解或可降解的推进剂也是未来的发展方向。

3）含能热塑性弹性体推进剂[15]

含能热塑性弹性体（ETPE）结合了复合推进剂的组分和双基推进剂的工艺，具有能量高、感度低、燃尽性好、可再加工、可回收利用等优点，是一种具有重要应用价值的推进剂，已成为固体推进剂领域研究的前沿与热点。在众多 ETPE 中，以 GAP 为软段制备的 GAP – ETPE 能量水平高，力学性能好，综合性能优异，是当前最有应用前景的 ETPE。未来需要解决制备工艺、综合性能调节等技术问题。

4）DCPD 固体推进剂

双环戊二烯（DCPD）是一种产量丰富、价格低廉的石油化工原料，单体黏度较低，与水相近，能快速润湿固体填料，使固体填料更易充分混合。同时，其分子结构中含有两个不饱和双键，可在 Grubbs 体系催化剂的作用下完成固化，反应速度较快、条件温和、固化时间较短而且可调，可极大降低固体推进剂制备过程中对环境的依赖性，提高生产效率，作为固体推进剂的黏合剂展示出良好的应用潜力，国内外均开展了探索研究，未来需深入开展推进剂性能调控和工艺优化研究，以开发出可应用的 DCPD 固体推进剂。

参 考 文 献

［1］谭惠民．固体推进剂化学与技术［M］．北京：北京理工大学出版社，2015．

［2］张端庆．固体火箭推进剂［M］．北京：兵器工业出版社，1991．

［3］刘继华．火药物理化学性能［M］．北京：北京理工大学出版社，1997．

［4］王晓青，罗运军，李国平．火炸药物理化学性能［M］．北京：国防工业出版社，2020．

［5］庞爱民，马新刚，唐承志.固体火箭推进剂理论与工程［M］．北京：中国宇航出版社，2014．

［6］李葆萱．固体推进剂性能［M］．西安：西北工业大学出版社，1990．

［7］庞爱民，黄志萍．固体推进剂原材料理化性能数据手册［M］．北京：中国宇航出版社，2021．

［8］樊学忠，张伟，李吉祯．浇铸复合改性双基推进剂［M］．西安：陕西大学出版总社，2017．

［9］李吉祯．固体推进剂不敏感化设计［M］．西安：西北工业大学出版社，2021．

［10］李上文，赵凤起，徐司雨．低特征信号固体推进剂技术［M］．北京：国防工业出版社，2013．

［11］陈煜，刘云飞，范夕萍，等．高能固体推进剂工艺助剂研究进展［J］．材料工程，2011（12）：87－90．

［12］庞维强．富燃料固体火箭推进剂技术［M］．西安：西北工业大学出版社，2016．

［13］庞维强．含硼富燃料固体火箭推进剂技术［M］．北京：国防工业出版社，2016．

［14］赵凤起，胥会祥．绿色固体推进剂的研究现状及展望［J］．火炸药学报，2011，34（03）：1－5．

［15］罗运军，丁善军，张弛．含能热塑性弹性体研究进展［J］．中国材料进展，2022，41（02）：117－128．

第 2 章

高能螺压改性双基推进剂

|2.1 概述|

1935 年，苏联科学家通过添加燃烧催化剂和燃烧稳定剂的方法降低双基火药完全燃烧的临界压力，首次将双基推进剂用作火箭发动机装药。自此，双基推进剂相关技术逐步改进，并沿用至今。双基推进剂历史悠久、工艺成熟，有大工业生产的基础，广泛用于中小型火箭和导弹中。双基推进剂最突出的优点是药柱质量均匀，性能再现性好，排气无烟；不足之处是比冲有限、高低温力学性能较差，不适于在大型火箭与导弹上应用。在常规兵器中，双基推进剂使用之广、用量之大，是其他类型推进剂所无法比拟的，这也是双基推进剂发展和性能改进长盛不衰的源动力。

自 20 世纪 50 年代中期以来，复合推进剂在国外得到蓬勃发展，曾以能量高、力学性能好、燃速可调范围大、可浇铸成大型和异型药柱等特点而明显优于双基推进剂。但是，双基推进剂并没有被淘汰，而是充分发挥其潜在能力，如硝化纤维素、硝化甘油是含能黏合剂和含能增塑剂，具有无烟特性和平台、麦撒燃烧性能，同时又吸取复合推进剂的优点，制成性能更好的双基推进剂和改性双基推进剂。

我国情况也基本类似，随着科技的发展，武器系统对推进剂能量水平的要求逐渐提高，双基推进剂的能量难以满足使用要求。因此，研究人员借鉴了复合固体推进剂的优势，在双基推进剂中引入高氯酸铵、黑索今、Al 粉等高能填料，开发出了改性双基推进剂。历经几十年的发展后，改性双基推进剂衍生出众多品种，已成为固体推进剂的重要类别。其中，以螺旋压伸成型工艺制备的推进剂又称为螺压改性双基推进剂（Screw Extruded Modified Double - Base propellant，EMDB），该类型推进剂工艺成熟，生产效率高，药柱质量均匀，性能再现性好，成本低，是目前战术武器中常用的推进剂类型，是改性双基推进剂的重要分支。通过多年的探索，螺压改性双基推进剂的固体含量已经可达 50% ~ 60%，其能量水平较早期推进剂品种已经大幅提高，且随着新型高能填料的引入，其能量水平有望进一步提升。

|2.2　基本组成与功能|

螺压改性双基推进剂在基本组成上与复合改性双基推进剂相似，由双基体系作为黏合剂，采用高能炸药作为氧化剂如 RDX、HMX 等，采用 Al 粉作为高能燃料，其他组分还包括用于调节和控制燃烧性能的燃速催化剂；用于改善推进剂工艺性能的工艺助剂、增塑剂；用于改善推进剂的稳定性和使用寿命的安定剂和中定剂等。螺压改性双基推进剂主要组分构成及其作用如表 2 - 1 所示[1-3]。

表 2 - 1　螺压改性双基推进剂主要组分构成及其作用

组分的作用	含量/%	主要组分
黏合剂	12 ~ 40	硝化纤维素（NC）等
增塑剂	10 ~ 35	NG，三醋精（TA），BTTN，TEGDN 等
金属燃烧剂	0 ~ 20	铝 Al（粉），镁（Mg）粉等
高能添加剂	10 ~ 56	RDX，HMX，CL - 20 等
催化剂	0 ~ 8	有机铅盐，有机铜盐，炭黑等
安定剂	0.5 ~ 3	中定剂，2 - 硝基二苯胺，间苯二酚等
工艺助剂	0.2 ~ 1	凡士林，硬脂酸锌等

|2.3 高固体含量螺压改性双基推进剂|

目前，螺压改性双基推进剂以 NC/NG/RDX/Al 或 NC/NG/HMX/Al 为主要组分，NC 是普遍使用的黏合剂，是典型的含能黏合剂之一，NG 是主要增塑剂，其是至今为止能量水平最高的含能增塑剂。因此，从黏合剂角度考虑提高推进剂的能量水平十分困难，优化高能填料是常用的改性途径。其中，提高螺压改性双基推进剂的固体含量是最为有效的途径之一，目前该类型改性双基推进剂的标准实测比冲可达 2 300~2 400 N·s/kg。

2.3.1 高固体含量螺压改性双基推进剂的能量性能

由于工艺性能限制和力学性能要求，早期开发的螺压改性双基推进剂固体含量多数在 40% 以下，一组典型的螺压改性双基推进剂的配方及其基本能量性能如表 2-2 所示。由表可知，提高 Al 的含量可以提高推进剂的比冲，当 Al 含量由 5% 提高到 10% 时，推进剂的实测比冲由 2 278 N·s/kg 提高到 2 313 N·s/kg。但是，Al 粉含量太高时，实测比冲反而下降，比冲效率降低。这是由于 Al 粉含量太高时，配方氧平衡系数降低，火药比容也大幅降低，Al 粉不能完全燃烧，影响了比冲效率，所以在改性双基推进剂配方中，Al 粉含量不宜太高。另外，随着 Al 粉含量的增加，火药燃温增大，发动机烧蚀也很严重，因此 Al 粉含量不宜超过 10%。

表 2-2 高固体含量螺压改性双基推进剂的能量性能

(NC/NG)/%	RDX/%	Al/%	其他/%	标准理论比冲/(N·s·kg^{-1})	标准实测比冲/(N·s·kg^{-1})
62.5	27.1	5	5.4	2 544	2 278
55.2	34.4	5	5.4	2 557	2 280
49.0	40.6	5	5.4	2 571	2 286
62.5	24.1	8	5.4	2 592	2 307
62.5	22.1	10	5.4	2 635	2 313
62.5	17.1	15	5.4	2 694	2 256
62.5	12.1	20	5.4	2 754	2 219

　　此外，当 RDX 含量由 27.1% 提高至 40.6% 时，推进剂的实测比冲由
2 278 N·s/kg 提高至 2 286 N·s/kg，推进剂的密度也有所提高。但是，基于
螺压工艺的限制及安全生产的考虑，RDX 含量不能太高。提高 RDX 含量必然
要降低双基黏合剂的含量，这样不仅成型困难，而且装药的力学性能也会变
差，推进剂的燃烧性能也会受到影响，出现燃速降低、压力指数增大的问题。
因此，早期研究人员认为 RDX 含量不能大于 35%。

　　综合来看，对于螺压改性双基推进剂，提高固体含量是提高其能量性能的
有效途径，基于多种因素考虑，早期推进剂的固体含量并不高。由于对能量性
能的追求以及推进剂工艺、燃烧等性能研究的进一步深入，该推进剂的固体含
量得以进一步提升，目前已可达 55% 以上。一组高能低特征信号螺压改性双
基推进剂的配方及性能如表 2-3 所示。RDX 含量由 30% 提高至 55% 后，推进
剂的实测比冲由 2 236.7 N·s/kg 提升至 2 294.4 N·s/kg，能量性能达到了表
2-2 中含 Al 推进剂（Al 含量为 5%~8%）的水平。因此，提高螺压改性双基
推进剂中 RDX 含量是提高其能量性能水平的有效途径。

表 2-3　高能低特征信号螺压改性双基推进剂的配方及性能

（NC/NG）/%	RDX/%	其他/%	理论比冲/(N·s·kg⁻¹)	实测比冲/(N·s·kg⁻¹)	密度/(g·cm⁻³)
65.8	30.0	4.2	2459.3	2236.7	1.686
55.8	40.0	4.2	2 486.6	2 262.4	1.703
45.8	50.0	4.2	2 510.9	2 287.8	1.721
40.8	55.0	4.2	2 519.2	2 294.4	1.731

　　由上述结果可知，若保持较高的 RDX 含量，同时引入 Al 粉，推进剂的能
量水平有望进一步提高。刘所恩对含 Al 高固体含量螺压改性双基推进剂进行了
研究，配方和基本性能如表 2-4 所示。由表 2-4 可知，用 10.0% 的球形 Al 粉
代替 8.5% 的 HMX 和 1.5% 的弹道稳定剂以后，推进剂密度明显提高，且推进剂
爆热大幅提高，提高幅度接近 13%。爆热是一项可以表征推进剂能量性能的指
标，由此可知，Al 基高固体含量螺压改性双基推进剂应具有更高的能量。

表 2-4　高能螺压改性双基推进剂的配方和基本性能

Al/%	HMX/%	其他/%	爆热/(kJ·kg⁻¹)	密度 ρ/(g·cm⁻³)
0	55.0	45	5 169	1.757
10	46.5	43.5	5 829	1.778

　　一组 Al 基高固体含量螺压改性双基推进剂的配方和能量性能如表 2 – 5 所示。由表可知，RDX 的粒径对推进剂的能量性能影响不大，RDX 含量为 50% 的含 Al 螺压改性双基推进剂，其实测比冲可达 230 s 左右（未提及测试条件）。

表 2 – 5　一组 Al 基高固体含量螺压改性双基推进剂的配方和能量性能

NC + NG /%	RDX /%	Al + 催化剂等 /%	RDX 粒径 /μm	实测比冲/s	爆热/ (kJ · kg^{-1})
40	50	10	18.13(E)	228.12	5 503
40	50	10	46.64(G)	230.82	5 508
40	50	10	70.33(F)	229.56	5 505
40	50	10	91.53(A)	228.44	5 505

2.3.2　高固体含量螺压改性双基推进剂的力学性能

　　螺压改性双基推进剂的黏合剂主要是 NC/NG 体系，其中 NC 为半刚性分子，分子间作用力强，在低温下其处于玻璃态，分子链运动困难，导致推进剂韧性差。同时，推进剂中的硝胺炸药与黏合剂间的界面作用较弱，进一步造成螺压改性双基推进剂的力学性能较差，这是早期改性双基推进剂固体含量普遍较低的重要原因。近年来，研究人员对推进剂工艺性能的研究逐步深入，在高能需求的驱使下推进剂中的硝胺含量得到提高，但其力学性能明显降低，推进剂固体含量达到 50% 以上时，其低温延伸率通常小于 3%。

　　含有不同粒径 RDX 的高固体含量螺压改性双基推进剂的配方和力学性能如表 2 – 6 所示。由表可知，RDX 粒径对推进剂的力学性能有一定影响，RDX 粒径由 92 μm 减小到 17 μm 时，推进剂高温强度提高 54%，低温延伸率提高 85%，虽提升幅度较高，但实际提升值较小。RDX 粒径优化后推进剂的高温拉伸强度小于 2 MPa，低温延伸率小于 3%。由此可知，当固体含量达到 50% 以上后，推进剂的高低温力学性能均较差。

表 2 – 6　RDX 粒径对推进剂力学性能的影响

NC + NG /%	RDX /%	Al + 催化剂等 /%	RDX 粒径 /μm	拉伸强度 σ_m/MPa		延伸率 ε_m/%	
				50 ℃	−40 ℃	50 ℃	−40 ℃
40	50	10	18.13(E)	1.57	20.2	20.8	2.50
40	50	10	46.64(G)	1.15	19.3	19.6	1.85

续表

NC + NG /%	RDX /%	Al + 催化剂等 /%	RDX 粒径 /μm	拉伸强度 σ_m/MPa		延伸率 ε_m/%	
				50 ℃	−40 ℃	50 ℃	−40 ℃
40	50	10	70.33（F）	1.09	18.0	17.2	1.62
40	50	10	91.53（A）	1.02	21.3	16.6	1.35

较差的力学性能使该类型推进剂药柱在实际使用过程中容易出现裂纹、孔隙等缺陷，造成爆燃或爆炸等灾难性事故，因此改性双基推进剂的低温力学性能差是亟待解决的问题。国内外研究人员提出了多种改性方法，包括黏合剂改性、采用混合增塑剂、弹性体增韧、填料表面改性、粒度级配等，这些方法均具有不同程度的改善效果。

1. 采用混合增塑剂

在 20 世纪国外便开始探索除 NG 以外的其他硝酸酯增塑剂对双基及改性双基推进剂性能的影响，Kubota[4]指出，含能硝酸酯 DEGDN、TEGDN 和 TMETN 等都可以塑化 NC，形成均质推进剂，这些增塑剂与 NG 配合使用时可以增大 NC 分子的自由体积，提高其分子的运动能力，从而改善推进剂的低温力学性能。此外，惰性酯类可以作为增塑剂和稳定剂，如邻苯二甲酸二丁酯（DBP）、邻苯二甲酸二乙酯（DEP）和三醋精（TA）等，这些增塑剂配合使用可以改善推进剂的低温力学性能、安全性和稳定性。Austruy[5]的研究表明，在改性双基推进剂中使用 DEGDN 和 BTTN 等可以部分或完全取代 NG 以降低推进剂的机械感度，改善加工工艺等。Sutton[6]认为，虽然 NG 具有很高的冲击、撞击、摩擦感度，但是当引入 TEGDN、BTTN、TMETN 等其他酯类与 NG 形成混合酯后，NG 的感度降低，引入到改性双基推进剂中时，推进剂的低温延伸率提高，感度降低，加工工艺改善，是改善螺压改性双基推进剂性能的有效途径。

目前，国外已在多种推进剂配方中采用混合增塑剂。例如，美国在"阻尼"火箭弹中引入 3% 的 DEP，在设备启动装置装药中引入 8.5% 的甘油三醋酸酯，在"响尾蛇"空空导弹的助推器配方中引入 10.6% 的 DEP，混合酯的引入往往可以改善推进剂的低温力学性能，如引入 10.6% 的 DEP 后推进剂在 −54 ℃ 时延伸率仍可达 3%。但是，在固体含量改性双基推进剂中引入混合酯增塑的相关研究未见报道，根据其在普通双基推进剂中的应用效果分析，预计混合酯可明显提高固体含量改性双基推进剂的力学性能。

国内学者也研究了其他增塑剂对改性双基推进剂力学性能的影响。刘所恩等[7]曾采用季戊四醇二叠氮二硝酸酯（PDADN）部分代替 NG 引入到螺压改性双基推进剂中。研究发现，当引入 6% 的 PDADN 时，推进剂的低温延伸率由 2.40% 提高到 5.70%，加工工艺改善，比冲也略有提高，但是推进剂的感度升高，限制了该推进剂的应用。

邵重斌等[8]研究了多种辅助增塑剂对螺压改性双基推进剂（溶剂压伸工艺制备）力学性能的影响。结果表明，采用固体增塑剂吉纳（DINA）和 1，3，3－三硝基氮杂环丁烷（TNAZ）作为辅助增塑剂时可改善推进剂的高温力学性能。液态增塑剂聚缩水甘油醚硝酸酯（PGLYN）、双叠氮乙二醇二乙酸酯（EGBAA）及 TMETN 作为辅助增塑剂时可提高推进剂的低温力学性能。其中 TMETN/NG 混合酯增塑时推进剂的低温力学性能最好。

赵本波[9]选择感度较低的 TEGDN 与 NG 组成混合酯，制备了混合酯增塑的双基推进剂，并研究了该推进剂的力学性能。结果表明，提高 TEGDN 含量可有效提高推进剂的低温延伸率，NC 含氮量为 12% 时低温延伸率可由 7% 提高至 13%，具体结果如图 2－1 所示，为 TEGDN/NG 混合酯在改性双基推进剂中的应用奠定了基础。之后，赵本波[10]采用 Bu－NENA 代替 NG 制备了双基及改性双基推进剂。结果表明，Bu－NENA 可增大 NC 分子链的自由体积，降低推进剂的玻璃化温度，提高推进剂的低温延伸率，为改善改性双基推进剂的低温力学性能提供了参考。

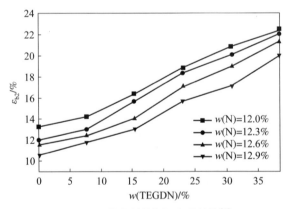

图 2－1　推进剂的低温力学性能[9]

2. 固体填料改性

由于固体填料是高固体含量螺压改性双基推进剂的重要组成之一，也是导致推进剂力学性能较差的主要原因之一。因此，对固体填料进行改性是提高推进剂力学性能的有效途径。除了采用粒度级配优化推进剂的组成结构外，采用表面包覆优化黏合剂与填料的界面特性也可以起到提升效果。安崇伟[11]使用蒸馏法制备了表面包覆有 NC 的 RDX，并研究了其对改性双基推进剂力学性能的影响。研究发现，将该 RDX 引入到推进剂中后，其低温延伸率略有提高。同时，推进剂的机械感度降低，摩擦感度由 18% 降到 2%，特性落高 H_{50} 由 26.9 cm 升高到 32.9 cm。

杨雪芹等[12]采用热塑性弹性体（TPE）作为包覆材料对 RDX 进行了包覆，并将其应用到螺压改性双基推进剂中。研究发现，引入 TPE 包覆的 RDX 后推进剂的高温强度和延伸率同时提高，而且推进剂的机械感度下降，如表 2 – 7 所示，但是低温时的力学性能数据未公开。

表 2 – 7　改性双基推进剂的高温力学性能[12]

批号	拉伸强度/MPa	延伸率/%	摩擦感度/%	撞击感度 H_{50}/cm
空白	1.01	20.83	10	29.3
TPE 包覆	5.73	40.50	4	34.0

张超等[13]采用溶液水悬浮法将聚氨酯弹性体包覆在 CL – 20 晶体表面，并研究了其对推进剂力学性能的影响。研究发现，推进剂的高温强度有所提高，由 1.36 MPa 提高到 1.86 MPa，但是低温力学性能下降，延伸率由 4.89% 降低到 3.20%。

3. 弹性体增韧

国内研究人员研究了热塑性弹性体对改性双基推进剂力学性能的影响。姚楠等[14]制备了两种含热塑性聚氨酯弹性体（TPUE）的改性双基推进剂。研究发现，TPUE 可提高推进剂的高温强度，但对低温延伸率提高不大。

何吉宇[15]以聚己二酸乙二醇酯（PEA）为软段，合成了与 NC/NG 体系具有良好相溶性的 TPUE。研究发现，TPUE 可以改善螺压改性双基推进剂的低温力学性能，推进剂固体含量为 67.5% 时，2% 的 TPUE 可将低温延伸率由 0.3% 增加到 1.6%，也可以改善加工工艺，使吸收药压延时更易塑化，流动性测试时出料压力由 48.4 MPa 降低至 31.5 MPa。但是，弹性体对推进剂的高温强度没有提高，同时推进剂的燃速和爆热会有所降低。

张文雨[16]研究了聚酯基 TPUE 对改性双基推进剂力学性能的影响规律。研究发现，TPUE 可将推进剂的低温延伸率由 2.60% 提高到 4.39%。但是，上述弹性体不含能，会明显降低推进剂的能量。

赵本波[10]将 GAP 基含能热塑性弹性体引入到改性双基推进剂中，研究了其对改性双基推进剂性能的影响规律。研究表明，这种弹性体不仅提高了推进剂的低温延伸率和冲击强度，而且对能量水平没有明显影响，这为提高螺压改性双基推进剂的低温力学性能提供了参考。

4. NC 改性

国内研究人员开展了对 NC 的改性研究，制备了含有支链的纤维素甘油醚硝酸酯（NGEC），结构式如图 2 - 2 所示。由于支链具有内增塑作用[17]，分子链间距变宽，结晶度降低，链段运动阻力减小，玻璃化转变温度降低[18]，从而使推进剂的低温力学性能有所提高。

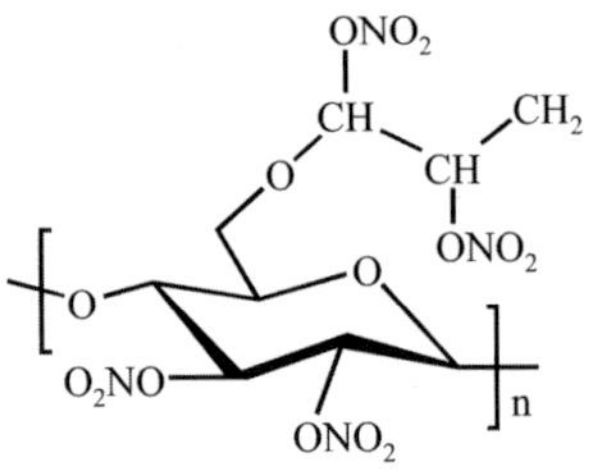

图 2 - 2 NGEC 的分子链结构

张有德[18] 将 NGEC 应用到改性双基推进剂中，研究了其对推进剂性能的影响规律。结果发现，NGEC 可降低改性双基推进剂的出药压力，提高出药速度，使推进剂具有良好的热塑性及热加工安全性。同时，NGEC 可降低推进剂的玻璃化转变温度，减小推进剂的脱湿，使推进剂的低温延伸率提高，但高温强度已明显下降，具体数据如表 2 - 8 所示。

表 2 - 8 推进剂的力学性能[18]

样品组分	σ_m/MPa		ε_m/%	
	50 ℃	-40 ℃	50 ℃	-40 ℃
NC/NG/RDX/其他	1.33	20.4	18.0	2.04
NGEC/NG/RDX/其他	0.80	16.1	24.9	6.17

袁荃等[19]以 NGEC 取代 NC 研究了 NGEC/NG 基螺压改性双基推进剂的力学性能。研究发现，NGEC/NG 基推进剂的低温玻璃化转变温度降低，RDX 含量为 54% 时，推进剂的低温延伸率由 3.10% 提高到 5.25%，说明 NGEC 可以改善推进剂的低温力学性能。同时，NGEC 还可以改善加工工艺，使推进剂的出药压力由 27.1 MPa 降低到 16.3 MPa。但是推进剂的高温强度已明显下降，由 2.52 MPa 降低至 1.67 MPa。

综上所述，针对改性双基推进剂低温力学性能差的缺点，研究人员对其进行了大量的改性研究，改性方法涵盖了 NC 改性、混合酯增塑剂的使用、填料的形貌优化以及热塑性弹性体的使用，推进剂的低温力学性能得到了一定程度的提高，但仍难满足武器系统的发展对推进剂力学性能提出的更高要求。因此，当前仍然需要探索更高效、更合理的改性方法。

2.3.3　高固体含量螺压改性双基推进剂的安全性能

1. 推进剂的机械感度

由于 NG 自身机械感度较高，双基体系自身便具有较高的机械感度，随着配方中大量高能硝胺炸药的加入，推进剂的危险性也越来越大，因此越来越受到关注。在过去的 30 多年中，美、英各种作战平台（包括航空母舰、军舰、飞机、坦克）火灾事故频繁，造成弹药烤燃、爆炸的严重伤亡。惨痛的教训促使西方各国军于 20 世纪 80 年代开始重视降低弹药感度的问题。美国 2000 年报道了 1940—1999 年与固体推进剂有关的 81 起重大事故。从中可以看出，大量潜能的固体推进剂和装有固体推进剂的导弹火箭发动机在储存、生产和使用过程中一旦发生事故，其后果触目惊心，改善硝胺改性双基推进剂综合性能的同时，危险性也越来越大，对制造过程、废品销毁、储存、运输及使用带来一定的危险，因此研究该类推进剂的安全特性具有重要意义。

固体推进剂的机械感度反映了其在外部机械作用下发生爆炸的难易程度，是评价固体推进剂安全性能的一类重要指标，表 2-9 为一组典型的螺压改性双基推进剂的配方及其机械感度（摩擦感度测试条件：表压（2.45 ± 0.05）MPa，摆角 $66° \pm 0.5°$；撞击感度测试条件：2 kg 落锤）。从表 2-9 可以看出，RDX 的含量对双基推进剂的机械感度有较大的影响。在硝胺双基推进剂中添加高能硝胺炸药 RDX 以后，摩擦爆炸概率呈上升趋势，撞击爆炸特性落高呈下降趋势，表明 RDX 的加入使得推进剂对机械撞击的敏感度增加，安全性下降。与基础配方 R0 相比，添加 18% RDX 的 R1 样品摩擦爆炸概率升高的幅度不大，但撞击爆炸特性落高下降趋势明显。当 RDX 含量达到 27% 以后，样品摩擦爆炸概率大幅升高，达到 64%，而 RDX 含量超过 27% 以后，推进剂摩擦爆炸概率则基本稳定在 60% 左右，与推进剂中 RDX 含量没有规律性对应关系，特性落高下降趋势变缓。在推进剂中引入 RDX 等含能材料后，在外界能量（摩擦、撞击）刺激下，它与推进剂中其他组分之间相互作用易形成热点，从而发生燃烧或爆炸。

表 2-9　螺压改性双基推进剂的配方及其机械感度　　　　单位：%

样品名称	NC/NG	RDX	Al	催化剂	中定剂	其他	摩擦感度	特性落高 H_{50}/cm
R0	85.0	0	0	2.5	3.0	9.5	20	29.40

样品名称	NC/NG	RDX	Al	催化剂	中定剂	其他	摩擦感度	特性落高 H_{50}/cm
R1	72.5	18.0	0	5.5	1.7	2.3	24	21.40
R2	64.5	27.1	0	5.9	1.7	0.8	64	21.40
R3	51.3	34.2	3.0	8.5	1.5	1.5	60	25.40
R4	54.1	38.0	0	5.9	1.3	0.7	62	25.40
R5	40.5	49.2	5.0	3.8	1.0	0.5	64	21.40
R6	40.5	55.1	0	3.1	1.0	0.3	58	21.32

　　另一种典型的螺压改性双基推进剂的配方及机械感度如表 2 - 10 所示。由表可知，在不含其他增塑剂的情况下，当 RDX 含量达到 42.5% 时推进剂的摩擦感度可达 66%，特性落高仅为 21.5 cm，说明固体含量螺压改性双基推进剂的机械感度处于较高水平，这与上述结论基本一致。

表 2 - 10　高能螺压改性双基推进剂的安全性能

NC + NG/%	RDX/%	Al/%	其他/%	摩擦感度/%	特性落高 H_{50}/cm
47.5	42.5	6	4	66	21.5

　　需要指出的是，不同的配方结构、催化体系，以及不同的测试环境、测试人员得到的感度测试结论结果往往有一定的差距，也有文献报道该类型推进剂的感度较低，固体含量较高的螺压改性双基推进剂的安全性能（测试条件相同）如表 2 - 11 所示。由表可知，当 RDX 含量达到 50% 时，其摩擦感度低于 20%，特性落高高于 24 cm。出现明显差异的原因是多方面的，除了原材料的形貌、推进剂的催化体系结构、成型质量、测试环境等客观因素外，测试人员的主观因素也可能导致上述差异。

表 2 - 11　RDX 粒径对推进剂力学性能的影响

NC + NG /%	RDX /%	Al + 催化剂等 /%	RDX 粒径 /μm	摩擦感度/%	特性落高 H_{50}/cm
40	50	10	18.13（E）	4	29.7
40	50	10	46.64（G）	11	27.4

续表

NC + NG /%	RDX /%	Al + 催化剂等 /%	RDX 粒径 /μm	摩擦感度/%	特性落高 H_{50}/cm
40	50	10	70.33（F）	14	26.0
40	50	10	91.53（A）	16	24.6

采用 HMX 代替 RDX 后，推进剂的能量性能通常改善幅度不大，而机械感度却有所提高，如表 2 - 12 所示。HMX 等量代替 RDX 后，推进剂的爆热没有明显变化，只是密度略有提高，但推进剂的机械感度有所提高。因此，从效果看 HMX 对推进剂性能的提高不明显，且 HMX 的价格往往比 RDX 高出几倍，故在螺压改性双基推进剂中 HMX 的应用相对较少。

表 2 - 12　推进剂的性能

样品	含量/%			密度/ (g · cm^{-3})	爆热/ (kJ · kg^{-1})	摩擦感度/ %	撞击感度 H_{50}/cm
	RDX	HMX	其他				
1	55	0	45	1.728	5 164	4	30.8
2	0	55	45	1.757	5 169	6	27.4

综合来看，多数条件下，高固体含量螺压改性双基推进剂的机械感度测试结果处于上述两种结果之间，危险性较高，因此改性双基推进剂的降感技术研究一直在进行中。

2. 推进剂的降感技术

国内外的研究人员均对降低改性双基推进剂的机械感度进行了大量研究，常用的方法包括引入低感度增塑剂和对填料改性等。

1）使用低感度增塑剂

常用的感度较低的硝酸酯增塑剂有 1,2,4 - 丁三醇三硝酸酯（BTTN）、二缩三乙二醇二硝酸酯（TEGDN）、三羟甲基乙烷三硝酸酯（TMETN）以及 N - 丁基硝氧乙基硝胺（Bu - NENA）等，各增塑剂的理化性能如表 2 - 13 所示。其中，BTTN 和 TMETN 化学结构与 NG 相似，但感度较低[4,5]，且迁移性、挥发性、热稳定性等也优于 NG，引入到改性双基推进剂中有望降低其感度。Bu - NENA 的感度很低，且对 NC 的增塑效果好，代替 NG 时可明显降低推进剂的感度，提高推进剂的低温力学性能，迁移性、挥发性、热稳定性等也优于 NG，但能量水平与 NG 相差较多。此外，一些惰性增塑剂如邻苯二甲酸二丁酯（DBP）、邻苯二甲酸二乙酯（DEP）和三醋酸甘油酯（TA）作为增塑剂可以有效降低添加剂的机械感度。

表 2-13　常用硝酸酯类增塑剂的理化性能[2,4,5]

名称	化学式	相对分子质量	密度/（g·cm^{-3}）	氧平衡	生成焓/（kJ·mol^{-1}）	熔点/℃	特性落高 H_{50}/cm
BTTN	$C_4H_7O_9N_3$	241.1	1.52	-16.6	-407.03	-11.0	58
TMETN	$C_5H_9O_9N_3$	255.1	1.47	-34.5	-433.67	-3.0	47
TEGDN	$C_6H_{12}O_8N_2$	240	1.34	-66.6	-606.79	-19.0	>100
DEGDN	$C_4H_8O_7N_2$	196.1	1.38	-40.8	-2 227	2.0	>100
Bu-NENA	$C_6H_{13}O_3N_5$	203	1.21	-101.0	-259.00	-27.3	>100
NG	$C_3H_5O_9N_3$	227.1	1.60	3.4	-1 632	13.2	1

目前，国外已在多种推进剂配方中引入低感度增塑剂。如德国在多种螺压改性双基推进剂中引入硝化二乙二醇、二苯基氨基甲酸乙酯等，该类产品已用于火箭增程弹装药、火箭弹装药等，但是未报道具体的感度数据。Choudhari 等[20]研究了高能填料对双基推进剂机械感度的影响。结果表明，引入 DEP 后推进剂机械感度很低，特性落高 H_{50}（2 kg 落锤）为 60 cm 左右。但是，采用惰性或低感度增塑剂时推进剂的能量水平均受到不同程度的影响。

国内对混合酯增塑的改性双基推进剂进行了研究。赵凤起等[21]采用 TMETN 逐步取代 NG 研究了 TMETN 对推进剂机械感度的影响。研究发现，随 TMETN 含量的增加，推进剂的机械感度逐渐降低，尤其是撞击感度，TMETN 完全取代 NG 后，H_{50} 由 27.4 cm 提高到 59.6 cm，这为降低改性双基推进剂的机械感度提供了指导。

张超等[22]使用 TMETN 和 1,1-二氨基-2,2-二硝基乙烯（FOX-7）同时取代 NG 和 RDX，研究其对改性双基推进剂冲击波感度的影响。结果表明，TMETN 和 FOX-7 可以大幅降低推进剂的冲击波感度，完全取代 NG 和 RDX 后推进剂的冲击波感度测试的隔板厚度由 41.4 mm 降低至 16.5 mm。

赵本波[10]研究了 Bu-NENA 对改性双基推进剂安全性能的影响规律。结果表明，Bu-NENA 取代 NG 后，推进剂的出药压力降低，出药速度加快，使推进剂具有较好的热塑性和加工安全性。同时，推进剂的机械感度大幅降低，摩擦感度由 46% 降到 0，特性落高由 17.2 cm 提高到 32.2 cm，提高了

87.2%，为提高螺压改性双基推进剂的生产和使用安全性提供了参考。

2）高能固体组分降感

国内外在填料改性降感方面进行了大量研究，常用方法有纳米化、球形化以及表面修饰等。

Armstrong 等[23]应用晶体位错堆积崩塌模型（Dislocation Pile – Up Avalanche Model）从理论上解释了 RDX 的粒径与热点爆发概率的关系，说明了 RDX 粒径减小时撞击感度降低，为硝胺炸药降感提供了思路。

超临界溶液快速膨胀法[24, 25]（Rapid Expansion of Supercritical Solutions，RESS）是一种制备纳米核壳结构材料的有效途径，其基本原理是在快速膨胀过程中硝胺组分和聚合物溶解在 CO_2 中形成复合颗粒，在 CO_2 升华过程中硝胺组分首先结晶，之后聚合物在硝胺颗粒表面结晶从而形成核壳结构，过程中聚合物作为分散剂避免形成的纳米颗粒团聚或长大。He 等[26]利用 RESS 法制备了粒径约为 100 nm 的 PS 和氟橡胶包覆的纳米 RDX；Stepanov 等[27]采用 RESS 法制备了直径约 110 nm 的 RDX。类似的研究有很多，得到的材料不仅粒径很小，而且表面包覆有聚合物材料，所以感度大幅下降[24]。

喷雾干燥法也是制备纳米级硝胺颗粒常用的方法之一[28, 29]，其中，喷雾闪蒸技术（Spray Flash – Evaporation technique，SFE）最早由 Spitzer 提出[30]，是近几年兴起的一种基于过热液体雾化快速结晶而将材料纳米化的制备技术，这种方法采用常用溶剂，且可以连续化生产，因此是批量制备纳米含能材料的重要技术[31, 32]。Risse 等[33]采用 SFE 制备了纳米 HMX，并研究了其机械感度。结果表明，纳米 HMX 的摩擦感度和静电火花感度都大幅下降，但是撞击感度却有所提高。

Kröber[34]将 HMX 在不同的溶剂中进行重结晶得到了形貌不同的产品，并研究了产品的冲击波感度。结果表明，在不同的溶剂中析出时产品的性能相差较大，在碳酸丙酯中以少量水作为诱导成核试剂可以得到品质最好的 HMX 晶体，隔板测试表明这种晶体的冲击波感度明显降低。

Heijden 等[35]进行了大量关于 RDX、HMX 和 CL – 20 的重结晶实验。结果表明，晶体可以在饱和溶液中进行机械处理得到球形化产品。但是，产品的表面较为粗糙，再将球形化产品在乙酸乙酯溶液中进行表面修饰后可得到表面圆滑的类球形晶体，产品形貌如图 2 – 3 所示。

此外，包覆层可以对硝胺颗粒起到保护和缓冲的作用，减少晶体对能量的吸收，从而降低硝胺炸药的感度[36]。常用的包覆层材料按照其能量属性可以分为含能和惰性材料两种，惰性材料主要是聚合物如氟橡胶[37]、聚氨酯、聚酯等，含能材料常用的有 NC、TNT、TATB 等。采用钝感含能材料作为包覆层

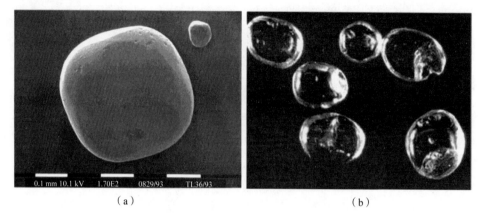

图 2-3　球形化后 RDX 的 SEM 和显微镜图[35]

(a) SEM 图；(b) 显微镜图

时，复合材料降感的同时能量性能不会受到明显影响，因此受到广泛关注。

Pessina 等[38]采用 SFE 技术制备了 PVP 包覆的 RDX。研究发现，1% 的 PVP 可将 RDX 的粒径细化至 160 nm 左右，所得 RDX 的静电火花感度下降明显，摩擦感度和撞击感度略有降低。

Kim 等[39, 40]采用冷却结晶技术制备了 NTO 包覆的 HMX，并对其感度进行了研究。结果表明，HMX/NTO 的撞击感度大幅下降，撞击能由 HMX 的 4.6 J 提高到 8.2 J，但是包覆百分率略有欠缺。Jung 等[41]进行了后续探索，采用两步法制备了包覆更加完整的 HMX/NTO 核壳材料，但是并没有进行感度性能测试。

Nandi 等[42]在 HMX 的存在下以甲苯为溶剂合成了 TATB，HMX 中硝基上的氧可以与 TATB 中的氢形成氢键，从而使制备的 TATB 在 HMX 表面结晶析出，得到了核壳结构的 HMX/TATB。研究表明，所得 HMX 的摩擦感度大幅降低，但是撞击感度升高，特性落高 H_{50}（2 kg 落锤）由纯 HMX 的 94 cm 降低到 38～57 cm。

Manning 等[43]采用溶剂挥发法制备了石墨包覆 HMX 的核壳结构复合材料，并对其在推进剂中的应用行了探索。研究发现，包覆后的 HMX 机械感度大幅降低，特性落高 H_{50} 由 22.3 cm 提高到 31.4 cm，引入到枪炮发射药中后，发射药的撞击感度也大幅降低，特性落高 H_{50} 由 54.2 cm 提高到 116.5 cm，提高了约 115%。因此，这种填料有望引入到螺压改性双基推进剂中以降低推进剂的机械感度。

国内也对推进剂的填料进行了改性研究，改性后的填料感度降低，有利于降低改性双基推进剂的感度。

刘杰等[44]采用球磨法制备了纳米 RDX，并研究了其对改性双基推进剂的机械感度的影响规律。研究发现，随粒径降低，RDX 的撞击感度下降，当粒径降低至 160 nm 时（原料为 88.0 μm），其摩擦感度由 80% 降低至 50%（90°，3.92 MPa），撞击感度由 49.8 cm 降低到 99.1 cm（2.5 kg 落锤）。将其引入改性双基推进剂中后[45]，推进剂的机械感度降低，具体数据如表 2-14 所示。

表 2-14　改性双基推进剂的机械感度[45]

批号	m-RDX/%	n-RDX/%	摩擦感度/%	撞击感度 H_{50}/cm
M-CMDB	18	0	78	14.1
N-CMDB	8	10	38	21.2

安崇伟[36,46]采用 NC、TNT 和含能聚合物对硝胺颗粒进行了包覆。研究发现，采用钝感含能材料包覆硝胺炸药可以有效降低其机械感度，将其引入到螺压改性双基推进剂中后，推进剂的机械感度也大幅降低[47]。

高寒等[48]采用机械研磨的方法制备了纳米 HMX，并研究了其对改性双基推进剂机械感度的影响规律。研究发现，纳米化后 HMX 的撞击感度降低，特性落高 H_{50} 由 17.6 cm 提高到 23.0 cm，摩擦感度略有下降，由 100% 降低至 94%。以其取代改性双基推进剂中的 RDX 后推进剂的机械感度也有所降低，添加 40% 的纳米 HMX 后推进剂的摩擦感度由 12% 降低到 0，特性落高 H_{50} 由 22.7 cm 提高到 28.6 cm。

黄兵等[49]采用超声法将 TATB 包覆在 HMX 表面得到核壳结构的 TATB/HMX 复合材料，并对材料的机械感度进行了表征。研究发现，包覆量达到 10% 以后 HMX 的机械感度大幅降低，特性落高 H_{50} 由低于 25 cm 升高到 75 cm，摩擦感度由 100% 降到 8%。

综上所述，为了提高改性双基推进剂的制备和使用安全性，研究人员引入了低感度增塑剂，研究硝胺填料的降感方法，这些方法有效降低了改性双基推进剂的感度。但是，多数情况下推进剂的能量水平受到影响，因此今后应继续探索其他高效降感方法，以实现推进剂的感度降低，同时能量水平不受影响。

2.3.4　高固体含量螺压改性双基推进剂的燃烧性能

1. 燃烧理论

推进剂的燃烧性能直接影响火箭发动机的弹道性能，因此研究人员关注改性双基推进剂的热分解及燃烧性能。Parr 和 Crawford 提出了著名的双基推进剂的稳态燃烧机理，他们把推进剂燃烧的多阶段物理化模型分为四个区，即亚表面及表面反应区、嘶嘶区、暗区和火焰反应区，并对各反应区的主要物理化学变化进行了解释，为研究双基系推进剂的燃烧性能提供了理论基础。

Summerfield 在稳态模型的基础上提出了化学当量理论，他认为平台推进剂燃烧时铅盐分解产生铅及氧化铅，其在推进剂的亚表面和表面反应区起催化作用，使硝酸酯的分解生成碳，减少醛的含量，嘶嘶区内的反应向化学当量移动，从而提高推进剂的燃速。压力升高时催化作用减弱，反应向远离化学当量的方向移动，不利于推进剂的燃烧，从而抵消了压力升高对燃速的提高作用，产生平台燃烧，这解释了推进剂的平台效应，也解释了高能硝胺改性双基推进剂压力指数较高的原因。

Kubota 研究了硝胺改性双基推进剂的燃烧性能，发现引入硝胺填料后推进剂的火焰结构没有明显变化，火焰中 RDX 附近没有扩散火焰流束，所以其燃烧特性与双基推进剂类似，在计算推进剂的燃速时将硝胺填料的放热量引入推进剂的表面之内即可计算硝胺改性双基推进剂的燃速，说明硝胺改性双基推进剂的燃烧符合稳态燃烧理论，为改性双基推进剂的燃烧性能研究提供了参考。

但是，这些燃烧模型并未考虑改性双基推进剂中普遍存在的 Al 粉，而 Al 粉含量、尺寸、形貌、比表面积等因素对推进剂的燃烧过程具有重要影响，含有 FLQT4 号 Al 的硝胺螺压改性双基推进剂的火焰结构如图 2-4 所示。由图可知，Al 的存在对燃面和火焰区的结构均有影响，但并未从根本上改变经典稳态燃烧模型的四个反应区，具体的燃烧理论应如何量化表征需进一步研究。

图 2-4 螺压改性双基推进剂的火焰结构 (5 MPa)

2. 燃烧性能调节

燃烧是推进剂能量释放的方式，在很大程度上影响推进剂的应用，是推进剂的重要性能之一。对于螺压改性双基推进剂，铅－铜－碳三元复合催化体系是最常用的燃烧性能调节剂，但更高的硝胺含量对传统的催化体系带来挑战，探索新型高效催化剂以提高燃速调节能力，拓宽燃速调节范围是当前研究工作的重点之一。

HMX 和 RDX 对改性双基推进剂燃烧性能的影响规律研究表明，在硝胺燃烧波的凝聚相中，挥发和热分解同时发生，在 $p < 0.5 \sim 1$ MPa 时固体放热为负，在 $p > 0.5 \sim 1$ MPa 时为正。将其引入到双基推进剂中后，推进剂固相中的汽化、热释放和热反馈规律均无变化，但火焰中的暗区以及燃速的温度敏感性发生了显著变化，HMX 的引入降低了暗区的温度。

对影响推进剂燃速的因素进行研究后发现，固体推进剂的燃速取决于多种因素，其中，推进剂的初始温度直接影响燃烧室的燃烧压力和燃烧速率。随燃烧室压力的增加，燃速提高。此外，推进剂能量水平的提高也可以提高推进剂的燃速。在双基体系中加入 2% 的 A1 时推进剂燃烧热增加了 3.78%，燃速提高 9.5%。添加 4% 的 A1 时燃烧热增加了 8.21%，燃速提高了 31.81%。

将 10 种纳米催化剂对 RDX 基改性双基推进剂燃烧性能的影响规律进行研究后发现，纳米复合物（n－TPCC，具体物质不详）是一种非常有效的纳米催化剂，与炭黑复合后，使推进剂在 12 ~ 22 MPa 出现宽压力范围平台区。此外，赵凤起等[50]还将含能配合物作为燃速催化剂，研究了其对双基推进剂的催化燃烧性能。研究发现，它可以提高双基推进剂的燃速，降低压力指数。

将铜（Ⅱ）和铅（Ⅱ）盐作为燃速催化剂，研究它们对改性双基推进剂燃烧性能的影响规律后发现，这些催化剂均能降低 NC/NG 和 RDX 的分解峰温，提高分解放热量，从而提高推进剂的燃速，分子结构如图 2－5 所示。

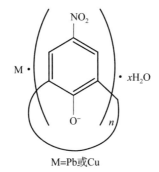

图 2－5　铜/铅盐的分子结构

Wang 等将自制的 4 - 氨基 - 3 ,5 - 二硝基吡唑的铅盐（PDNAP）作为催化剂，研究了其对推进剂燃烧性能的影响规律。研究发现，PDNAP 在分解时生成 PbO，从而降低了改性双基推进剂的燃速压力指数，推进剂燃速的具体数据如表 2 - 15 所示。

表 2 - 15   PDNAP 对推进剂燃烧性能的影响

样品	不同压力时的燃速/（mm · s^{-1}）									
	2 MPa	4 MPa	6 MPa	8 MPa	10 MPa	12 MPa	14 MPa	16 MPa	18 MPa	20 MPa
0	3.09	5.34	7.24	9.85	11.88	14.04	15.75	17.54	19.23	20.92
1	4.63	8.69	10.29	10.98	11.63	12.64	13.96	17.41	19.14	20.75

魏涛涛等采用水热法制备了纳米 Bi_2WO_6，并研究了其对双基推进剂燃烧性能的影响规律。研究发现，纳米 Bi_2WO_6 可提高推进剂的燃速，降低燃速压力指数，在 16 ~ 22 MPa 形成高压"平台"燃烧。不同推进剂的燃速曲线如图 2 - 6 所示。

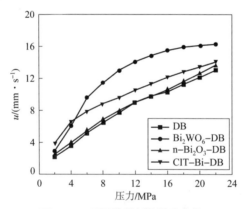

图 2 - 6   不同推进剂的燃速曲线

综上所述，目前开发的燃速催化剂可在一定范围内对改性双基推进剂的燃速进行调节。但是，关于催化剂的催化机理研究较少，因此未来应进一步研究催化机理以指导更高效催化剂的制备。此外，应继续探索新型、高效催化剂，使改性双基推进剂的燃速可调范围进一步增大，从而满足更多的装备需求。

2.3.5   推进剂的制备工艺

1. 螺压改性双基推进剂制备工艺

高能螺压改性双基推进剂一般使用无溶剂法制备，主要包括吸收、驱水、熟化、混同、压延、造粒、成型等，制备流程如图 2 – 7 所示。

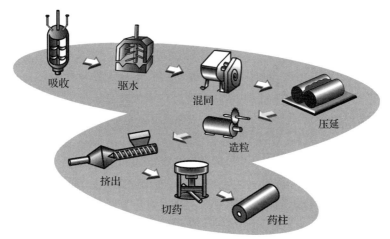

图 2 – 7　螺压改性双基推进剂的制备流程

吸收是指将推进剂的各种原料在吸收釜中充分搅拌以使物料混合均匀的过程，温度一般为 50 ~ 60 ℃。需要指出的是，NG 一经生产、检测后便经喷射吸收工艺与 NC 混合，得到一定比例的 NC/NG 吸收药（俗称白料，内含一定量中定剂），并以此形式储存。进行改性双基推进剂物料吸收时，将白料与一定量的 NC 在吸收釜中混合以使 NC/NG 比例与推进剂配方一致。驱水过程一般是以离心驱水方式进行，驱水后的物料仍含有一定量的水分，并以此状态放熟，然后将物料进行压延造粒，这一过程中水分进一步减少并在一定程度上塑化，造好的粒料经干燥、恒温后进入单螺杆压伸机，在不断的挤压、剪切等作用下药料完全塑化，通过模具后成型为一定尺寸的药柱。

螺杆压伸成型是螺压改性双基推进剂制备过程中的核心工序，也是最复杂、最危险的工序。通常，在单螺杆成型工艺中可将螺杆分为三段，即喂料段（或固体输送段）、过渡段（或相迁移段）和塑化挤出段。这种分段的含义有两种：①按螺杆的几何尺寸和形状分段，各段有明显的过渡；②药料在螺杆各段的物性状态发生不同的变化。

（1）喂料段：单螺杆压伸机的螺杆有一定的压缩比，药料每前进一个螺槽，将会受到压缩。随着药料的推进，药粒之间的间隙越来越小，药料在前进的过程中受到挤压，并且压力越来越高，药粒之间的间隙或痕迹仍清晰可见。

（2）过渡段：药料进入过渡段，开始逐步塑化，药粒与药粒逐步黏结在一起，药粒之间的界面完全消失，形成一个完整的塑化固体床，这种固体床有足够的强度，且不间断地向前推进。药料在该段完成了物理状态转变，即处于熔融状态，并按照一定的速率向均匀塑化挤出段推进。

（3）均匀塑化挤出段：完全塑化的药料，在均匀塑化挤出段流动，成为质量均匀、具有一定流动性的流体，在压力的推动下，定量地向模具平稳（平衡）推进。

以上是稳定状态下药料塑化挤出成型的过程。

在上述成型过程中，药料伴随剪切流动，在剪切力的作用下使固体床不断更新，药料最终成为熔融流体，喂料段和过渡段的药料不断推动均匀塑化段药料，平稳地向成型模具方向缓缓流动，最终形成药柱。

2. 高固体含量对推进剂工艺性能的影响

1）转速对体系黏度的影响

一般高分子流体在剪切应力的作用下，分子链运动的取向会趋于一致。螺杆转速越高，剪切力越大，分子链运动取向的趋势越明显，而且转速提高，转矩逐渐降低。固体推进剂浆料中含有高分子黏合剂组分，在较高的转速下，体系中的氢键被破坏，甚至分子链断裂，平衡转矩降低，表观黏度下降。因此，螺杆转速对固体推进剂浆料的影响成为改变其流动性能的主要因素之一。采用 $\phi 5$ mm 口模，长径比为 $5:1$ 的模具，分别在 3 r/min、4 r/min、5 和 6 r/min 的转速下进行测试，83 ℃时转速对固体含量改性双基推进剂代料流变特性的影响如图 2 – 8 所示（惰性增塑剂邻苯二甲酸二丁酯代替硝化甘油，$CaCO_3$ 代替 RDX，代料配方中固体含量 54%。）

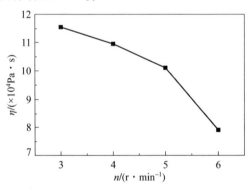

图 2 – 8　螺杆转速与代料黏度的关系

从图 2 – 8 可以看出，固体含量改性双基推进剂代料的黏度随着螺杆转速的增加而降低，转速每提高 1 r/min，黏度下降大约 1.2×10^4 Pa·s。螺杆转速由 3 r/min 提高到 6 r/min，剪切应力略有增加，但样品的表观黏度由 1.2×10^5 Pa·s 降低至 7.9×10^4 Pa·s，下降较为明显，说明转速对代料流变性能的影响较大。

2）机体温度对体系黏度的影响

流变试验过程共有三个工艺温度：药粒保温温度、模具温度和机体温度。药粒保温温度是保证压伸过程药柱塑化成型的前提，模具温度可保持物料的持续流动。药粒在机体中时间较长，经螺杆输送、塑化再挤压成型，故机体温度是影响流变性能的关键因素。当药粒保温温度为 75 ℃，机体温度和模具温度相同时，机体温度和螺杆转速对固体含量改性双基推进剂代料（配方与前述一致）浆料黏度的影响规律如图 2 – 9 所示。

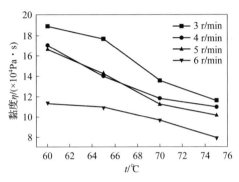

图 2 – 9　机体温度与代料黏度的关系

从图 2 – 9 中可以看出，在相同转速下，固体含量改性双基推进剂代料的表观黏度随着物料温度的升高而降低，且随着转速的降低，这种趋势更加明显。分析得知，在试验温度范围内，转速为 3 r/min 时，温度对黏度影响为 0.49×10^4 Pa·s/℃，当转速升高到 6 r/min 时，这种影响降低到 0.22×10^4 Pa·s/℃。造成这种结果的原因在于推进剂代料中含有硝化棉等高分子聚合物，随着温度的升高，聚合物分子间的运动增强，固体颗粒间滑移阻力减小，相互作用力减弱，流动性变好，而转速的提高也会大大降低物料的表观黏度。所以，在物料的加工成型过程中，可以通过温度和转速的调控改变熔体流动性，获得最佳的工艺效果。

3）口模直径对代料黏度的影响

口模直径 d 的大小限制了物料在毛细管中的相对运动，对推进剂浆料的表观黏度有一定的影响，如图 2 – 10 所示。由图可知，对于长径比为 5∶1 的口模，随着口模直径的增加，高固体含量改性双基推进剂代料表观黏度有增长的趋势，在不同转速下，物料的黏度差异也比较明显。在转速大于 3 r/min，口模直径为 4 mm 时，表观黏度有一个小幅度的降低，降幅为（0.03 ~ 0.06）× 10^4 Pa·s，但药浆黏度总体表现出随着口模直径增大而增加的趋势。这可能是因为，随着口模直径增大，物料挤出药量相对增多，分子之间相互作用增大，物料的流动性能变差，因此测得的黏度也较高。

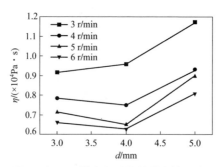

图 2 – 10　口模直径对代料黏度的影响

4）口模长径比对代料黏度的影响

口模的长径比也会对物料的运动产生较大的影响，从而改变推进剂浆料的表观黏度。当机体温度为 83 ℃，口模直径为 3 mm 时，口模长径比对高固体含量改性双基推进剂代料表观黏度的影响如图 2 – 11 所示。

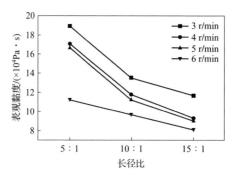

图 2 – 11　口模长径比对代料黏度的影响

由图 2 – 11 可知，随着口模长径比的增加，推进剂代料的表观黏度显著降低。在转速较高时，降低的幅度小。转速较低时，降低的幅度大。主要原因是在恒定转速下，随着口模长径比的增加，推进剂浆料在口模中的流程增加，物料挤出的阻力越大，相互作用时间增长，温度升高，黏度降低。另外，转速较高时，剪切速率增大，浆料中高分子缠结点的解开速率大于形成速率，线网状结构减小，因此表观黏度降低的幅度较小。

5）RDX 含量对固体推进剂黏度的影响

由于 RDX 晶体界面与固体推进剂体系的界面特性，其对固体推进剂浆料的黏度影响较大。RDX 的含量、粒度甚至颗粒级配都会对推进剂浆料的黏度产生重要影响。不同转速下 RDX 质量分数（0、27% 和 54%）对固体推进剂浆料表观黏度的影响如图 2 – 12 所示。

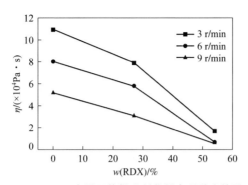

图 2 - 12　RDX 含量固体推进剂浆料表观黏度的影响

由图 2 - 12 可知，固体推进剂黏度随 RDX 含量的增大而降低，当 RDX 质量分数达 54% 后，与不加 RDX 的固体推进剂相比，其黏度降低 85% 以上，变化明显。原因在于，试验的三种不同固体含量改性双基推进剂，随着固体组分含量的增大，相对应配方中的双基黏合剂溶剂比（增塑剂 NG 与硝化棉 NC 的质量比）相应增大。RDX 颗粒的加入，虽然改变了推进剂各组分的接触状态，且随着其含量的增加，RDX 颗粒间摩擦增大，推进剂变成流体所需的剪切力增大，但由于黏合剂溶剂比增大引起的药浆黏度降低程度大于加入固体组分 RDX 引起的黏度增大程度，因此在相同的转速下，推进剂药浆黏度表现为随固体含量的增大而降低。

总体来看，推进剂物料加工成型过程中，机体温度是调节熔体流动性的重要影响因素。随着温度的升高，聚合物分子间的运动增强，固体颗粒间滑移阻力减小，相互作用力减弱，从而使流动性有所改善。此外，螺杆转速和口模参数对物料流动性也有影响，螺杆转速越高，剪切力越大，分子链运动取向的趋势越明显，固体推进剂黏合剂组分在较高的转速下体系中的氢键被破坏，平衡转矩降低，表观黏度下降。口模直径增大，物料挤出药量相对增多，分子之间相互作用增大，物料的流动性能变差。口模的长径比越大，物料挤出的阻力越大，相互作用时间增长，温度升高，黏度降低。RDX 作为推进剂的固体填料，相同的转速下，固体组分及其含量对推进剂黏度影响程度小于双基黏结体系中溶剂比对推进剂黏度影响程度，推进剂药浆黏度表现为随固体含量增大而变小。

|2.4　CL - 20 基螺压改性双基推进剂|

第二代含能材料的典型代表 RDX 和 HMX 已成功应用在改性双基推进剂中，

经过几十年的探索研究，其固体含量已达到较高水平，由于推进剂力学性能和工艺性能的限制，当前的高能螺压改性双基推进剂难以通过提高固体含量进一步提高其能量。因此，迫切需要开展能量更高的三代含能材料的应用研究。

六硝基六氮杂异伍兹烷（HNIW，CL-20），分子式 $C_6H_6N_{12}O_{12}$，是一种具有笼型结构的高密度、高能量、高爆速和高爆压的硝胺类炸药。1987年，美国海军武器中心 Nielsen 首次合成 CL-20；国内北京理工大学于 1990 年合成，自问世以来，就获得广泛关注，是目前最有吸引力的第三代高密度含能材料，国内外研究学者已着手开展其在火箭推进剂、炸药和发射药等领域的应用研究工作。在 NEPE 推进剂中，CL-20 基推进剂燃速是 HMX 基推进剂燃速的 2 倍左右。在 CL-20、GAP、AD 和 Al 四元混合炸药中，通过水下爆炸试验数据估算其能量密度可达到 2.88 倍 TNT 当量。在含 75% 的高能添加剂 RDX、HMX 或 CL-20 的发射药中，CL-20 基发射药燃速分别是 RDX 基和 HMX 基发射药的 2.4 倍和 1.4 倍。因此，将 CL-20 引入固体含量螺压改性双基推进剂是提升其能量水平的重要途径。

2.4.1 CL-20 基螺压改性双基推进剂的能量性能

由于 CL-20 比螺压改性双基推进剂常用的 RDX 能量密度高，故引入到改性双基推进剂中可提高其能量性能水平。王江宁等设计了一组 CL-20 基高能低特征信号改性双基推进剂配方，如表 2-16 所示，推进剂的理论性能如表 2-17 所示。由表可知，CL-20 基改性双基推进剂的比冲、特征速度、燃气平均分子量和绝热火焰温度等都高于 CL-20 基推进剂，这是因为 CL-20 的生成焓和氧平衡高于 RDX，可以使推进剂的燃烧得更充分。

表 2-16　螺压改性双基推进剂的配方

样品	NC + NG + Plasticizer/%	RDX/%	CL-20/%	其他/%
C-1	77.52		17.65	4.83
C-2	66.15		30	3.85
C-3	55.12		41.67	3.21
R-1	77.52	17.65		4.83
R-2	66.15	30		3.85
R-3	55.12	41.67		3.21

注：配方中 NC 和 NG 质量比为 1∶1。

表 2-17 螺压改性双基推进剂的能量性能

样品	$I_{sp}/(N \cdot s \cdot kg^{-1})$	$C_v/(m \cdot s^{-1})$	φ	M_c	T_e	$T_c/℃$
C-1	2 413.35	1 505.13	0.73	27.37	1 523.68	3 111.34
C-2	2 463.43	1 529.17	0.74	27.65	1 610.53	3 213.72
C-3	2 503.41	1 547.91	0.75	27.90	1 687.76	3 291.07
R-1	2 393.94	1 498.71	0.71	26.57	1 443.57	3 017.72
R-2	2 431.77	1 521.09	0.71	26.28	1 469.75	3 070.84
R-3	2 461.47	1 539.59	0.70	26.00	1 486.29	3 110.45

注：I_{sp} 为理论比冲；C_v 为特征速度；φ 为氧系数；M_c 为燃气平均分子量；T_e 为绝热火焰温度。

有研究人员认为，Al 在炸药爆炸和推进剂燃烧过程中均与基体组分产生的燃烧产物进行二次反应而释放能量，对于 CL-20 基改性双基推进剂，Al 在推进剂中与推进剂燃烧产生的气体发生化学反应放出大量的热。通过分析推进剂的燃气成分，能够为 Al 提供氧源的气体组分主要为 CO_2、H_2O，其化学反应过程为

$$Al + CO_2 \rightarrow Al_2O_3 + CO \tag{2-1}$$
$$Al + HO_2 \rightarrow Al_2O_3 + H_2 \tag{2-2}$$

基于上述观点，王江宁等设计了一组含 Al 的 CL-20 基改性双基推进剂，其配方和理论参数如表 2-18 所示。

表 2-18 螺压改性双基推进剂配方和理论参数

样品	$w/\%$					比冲/s	氧系数	$w/\%$		
	NC/	NG	Al	CL-20	其他			CO	CO_2	H_2O
C-0	34.0	28.5	0	32.1	5.4	256.6	0.698	27.3	20.9	19.7
C-1	34.0	28.5	0.5	31.6	5.4	257.3	0.694	27.9	20.3	19.6
C-2	34.0	28.5	1	31.1	5.4	258.0	0.690	28.5	19.6	19.4
C-3	34.0	28.5	2	30.1	5.4	259.2	0.681	29.7	18.2	19.0
C-4	34.0	28.5	3	29.1	5.4	260.5	0.672	30.9	16.9	18.6
C-5	34.0	28.5	4	28.1	5.4	261.7	0.663	32.0	15.5	18.2
C-6	34.0	28.5	5	27.1	5.4	262.8	0.654	33.1	14.3	17.7

续表

样品	w/%					比冲/s	氧系数	w/%		
	NC/	NG	Al	CL－20	其他			CO	CO$_2$	H$_2$O
C－7	34.0	28.5	8	24.1	5.4	265.8	0.629	36.2	10.6	16.0
C－8	34.0	28.5	10	22.1	5.4	267.5	0.613	38.1	8.4	14.5
C－9	34.0	28.5	15	17.1	5.4	270.5	0.573	41.7	3.9	9.6
C－10	34.0	28.5	20	12.1	5.4	271.8	0.534	43.7	0.8	2.8

由表 2－18 可知，随着 Al 添加量的增加，氧系数降低，燃气中 CO$_2$ 和 H$_2$O 中的 O 不断地与 Al 反应，释放出热量并使 CO 含量大幅增加。Al 与推进剂一次燃烧组分中 CO$_2$、H$_2$O、CO 和（CO$_2$ + H$_2$O）之间的变化关系如图 2－13 所示。

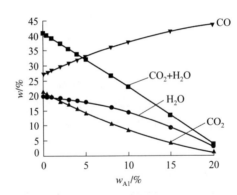

图 2－13　Al 与推进剂一次燃烧组分之间的变化关系

分析图 2－13 可知，氧系数为 0.698~0.534（Al 添加量为 0~20%）时，Al 添加量与燃气中 CO$_2$、H$_2$O、CO 和（CO$_2$ + H$_2$O）的质量分数线性相关，其相关性方程为

$$wCO = 0.860\ 1wAl + 28.183, R^2 = 0.970\ 6 \tag{2-3}$$

$$wCO_2 = -1.044\ 3wAl + 20.09, R^2 = 0.945\ 9 \tag{2-4}$$

$$wH_2O = -0.976\ 3wAl + 20.889\ 9, R^2 = 0.998\ 8 \tag{2-5}$$

$$w(CO_2 + H_2O) = -1.840\ 6wAl + 40.980\ 4, R^2 = 0.999\ 3 \tag{2-6}$$

式（2－3）~式（2－6）的线性相关结果验证了化学反应式（2－1）、式（2－2）的可能性，说明实际调节推进剂能量时可认为 CL－20 基改性双基推进剂的组分首先分解，其分解的 CO$_2$ 和 H$_2$O 燃气中的 O 不断地与 Al 反应，释

放出 Al 的化学能。以提高能量为目的时，推进剂配方中 Al 的最佳添加量先取决于 Al 与 CO_2、H_2O 的反应率，反应率越高，能量释放率越高，同时需要考虑燃烧产物两相流对能量的降低作用。

从推进剂的能量水平分析，在 Al 含量达到 20% 时推进剂的理论比冲达到最大，而且有随 Al 含量提高而进一步提高的趋势。但是，螺压推进剂工艺允许 Al 的添加量最高为 19%[7]。并且根据刘所恩[12] $\phi50$ mm 标准发动机实验中螺压改性双基推进剂 Al 的含量与能量释放效率关系的结论，即 Al 的添加量超过 10% 时燃烧效率大幅下降，因此 CL - 20 基螺压改性双基推进剂 Al 的最佳添加量上限应为 10%。此时，推进剂的理论比冲为 267.5 s，已经处于较高水平。

根据经验，若提高上述固体推进剂的固体含量（当前配方中 Al 与 CL - 20 仅占 32.1%），推进剂的能量可进一步提高。虽然没有实测结果直接证明该观点，但从部分报道的资料可印证上述结论，研究表明，与 RDX 相比，含有 CL - 20 的改性双基推进剂实测比冲（10 MPa，$\phi36$ cm）高出近 3 s，爆热和密度也有所提高，具体数据如表 2 - 19 所示。

表 2 - 19　CL - 20 基螺压改性双基推进剂的性能

NC/NG/%	RDX/%	CL - 20/%	其他/%	Q_v/(kJ·g⁻¹)	ρ/(g·cm⁻³)	P/%	H_{50}/cm	I_{sp}/s
62.4	25	0	17.6	4 878	1.888	44	32.4	223.03
62.4	0	25	17.6	5 034	1.928	100	42.7	225.98

2.4.2　CL - 20 基螺压改性双基推进剂的安全性能

CL - 20 虽然具有优异的爆炸性能和高能特性，但其也具有较高的机械感度、冲击波感度和静电火花感度，使其在制备、储存、运输和应用过程中存在安全风险，故引入螺压改性双基推进剂中时需关注推进剂的安全性能。

表 2 - 19 的结果表明，CL - 20 在提高螺压改性双基推进剂能量水平的同时，也会提高其机械感度，与 RDX 相比，CL - 20 使推进剂的撞击感度有所降低，但是会大幅提高推进剂的摩擦感度，使其达到 100%。庞军等制备了 CL - 20 含量为 50% 的改性双基推进剂，发现与 HMX 基改性双基推进剂相比，CL - 20 可将推进剂的爆热由 5.06 kJ/g 提高至 5.32 kJ/g，且使推进剂的机械感度较高，但研究内容中并未与 HMX 基推进剂的感度进行对比。

也有测试结果表明，CL - 20 基螺压改性双基推进剂的摩擦感度和撞击感度均高于 RDX 基改性双基推进剂。徐司雨等研究了 CL - 20 的含量和燃烧催化剂对改性双基推进剂机械感度的影响，推进剂的配方和机械感度如表 2 – 20 所示。

表 2 – 20   CL – 20 基螺压改性双基推进剂的配方和机械感度

样品	w/%				溶剂比	催化剂/%			P/%	撞击感度 H_{50}/cm
	NC	NG	CL – 20	添加剂		OA – Pb	OA – Cu	CB		
CL – 01	48.4	36.3	8.0	7.3	0.890				32	12.0
CL – 02	42.7	32.0	18.0	7.3	0.909				28	18.2
CL – 03	37.0	27.7	28.0	7.3	0.932				44	18.6
CL – 04	31.3	23.4	38.0	7.3	0.965				34	19.5
CL – 05	25.6	19.1	48.0	7.3	1.012				48	17.0
CL – 15	37.0	27.7	28.0	7.3	0.932	2.5			44	15.5
CL – 16	37.0	27.7	28.0	7.3	0.932		2.5	0.5	68	18.2
CL – 17	37.0	27.7	28.0	7.3	0.932	2.5	0.5	0.5	64	19.5

由表 2 – 20 可知，CL – 20 含量小于 50% 的非催化改性双基推进剂，撞击感度（H_{50}）随推进剂中 CL – 20 含量增加呈现先增大后减小的变化规律。当推进剂中 CL – 20 含量小于 38% 时，推进剂的撞击感度（H_{50}）随着 CL – 20 量增加而增大，由 12.0 cm 增大到 19.5 cm，即推进剂的撞击感度随着 CL – 20 含量的增加逐渐降低。这是因为从 CL – 01 到 CL – 04 号配方，推进剂中的部分 NG 和 NC 逐步被 CL – 20 所取代，即推进剂中撞击感度很高的 NG 的量在减少，同时推进剂中的溶剂比增大，使基体药料变软，所以推进剂的撞击感度下降。当推进剂中 CL – 20 含量介于 38% ~ 50% 时，推进剂的撞击感度（H_{50}）又随着 CL – 20 量的增大而减小，由 19.5 cm 减小到 17.0 cm，即推进剂的撞击感度有所增加。产生这样的结果，是由于推进剂中的 NG 少到一定量、CL – 20 超过一定量后，NG 和溶剂比便失去了对推进剂撞击感度的主导影响作用，而逐渐增多的 CL – 20 变成了影响推进剂撞击感度的主要物质。因此，随着 CL – 20 含量的增加，推进剂的撞击感度升高。从表 2 – 20 所示的爆炸概率 P 可看出，随着 CL – 20 含量增加推进剂的摩擦感度波动较大，但总体趋势是增大的。这是因为随着 CL – 20 含量增加，推进剂中摩擦感度较高的固体颗粒物增多，所以推进剂的摩擦感度升高。

表 2 – 20 中 CL – 15 ~ CL – 17 号配方的基本组成相同，仅在外加燃烧催化剂的种类和含量上有差异。这三个配方均是以 CL – 03 为基础，分别外加了一

定量的芳香族的铅盐、铜盐、CB 或三者的混合物。对比 CL – 03 和 CL – 15 的感度结果可知，加入芳香族的铅盐后，推进剂试样的 H_{50} 值由基础配方的 18.6 cm 降低到 15.5 cm，即撞击感度升高。这说明引入此种芳香族的铅盐会提高推进剂的撞击感度。比较表 2 – 20 中的 CL – 15、CL – 16 和 CL – 17 可知，这三个配方的 H_{50} 逐渐升高，即推进剂的撞击感度逐渐降低，表明 CB 会降低推进剂的撞击感度。这是由于含 CB 的推进剂在受撞击产生热点时，热点处产生的热量会在 CB 良好的导热作用下较迅速地传导给周围介质，使热点快速消失，从而降低推进剂的撞击感度。比较 CL – 03 和 CL – 15 可以看出，芳香族铅盐对推进剂的摩擦感度影响不大，但比较 CL – 03、CL – 16 和 CL – 17 的摩擦感度结果可以看出，芳香族铜盐和 CB 提高了推进剂的摩擦感度。

表 2 – 21 列了几种已定型的双基和 HMX 基改性双基推进剂的配方及相应的机械感度，其中的溶剂比为推进剂中 NG、C_2 和增塑剂三者之和与 NC 之比。比较表 2 – 20 和表 2 – 21 中前三个双基推进剂的 H_{50} 可知，表 2 – 20 中除了 CL – 01 号配方的撞击感度比 SDP – 10 和 SWP – 11 双基推进剂的高外，其余配方的撞击感度均比三种定型双基推进剂的低。这是因为 CL – 01 配方中 NG 的含量比较高，且 NG 的撞击感度很高，虽然 CL – 01 配方的溶剂比较大，但是也不能缓解大含量、高感度 NG 对推进剂撞击感度的主导影响作用。因此，CL – 01 的撞击感度较高。表 2 – 20 其余配方中 NG 的量，比表 2 – 21 中 DB 推进剂的低或与其相当，但它们的溶剂比却均比三种 DB 推进剂的高，即 CL – 20 基改性双基推进剂的基体药料较软。因此，这些推进剂中虽然含有大量的固体氧化剂颗粒，其撞击感度仍然较低。将 CL – 03、CL – 15 ~ CL – 17 同 GOQ – 3 和 GOQ – 2 进行对比可以看出，这几种推进剂的氧化剂含量相当，CL – 20 基改性双基推进剂中 NG 的含量大，溶剂比高，且 CL – 20 单质的撞击感度比 HMX 单质的低，但却出现了 CL – 20 基推进剂比 HMX 基推进剂撞击感度高的现象。这是因为 CL – 20 基推进剂用的增塑剂是 DINA，而 HMX 基推进剂中用的增塑剂是邻苯二甲酸二乙酯 DEP，DINA 是一种含能增塑剂，而 DEP 是惰性增塑剂，因此 HMX 基改性双基推进剂的撞击感度较低。

表 2 –21　几种定型推进剂的配方及机械感度

| 样品 | w/% | | | | | 溶剂比 | $P/\%$ | 撞击感度 H_{50}/cm |
	NC	NG	HMX	添加剂	催化剂			
671 – 3	53.5	30.0		12.5	4.0	0.766	26	10.50
SDP – 10	55.0	24.0		15.5	5.5	0.670	10	14.11

续表

样品	w/%					溶剂比	P/%	撞击感度
	NC	NG	HMX	添加剂	催化剂			H_{50}/cm
SWP-11	56.5	28.0		12.6	2.9	0.701	6	14.60
GOQ-3	37.0	27.7	26.0	7.5	2.5	0.890	33	25.70
GOQ-2	34.6	21.1	30.0	9.6	4.7	0.870	18.7	30.90
NG							100	2
HMX							100	24.5

比较表 2-20 和表 2-21 中的爆炸概率 P 能看出，当双基推进剂中加入 CL-20 或 HMX 形成改性双基推进剂时，其摩擦感度升高，这是因为推进剂受到摩擦作用时，容易在固体颗粒处形成剪切热点，导致推进剂的摩擦感度升高。

综合来看，CL-20 基改性双基推进剂比几种已定型的 DB 推进剂的撞击感度低、摩擦感度高，比已定型的 HMX 基改性双基推进剂的撞击感度和摩擦感度都高，表明该类型推进剂较为敏感。

为了降低 CL-20 基改性双基推进剂的机械感度，研究人员从多个角度入手进行了探索研究。Nair 等[51]采用不同钝感剂钝化的 NG 制备了含有 CL-20 的改性双基推进剂，并研究了推进剂的机械感度。研究发现，采用 DEP 钝化 NG 时推进剂的感度较低，摩擦感度为 19.2 kg，特性落高 H_{50}（2 kg 落锤）为 29 cm。当采用含能的混合酯 TMETN/TEGDN 代替 NG 时，推进剂的特性落高 H_{50} 提高到 32 cm，摩擦感度为 16 kg。

与改变推进剂原有的增塑体系相比，对感度较高的 CL-20 进行包覆不会明显影响推进剂的工艺性能。同时，对推进剂感度也具有较为明显的降低效果，因此，较多的研究人员对 CL-20 进行了包覆实验研究。杨志坚等[52]在 CL-20 中加入 5% 的 TATB 后其特性落高 H_{50}（2 kg 落锤）由 16.0 cm 升高至 23.7 cm，但是摩擦感度仍为 100%；当制成核壳结构的 CL-20/TATB 时，其机械感度大幅降低，特性落高 H_{50} 可升高至 49.6 cm，同时摩擦感度（3.92 MPa，90°）可降至 68%。此外，他们[53]还将三聚氰胺甲醛（MF）在硝胺表面原位聚合得到了以硝胺颗粒为核的微胶囊，并对其感度进行了表征。研究发现，形成核壳结构后其机械感度大幅降低，具体数据如表 2-22 所示。

表 2 - 22　RDX、HMX 和 CL - 20 的撞击感度[53]

样品	MF 含量/%	特性落高 H_{50}/cm	撞击能 E_{50}/J
RDX	0	33.4	16.4
RDX/MF	3	61.8	30.3
HMX	0	28.2	13.8
HMX/MF	3	51.7	25.3
CL - 20	0	16.3	8.0
CL - 20/MF	3	41.8	21.0

张超等[54]研究了含 RDX、HMX、和 CL - 20 的螺压改性双基推进剂的机械感度。研究发现，三种推进剂的机械感度相近，对机械刺激都较为敏感，具体数据如表 2 - 23 所示（摩擦感度：2.45 MPa，66°；撞击感度：2 kg 落锤）。后来，该作者[13]采用 TPU 将 CL - 20 包覆，并将其引入到螺压改性双基推进剂中，研究了其对推进剂感度的影响。研究发现，采用 TPU 包覆后，CL - 20 的特性落高 H_{50} 由 18.4 cm 提高到 29.7 cm，含有该填料的推进剂特性落高 H_{50} 由 24.3 cm 提高到 36.2 cm，摩擦感度由 78% 降低到 26%。由此看出，对硝胺填料表面改性是降低推进剂机械感度的有效手段，但是由于 TPU 不含能，推进剂的能量水平有所降低。

表 2 - 23　改性双基推进剂的机械感度[13]

批号	RDX/%	CL - 20/%	HMX/%	摩擦感度/%	特性落高 H_{50}/cm
1	30	0	0	21	23.4
3	0	30	0	18	25.8
5	0	0	30	20	24.4

除了机械感度与老化性能外，推进剂的冲击波感度是评价推进剂安全性能的主要参量，也是评价推进剂危险等级的重要指标[13]，对评价其安全性具有十分重要的意义。美国长期以来一直使用隔板试验（NOLLSGT）测试推进剂冲击波感度，并以 70 片厚度为 0.254 mm 的隔板作为区分 1.1 级（有整体爆轰危险）推进剂和 1.3 级（仅产生剧烈燃烧）推进剂的一项重要试验。用冲击波感度来反映推进剂是否具有良好战地生存能力具有十分重要的作用。张超等为了掌握含 CL - 20 改性双基推进剂冲击波感度响应规律，提高该类推进剂

在制造与使用过程中的安全性，研究了 CL – 20 的含量、粒度及粒度级配对改性双基推进剂冲击波感度的影响。结果表明，在 CL – 20 质量分数 0~30% 范围内，随着其含量的增加，推进剂的冲击波感度先减小后增大，与不含 CL – 20 时相比呈现降低趋势。含细颗粒 CL – 20 （$d_{50} = 230$ nm）的推进剂的冲击波感度小于含等量粗颗粒 CL – 20 （$d_{50} = 25.12$ μm）推进剂，当粗细颗粒质量比为 3∶1 时，推进剂的冲击波感度最低，隔板厚度由粗细质量比为 1∶1 时的 29.26 mm 降至 25.46 mm，推进剂配方中添加质量分数 3% 的 C – Pb、C – Cu 和 CB 惰性催化剂时，隔板厚度比不加催化剂时降低 1.61 mm。

2.4.3　CL – 20 基螺压改性双基推进剂的燃烧性能

燃烧特性是推进剂的重要性能，国内外均高度关注 CL – 20 对螺压改性双基推进剂燃烧性能的影响，对此开展了大量研究。

Joseph Kalman 等在研究 CL – 20 粒径对推进剂燃烧性能影响的试验中发现，含微纳米球形的 CL – 20 （粒径为 3 μm）推进剂压强指数要明显低于含未经处理 CL – 20 （粒径为 30 μm）推进剂的压强指数。Ang 和 Pisharath 等研究了含有 CL – 20 的改性双基推进剂的燃烧特性，发现 $CuCr_2O_4$ 可以显著提高推进剂的燃速，在低压区将推进剂的燃速由 4.3 mm/s 提高到 13.6 mm/s。Nair 等研究了含 CL – 20 的改性双基推进剂的燃烧性能。结果发现，没有催化剂时改性双基推进剂在 3 MPa 压力下燃烧不稳定。在 5~9 MPa 压力区域内推进剂的燃速为 6.5~9.7 mm/s。在推进剂中引入 Fe_2O_3 和亚铬酸铜后推进剂的燃速提高了 9%~40%，并将低压燃烧极限降低至 2 MPa，为含 CL – 20 的改性双基推进剂的燃速调节提供了参考。

徐司雨等采用差示扫描量热法研究了 CL – 20 基螺压改性双基推进剂在 0.1 MPa、4 MPa 和 7 MPa 下的热分解行为。研究发现，放热峰温度随压力的升高而降低，并随着升温速率的增大而升高，表明推进剂燃烧性能受压力和升温速率影响较大，CL – 20 的引入可能会导致推进剂压强指数和温度敏感系数增加。张建侃等将 $PbSnO_3$@ 还原氧化石墨烯 （rGO） 纳米复合物与 CL – 20 按质量比 1∶5 混合，由于 rGO 具有优良的导热性和较大的比表面积，使 $PbSnO_3$rGO 作为催化剂对 CL – 20 的分解有更好的催化作用，可有效降低 CL – 20 分解峰温和表观活化能，同时也有助于提高表观分解热。采用传统螺压成型工艺制备了 CL – 20 基改性双基推进剂，对其燃烧性能研究发现，CL – 20 有助于提高推进剂的燃速，且现有的铅 – 铜 – 炭黑催化剂体系可用于调节推进剂的燃烧性能。在 CL – 20 基改性双基推进剂中加入纳米镍粉，推进剂燃速在 10 MPa 下可突破至 35.59 mm/s，在 8~20 MPa 下其压强指数可低至 0.17。说明通过调节催化剂种类及用量可有效解决因添加 CL - 20 引起的压强指数升高问题。

王江宁等制备了 CL - 20 基改性双基推进剂，配方如表 2 - 24 所示。研究了 Al 含量对推进剂燃烧性能的影响。图 2 - 14 所示为改性双基推进剂的燃速 - 压强曲线。由图可知，14 MPa 为转折点，在 14 MPa 以下，随着 Al 含量的增加推进剂静态燃速不断降低，但是随着压强的升高，燃速降低的幅度逐渐减小。在 14 MPa 以上，Al 含量增加，推进剂静态燃速增加。随着压强的升高，燃速升高幅度增大。随着 Al 含量增加，压强指数增加。Al 质量分数分别为 0、5%、8%、10%、15% 时，4 ~ 16 MPa 下压强指数分别为 0.34、0.45、0.47、0.52、0.58。

表 2 - 24　CL - 20 基改性双基推进剂配方

样品	$w/\%$						
	NC（12%N）	NG	Al	CL - 20	C_2	凡士林	其他
CA - 0	34.0	28.5	0	32.1	1.0	0.5	1.9
CA - 1	34.0	28.5	5	27.1	1.0	0.5	1.9
CA - 2	34.0	28.5	8	24.1	1.0	0.5	1.9
CA - 3	34.0	28.5	10	22.1	1.0	0.5	1.9
CA - 4	34.0	28.5	15	17.1	1.0	0.5	1.9

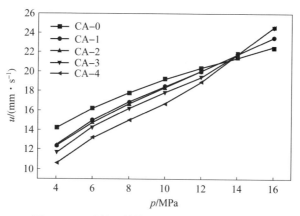

图 2 - 14　改性双基推进剂的燃速 - 压强曲线

通过分析发现，5 组推进剂样品在 4 ~ 10 MPa 下燃速曲线变化趋势相同，说明在这几种 Al 含量下，Al 对推进剂燃速的影响相同。按照化学反应速率方程 $u = k \cdot w_{Al}^2$ 分析 Al 含量与燃速的关系，发现 4 ~ 12 MPa 下燃速 u 与 w_{Al}^2 呈相互平行的线性关系，据此拟合燃速随 Al 含量变化的燃速公式，得到如图 2 – 15 所示的化学反应（燃速）速率常数 k 与压强 p 的关系图。由图可知，4 ~ 10 MPa 下化学反应（燃速）速率常数相同，说明 4 ~ 10 MPa 时 Al 对 CL – 20 基改性双基推进剂燃速只与 Al 的含量有关；10 ~ 16 MPa 下化学反应速率常数与压强呈线性关系，即 $k = 0.002p - 0.028$，相关系数 $R^2 = 0.979$，说明 10 ~ 16 MPa 时 Al 对推进剂燃速的影响一致。

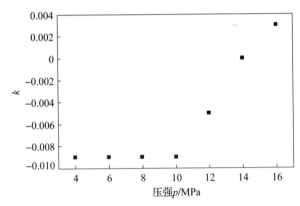

图 2 – 15　化学反应（燃速）速率常数 k 与压强 p 的关系

　　分析认为，CL – 20 基改性双基推进剂燃烧过程中，以暗区与火焰区交界面为 Al 参与燃烧反应的分界面，在暗区 Al 以吸热为主，在火焰区 Al 与推进剂基体组分分解的气体 CO_2、H_2O 等发生燃烧反应放出能量。因此，Al 在暗区吸收热量和 Al 在火焰区燃烧放热对燃烧表面的热反馈为影响燃速的主要因素。在 4 ~ 11.5 MPa 下，Al 使 CL – 20 基改性双基推进剂燃速下降是由于 Al 在暗区的吸热所致，而 11.5 ~ 16 MPa 时推进剂燃速上升是因为 Al 在火焰区燃烧释放的热量对燃烧表面的热反馈增加。

　　综上所述，添加 CL – 20 可有效提高推进剂的燃速及能量水平，因 CL – 20 引入导致的压强指数升高及能量释放不完全等问题，可通过调节催化剂及添加 Al 粉等手段解决。因此，CL – 20 基高能螺压改性双基推进剂具有广阔的应用前景。

|2.5　其他螺压改性双基推进剂|

　　除 CL – 20 外，国内外近年来开发了大量其他新型高能量密度材料，并对其进行了应用研究，但由于材料合成技术尚不成熟、成本高、相容性和安全性差等因素，这些材料在螺压改性双基推进剂中的应用研究主要处于初步探索阶段。

Latypov 等[55]于 1998 年首次报道了 FOX – 7，研究发现，其热稳定性优于 RDX，爆轰性能与 RDX 相当，摩擦、撞击及冲击波感度低于 RDX，是一种综合性能优异的新型高能低感炸药，引起了含能材料研究者的高度重视[56-59]。Anniyappan[60]以丙二酸二乙酯为原料，实现了百克级 FOX – 7 的制备，并对其进行了表征。结果表明，FOX – 7 对机械刺激不敏感，具体参数如表 2 – 25 所示。高能、低感度特性使其在螺压改性双基推进剂中具有潜在的应用价值。

表 2 – 25   FOX – 7 的性质[60]

项 目	FOX – 7	RDX
特性落高 H_{50}/cm	126	38
摩擦感度/kg	> 36	12
分解温度/℃	240	215

樊学忠等[61]使用 FOX – 7 逐步取代 RDX，研究了其对改性双基推进剂性能的影响。研究发现，FOX – 7 可以降低推进剂的机械感度，同时保持推进剂的能量水平。当采用 FOX – 7 完全取代 RDX 时推进剂的摩擦感度（2.45 MPa，66°）由 40% 降低到 4%，特性落高 H_{50}（5 kg 落锤）由 10.6 cm 提高到 20.4 cm。研究人员[54,62]还将 N – 脒基脲二硝酰胺盐（FOX – 12）应用到改性双基推进剂中，并对推进剂的机械感度进行了表征。研究表明，FOX – 12 也可以降低推进剂的机械感度，但是推进剂的能量水平有所降低。

1,3,3 – 三硝基氮杂环丁烷（TNAZ）最早由 Archibald 等[63]制备，是四元氮杂环多硝基化合物，其具有能量高、熔点低、分解温度高、密度大、稳定性好、感度适中、不吸潮、增塑性好等优点，有望成为固体推进剂的理想组分，应用前景广阔。赵凤起等[64]将 1,3,3 – 三硝基氮杂环丁烷（TNAZ）引入到改性双基推进剂中后，对推进剂的机械感度进行表征。研究表明，基于 TNAZ 的推进剂的能量性能和安全性能均优于基于 RDX 和 HMX 的改性双基推进剂，证明了 TNAZ 在改性双基推进剂中的应用可行性。

TKX – 50 是德国 Fischer 等[65]于 2012 年制备的含能材料，其能量水平与 CL – 20 相当，感度较低，合成容易，成本低，综合性能优良，且分子中不含卤素，因此在改性双基推进剂中具有潜在的应用价值。国内已有关于含 TKX – 50

的复合推进剂的热试车报道。但是，关于其在改性双基推进剂中的应用主要处于探索阶段，报道以理论计算为主。结果表明，TKX – 50 基改性双基推进剂的特征速度和理论比冲均高于 HMX 基改性双基推进剂，同时其火箭发动机排气羽流中的二次烟减少，证明了其应用价值。

3,4 – 二硝基呋咱基氧化呋咱（DNTF）是国内近些年研究成功的第三代含能材料，具有含氮量高、密度大、安定性好、爆发点高、熔点低等优点，分子式为 $C_6N_8O_8$，常温下呈白色固体粉状颗粒，无特殊异味，密度高达 $1.937~\mathrm{g/cm^3}$。针对 DNTF 在炸药和推进剂中的应用研究也相继展开，刘所恩等采用传统无溶剂法螺旋压伸成型工艺研制成功一种新型五组元（NC – NG – DNTF – HMX – Al）高能改性双基推进剂，密度为 $1.783~\mathrm{g/cm^3}$，10 MPa 下的燃速 $u = (19 \pm 2)~\mathrm{mm/s}$，压力指数 $n = 0.3$，高温最大抗拉强度达 2.0 MPa，采用自由装填方式在 $\phi 70~\mathrm{mm}$ 薄壁发动机中实测比冲达到 $2~512~\mathrm{N \cdot s/kg}$（20 ℃，9.58 MPa），在 $\phi 50~\mathrm{mm}$ 标准厚壁实验发动机中实测低温临界压力 $p_{cr} \leqslant 1.0~\mathrm{MPa}$，通过热加速老化试验预估推进剂在常温（25 ℃）下的安全使用寿命为 25 年，综合性能优良，具有值得推广的应用前景。

|2.6 高能螺压改性双基推进剂发展趋势|

螺压改性双基推进剂虽已得到广泛应用，但是其低温延伸率低的缺陷使其在实际使用过程中受到限制。目前的改性研究使推进剂的低温延伸率得到了一定程度的提高，但是武器系统的发展对战术武器用推进剂的各方面性能提出了更高的要求，先进作战平台急需高强度、高韧性、安全稳定的固体推进剂，高效毁伤目标要求推进剂具有更高的能量、燃烧性能可调范围大、低特征信号等特征，生态环境的建设要求推进剂更加绿色环保，为了实现这些目标，改性双基推进剂未来的主要发展方向有以下几种。

（1）提高推进剂的低温延伸率。改性双基推进剂的低温延伸率低，尤其是高固体含量配方，极低的延伸率限制了其应用，目前的改善方法提高幅度有限，因此，其低温力学性能仍需进一步提高。

（2）拓宽温度使用范围。现有的改性双基推进剂配方基本都是基于 – 40 ~ 50 ℃ 的温度范围设计的，但是武器装备的实际使用环境复杂，尤其是海、空军作战平台，其使用环境往往温差较大，可达 – 50 ~ 70 ℃（我国不同地区实际温差），现有的改性双基推进剂难以满足需求，因此未来应开发具有宽温域使用特性的改性双基推进剂。

（3）降低推进剂的感度。改性双基推进剂普遍使用 NG、RDX、HMX 等组分，推进剂较为敏感，目前降低感度的方法多数影响其能量水平，因此探索合适的方法降低其感度是推进剂的未来发展方向。

（4）进一步提高推进剂的能量。高能量密度始终是推进剂追求的目标，目前提高能量的主要途径是加入 CL – 20 等高能材料，但还处于探索阶段，因此继续研究 CL – 20 的工业化应用以及开发其他高能材料是未来高能改性双基推进剂的重要研究方向。

（5）拓宽燃速范围。含有硝胺高能填料和 Al 粉的改性双基推进剂燃速可调范围不大，且压力指数较高，难以产生平台燃烧，限制了其应用。目前开发的燃速催化剂可在一定范围内对改性双基推进剂的燃速进行调节，为进一步拓宽其使用范围，今后应继续研究新型、高效催化体系，拓宽推进剂的燃速可调范围，降低压力指数。

（6）使用环境友好的安定剂和催化剂。现役的改性双基推进剂普遍使用传统安定剂、中定剂和铅盐催化剂，这些物质具有毒性，对环境和人类健康具有威胁，因此开发和使用新型高效且环境友好型安定剂和催化剂是改性双基推进剂未来的发展方向之一。

参 考 文 献

［1］张续柱. 双基火药［M］. 北京：国防工业出版社，1989.

［2］张杏芬. 国外火炸药原材料性能手册［M］. 北京：兵器工业出版社，1991.

［3］陆安舫，李顺生，薛幸福. 国外火药性能手册［M］. 北京：兵器工业出版社，1991.

［4］Kubota N. Energetics of Propellants and Explosives［M］. Weinheim：Wiley – VCH Verlag GmbH & Co. KGaA，2006.

［5］Austruy H. Solid Rocket Propulsion Technology［M］. Paris：Pergamon Press，1993.

［6］Sutton G P. Rocket Propulsion Elements［M］. New York：John Wiley & Sons，2001.

［7］刘所恩. PDADN 在螺压硝胺改性双基推进剂中的应用研究［J］. 含能材料，2013，21（2）：209 – 212.

［8］邵重斌，付小龙，吴淑新，等. 辅助增塑剂对 AP – CMDB 推进剂力学性能

的影响 [J]. 化学推进剂与高分子材料, 2010 (06): 50-51.

[9] 赵本波, 刘强, 李伟, 等. TEGDN 含量和 NC 含氮量对 TEGDN/NG 混合酯双基推进剂力学性能的影响 [J]. 火炸药学报, 2017 (04): 92-96.

[10] 赵本波. Bu-NENA 基低感度双基与改性双基推进剂研究 [D]. 北京: 北京理工大学, 2017.

[11] An C, Li F, Wang J, et al. Surface Coating of Nitroamine Explosives and Its Effects on the Performance of Composite Modified Double-Base Propellants [J]. Journal of Propulsion & Power, 2015, 28 (2): 444-448.

[12] 杨雪芹, 常双君, 赵芦奎, 等. 包覆改性 RDX 及其在 CMDB 推进剂中的应用 [J]. 爆破器材, 2014 (06): 22-25.

[13] 张超, 王存权, 陈俊波, 等. 热塑性聚氨酯弹性体包覆 CL-20 及对改性双基推进剂性能影响 [J]. 火工品, 2017 (04): 57-60.

[14] 姚楠, 王江宁, 刘子如, 等. 热塑性聚氨酯弹性体对高固体含量改性双基推进剂力学性能的影响 [J]. 含能材料, 2008 (02): 196-200.

[15] 何吉宇, 刘所恩, 边小国, 等. 热塑性聚氨酯弹性体在改性双基推进剂中的应用 [J]. 火炸药学报, 2005 (02): 21-22.

[16] 张文雨, 李晋庆, 罗运军. 新型热塑性聚氨酯弹性体的结构与性能 [J]. 火炸药学报, 2010 (06): 39-42.

[17] 王飞俊, 杨斐霏, 王江宁, 等. NGEC 基改性双基推进剂的制备及性能 [J]. 火炸药学报, 2006 (06): 51-53.

[18] 张有德, 邵自强, 周晋红, 等. 纤维素甘油醚硝酸酯黏合剂及其推进剂的力学性能 [J]. 推进技术, 2010 (03): 345-350.

[19] 袁荃, 邵自强, 张有德. 纤维素甘油醚硝酸酯在双基推进剂中的应用 [J]. 固体火箭技术, 2012 (01): 83-87.

[20] Choudhari M K, Dhar S S, Shrotri P G, et al. Effect of high energy materials on sensitivity of composite modified double base CMDB propellant system [J]. Defence Science Journal, 1992, 42 (4): 253-257.

[21] 赵凤起, 杨栋, 李上文, 等. 以 NC 和 TMETN 为基的微烟推进剂机械感度研究 [J]. 火炸药学报, 1999 (04): 5-8.

[22] 张超, 秦能, 李宏岩, 等. 改性双基推进剂冲击波感度研究 [J]. 火工品, 2015 (02): 14-17.

[23] Armstrong R W, Coffey C S, DeVost V F, et al. Crystal size dependence for impact initiation of cyclotrimethylenetrinitramine explosive [J]. Journal of Applied Physics, 1990, 68 (3): 979-984.

［24］ Essel J T, Cortopassi A C, Kuo K K, et al. Formation and characterization of nano – sized RDX particles produced using the RESS – AS process ［J］. Propellants, Explosives, Pyrotechnics, 2012, 37 (6): 699 – 706.

［25］ Fahim T K, Zaidul I S M, Abu Bakar M R, et al. Particle formation and micronization using non – conventional techniques – review ［J］. Chemical Engineering and Processing: Process Intensification, 2014, 86: 47 – 52.

［26］ He B D, Stepanov V, Qiu H W, et al. Production and characterization of composite nano – RDX by RESS co – precipitation ［J］. Propellants, Explosives, Pyrotechnics, 2015, 40 (5): 659 – 664.

［27］ Stepanov V, Krasnoperov L N, Elkina I B, et al. Production of nanocrystalline RDX by rapid expansion of supercritical solutions ［J］. Propellants, Explosives, Pyrotechnics, 2005, 30 (3): 178 – 183.

［28］ 马慧华, 陈厚和, 刘大斌, 等. 喷雾干燥法制备纳米黑索今: 2002 年材料科学与工程新进展（上）［C］//北京, 中国材料研究学会, 2002.

［29］ Li H Q, An C W, Guo W J, et al. Preparation and performance of nano HMX/TNT cocrystals ［J］. Propellants, Explosives, Pyrotechnics, 2015, 40 (5): 652 – 658.

［30］ Spitzer D, Baras C, Schäfer M R, et al. Continuous crystallization of submicrometer energetic compounds ［J］. Propellants, Explosives, Pyrotechnics, 2011, 36 (1): 65 – 74.

［31］ Risse B, Spitzer D, Hassler D, et al. Continuous formation of submicron energetic particles by the flash – evaporation technique ［J］. Chemical Engineering Journal, 2012, 203: 158 – 165.

［32］ Spitzer D, Pichot V, Pessina F, et al. Continuous and reactive nanocrystallization: New concepts and processes for dual – use advances ［J］. Comptes Rendus Chimie, 2017, 20 (4): 339 – 345.

［33］ Risse B, Schnell F, Spitzer D. Synthesis and desensitization of nano – β – HMX ［J］. Propellants, Explosives, Pyrotechnics, 2014, 39 (3): 397 – 401.

［34］ Kröber H, Teipel U. Crystallization of insensitive HMX ［J］. Propellants, Explosives, Pyrotechnics, 2008, 33 (1): 33 – 36.

［35］ van der Heijden, A. E. D. M. and R. H. B. Bouma, Crystallization and characterization of RDX, HMX, and CL – 20 ［J］. Crystal Growth & Design, 2004. 4 (5): 999 – 1007.

［36］ An C W, Li F S, Song X L, et al. Surface coating of RDX with a composite of

TNT and an energetic – polymer and its safety investigation [J]. Propellants, Explosives, Pyrotechnics, 2009, 34 (5): 400 – 405.

[37] Da Costa Mattos E, Moreira E D, Diniz M F, et al. Characterization of polymer – coated RDX and HMX particles [J]. Propellants, Explosives, Pyrotechnics, 2008, 33 (1): 44 – 50.

[38] Pessina F, Schnell F, Spitzer D. Tunable continuous production of RDX from microns to nanoscale using polymeric additives [J]. Chemical Engineering Journal, 2016, 291: 12 – 19.

[39] Kim K J, Kim H S. Coating of energetic materials using crystallization [J]. Chemical Engineering & Technology, 2005, 28 (8): 946 – 951.

[40] Kim K, Kim H. Agglomeration of NTO on the surface of HMX particles in water – NMP solvent [J]. Crystal Research and Technology, 2008, 43 (1): 87 – 92.

[41] Jung J W, Kim K J. Effect of supersaturation on the morphology of coated surface in coating by solution crystallization [J]. Industrial & Engineering Chemistry Research, 2011, 50 (6): 3475 – 3482.

[42] Nandi A K, Ghosh M, Sutar V B, et al. Surface coating of cyclotetramethylenetetranitramine (HMX) crystals with the insensitive high explosive 1, 3, 5 – triamino – 2, 4, 6 – trinitrobenzene (TATB) [J]. Central European Journal of Energetic Materials, 2012, 9 (2): 119 – 130.

[43] Manning T G, Strauss B. Reduction of energetic filler sensitivity in propellants through coating [P]. US, 2003.

[44] Liu J, Jiang W, Zeng J B, et al. Effect of drying on particle size and sensitivities of nano hexahydro – 1, 3, 5 – trinitro – 1, 3, 5 – triazine [J]. Defence Technology, 2014, 10 (1): 9 – 16.

[45] Liu J, Ke X, Xiao L, et al. Application and properties of nano – sized RDX in CMDB propellant with low solid content [J]. Propellants, Explosives, Pyrotechnics, 2018, 43 (2): 144 – 150.

[46] An C W, Wang J Y, Xu W Z, et al. Preparation and properties of HMX coated with a composite of TNT/energetic material [J]. Propellants, Explosives, Pyrotechnics, 2010, 35 (4): 365 – 372.

[47] 安崇伟, 宋小兰, 郭效德, 等. CMDB 推进剂 RDX 填料表面包覆对其机械感度和力学性能的影响 [J]. 固体火箭技术, 2007 (06): 521 – 524.

[48] Gao H, Hou X T, Ke X, et al. Effects of nano – HMX on the properties of RDX – CMDB propellant: Higher energy and lower sensitivity [J]. Defence Technology,

2017, 13（5）：323 – 326.

［49］Huang B, Hao X F, Zhang H B, et al. Ultrasonic approach to the synthesis of HMX@ TATB core – shell microparticles with improved mechanical sensitivity ［J］. Ultrasonics Sonochemistry, 2014, 21（4）：1349 – 1357.

［50］赵凤起, 陈三平, 范广, 等. 含能配合物［Pb（AZTZ）（bpy）（H$_2$O）· 2H$_2$O］$_n$ 合成、结构及燃烧催化性能［J］. 高等学校化学学报, 2008, 29（8）：1519 – 1522.

［51］Nair U R, Gore G M, Sivabalan R, et al. Studies on advanced CL – 20 – based composite modified double – base propellants［J］. Journal of Propulsion and Power, 1971, 20（5）：952 – 955.

［52］Yang Z J, Li J S, Huang B, et al. Preparation and properties study of core – shell CL – 20/TATB composites［J］. Propellants, Explosives, Pyrotechnics, 2014, 39（1）：51 – 58.

［53］Yang Z J, Ding L, Wu P, et al. Fabrication of RDX, HMX and CL – 20 based microcapsules via in situ polymerization of melamine – formaldehyde resins with reduced sensitivity［J］. Chemical Engineering Journal, 2015, 268：60 – 66.

［54］张超, 张晓宏, 杨立波, 等. 含 LLM – 105 的改性双基推进剂的机械感度 ［J］. 火工品, 2014（02）：33 – 36.

［55］Latypov N V, Bergman J, Langlet A, et al. Synthesis and reactions of 1, 1 – diamino – 2, 2 – dinitroethylene［J］. Tetrahedron, 1998, 54（38）：11525 – 11536.

［56］Boddu V M, Viswanath D S, Ghosh T K, et al. 2, 4, 6 – Triamino – 1, 3, 5 – trinitrobenzene（TATB）and TATB – based formulations – A review［J］. Journal of Hazardous Materials, 2010, 181（1 – 3）：1 – 8.

［57］Hervé G, Jacob G, Latypov N. The reactivity of 1, 1 – diamino – 2, 2 – dinitroethene（FOX – 7）［J］. Tetrahedron, 2005, 61（28）：6743 – 6748.

［58］Hussein A K, Elbeih A, Zeman S. Thermo – analytical study of cis – 1, 3, 4, 6 – tetranitrooctahydroimidazo –［4, 5 – d］imidazole（BCHMX）and 1, 1 – diamino – 2, 2 – dinitroethene（FOX – 7）in comparison with a plastic bonded explosive based on their mixture［J］. Journal of Analytical and Applied Pyrolysis, 2017, 128：304 – 313.

［59］Xing X L, Xue L, Zhao F Q, et al. Thermochemical properties of 1, 1 – diamino – 2, 2 – dinitroethylene（FOX – 7）in dimethyl sulfoxide（DMSO）［J］.

Thermochimica Acta, 2009, 491 (1 – 2): 35 – 38.

[60] Anniyappan M, Talawar M B, Gore G M, et al. Synthesis, characterization and thermolysis of 1, 1 – diamino – 2, 2 – dinitroethylene (FOX – 7) and its salts [J]. J Hazard Mater, 2006, 137 (2): 812 – 819.

[61] 樊学忠, 付小龙, 邵重斌, 等. FOX – 7 对 CMDB 固体推进剂性能的影响 [J]. 固体火箭技术, 2016 (02): 201 – 206.

[62] 庞军, 王江宁, 张蕊娥, 等. CL – 20、DNTF 和 FOX – 12 在 CMDB 推进剂中的应用 [J]. 火炸药学报, 2005 (01): 19 – 21.

[63] Archibald T G, Gilardi R, Baum K, et al. Synthesis and X – ray crystal structure of 1, 3, 3 – trinitroazetidine [J]. The Journal of Organic Chemistry, 1990, 55 (9): 2920 – 2924.

[64] Zhao F Q, Chen P, Hu R Z, et al. Thermochemical properties and non – isothermal decomposition reaction kinetics of 3, 4 – dinitrofurazanfuroxan (DNTF) [J]. Journal of Hazardous Materials, 2004, 113 (1 – 3): 67 – 71.

[65] Fischer N, Fischer D, Klapoetke T M, et al. Pushing the limits of energetic materials – the synthesis and characterization of dihydroxylammonium 5,5′ – bistetrazole – 1,1′ – diolate [J]. Journal of Materials Chemistry, 2012, 22 (38): 20418 – 20422.

第 3 章

浇铸复合改性双基推进剂

|3.1 概述|

双基推进剂具有制备工艺成熟、药柱质量均匀、性能再现性好、特征信号低等优点，具有悠久的发展历史和大工业生产的基础。1935 年，苏联首先将双基推进剂应用在军用火箭当中，制成的火箭炮在卫国战争中发挥了重要作用[1-3]。1940 年，美国也开始将双基推进剂应用于火箭推进系统中，1942 年成功研制了浇铸双基推进剂，为浇铸工艺的发展奠定了基础[4]。20 世纪 50 年代后期，赫克里斯公司首先研发出了改性双基推进剂[5]，按照制备工艺不同，它可分为压伸改性双基推进剂和浇铸改性双基推进剂。其中，采用压伸成型工艺制备的推进剂以螺压改性双基推进剂为主（见第 2 章）。改性双基推进剂的浇铸工艺分为粒铸（充隙浇铸）和淤浆（配浆）浇铸，本章主要介绍采用粒铸工艺制备的复合改性双基推进剂（CMDB），采用淤浆浇铸制备的交联改性双基推进剂（XLDB）将在第 4 章进行介绍。

|3.2 复合改性双基推进剂的组成与分类|

在复合改性双基推进剂中，硝化甘油和硝化棉是最基本的成分，氧化剂、金属燃料和高能添加剂则根据使用需求决定是否加入及其加入量，此外还有增塑剂、燃烧催化剂、安定剂等。常用的组分及含量见表 3 - 1。

表 3 - 1　复合改性双基推进剂的组分及含量

组分的作用	含量/%	主要组分
黏合剂	12 ~ 40	硝化棉
氧化剂	5 ~ 40	高氯酸铵、硝酸铵
高能添加剂	10 ~ 56	黑索金、奥克托金
金属燃料	5 ~ 30	铝粉、镁粉、硼粉
增塑剂	10 ~ 35	硝化甘油、吉纳、硝化二乙二醇
燃烧催化剂	0 ~ 8	无机金属化合物、有机金属化合物
安定剂	0.5 ~ 3	中定剂、二苯胺、间苯二胺

|3.2.1　复合改性双基推进剂的组成|

1. 黏合剂

3 号硝化棉是复合改性双基推进剂常用的黏合剂，氮含量为 12% 左右，它能够被硝化甘油很好地塑化。在复合改性双基推进剂中一般使用硝化棉球形药，这是因为硝化棉球形药不仅可以改善常规纤维状硝化棉吸收增塑剂快、制备推进剂过程中药浆黏度急剧上升等工艺上存在的问题，还具有制备简单、装填密度高、分散性好等优点[6]。硝化棉球形药根据组成成分的不同分为单基球形药、双基球形药、复合球形药。

单基球形药是以硝化棉为主要成分，根据用途的不同可以选择不同氮含量的硝化棉。双基球形药主要含硝化棉、硝化甘油、中定剂及其他辅助成分。复合球形药是为了提高其能量水平而添加了高能固体组分的一类特殊球形药。

制备球形药的方法大致可以分为内溶法和外溶法，主要区别在于溶解硝化棉的方式不同。

内溶法工艺的原理是将硝化棉或吸收药等原料悬浮在非溶剂的介质中，然后加入溶剂，在加热和搅拌条件下，物料被溶解成具有一定黏度的高分子溶液。通过高速搅拌作用将高分子溶液分散成细小的液滴并成球，主要工艺流程如图 3 – 1 所示。

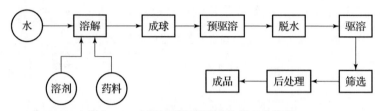

图 3 – 1　内溶法制备球形药主要工艺流程

外溶法的工艺流程如图 3 – 2 所示，首先用溶剂将硝化棉等高分子物料溶解，并加入其他组分混合均匀，形成高分子溶胶；然后通过挤出机挤出成圆柱形的药条，药条切断成均匀的胶团或粒状药，再分散到含有保护胶的分散介质中，接下来的工艺步骤与内溶法相似。

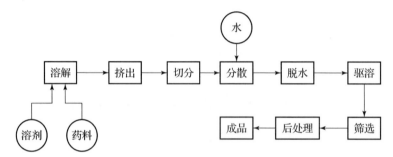

图 3 – 2　外溶法制备球形药工艺流程

2. 氧化剂

与螺压改性双基推进剂不同，浇铸成型的复合改性双基推进剂中氧化剂一般选用高氯酸铵（AP）。高氯酸铵氧平衡高，密度大，成本低，具有高的热安定性、优异的化学稳定性，是浇铸类推进剂的常用氧化剂之一[7]。在部分低特征信号推进剂中，常采用硝酸铵或者高能炸药（RDX 和 HMX）来代替部分或全部的高氯酸铵，制备成硝胺无烟推进剂[8]。硝酸铵价格低廉、来源广泛，常用于一些能量性能要求不高，低燃速、低火焰温度的复合改性双基推进剂中。

RDX 和 HMX 具有生成焓高、密度大、燃气无烟等优点，可以显著提高推进剂的能量水平和降低排气羽流特性[9]。两者在复合改性双基推进剂中具有较高的应用价值。近年来，具有应用前景的高能氧化剂还有高能量密度化合物六硝基六氮杂异伍兹烷（CL – 20）和 3,4 – 二（硝基呋咱基）氧化呋咱（DNTF）[10]。

3. 金属燃料

添加金属燃料有利于提高推进剂的密度、爆热和比冲，还可以防止推进剂不稳定燃烧。复合改性双基推进剂中最常用的是铝粉、镁粉、硼粉、锆粉等，可以根据不同类型推进剂的使用要求加入[11]。

使用金属氢化物是提高推进剂能量水平的有效途径之一，因为金属氢化物在燃烧时的放热量比金属高，而且气体产物的分子量低，如氢化铝、氢化镁、氢化铍等。但是，这些金属氢化物的化学活性高，对空气湿度敏感，热稳定性较低，在使用时需要对表面进行特殊处理。

4. 增塑剂

在复合改性双基推进剂当中，为了对硝化棉进行塑化，改善推进剂的加工工艺，需要加入一定量的增塑剂。硝化甘油（NG）、硝化二乙二醇（DEGDN）、硝化三乙二醇（TEGDN）、1,2,4 - 丁三醇三硝酸酯（BTTN）、三羟甲基乙烷三硝酸酯（TMETN）是复合改性推进剂中最常用的含能增塑剂[12]，它们不仅可以对硝化棉进行增塑、降低硝化棉的玻璃化转变温度，还是复合改性双基推进剂的一个重要能量成分。

其他常用的惰性增塑剂有邻苯二甲酸二乙酯（DEP）、邻苯二甲酸二丁酯（DBP）、甘油三醋酸酯等，它们与黏合剂具有良好的互溶性，而且化学稳定性好。

5. 燃烧催化剂和燃烧稳定剂

在推进剂配方中加入少量的燃烧催化剂有利于对复合改性双基推进剂的燃烧性能进行调控，不同类型的燃烧催化剂在不同压力下起到的催化效果有所不同，所以目前大多采用复配燃烧催化剂来保证 CMDB 推进剂的燃烧稳定性[13-15]。CMDB 推进剂中常用的燃烧催化剂有以下几种类型。

（1）有机金属类：水杨酸铅（PbSa）、水杨酸铜（PbCu）、β - 雷索辛酸铅（β - Pb）、硝基 - 1,2,4 - 三唑 - 5 - 铜铅配合物（NTO - Pb）等。

（2）无机金属类：PbO、CuO、MgO、$PbCO_3$、Bi_2O_3 等。

（3）负载型催化剂：碳纳米管负载金属氧化物、碳纤维负载金属氧化物、石墨烯负载金属氧化物等。

此外，复合改性双基推进剂中常常还会加入 Al_2O_3、$CaCO_3$、TiO_2 等燃烧稳定剂，来消除推进剂的不稳定性燃烧。

6. 安定剂及其他助剂

由于 CMDB 推进剂中有较多硝酸酯，为防止其发生自催化分解，需要加入安定剂吸收硝酸酯分解产生的氮氧自由基，常用的有二乙基二苯基脲（1 号中

定剂，C_1）、二甲基二苯基脲（2 号中定剂，C_2）、甲基乙基二苯基脲（3 号中定剂，C_3）以及苯胺的衍生物如 2 – 硝基二苯胺（2 – NDPA）等[16]。

此外，为了提高推进剂的可塑性，降低加工难度和危险性，常通过加入一些工艺附加物来减少药料的内摩擦，常用的工艺附加物有凡士林、石蜡、硬脂酸锌等。

3.2.2 复合改性双基推进剂的分类

复合改性双基推进剂（CMDB）是在双基推进剂的基础上，引入氧化剂、金属燃料及高能炸药而制备出的高能固体推进剂（实测比冲大于 252 s），解决了双基推进剂能量水平不理想和装药直径受挤压机能力限制等问题，可根据是否加入高氯酸铵和硝胺炸药将 CMDB 推进剂分为 AP – CMDB 推进剂、RDX（或 HMX）– CMDB 推进剂。

AP – CMDB 推进剂具有能量高、燃速可调节范围大及性能稳定等优点[17]，广泛应用于单兵火箭和反坦克导弹发动机中。在 AP – CMDB 推进剂中，AP 颗粒与黏合剂体系之间的线膨胀系数不匹配造成其在低温时 AP 容易与黏合剂基体之间发生"脱湿"，导致低温力学性能下降。

RDX（HMX）– CMDB 推进剂是现役战术武器的主力推进剂之一[18]，加入了大量的硝胺类炸药，可以显著提高推进剂的能量水平，配方中不含高氯酸铵，所以推进剂的特征信号水平也很低。随着硝胺含量的增加，推进剂"脱湿"现象更加突出，不仅会降低推进剂的力学性能，而且给制备工艺过程带来危险。高硝胺含量还会带来中高压强下燃烧性能难以调节、燃速压强指数较高的问题。

此外，近年来 CL – 20、DNTF 等新型含能材料在固体推进剂中呈现出较好的应用前景[19]，衍生出 CL – 20 – CMDB 和 DNTF – CMDB 等推进剂，但是，这些材料还存在成本高、安全性差等问题，目前主要处于探索研究阶段。

|3.3 AP – CMDB 推进剂的性能|

高氯酸铵基复合改性双基（AP – CMDB）推进剂具有燃速可调范围宽、性能重现性好、工作过程瞬间推力大等优点[20]，已在多种型号的火箭和导弹武器系统中获得应用，如美国"民兵"导弹Ⅰ、Ⅱ系列，"北极星"导弹 A2、A3 系列，法国"飞鱼"导弹，英国"海标枪"导弹等，是现役改性双基推进剂中的重要组成之一。

3.3.1　AP – CMDB 推进剂的能量性能

AP 的氧平衡高，可使推进剂组分充分燃烧，因而 AP – CMDB 推进剂比螺压改性双基推进剂的能量水平高，理论比冲可达 2 570 ~ 2 630 N · s/kg，具体根据配方组成而定。

1. NC 含量对 AP – CMDB 推进剂能量性能的影响

当 NG 含量为 30%，AP% : Al% 始终保持为 2 : 1 时，NC 含量对 AP – CMDB 推进剂理论比冲的影响如图 3 – 3 所示。

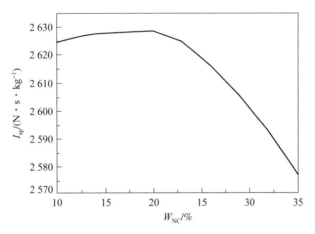

图 3 – 3　NC 含量对 CMDB 推进剂理论比冲的影响

由图 3 – 3 可知，NC 含量在 10% ~ 20% 时，推进剂的理论比冲随着 NC 含量的增加略有提高。这可能是因为 NC 含量较低时，推进剂的氧系数过大，AP 不能完全燃烧，推进剂的能量潜力未能得到充分发挥，NC 含量的提高可以促进 AP 的燃烧，使得推进剂的理论比冲略有提高。NC 含量大于 20% 时，推进剂的理论比冲随着 NC 含量的增加明显降低。这是由于 NC 自身能量水平较低（10 MPa 压力下单元比冲为 2 202 N · s/kg），当 NC 含量过高时，推进剂能量密度下降，推进剂的理论比冲降低。

通过推进剂的定容爆热测试结果（表 3 – 2）可以看出，随着 NC 含量的降低，AP – CMDB 推进剂的爆热值逐渐提高。当 NC 含量由 30% 降低到 12% 时，推进剂的爆热值提高了约 14.8%。这是因为随着 NC 含量降低，AP 和 Al 粉的含量提高，AP 和 Al 粉发生了充分的氧化还原反应，释放出大量的热量，使 AP – CMDB 推进剂的爆热值提高。

表 3 − 2   NC 含量对 CMDB 推进剂定容爆热的影响

NC/%	30	25	20	15	12
$Q_v/(\text{J} \cdot \text{g}^{-1})$	6 724	7 173	7 564	7 783	7 893

2. AP 和 Al 粉含量对 AP – CMDB 推进剂能量性能的影响

与 NC 相比，AP 和 Al 的比例对推进剂能量水平的影响更为显著，二者的相对含量对推进剂理论比冲和爆热的影响见图 3 − 4 和表 3 − 3。

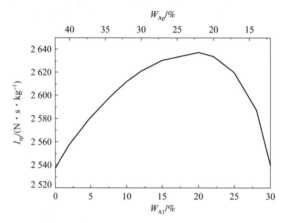

图 3 − 4   AP 和 Al 含量对 AP – CMDB 推进剂理论比冲的影响

表 3 − 3   AP 和 Al 含量对 AP – CMDB 推进剂爆热的影响

AP : Al	5 : 1	4 : 1	3 : 1	2 : 1	1 : 1	1 : 2
$Q_v/(\text{J} \cdot \text{g}^{-1})$	6 984	7 075	7 228	7 564	7 604	7 105

由图 3 − 4 可以看出，当 Al 粉含量在 15% ~ 22% 的范围内，随着 Al 含量的增加，推进剂的理论比冲先增大后减小，在 Al 含量为 20% 时理论比冲达到最大（2 637 N · s/kg）。这是因为当 Al 含量较低时，AP 的含量相对较高，由于 AP 是富氧组分，所以推进剂的氧系数过高，推进剂的能量潜力得不到充分发挥，所以理论比冲较低；Al 含量过高时，推进剂的有效氧含量不足以使推进剂体系完全燃烧，导致推进剂的能量水平下降。

从表 3 − 3 可以看出，在 AP 和 Al 的质量比由 5 : 1 变为 1 : 2 的过程中，推进剂的爆热值先升高后降低。当 AP 和 Al 的质量比为 1 : 1 时，推进剂的实测爆热值达到最大（7 604 J/g）。在推进剂中的有效氧含量充足的情况下，随着 Al 粉含量的提高，更多的 Al 粉被充分氧化、能量得以释放，使得推进剂的爆热值显著提高。当推进剂中的有效氧含量不足时（AP：Al = 2：1），推进剂体系未能充分燃烧，爆热值也随之大幅下降。

3.3.2　AP – CMDB 推进剂的工艺性能

随着科学技术的发展，双基类推进剂的制造工艺也在不断的完善。目前，最常用的改性双基推进剂的生产工艺主要有两种：压伸工艺和浇铸工艺。与压伸工艺相比，浇铸工艺可以制备尺寸更大且形状更复杂的推进剂药柱，且推进剂配方组分可调节范围大、适应性更广，可以生产出满足不同使用要求的推进剂。在浇铸工艺中，需要确保推进剂药浆各组分可以混合均匀，并顺利完成浇铸，以使推进剂的性能满足要求。所以，研究人员对浇铸复合改性双基推进剂的工艺性能进行了研究，以期为推进剂的生产制备提供参考。

1. 爆胶棉含量对 AP – CMDB 推进剂工艺性能的影响

为了避免推进剂药浆发生固体填料沉降的情况，在配方中引入工艺添加剂爆胶棉（PNC）是有效的方法之一[21]。爆胶棉含量对 AP – CMDB 推进剂工艺性能影响的具体结果，见图 3 – 5 和表 3 – 4。

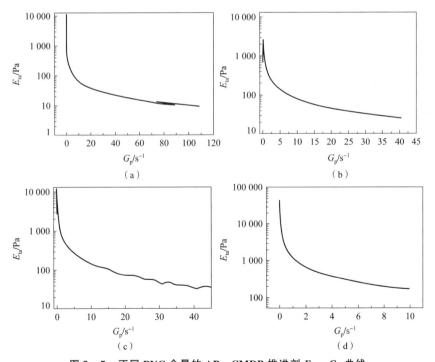

图 3 – 5　不同 PNC 含量的 AP – CMDB 推进剂 E_{ta} – G_p 曲线
（a）0.1% PNC；（b）0.2% PNC；（c）0.3% PNC；（d）0.4% PNC

表 3 - 4　PNC 含量对 AP - CMDB 推进剂工艺性能的影响

PNC 含量/%	$\eta/(Pa \cdot s)(1s^{-1})$	$E_{ta} = K \cdot G_p^{n-1}$	$P_1/\%$	R	流平性
0.1	130	$E_{ta} = 130.1 G_p^{-0.5261}$	52.61	0.9966	好
0.2	246	$E_{ta} = 246.2 G_p^{-0.5261}$	62.95	0.9986	好
0.3	956	$E_{ta} = 945.3 G_p^{-0.5261}$	81.74	0.9990	较好
0.5	113	$E_{ta} = 1137 G_p^{-0.5261}$	782.53	0.9996	一般

注：其中 η 为剪切速率为 $1 s^{-1}$ 时的表观黏度；E_{ta} 为表观黏度；P_1 为假塑性指数，$P_1 = -(n-1) \times 100$；R 为相关系数；n 为剪切速率常数。

从图 3 - 5 推进剂药浆的 $E_{ta} - G_p$ 曲线中可以看出，不同含量爆胶棉推进剂药浆的表观黏度都随剪切速率的增大而降低，呈现出剪切变稀的特征，表明含 PNC 的推进剂药浆都属于典型的假塑性流体。对推进剂药浆的 $E_{ta} - G_p$ 曲线进行拟合，发现实验曲线符合 Ostwald de Waele $E_{ta} = K \cdot G_p^{n-1}$ 方程（其相关系数均大于 0.99）。推进剂药浆的表观黏度随着 PNC 含量的增加也不断增大，但均远小于浇铸 CMDB 推进剂对黏度的要求（推进剂药浆的表观黏度值小于 2500 Pa·s），所以能够顺利完成浇铸，满足浇铸 CMDB 推进剂的工艺要求。

2. Al 粉粒度对 AP - CMDB 推进剂工艺性能的影响

Al 粉的粒度大小不仅会对 AP - CMDB 推进剂的工艺性能造成影响，而且对推进剂的力学性能和燃烧性能有着重要的影响。含有不同粒度 Al 粉的 AP - CMDB 推进剂药浆的流动曲线和流动方程见图 3 - 6 和表 3 - 5。

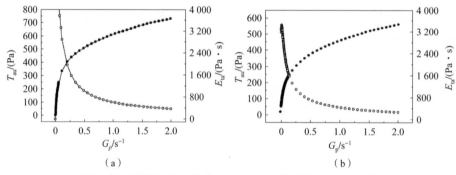

图 3 - 6　不同粒度 Al 粉的 AP - CMDB 推进剂 $E_{ta} - G_p$ 曲线

（a）$d_{50} = 29.6 \, \mu m$；（b）$d_{50} = 96.8 \, \mu m$

表 3 −5 不同粒度 Al 粉的 AP − CMDB 推进剂工艺性能参数

Al 粒度/μm	$\eta/(Pa \cdot s)(1\ s^{-1})$	T_{au}/P_a	$E_{ta} = K \cdot G_p^{n-1}$	$P_I/\%$	R	流平性
2.99	774	277.7		63.5	0.996 2	较好
29.6	632	177.1	$E_{ta} = 632 G_p^{-0.523\ 2}$	52.3	0.998 1	好
39.9	534	129.0		47.4	0.994 5	好
98.6	472	79.3		28.0	0.992 8	好

从图 3 − 6 不同粒度 Al 粉的 $E_{ta} − G_p$ 曲线中可见，推进剂药浆的表观黏度 E_{ta} 和剪切屈服值 T_{au} 均随着 Al 粉粒度的减小而增大。这是因为随着 Al 粉粒度的减小，其比表面积增大，Al 粉表面吸附的增塑剂 NG 增多，药浆中可以自由流动的 NG 减少，固体填料间的摩擦力增大，故药浆黏度增加。小粒度的 Al 粉与其他填料间的作用力更强，药浆受到剪切作用而发生流动时，需要更大的剪切应力来破坏 Al 粉和其他填料间的相互作用，虽然含有不同粒度 Al 的 AP − CMDB 推进剂药浆黏度不同，但上述药浆具有良好的流平性，可以顺利浇铸。

3.3.3 AP − CMDB 推进剂的力学性能

复合改性双基推进剂的能量水平虽然比双基推进剂高，但在力学性能方面，由于 NC 含量的降低，推进剂黏合剂基体间的物理交联减少，交联密度降低，交联网络缺陷增多，导致力学性能不够理想[22]。根据已有的研究基础，可通过对 NC 含量、工艺添加剂爆胶棉含量、AP 和 Al 粒度及含量、增塑剂种类及其含量等影响因素进行调控，来优化 AP − CMDB 推进剂的力学性能。

1. NC 含量对 AP − CMDB 推进剂力学性能的影响

不同 NC 含量的 AP − CMDB 推进剂的力学性能见表 3 − 6，推进剂的剖面形貌如图 3 − 7 所示。由表 3 − 6 可以看出，随着 NC 含量的减少，推进剂常温（20 ℃）和高温（50 ℃）下的拉伸强度逐渐降低，而延伸率先提高后降低，在 NC 含量为 20% 时，延伸率最高。结合推进剂剖面的 SEM 图可以看出，当 NC 含量高时，推进剂中的固体填料（AP、Al、燃速催化剂等）被 NC 紧密地"包裹"起来，界面黏结良好，故推进剂的拉伸强度较高；当 NC 含量低时，推进剂体系内形成的交联网络不完善、缺陷较多，与固体填料间的黏结不够牢固，导致拉伸强度和延伸率都大幅降低。当 NC 含量低于 20% 时，力学性能不能满足发动机的稳定工作要求。

表 3 – 6　NC 含量对 AP – CMDB 推进剂 20 ℃和 50 ℃力学性能的影响

NC/%	20 ℃		50 ℃	
	σ_m/MPa	ε_m/%	σ_m/MPa	ε_m/%
30.0	3.86	8.52	0.58	10.53
25.0	2.61	10.02	0.51	12.16
20.0	1.45	16.60	0.39	17.83
15.0	1.13	8.38	0.21	9.47
12.0	0.45	6.79	0.16	8.04

注：σ_m 为推进剂的最大抗拉强度；ε_m 为推进剂的最大延伸率。

（a）　　　　　　　（b）　　　　　　　（c）

图 3 – 7　不同含量 NC 的 CMDB 推进剂剖面形貌 SEM 图

（a）25% NC；（b）20% NC；（c）15% NC

2. 爆胶棉含量对 AP – CMDB 推进剂力学性能的影响

爆胶棉不仅可以调节推进剂的工艺性能，还对推进剂的力学性能有一定的影响，其含量对 AP – CMDB 推进剂力学性能的影响如表 3 – 7 和图 3 – 8 所示。

表 3 – 7　PNC 含量对 AP – CMDB 推进剂力学性能影响

PNC 含量/%	20 ℃		50 ℃	
	σ_m/MPa	ε_m/%	σ_m/MPa	ε_m/%
0.1	0.411	4.69	0.177	9.48
0.2	0.413	4.37	0.206	9.03
0.3	0.440	4.20	0.211	8.17
0.5	0.452	4.16	0.224	7.83

注：σ_m 为最大抗拉强度；ε_m 为延伸率。

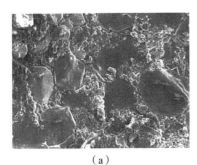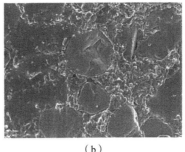

（a）　　　　　　　　　　　（b）

图 3 - 8　不同含量 PNC 的 AP - CMDB 推进剂剖面形貌 SEM 图

（a）0.1% PNC；（b）0.5% PNC

从表 3 - 7 中可以看出，AP - CMDB 推进剂的常温（20 ℃）和高温（50 ℃）拉伸强度都随着 PNC 含量的增加而提高，当 PNC 含量从 0.1% 增加到 0.5% 时，常温和高温下的拉伸强度分别由 0.411 MPa 和 0.177 MPa 提高到 0.452 MPa 和 0.224 MPa，但是延伸率略有降低。从图 3.8 中可以看出，提高 PNC 含量可以有效改善黏合剂对固体填料的包覆程度，减少了裸露的固体填料颗粒，填料被黏合剂包覆的效果也得到了改善。

3. AP 和 Al 粉含量对 AP - CMDB 推进剂力学性能的影响

AP 和 Al 粉的表面能较低，加入过多的固体填料会减少黏合剂与固体填料之间的作用力，导致推进剂的力学性能变差。表 3 - 8 和图 3 - 9 所示为不同 AP 和 Al 粉配比对推进剂力学性能影响的实验结果。

表 3 - 8　AP 和 Al 含量配比对 AP - CMDB 推进剂 20 ℃ 和 50 ℃ 力学性能的影响

AP : Al	20 ℃		50 ℃	
	σ_m/MPa	ε_m/%	σ_m/MPa	ε_m/%
5 : 1	1.37	15.50	0.35	17.10
4 : 1	1.38	16.03	0.37	17.32
3 : 1	1.42	16.42	0.37	17.60
2 : 1	1.45	16.60	0.39	17.83
1 : 1	1.46	16.83	0.41	18.43

注：σ_m 为最大抗拉强度；ε_m 为延伸率。

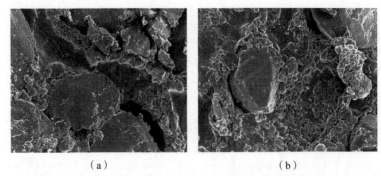

（a）　　　　　　　　　　（b）

图 3 - 9　AP：Al 为 5：1 和 1：1 的 AP - CMDB 推进剂剖面形貌 SEM 图

（a）AP：Al = 5：1；（b）AP：Al = 1：1

由表 3 - 8 可知，当推进剂中 AP：Al 从 5：1 降到 1：1 时，推进剂的拉伸强度从 1.37 MPa 提高到 1.46 MPa，延伸率从 15.50% 提高到 16.83%。从图 3 - 9 中也可以看出，AP：Al = 5：1 时，固体填料颗粒间空隙较大，堆积状态松散；而当 AP：Al = 1：1 时，固体填料颗粒间堆积紧密，此时 AP - CMDB 推进剂力学性能也最优。理论与实验均表明，当推进剂内固体填料粒度分度达到某一种状态时，不同粒度的填料颗粒间具有良好的堆砌结构，且不同填料间具有一定的相互作用力，此时推进剂的力学性能最好。

4. Al 粉粒度对 AP - CMDB 推进剂力学性能的影响

Al 粉粒度对推进剂力学性能的影响可能与其比表面积及表面结构有关。通过调节 Al 粉粒度的大小，可以提高装填密度，但对推进剂的力学性能也有一定的影响。Al 粉粒度大小对 AP - CMDB 推进剂力学性能的影响见表 3 - 9。

表 3 - 9　Al 粉粒度对 AP - CMDB 推进剂力学性能的影响

Al 粉粒度 d_{50}/μm	20 ℃		50 ℃	
	σ_m/MPa	ε_m/%	σ_m/MPa	ε_m/%
2.99	0.839	3.92	0.257	6.61
29.6	0.746	4.25	0.229	7.70
39.9	0.731	4.39	0.210	8.75
96.8	0.411	4.69	0.177	9.68

由表 3 - 9 可以看出，随着 Al 粉粒度的增大，推进剂常温和高温下的拉伸强度下降，延伸率提高。在 20 ℃时，当 Al 粉粒度从 2.99 μm 增加到 96.8 μm，推

进剂的拉伸强度从 0.839 MPa 降低到 0.411 MPa，延伸率从 3.92% 提高到 4.69%。这是因为粒度小的 Al 粉具有更大的比表面积，更容易与 NC 之间形成较强的物理交联，使得拉伸强度提高；但同时这种交联也限制了分子链段的运动能力，导致推进剂延伸率降低。

5. AP 粒度对 AP – CMDB 推进剂力学性能的影响

固体填料中 AP 的粒度相对较大，对 AP 进行级配可以有效改善固体填料颗粒间堆积的密实度。AP 粒度对 AP – CMDB 推进剂力学性能的影响如表 3 – 10 和图 3 – 10 所示。

表 3 – 10　Al 粒度对 AP – CMDB 推进剂力学性能的影响

AP 粒度 d_{50}/μm	20 ℃		50 ℃	
	σ_m/MPa	ε_m/%	σ_m/MPa	ε_m/%
335	0.411	4.69	0.177	9.48
214	0.581	4.37	0.211	8.63
127	0.645	4.20	0.225	7.49
8	0.716	4.15	0.274	7.16
4	0.838	4.04	0.293	6.19

（a）　　　　　　　　　（b）　　　　　　　　　（c）

图 3 – 10　含不同粒度 AP 的 AP – CMDB 推进剂拉伸断面 SEM 图

（a）335 μm；（b）127 μm；（c）8 μm

由表 3 – 10 中可以看到，随 AP 粒度的减小，推进剂的拉伸强度提高、延伸率降低。当 AP 粒度从 335 μm 减小到 4 μm 时，常温下的拉伸强度提高了 50.9%，延伸率降低了 13.8%。较大粒径的 AP 在推进剂中分散不均匀，而且 AP 颗粒裸露，并未被黏合剂完全包裹，如图 3 – 10 所示。使用小粒径的 AP，可以有效提高黏合剂对 AP 的包覆程度，使得裸露的 AP 量减少，增加黏合剂和 AP 之间的结合程度，从而提高推进剂的力学性能。

随 Al、AP 粒度减小，黏合剂与 AP、Al 之间的界面面积增加，黏附面积增加，界面黏附作用增强，使 AP – CMDB 推进剂的拉伸强度提高，因此对固体填料进行级配，是提高推进剂拉伸强度的有效途径之一。

6. 增塑剂种类对 AP – CMDB 推进剂力学性能的影响

NG 是目前复合改性双基推进剂中最常用的增塑剂，但其对 NC 的塑化能力有限。为避免因 NC 塑化不均匀影响推进剂的使用性能，可以在推进剂配方中添加辅助增塑剂，提高增塑剂对 NC 的塑化程度。目前，常用的辅助增塑剂有邻苯二甲酸酯类增塑剂（如 DOP、DBP）、柠檬酸酯类增塑剂（如 TBC、TEC 和 TEBC 等）。邻苯二甲酸酯类增塑剂由于其毒性强，会对人体造成较为严重的损害，而且对环境也有较强的破坏性，所以已逐步被柠檬酸酯类增塑剂所取代[23]。通过研究发现，柠檬酸三丁酯（TBC）、柠檬酸三乙酯（TEC）和柠檬酸 – 1,2 – 二丁酯 – 3 – 乙酯（TEBC）与复合改性双基推进剂的主要组分（NC、NG、AP 等）具有良好的相容性，可以安全地用于 AP – CMDB 推进剂中。

不同类型的增塑剂对 AP – CMDB 推进剂力学性能的影响见表 3 – 11。

表 3 – 11　不同类型的增塑剂对 AP – CMDB 推进剂力学性能的影响

增塑剂	含量/%	20 ℃		50 ℃	
		σ_m/MPa	ε_m/%	σ_m/MPa	ε_m/%
DEP	1	0.60	5.57	0.24	6.77
TBC	1	0.59	5.58	0.25	6.34
TEC	1	0.65	6.49	0.28	7.18
TEBC	1	0.72	7.85	0.32	8.21

从表 3 – 11 可以看出，添加 1% 的 DEP 或 TBC 推进剂的力学性能大致相当，但添加了相同含量的 TEC 或 TEBC 推进剂常温和高温下的拉伸强度和延伸率都有所提高，拉伸强度与延伸率分别提高了 9.2% 和 14.0% 以上。说明 TEC 与 TEBC 对 NC 的塑化能力高于 DEP 和 TBC，使 NC 球形药内部塑化得更加均匀。在低 NC 含量的 CMDB 推进剂中，可以使用 TEC 与 TEBC 来提高推进剂的力学性能。

图 3 – 11 为 NC 单基球形药在不同增塑剂中，50 ℃、6 h 后的扫描电镜图，可以通过观察扫描电镜图来判断 NC 球形药的塑化程度，为进一步了解球形药的塑化特性提供依据。

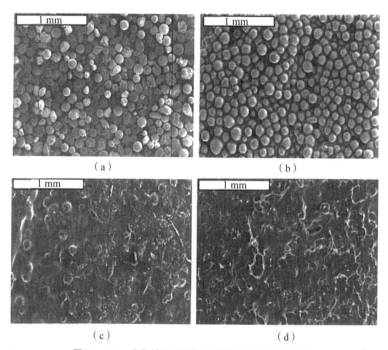

图 3 – 11　硝化棉和硝化棉/增塑剂薄膜的电镜图
（a）1 号 NC 球形药；（b）1 号 NC 球形药/NG/DINA；
（c）1 号 NC 球形药/TEC；（d）1 号 NC 球形药/TEBC

从图 3 – 11 可以看出，NC 球形药在 NG/DINA 混合增塑剂中放置 6 h 后，混合体系仍为可以流动的固、液两相混合物，球形药的轮廓清晰、还保持着球形结构，并未塑化。在 TEC 增塑剂中 NC 球形药轮廓基本消失，球形药与增塑剂界面消失，混合体系已失去了流动性，形成了固态薄膜。TEBC 增塑剂中 NC 球形药的轮廓已经观察不到了，球形药之间的界限完成消失。这说明 TEBC 和 TEC 对 NC 球形药的塑化效果更佳，而球形药在 NG/DINA 中只能部分塑化。

7. 增塑剂含量对 AP – CMDB 推进剂力学性能的影响

增塑剂含量对黏合剂体系的塑化效果有重要影响，是影响推进剂力学性能的重要因素[24]。TEC 和 TEBC 含量对 CMDB 推进剂力学性能的影响见表 3 – 12。

表 3 −12　增塑剂含量对 AP − CMDB 推进剂力学性能影响

柠檬酸酯	NG/%	20 ℃		50 ℃	
		σ_m/MPa	ε_m/%	σ_m/MPa	ε_m/%
	30	0. 327	5. 83	0. 163	6. 73
TEC，1%	29	0. 471	6. 07	0. 211	7. 18
TEC，2%	28	0. 582	6. 81	0. 230	8. 29
TEC，4%	26	0. 525	7. 25	0. 205	7. 24
TEBC，1%	29	0. 431	6. 23	0. 229	7. 24
TEBC，2%	28	0. 487	7. 15	0. 247	8. 61
TEBC，4%	26	0. 441	8. 01	0. 231	9. 19

　　从表 3 − 12 中可以看出，当使用 1% ~ 2% 的 TEC 或 TEBC 取代部分 NG 时，CMDB 推进剂常温和高温下的拉伸强度和延伸率都有明显的提高。当 TEC 或 TEBC 的含量大于 2% 时，不利于进一步提高推进剂的力学性能，反而导致推进剂的拉伸强度和延伸率降低。这说明适当含量的 TEBC 或 TEC 取代部分 NG，有利于提高 AP − CMDB 推进剂的力学性能，而且 TEBC 改善推进剂高温力学性能的效果要优于 TEC。

3. 3. 4　AP − CMDB 推进剂的燃烧性能

1. NC 含量对 AP − CMDB 推进剂燃烧性能的影响

　　AP∶Al 为 2∶1 时 NC 含量对 AP − CMDB 推进剂燃烧性能的影响见图 3 − 12 和表 3 − 13。

表 3 − 13　NC 含量对 AP − CMDB 推进剂燃烧性能的影响

NC 含量/%	燃速/(mm·s⁻¹)							压强指数	
	4 MPa	7 MPa	10 MPa	13 MPa	16 MPa	18 MPa	20 MPa	n_{4-10}	n_{10-20}
25	9. 95	15. 01	20. 33	24. 27	27. 78	30. 36	32. 79	0. 78	0. 69
20	10. 81	15. 36	20. 39	24. 94	29. 40	31. 85	34. 72	0. 69	0. 77
15	11. 62	15. 85	21. 66	26. 06	30. 49	32. 05	35. 05	0. 68	0. 69

　　从图 3 − 12 和表 3 − 13 可以看出，在 4 ~ 20 MPa 压强下，随着 NC 含量的

减小推进剂燃速有所提高，燃速压强指数略微降低。这可能是因为 NC 本身能量水平较低，在推进剂燃烧过程中，NC 分解所释放的热量少，其反馈回凝聚相的热量较少。随着 NC 含量的减小，推进剂的凝聚相热分解速度提高，推进剂的燃速提高。

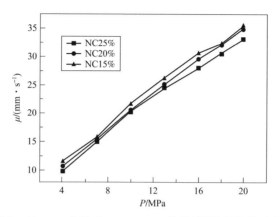

图 3 - 12　NC 含量对 AP - CMDB 推进剂燃烧性能的影响

据文献报道，目前针对 NC 热分解历程及热分解动力学进行了大量研究，认为 NC 分解主要受凝聚相的非均相反应控制，其分解历程大致为：首先是硝酸酯基团（—ONO_2）断裂生成 NO_2（或 HONO）大量滞留在聚合物骨架中，使其骨架的自催化反应明显加强，NO_2 进一步与碳骨架发生氧化还原反应，并生成 CO、CO_2、HCOOH 和 CH_2O 等产物。说明 NC 分解反应速度的控制步骤为凝聚相中的非均相反应。

2. AP 粒度对 AP - CMDB 推进剂燃烧性能的影响

AP 粒度不同，其本身性质（包括物理分散状态、化学组成状态和热分解特性）存在明显的不同，而且 AP 在燃烧过程中容易发生局部化学分解，所以对 CMDB 推进剂的燃烧性能有着较大影响[25]。AP 粒度对 AP - CMDB 推进剂性能的影响如表 3 - 14 和图 3 - 13 所示。

表 3 - 14　AP 粒度对 CMDB 推进剂燃烧性能的影响

AP 粒度	燃速/(mm·s⁻¹)							压强指数	
d_{50}/μm	5 MPa	8 MPa	10 MPa	12 MPa	15 MPa	18 MPa	20 MPa	n_{5-10}	n_{10-20}
97	13.81	17.46	19.5	20.76	23.69	26.4	27.75	0.5	0.51
12	23.97	31.22	35.5	39.84	44.05	49.07	52.16	0.57	0.56

续表

AP 粒度	燃速/(mm · s⁻¹)							压强指数	
$d_{50}/\mu m$	5 MPa	8 MPa	10 MPa	12 MPa	15 MPa	18 MPa	20 MPa	$n_{5\sim10}$	$n_{10\sim20}$
8.5	25.68	35.22	37.55	44.12	48.62	53.38	58.74	0.55	0.65
1.0	29.93	40.11	46.08	53.62	63.83	73.71	78.53	0.62	0.77

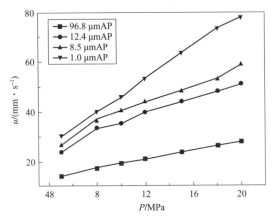

图 3 – 13 AP 粒度对 AP – CMDB 推进剂燃烧性能的影响

从表 3 – 14 和图 3 – 13 中可以看出，随着 AP 粒度的减小推进剂的燃速大幅提高。这是因为，AP 的粒径会影响其分解历程，不同粒径 AP 的 DSC 曲线如图 3 – 14 所示。AP 分解分为低温和高温两个阶段，在低温分解阶段主要是发生质子转移（质子从 NH_4^+ 转移到 ClO_4^-）生成 NH_3 和 $HClO_4$，二者吸附在 AP 的表面；高温分解阶段主要是吸附在 AP 表面的 NH_3 和 $HClO_4$ 发生解吸，并在气相区快速反应，放出热量，即 AP 热分解过程是气相解吸和凝聚相分解之间的竞争过程。大粒度的 AP 分解时在低温下为质子转移过程，速度较慢；而小粒度的 AP 比表面积大，表面上吸附了更多的 NH_3 和 $HClO_4$，在受热时直接发生气体的解吸和气相的快速氧化还原反应，释放大量的热量，使凝聚相快速分解，大幅提高了推进剂的燃速。所以使用小粒度的 AP 会使 CMDB 推进剂燃速大幅提高。

由于 AP 分解速度随着压强的提高而加快，尤其是细粒度的 AP，其气相放热反应对压力更为敏感，这使推进剂的燃速对压力也更敏感，故随着 AP 粒径的减小推进剂的压力指数升高。当 AP 粒度为 8.5 μm 和 1.0 μm 时，AP – CMDB 推进剂的燃速压强指数分别为 0.65 和 0.77，处于较高水平，不利于推进剂燃烧性能的调节。

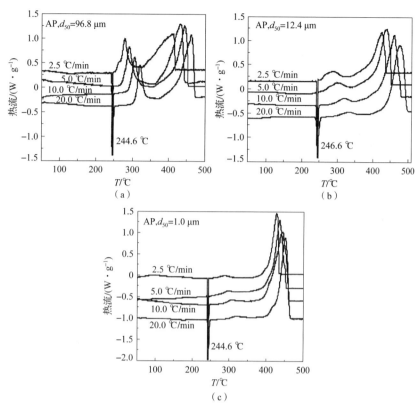

图 3 – 14 不同粒径 AP 在 1 MPa 压强下的 PDSC 曲线

3. AP 含量对 AP – CMDB 推进剂燃烧性能的影响

当 CMDB 推进剂中 AP 和 Al 粉总量为 42% 时，AP 含量（$d_{50} = 96.8~\mu m$）对推进剂燃烧性能的影响如表 3 – 15 和图 3 – 15 所示。

表 3 – 15 AP 含量对 AP – CMDB 推进剂燃烧性能的影响

AP：Al	燃速/(mm·s⁻¹)							压强指数	
	5 MPa	8 MPa	10 MPa	12 MPa	15 MPa	18 MPa	20 MPa	n_{5-10}	n_{10-20}
5：1	16.3	20.97	23.58	26.35	30.08	34.89	36.50	0.53	0.63
4：1	16.11	20.55	23.42	26.17	30.05	34.72	36.49	0.54	0.63
3：1	16.3	21.35	24.39	26.85	30.84	34.72	36.76	0.58	0.59
2：1	15.73	20.83	23.75	26.38	30.57	34.29	36.23	0.59	0.61
1：1	13.86	18.62	21.38	24.2	27.84	31.78	33.98	0.63	0.67

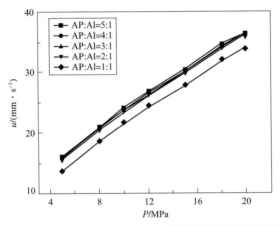

图 3 – 15 AP 含量对 AP – CMDB 推进剂燃烧性能的影响

从图 3.15 和表 3.15 中可以看出，Al 粉含量较低时，AP 含量对推进剂的燃速影响不大，当 AP：Al = 1：1 时，推进剂燃速明显降低，这可能是由于 Al 粉含量过高，导致推进剂有效氧含量较低，推进剂无法充分燃烧，所以推进剂燃速明显降低。

综上所述，AP 粒度对 CMDB 推进剂的燃烧性能影响最大，AP 粒度不能太小，否则会导致推进剂燃速压强指数过高，不利于推进剂燃烧性能的调节。可以在适当的范围内调节 AP 和 Al 粒度拓宽推进剂燃速范围，AP 平均粒度应大于 12.4 μm。在 AP：Al 大于 1：1 的情况下，NC、AP 含量对 AP – CMDB 推进剂燃烧性能影响不大。

4. 燃烧催化剂对 AP – CMDB 推进剂燃烧性能的影响

单组分燃速催化剂可在一定程度上降低燃速压强指数，但燃速压强指数仍高于 0.5，无法正常使用。与双基推进剂相似，Pb/Cu/CB 三元催化体系是 AP – CMDB 推进剂经典、有效的催化剂，AP – CMDB 推进剂燃烧性能如表 3 – 16 和图 3 – 16 所示。

表 3 – 16 复配催化剂对 AP – CMDB 推进剂燃烧性能的影响

燃烧催化剂	燃速/($mm \cdot s^{-1}$)								压强指数	
	1 MPa	4 MPa	7 MPa	10 MPa	13 MPa	16 MPa	18 MPa	20 MPa	n_{1-10}	n_{10-20}
None	4.25	10.48	15.75	21.28	26.86	29.72	34.44	37.74	0.70	0.83
$Pb_1 + Pb_2 + Cu_1 + CB_1$	8.62	17.58	22.4	26.06	28.63	30.15	33.44	35.42	0.48	0.44

燃烧催化剂	燃速/(mm·s⁻¹)								压强指数	
	1 MPa	4 MPa	7 MPa	10 MPa	13 MPa	16 MPa	18 MPa	20 MPa	$n_{1\text{-}10}$	$n_{10\text{-}20}$
$Pb_1 + Cu_1 + Cu_2 + CB_1$	8.34	10.98	22.83	25.93	28.85	30.27	33.30	35.50	0.49	0.45
$PbCu_1 + PB_1 + CB_1$	8.37	16.21	22.08	24.95	27.93	28.85	31.88	34.52	0.47	0.47
$PbCu_1 + Cu_1 + CB_1$	8.16	16.09	22.11	25.42	28.49	30.3	33.26	34.91	0.49	0.46
$Pb_1 + Pb_2 + Cu_1 + Cu_2 + CB_1$	8.71	16.84	22.59	25.78	28.13	29.75	32.10	33.41	0.47	0.37
$PbCu_1 + Pb_1 + Cu_1 + CB_1$	8.97	16.86	23.08	27.01	29.56	30.8	33.30	34.84	0.48	0.37

从图 3 - 16 和表 3 - 16 中可以看出，Pb/Cu/CB 复配燃速催化剂可以提高推进剂低压下的燃速，降低其高压下的燃速，使得推进剂在 1~20 MPa 压强范围内的燃速压强指数都降到 0.5 以下，满足 AP - CMDB 推进剂在火箭发动机中的正常使用。其中，$Pb_1/Pb_2/Cu_1/Cu_2/CB$ 和 PbCu/Pb/Cu/CB 两种复配燃速催化剂对 AP - CMDB 推进剂高压下的燃速压强指数降低作用最为明显，使得燃速压强指数降低到 0.37。

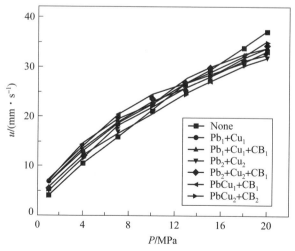

图 3 - 16　复配燃烧催化剂对 AP - CMDB 推进剂燃烧性能的影响

含复配燃烧催化剂的 AP – CMDB 推进剂的 PDSC 曲线如见图 3 – 17 所示，相关数据如表 3 – 17 所示。

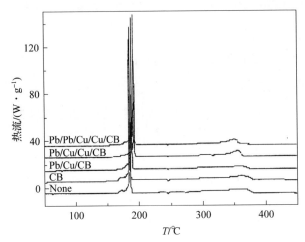

图 3 –17　含不同燃烧催化剂的 AP – CMDB 推进剂的 PDSC 曲线

表 3 –17　AP 粒度为 96.8 μm 的 AP – CMDB 推进剂的 PDSC 结果

燃烧催化剂体系	$T_{p(1.0\ MPa)}$/℃	$T_{p(4.0\ MPa)}$/℃	$T_{p(7.0\ MPa)}$/℃	$T_{p(10.0\ MPa)}$/℃	$T_{p(13.0\ MPa)}$/℃
None	186.3	181.6	177.5	176.8	185.4
CB	185.6	183.9	180.7	177	174.6
Pb/Cu/CB	188.9	181.1	181.7	180.5	174.6
Pb/Pb/Cu/Cu/CB	192.0	181.7	179.1	173.8	178.3

由图 3 – 17 和表 3 – 17 可知，CB 单组分催化剂和 Pb/Cu/CB 复配催化剂会导致 AP 高温分解峰温有所提前，其中 Pb/Cu/Cu/CB 和 Pb/Pb/Cu/Cu/CB 催化剂对推进剂第二分解过程促进更为明显，使第二分解峰温分别提前了 6.2 ℃ 和 10.9 ℃。推进剂分解峰温的差值 ΔT 的降低说明了推进剂分解放热时间的缩短，放热效率提高。

通过高速摄像研究了分别加入 CB、Pb/Cu/CB 和 Pb/Pb/Cu/Cu/CB 燃烧催化剂的 AP – CMDB 推进剂火焰结构的变化情况，实验结果如图 3 – 18 ~ 图 3 – 21 所示。

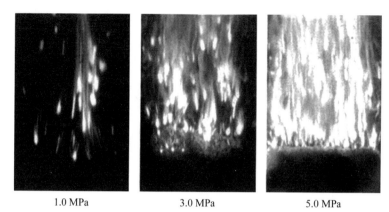

1.0 MPa　　　　　3.0 MPa　　　　　5.0 MPa

图 3-18　无燃烧催化剂体系的 AP-CMDB 推进剂不同压强下的燃烧火焰结构

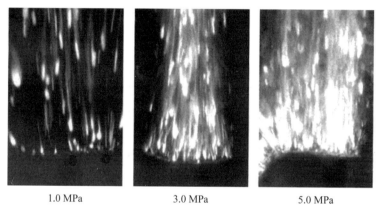

1.0 MPa　　　　　3.0 MPa　　　　　5.0 MPa

图 3-19　CB 催化剂体系的 AP-CMDB 推进剂不同压强下的燃烧火焰结构

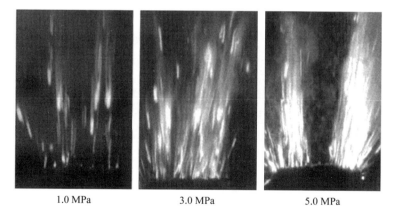

1.0 MPa　　　　　3.0 MPa　　　　　5.0 MPa

图 3-20　Pb/Cu/CB 催化剂体系的 AP-CMDB 推进剂不同压强下的燃烧火焰结构

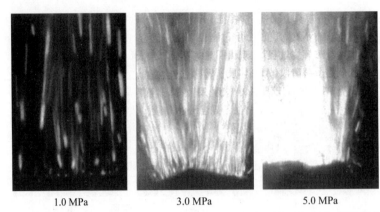

1.0 MPa   3.0 MPa   5.0 MPa

图 3 - 21　Pb/Pb/Cu/Cu/CB 催化剂体系的 AP - CMDB 推进剂不同压强下的燃烧火焰结构

从图中可以看出，不加燃速催化剂的推进剂火焰流束非常不规则，固相与气相区之间没有明显的界限；加入燃烧催化剂的 AP - CMDB 推进剂火焰燃烧更剧烈，而且随着燃烧催化剂组分的增多，推进剂火焰结构更加规则，固相与气相区之间有明显的界限，这可能是因为复配燃速催化剂可以使推进剂燃烧更加稳定，从而使推进剂燃速压强指数降低。

根据上述分析可以推断，铜盐、铅盐和铋盐等单组分燃烧催化剂对 CMDB 推进剂催化作用主要集中在 NC/NG 的快速分解上，而含 CB 的燃烧催化剂，尤其是 Pb/Cu/CB 复配催化剂催化的作用点会同时集中在 NC/NG 的快速分解和 AP 的高温分解阶段，这可能就是不同催化剂对 CMDB 推进剂燃烧性能影响存在差异的主要原因。

|3.4　RDX - CMDB 推进剂的性能|

作为低特征信号推进剂的首选品种，RDX - CMDB 推进剂得到了研究者的广泛关注。含 Al 粉和 RDX 的 CMDB 推进剂由于能量高、特征信号低、性能重现性好、总体性能优异等得到了广泛应用，但是 Al 粉和 RDX 对推进剂的燃烧、力学、工艺等性能带来了影响，限制了 RDX - CMDB 推进剂的应用。针对球形药种类及含量、Al 粉粒度及含量、RDX 含量等因素对 RDX - CMDB 推进剂各项性能的影响进行系统性的分析，可以为研究人员后续研发性能更优异的 RDX - CMDB 推进剂提供参考依据。

3.4.1　RDX – CMDB 推进剂的能量性能

1. NC 含量对 RDX – CMDB 推进剂能量性能的影响

通过最小自由能方法计算的 RDX – CMDB 推进剂能量性能如图 3 – 22 和表 3 – 18 所示。

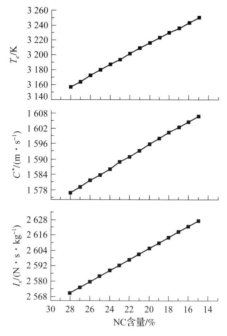

图 3 – 22　NC 含量对 RDX – CMDB 推进剂能量性能的影响

表 3 – 18　NC 含量对 RDX – CMDB 推进剂理论比冲的影响

NC 含量/%	$I_{sp}/(N \cdot s \cdot kg^{-1})$	$C^*/(m \cdot s^{-1})$	T_c/K
15	2 627.0	1 606.6	3 250
16	2 622.7	1 604.4	3 243
17	2 618.5	1 602.3	3 236
18	2 614.2	1 600.2	3 230
19	2 609.9	1 598.0	3 223
20	2 605.6	1 595.6	3 216
21	2 601.3	1 593，4	3 209

NC 含量/%	$I_{sp}/(\text{N} \cdot \text{s} \cdot \text{kg}^{-1})$	$C^*/(\text{m} \cdot \text{s}^{-1})$	T_c/K
22	2 597.0	1 591.0	3 202
23	2 592.6	1 588.9	3 194
24	2 588.2	1 586.1	3 187
25	2 583.9	1 583.7	3 180
26	2 579.5	1 581.6	3 172
27	2 575.1	1 579.1	3 164
28	2 570.7	1 576.7	3 157

从图 3 - 22 和表 3 - 18 中可以看出，CMDB 推进剂的理论比冲 I_{sp}、特征速度 C^*、燃烧室温度 T_c 均随 NC 含量的增加而降低，当 NC 含量从 15% 提高到 28% 时，RDX - CMDB 推进剂理论比冲、特征速度、燃烧温度分别从 2 627.0 N · s/kg、1 606.6 m/s、3 250 K 降低到 2 570.7 N · s/kg、1 576.7 m/s、3 157 K，分别降低了约 2.2%、1.9%、2.9%。这是因为 NC 能量水平比 RDX 低，而且 NC 为负氧化合物，所以提高 NC 的含量，会导致推进剂的能量水平降低。

2. Al 粉含量对 RDX - CMDB 推进剂能量性能的影响

Al 粉含量对 RDX - CMDB 推进剂理论能量性能的影响如表 3 - 19 和图 3 - 23 所示。

表 3 - 19   Al 粉含量对 RDX - CMDB 推进剂理论能量性能的影响

Al 粉含量/%	$I_{sp}/(\text{N} \cdot \text{s} \cdot \text{kg}^{-1})$	$C^*/(\text{m} \cdot \text{s}^{-1})$	T_c/K
20	2 749.5	1 630.9	3 943
19	2 748.1	1 632.8	3 924
18	2 746.1	1 633.7	3 899
17	2 744.1	1 633.7	3 870
16	2 742.2	1 633.7	3 838
15	2 740.5	1 633.4	3 803
14	2 738.2	1 632.5	3 768
13	2 735.2	1 631.8	3 731

续表

Al 粉含量/%	$I_{sp}/(\text{N} \cdot \text{s} \cdot \text{kg}^{-1})$	$C^{*}/(\text{m} \cdot \text{s}^{-1})$	T_{c}/K
12	2 731.4	1 630.9	3 694
11	2 726.8	1 629.7	3 657
10	2 721.5	1 628.5	3 620
9	2 715.3	1 627.3	3 583
8	2 708.4	1 625.8	3 545
7	2 700.8	1 623.9	3 508
6	2 692.4	1 622.1	3 471
5	2 683.3	1 620.0	3 434
4	2 673.4	1 617.8	3 396
3	2 662.8	1 615.4	3 359
2	2 651.6	1 612.6	3 322
1	2 639.6	1 609.9	3 285

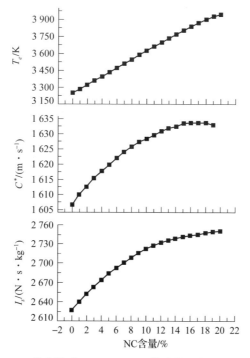

图 3 - 23　Al 粉含量对 RDX - CMDB 推进剂理论能量性能的影响

从表 3 – 19 和图 3 – 23 中可见，在 Al 粉含量低于 15% 时，RDX – CMDB 推进剂的理论比冲、特征速度、燃烧温度、爆热均随着 Al 粉含量的增加而显著增加，当 Al 粉含量高于 15% 时，理论比冲和特征速度均随 Al 粉含量增加而降低。这表明在 RDX/Al/CMDB 推进剂中，适当提高 Al 粉含量有利于提高推进剂的能量性能，考虑到推进剂的氧平衡，一般 Al 粉含量小于 18%。

3.4.2　RDX – CMDB 推进剂的工艺性能

1. 不同硝化度球形药含量对 RDX – CMDB 推进剂工艺性能的影响

为了调节 RDX – CMDB 推进剂的性能，采用两种不同硝化度的球形药，其不同含量对 RDX – CMDB 推进剂工艺性能的影响如图 3 – 24 和表 3 – 20、表 3 – 21 所示。

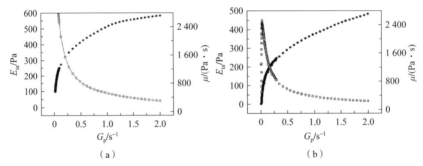

（a）　　　　　　　　　　　（b）

图 3 – 24　不同硝化度球形药含量的 RDX – CMDB 推进剂 E_{ta} – G_p 曲线

表 3 – 20　1 号 NC 含量对 RDX – CMDB 推进剂工艺性能参数

1 号 NC 含量/%	$\eta/(Pa \cdot s)(1 s^{-1})$	T_{au}/Pa	$E_{ta} = K \cdot G_p^{n-1}$	$P_1/\%$	R	流平性
4	441	80.82	$E_{ta} = 441 G_p^{-0.5834}$	58.34	0.9962	好
8	457	92.66	$E_{ta} = 457 G_p^{-0.5947}$	59.47	0.9965	好
10	472	109.1	$E_{ta} = 441 G_p^{-0.6090}$	60.90	0.9990	好
15	491	113.5	$E_{ta} = 491 G_p^{-0.6159}$	61.59	0.9952	好

表 3 – 21　2 号 NC 含量对 RDX – CMDB 推进剂工艺性能的影响

2 号 NC 含量/%	$\eta/(Pa \cdot s)(1 s^{-1})$	T_{au}/Pa	$E_{ta} = K \cdot G_p^{n-1}$	$P_1/\%$	R	流平性
4	385	146.1	$E_{ta} = 385 G_p^{-0.5260}$	52.60	0.9928	好
8	392	148.7	$E_{ta} = 392 G_p^{-0.5476}$	54.76	0.9963	好

2 号 NC 含量/%	$\eta/(Pa \cdot s)(1\ s^{-1})$	T_{au}/Pa	$E_{ta} = K \cdot G_p^{n-1}$	$P_1/\%$	R	流平性
10	407	151.2	$E_{ta} = 407 G_p^{-0.580\,4}$	58.04	0.999 0	好
15	418	156.9	$E_{ta} = 418 G_p^{-0.605\,3}$	60.53	0.999 9	好

1 号球形药 NC 硝化度在 210 mL/g 以上，2 号球形药 NC 硝化度在 190 ~ 198 mL/g 之间。从图 3 - 24 中和表 3 - 20、表 3 - 21 中可以看出，加入 1 号和 2 号球形药的推进剂药浆均为典型的假塑性流体，都呈现出剪切变稀的特征。当球形药含量在 4% ~ 15% 时，加入不同硝化度球形药的推进剂药浆黏度都远低于 2 500 Pa·a，可以顺利浇铸，而且推进剂药浆也具有良好的流平性，说明这两种不同硝化度的球形药对于推进剂工艺性能的影响不大。

2. 双基球形药对 RDX - CMDB 推进剂工艺性能的影响

不同含量的双基球形药对 RDX - CMDB 推进剂工艺性能的影响如图 3 - 25 和表 3 - 22 所示。

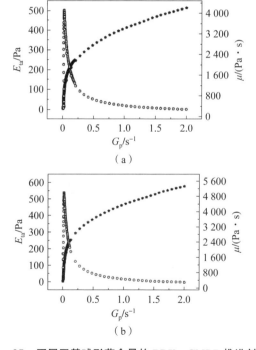

图 3 - 25　不同双基球形药含量的 RDX - CMDB 推进剂 E_{ta} - G_p 曲线

（a）双基球形药含量为 2%；（b）双基球形药含量为 6%

表 3 –22　双基球形药含量不同的 RDX – CMDB 推进剂工艺参数

双基球含量/%	$\eta/(\mathrm{Pa \cdot s})(1 \mathrm{s}^{-1})$	$T_{\mathrm{au}}/\mathrm{Pa}$	$E_{\mathrm{ta}} = K \cdot G_{\mathrm{p}}^{\mathrm{n-1}}$	$P_{\mathrm{I}}/\%$	R	流平性
0	295	117.4	$E_{\mathrm{ta}} = 295 G_{\mathrm{p}}^{-0.5026}$	50.26	0.9931	好
2	377	125.2	$E_{\mathrm{ta}} = 377 G_{\mathrm{p}}^{-0.5115}$	51.15	0.9964	好
4	394	132.6	$E_{\mathrm{ta}} = 394 G_{\mathrm{p}}^{-0.5148}$	51.48	0.9941	好
6	412	146.1	$E_{\mathrm{ta}} = 412 G_{\mathrm{p}}^{-0.5452}$	54.52	0.9977	好
8	429	151.2	$E_{\mathrm{ta}} = 429 G_{\mathrm{p}}^{-0.5814}$	58.14	0.9969	好

从图 3 – 25 和表 3 – 22 中可以看出，加入双基球形药的推进剂药浆均出现剪切变稀现象，并且符合假塑性流体方程，属于假塑性流体。推进剂药浆的表观黏度、剪切屈服值和假塑性指数均随双基球形药含量的增加而增大。增塑剂更容易进入双基球形药内，使得球形药表层的 NC 溶胀，导致推进剂药浆的黏度增大。虽然双基球形药的加入对推进剂药浆的流变性能有一定的影响，但推进剂药浆仍具有较低的黏度和良好的流平性，可以实现顺利浇铸。

3.4.3　RDX – CMDB 推进剂的力学性能

1. 球形药对 RDX – CMDB 推进剂力学性能的影响

单基球形药和双基球形药的塑化能力不同，对推进剂的力学性能有着重要的影响。不同种类球形药及其含量对 RDX – CMDB 推进剂力学性能的影响如表 3 – 23、表 3 – 24 所示。

表 3 –23　单基球形药含量对 RDX – CMDB 推进剂力学性能的影响

单基球/%	20 ℃		50 ℃	
	$\sigma_{\mathrm{m}}/\mathrm{MPa}$	$\varepsilon_{\mathrm{m}}/\%$	$\sigma_{\mathrm{m}}/\mathrm{MPa}$	$\varepsilon_{\mathrm{m}}/\%$
0	0.709	7.83	0.278	8.63
2	0.724	8.07	0.294	9.00
4	0.729	8.14	0.308	10.19
6	0.713	8.09	0.302	9.44
8	0.691	7.92	0.290	9.26
10	0.632	7.69	0.275	9.18

表 3 – 24　双基球形药含量对 RDX – CMDB 推进剂力学性能的影响

双基球/%	20 ℃		50 ℃	
	σ_m/MPa	ε_m/%	σ_m/MPa	ε_m/%
0	0.709	7.83	0.278	8.63
2	1.109	9.71	0.281	18.76
4	1.338	11.96	0.302	20.18
6	1.112	11.30	0.288	19.84
8	1.001	11.18	0.283	18.38
10	0.976	11.02	0.270	18.17

从表 3 – 23 和表 3 – 24 中可以看出，单基球形药含量低于 8% 时，随着单基球形药含量的增加，推进剂的拉伸强度提高，延伸率降低；当单基球形药含量高于 8% 时，随着单基球形药含量的增加，推进剂的拉伸强度和延伸率都随之降低。在添加双基球形药的推进剂力学测试结果中可以看出，随着双基球形药含量的增加，推进剂的拉伸强度和延伸率先升高后降低，在双基球形药含量为 4% 时，推进剂的力学性能达到最优。这可能是由于球形药的塑化特性不同而导致的，单基球形药在固化过程只有部分球形药被塑化，塑化不完全，未塑化的球形药不能起到黏合剂的作用；而双基球形药中含有 NG 增塑剂，使增塑剂更容易进入到球形药当中，双基球形药的塑化程度更高，提高了推进剂的交联密度，增强了黏合剂与填料之间的作用力，从而使推进剂的力学性能得到了改善。通过以上结果可以发现，加入适量的双基球形药可以有效地提高 RDX – CMDB 推进剂的力学性能。

2. RDX 粒度对 RDX – CMDB 推进剂力学性能的影响

RDX 在提高 CMDB 推进剂能量水平的同时，也可能会导致推进剂力学性能变差。RDX 粒度对 CMDB 推进剂力学性能的影响如表 3 – 25 所示。

表 3 – 25　RDX 粒度对 RDX – CMDB 推进剂力学性能的影响

RDX 粒度 d_{50}/μm	50 ℃		40 ℃	
	σ_m/MPa	ε_m/%	σ_m/MPa	ε_m/%
18.13	1.57	20.8	20.17	2.50
46.64	1.15	19.6	19.27	1.85

RDX 粒度	50 ℃		40 ℃	
$d_{50}/\mu m$	σ_m/MPa	$\varepsilon_m/\%$	σ_m/MPa	$\varepsilon_m/\%$
70.33	1.09	17.2	18.05	1.62
91.53	1.02	16.6	21.35	1.35

从表 3 – 25 中可以看出，随着 RDX 粒度的减小，推进剂的最大拉伸强度和延伸率都提高。这可能是因为随着 RDX 粒度的减小，RDX 颗粒的比表面积增大，RDX 颗粒与黏合剂 NC 间形成的物理交联点增多，因此在外力作用下不容易被破坏，因此改善了推进剂的力学性能。

通过 SEM 对 CMDB 推进剂拉伸后的断面和切面图（图 3 – 26）进行观察，从断面图上发现粒度大的 RDX 裸露并凸出于黏合剂基体表面，颗粒表面光滑，还有部分 RDX 脱落留下的凹坑。在切面图中可以看出，大颗粒 RDX 黏合剂基体间有较大的空穴，小颗粒的 RDX 与黏合剂基体的接触较好，而且受力后黏合剂基体间产生较多的裂纹。这表明 RDX 粒度的大小会影响其与黏合剂基体之间的界面作用，从而影响 CMDB 推进剂的力学性能。

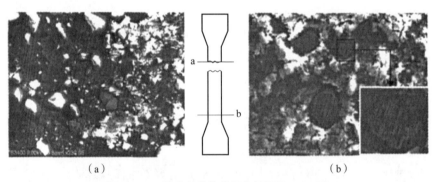

（a） （b）

图 3 – 26　推进剂拉伸断面和切面的 SEM 图

（a）（×230）；（b）（×200）

3. 键合剂种类和含量对 RDX – CMDB 推进剂力学性能的影响

RDX 表面能比较低，与黏合剂体系之间的黏附功较低、黏结力较小，所以在推进剂受到外力作用时容易发生"脱湿"，使固体填料发生脱落，导致推进剂的力学性能降低。目前，使用键合剂是推进剂中解决"脱湿"问题的有效途径之一，这主要是因为键合剂中的羟基、氰基等基团会与 RDX 之间形成氢键，增加了黏合剂基体与固体填料间的作用力，提高了 RDX – CMDB 推进剂的力学性能[26,27]。

不同键合剂种类（中性键合剂 NPBA - 1、NPBA - 2、NPBA - 3、NPBA - 4、NPBA - 5）对 RDX - CMDB 推进剂力学性能的影响见表 3 - 26。

表 3 - 26　键合剂种类对 RDX - CMDB 推进剂力学性能的影响

键合剂 种类	20 ℃			50 ℃		
	σ_m/MPa	ε_m/%	ε_b/%	σ_m/MPa	ε_m/%	ε_b/%
空白配方	0.359	14.110	38.790	0.883	7.709	46.219
NPBA - 4	0.382	26.207	39.257	0.967	14.692	47.608
NPBA - 5	0.374	25.269	40.918	0.924	12.928	47.207
NPBA - 1	0.351	17.209	40.219	0.879	11.635	50.039
NPBA - 2	0.357	18.374	41.367	0.890	12.064	49.627
NPBA - 3	0.361	16.382	40.961	0.904	12.309	51.298

从表 3 - 26 中可以看出，不加键合剂的空白配方常温下 ε_m 和 ε_b 分别为 7.709% 和 46.210%，脱湿比为 0.166 7（远小于 1），这说明"脱湿"现象严重，黏合剂与固体填料间的界面作用很弱。加入键合剂 NBPA 后推进剂的拉伸强度和延伸率与空白配方相比都有一定程度的提高，脱湿比增大（更接近 1），表明键合剂的加入可有效改善"脱湿"现象，增强了黏合剂与固体填料间的界面作用。其中 NPBA - 4 的键合效果最好，对 RDX - CMDB 推进剂力学性能的改善最显著。NPBA - 4 含量对 RDX - CMDB 推进剂力学性能的影响如表 3 - 27 所示。

表 3 - 27　NPBA - 4 含量对 RDX - CMDB 推进剂力学性能的影响

NPBA - 4 含量/%	20 ℃			50 ℃		
	σ_m/MPa	ε_m/%	ε_b/%	σ_m/MPa	ε_m/%	ε_b/%
0.10	0.897	9.615	46.817	0.366	19.218	38.790
0.15	0.938	12.619	47.217	0.371	23.964	38.614
0.20	0.967	14.692	47.608	0.382	26.207	39.257
0.30	1.028	15.814	48.294	0.395	28.416	40.211
0.35	9.754	14.038	46.914	0.394	25.621	39.081
0.43	9.741	12.309	46.308	0.392	24.382	38.218

从表 3 – 27 中可以看出，随着键合剂 NBPA – 4 含量的提高，RDX – CMDB 推进剂的拉伸强度增大，原因可能是 NPBA – 4 含量增大使吸附在填料表面的 NBPA – 4 的量增加，键合剂与固体填料间形成了更多的氢键，提高了黏合剂与填料间的牢固程度，所以推进剂的拉伸强度增大。但 NBPA – 4 含量过高（大于 0.3%）时，反而会降低黏合剂与固体填料间的黏结效果，导致 RDX – CMDB 推进剂力学性能降低。

3.4.4 RDX – CMDB 推进剂的燃烧性能

1. Al 粉粒度对 RDX – CMDB 推进剂燃烧性能的影响

Al 粉粒度会影响其在推进剂中的分散和活性等，对推进剂的燃烧性能有重要的影响。Al 粉含量为 10% 时其粒度对 RDX – CMDB 推进剂燃烧性能的影响如表 3 – 28 和图 3 – 27 所示。

表 3 –28 Al 粉粒度对 RDX – CMDB 推进剂燃烧性能的影响

Al 粉粒度 $d_{50}/\mu m$	燃速/(mm · s^{-1})							压强指数	
	5 MPa	8 MPa	10 MPa	12 MPa	15 MPa	18 MPa	20 MPa	n_{5-10}	n_{10-20}
45	14.74	18.94	21.28	23.73	28.85	31.21	33.01	0.53	0.63
24	13.6	17.48	20.01	22.56	26.4	29.1	31.04	0.56	0.63
10	12.6	16.73	19.52	21.62	25.3	28.57	30.65	0.63	0.65
5.1	11.68	15.90	18.56	20.82	24.05	27.24	29.32	0.67	0.66
3	11.04	15.11	16.95	19.83	23.85	26.88	28.82	0.62	0.77

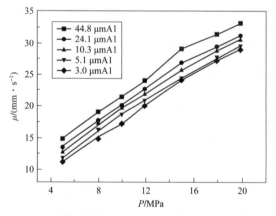

图 3 –27 Al 粉粒度对 RDX – CMDB 推进剂燃烧性能的影响

从图 3-27 和表 3-28 中可以看出,随着 Al 粉粒度的减小,RDX-CMDB 推进剂的燃速降低,这是因为细粒度的 Al 粉表面的 Al_2O_3 氧化层更多,在推进剂燃烧时,参与燃烧反应的活性 Al 粉量降低,细粒度的 Al 粉对推进剂燃烧表面所产生的热反馈减少,使得推进剂燃速降低。燃速压强指数随着 Al 粉粒度的减小而增大,这是因为高压下推进剂燃烧时,细粒度的 Al 粉更容易被吹向气相反应区,并发生快速氧化反应,使含细粒度 Al 粉的推进剂燃速增幅加大,导致 CMDB 推进剂的燃速压强指数也提高。当 Al 粉粒度过小时,推进剂的燃速压强指数过大,推进剂的燃烧性能难以调节。

Al 粉粒度对 RDX-CMDB 推进剂火焰结构的影响如图 3-28~图 3-31 所示。

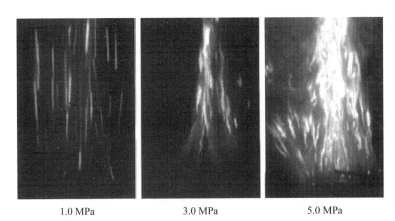

1.0 MPa　　　　3.0 MPa　　　　5.0 MPa

图 3-28　Al 粒度为 44.8 μm 的 RDX-CMDB 推进剂不同压强下的燃烧火焰结构

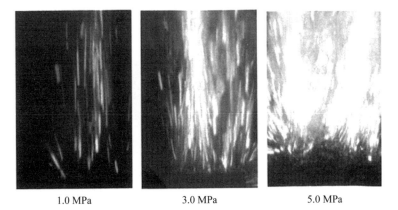

1.0 MPa　　　　3.0 MPa　　　　5.0 MPa

图 3-29　Al 粒度为 24.1 μm 的 RDX-CMDB 推进剂不同压强下的燃烧火焰结构

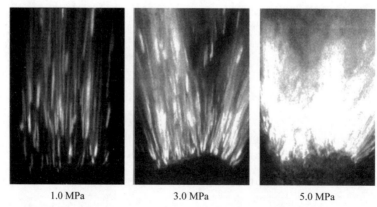

1.0 MPa　　　　　3.0 MPa　　　　　5.0 MPa

图 3 – 30　Al 粒度为 10.3 μm 的 RDX – CMDB 推进剂不同压强下的燃烧火焰结构

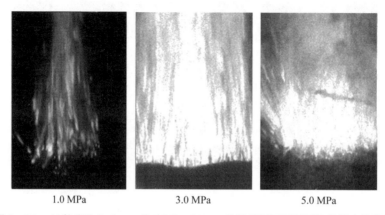

1.0 MPa　　　　　3.0 MPa　　　　　5.0 MPa

图 3 – 31　Al 粒度为 3.0 μm 的 RDX – CMDB 推进剂不同压强下的燃烧火焰结构

从图 3 – 28 ~ 图 3 – 31 中可以看出，RDX – CMDB 推进剂在燃烧过程中没有明显的暗区，部分 Al 粉在燃烧时被吹离燃烧表面，在气相区发生快速燃烧，火焰为亮黄色。推进剂燃烧程度随着压强的增大而更加剧烈，当压强增大到 5 MPa 时，推进剂火焰变得杂乱无章并充满整个气相区。

大粒度 Al 粉的推进剂火焰稀疏，大部分的 Al 粉滞留在推进剂燃烧表面及近表面的气相区，Al 粉燃烧释放的热量更容易传导到固相区的更深层；细粒度 Al 粉的推进剂火焰更加密集，火焰亮点位置距燃烧表面较远，这可能是因为细粒度的 Al 粉在燃烧时更容易被吹离推进剂燃烧表面，这样导致不利于热量向固相的传递和反馈，使得推进剂的燃烧速度随 Al 粉粒度的减小而降低。

2. Al 粉含量对 RDX – CMDB 推进剂燃烧性能的影响

Al 粉含量对 RDX – CMDB 推进剂燃烧火焰结构的影响如图 3 – 32 ~ 图 3 – 34

所示，图中 Al 粉含量为 5%、10%、15%。

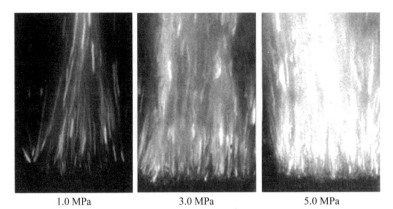

1.0 MPa　　　　　3.0 MPa　　　　　5.0 MPa

图 3 - 32　**Al 粉含量为 5% 的 RDX - CMDB 推进剂不同压强下的燃烧火焰结构**

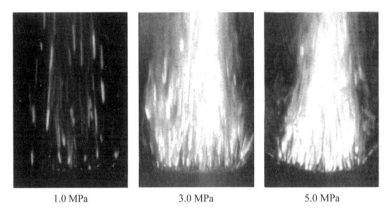

1.0 MPa　　　　　3.0 MPa　　　　　5.0 MPa

图 3 - 33　**Al 粉含量为 10% 的 RDX - CMDB 推进剂不同压强下的燃烧火焰结构**

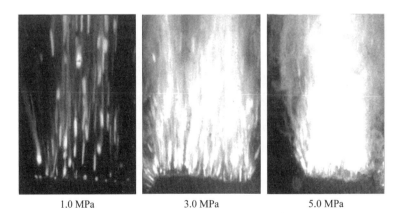

1.0 MPa　　　　　3.0 MPa　　　　　5.0 MPa

图 3 - 34　**Al 粉含量为 15% 的 RDX - CMDB 推进剂不同压强下的燃烧火焰结构**

从图 3 - 32 ~ 图 3 - 34 中可以看出，随 Al 粉含量的增加，不同压强下的 RDX -
CMDB 推进剂的燃烧都变得更加剧烈，火焰更加明亮，燃烧表面的亮点也随之
增多，这说明 Al 粉含量的增加会提高推进剂能量释放的能力，但由于 Al 粉含
量增加导致 RDX 含量降低，所以推进剂的燃速并未有效提高。

|3.5 其他复合改性双基推进剂|

3.5.1 HMX – CMDB 推进剂

硝化棉是半刚性的大分子材料，其含氮量可明显影响 NG 对其的塑化能
力，从而影响推进剂的力学性能[28]。NC 含氮量对 CMDB 推进剂的力学性能的
影响见表 3 - 29。

表 3 -29　NC 氮含量对 HMX – CMDB 推进剂力学性能的影响

$w(N)/\%$	20 ℃		50 ℃	
	σ_m/MPa	$\varepsilon_m/\%$	σ_m/MPa	$\varepsilon_m/\%$
11.8	0.830	7.00	0.291	8.13
12.2	0.729	7.69	0.289	8.63
12.6	0.709	7.83	0.278	9.26

从表 3 - 29 中可以看出，随着 NC 氮含量的提高，CMDB 推进剂的常温和
高温（20 ℃ 和 50 ℃）拉伸强度逐渐降低。这是因为 NC 氮含量的增加，硝基
取代羟基的数量增多，使其与 HMX 等固体填料中的极性氧原子形成的氢键数
目减少，氢键之间的作用力减弱，分子链间的作用力减弱，在外力的作用下，
分子链更容易发生滑动和弯曲，从而造成力学性能的降低。

在 HMX – CMDB 推进剂中，由于 Al 粉和 HMX 的加入使推进剂压力指数很
高（约0.8），不利于推进剂的稳定燃烧，限制了 HMX – CMDB 推进剂的使用。
因此，调节 HMX – CMDB 推进剂燃烧特性十分重要[29,30]。

Al 粉含量（HMX 与 Al 粉总量不变）对 HMX – CMDB 推进剂燃烧性能的影
响见表 3 - 30。

表 3 –30　**Al 粉含量对 HMX – CMDB 推进剂燃烧性能的影响**

$w_{HMX}/\%$:	燃速/(mm·s⁻¹)							压强指数
$\omega_{Al}/\%$	2 MPa	3 MPa	5 MPa	8 MPa	10 MPa	15 MPa	18 MPa	n_{2-18}
30 : 7	7.70	10.53	15.37	21.95	25.47	30.37	31.73	0.65
22 : 15	6.31	9.75	12.07	17.44	22.06	27.78	29.10	0.72

由表 3 – 30 可知，随着 Al 粉含量增加，推进剂的燃速下降。这是因为，一方面 HMX 含量及氧系数降低使推进剂燃烧时热量释放减少；另一方面由于铝含量的增加，燃面处铝颗粒熔融吸热程度增加，抑制了推进剂燃烧，推进剂燃烧效率降低，所以导致燃速降低。

Al 粉燃烧不仅能够大幅提高火焰温度，还能提高推进剂比冲和导热性。Al 粉在推进剂燃烧过程中会产生大量凝聚相燃烧产物，其中一定大小的固相颗粒物有助于抑制发动机的不稳定燃烧。为了进一步了解 HMX – CMDB 推进剂中燃烧性能的影响因素，研究了不同粒度的 Al 粉对其燃烧性能的影响，见表 3 – 31。

表 3 –31　**Al 粉粒度对 HMX – CMDB 推进剂燃烧性能的影响**

Al 粉粒度	燃速/(mm·s⁻¹)							压强指数
$d_{50}/\mu m$	2 MPa	3 MPa	5 MPa	8 MPa	10 MPa	15 MPa	18 MPa	$n_{2-18\ MPa}$
30	8.38	11.78	17.19	23.44	26.41	31.12	32.93	0.63
13	7.70	10.53	15.37	21.95	25.47	30.37	31.73	0.65
1～2	6.48	8.78	12.80	16.05	22.64	29.10	31.16	0.73

从表 3 – 31 中可以看出，随着 Al 粉粒度的增加，燃速略有上升。这可能是因为粒径大的 Al 粉在燃烧过程中易随着气流离开燃面，在燃面处的熔融吸热程度较小；而粒度小的 Al 粉比表面积较大，易于熔融，吸收燃面热量较多，而其燃烧时对推进剂表面的热反馈有限，造成燃速下降。

燃烧催化剂种类对 HMX – CMDB 推进剂燃烧性能的影响见表 3 – 32。

表 3 –32　**燃速催化剂种类对 HMX – CMDB 推进剂燃烧性能的影响**

燃烧催化剂种类	燃速/(mm·s⁻¹)						压强指数
	6 MPa	8 MPa	10 MPa	12 MPa	15 MPa	17 MPa	n_{6-17}
β – Pb + Φ – Cu + CB – 1	8.79	10.49	12.07	13.13	14.61	15.46	0.54

续表

燃烧催化剂种类	燃速/(mm·s⁻¹)						压强指数
	6 MPa	8 MPa	10 MPa	12 MPa	15 MPa	17 MPa	$n_{6\sim17}$
Φ – Pb + Sa – Cu + CB – 1	15.90	17.64	19.23	20.46	21.80	22.34	0.33
St – Pb + β – Cu + CB – 2	5.00	5.61	6.72	7.94	7.94	9.43	0.73

由表 3 – 32 可知，以 β – Pb + Φ – Cu + CB – 1 为催化体系的推进剂，6～17 MPa 下燃速较低，但燃速压强指数略高；以 St – Pb + β – Cu + CB – 2 为催化体系的推进剂，6～17 MPa 下燃速非常低，但燃速压强指数特别高（n 为 0.73）；以 Φ – Pb + Sa – Cu + CB – 1 为催化体系的推进剂，6～17 MPa 下燃速较高，并且在 12～17 MPa 下有一个较好的燃烧平台，燃速压强指数只有 0.33。由此可以看出，Φ – Pb + Sa – Cu + CB – 1 为复配燃烧催化剂对推进剂的催化效果最好，这可能是因为 Φ – Pb 燃烧催化剂可能在受热过程中快速分解为 PbO，对推进剂的凝聚相（包括预热区和燃烧区）作用，促使 NG 和 HMX 的放热分解速度加快，进而提高了推进剂的燃速。

目前的研究主要是围绕加入不同催化剂来改善 CMDB 推进剂的燃烧性能，但有关于通过改变催化剂粒度来调节推进剂燃烧性能的报道相对较少。还原型锡酸铅燃烧催化剂粒度对 HMX – CMDB 推进剂燃烧性能的影响见表 3 – 33。

表 3 – 33 还原型锡酸铅粒度对 HMX – CMDB 推进剂燃烧性能的影响

还原型锡酸铅粒度 $d_{50}/\mu m$	燃速/(mm·s⁻¹)				压强指数
	15 MPa	16 MPa	18 MPa	20 MPa	$n_{15\sim20\ MPa}$
7.0	24.72	25.10	25.89	26.97	0.30
6.5	25.36	25.98	26.76	27.38	0.26
5.5	26.86	27.53	28.13	28.76	0.23
4.5	29.33	30.01	30.53	30.99	0.18
3.5	29.56	30.33	30.89	31.23	0.18
2.5	30.89	31.14	31.75	32.49	0.17

还原型锡酸铅催化剂是一种无机混合物，主要由 Pb、PbO、Sn、SnO₂ 等组成。由表 3 – 33 可以看出，随着还原型锡酸铅粒径的减小，各压强下的燃速均有所提高。例如，在 15 MPa 下，还原型锡酸铅粒径由 7.0 μm 降至 2.5 μm 时，

燃速由 24.72 mm/s 提高到 30.89 mm/s，增加了 25%。这是因为随着还原型锡酸铅粒径的减小，Pb^{2+} 的催化活性越大，活化中心越多，从而增加了推进剂的燃速。还原型锡酸铅粒径在 7.0~4.5 μm 时燃速增长非常显著，而在 4.5~2.5 μm 时燃速增长趋于平和。这可能是因为当还原型锡酸铅粒度达到超细水平时，易吸附于 HMX 表面，受热时发生热振动与 HMX 表面发生摩擦，降低了还原型锡酸铅的比表面，催化活性随之降低，无法大幅增加推进剂的燃速。

3.5.2　CL-20-CMDB 推进剂

六硝基六氮杂异伍兹烷（CL-20）的密度高（2.04 g/cm^3）、能量高（标准生成焓 460 kJ/mol）、化学安定性好，能与大多数推进剂常用组分相容，将其作为高能组分是提高推进剂能量的一条有效途径[31]，见表 3-34。

表 3-34　CL-20-CMDB 推进剂配方及理论能量参数的计算结果

NC/%	NG/%	CL-20/%	RDX/%	其他组分/%	$I_{sp}/(N \cdot s \cdot kg^{-1})$	T_c/K	$C^*/(m \cdot s^{-1})$
37.9	24.5	25.0	–	12.6	2 511.9	3 068.8	1 525.1
37.9	24.5	–	25.0	12.6	2 484.8	2 914.5	1 512.1

由表 3-34 可以看出，使用 CL-20 替代 RDX 对提高推进剂的理论比冲、特征速度和燃烧室温度的效果十分显著，推进剂的理论比冲由 2 484.8 N·s/kg 提高至 2 511.9 N·s/kg。这可能是因为 CL-20 比 RDX 含氧量高，推进剂各组分燃烧更加充分，所以推进剂的能量水平有了明显的提高。

CL-20 在提高 CMDB 推进剂能量性能的同时也带来了力学性能下降的问题[32]，其含量对 CMDB 推进剂力学性能的影响如表 3-35 和图 3-35 所示。

表 3-35　CL-20-CMDB 推进剂配方

样品编号	w/%				
	NC	NG	CL-20	DINA	其他组分
1	37.0	37.0	15.0	2.0	9.0
2	29.5	29.5	30.0	2.0	9.0
3	22.0	22.0	45.0	2.0	9.0

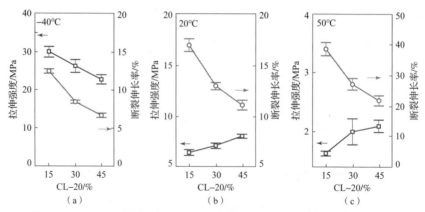

图 3 – 35　CL – 20 含量对 CL – 20 – CMDB 推进剂宽温域力学性能的影响

从图 3 – 35 中可以看出，随着 CL – 20 含量的升高，CMDB 推进剂的常温和高温（20 ℃和 50 ℃）拉伸强度提高，断裂伸长率下降。这主要是由于基体黏合剂含量下降，导致延伸性变差，而 CL – 20 在黏合剂基体中起到颗粒增强的作用，因此常温和高温抗拉强度升高。– 40 ℃下，CMDB 推进剂的拉伸强度和断裂伸长率均下降，这是因为 CMDB 推进剂低温脆，推进剂拉伸过程中未出现屈服过程就已拉断，拉伸强度与断裂伸长率呈现显著的正相关性，导致延伸性较低的配方表现出的拉伸强度也较低。

值得注意的是，CL – 20 – CMDB 推进剂在 – 40 ~ 50 ℃的力学性能数值离散性较小，说明制备的 CL – 20 – CMDB 推进剂力学性能优良。

CL – 20 – CMDB 推进剂的能量水平虽然高于 RDX（或 HMX）– CMDB 推进剂，但其燃速和燃速压强指数也都较高。目前，关于调节 CL – 20 – CMDB 推进剂燃烧性能的研究工作仍在进行中。Al 粉含量是影响推进剂能量输出效果和燃速压强指数的主要因素之一[33,34]，其对 CL – 20 – CMDB 推进剂燃速的影响如图 3 – 36 所示。

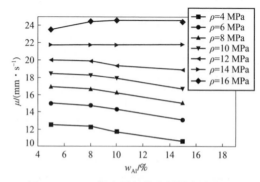

图 3 – 36　Al 粉含量与推进剂燃速的关系

　　由图 3－36 可以看出，压强较低时，随着 Al 粉含量的增加推进剂燃速降低，随着压强的升高，燃速降低的幅度逐渐减小。在 14 MPa 以上时，Al 粉含量增加，推进剂燃速逐渐升高，并且随着压强的升高，燃速升高幅度增大。而且在各个 Al 粉含量下推进剂燃速曲线的变化趋势相同，说明这几种 Al 粉含量下，Al 粉对推进剂燃速的控制因素相同。在 CL－20－CMDB 推进剂燃烧过程中，以暗区与火焰区交界面为 Al 粉参与燃烧反应的分界面，在暗区 Al 粉以吸热为主，在火焰区 Al 粉与推进剂基体组分分解的气体 CO_2、H_2O 等发生燃烧反应放出的能量。因此，Al 粉在暗区吸收热量和 Al 粉在火焰区燃烧放热对推进剂燃烧表面的热反馈为影响推进剂燃速的主要因素。

　　CL－20 虽然具有优异的能量性能，但其摩擦感度、撞击感度也很高，因此对 CL－20 进行适当的钝化处理才能满足应用的要求[35]。对 CL－20 进行包覆是有效降低 CL－20 感度的方法，如图 3－37 所示。包覆前 CL－20 表面棱角分明，用聚氨酯弹性体包覆后，CL－20 表明附着了一层薄膜，尖锐的棱角大量减少，表面变得圆润，使其机械感度明显下降，以此为原料的 CMDB 推进剂的机械感度如表 3－36 所示。

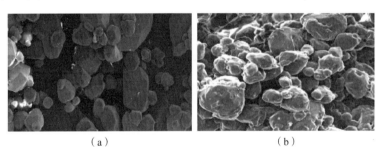

（a）　　　　　　　　　　　　　　　　（b）

图 3－37　包覆前后的 CL－20 基体

（a）未包覆；（b）包覆

表 3－36　CL－20 及包覆后的推进剂的机械感度

样品	$P/\%$	撞击感度 H_{50}/cm
含普通 CL－20 推进剂	78	24.3
含 TPU/CL－20 推进剂	26	36.2

　　从表 3－36 可以看出，加入聚氨酯弹性体包覆后的 CL－20，推进剂的机械感度大幅降低，摩擦感度和撞击感度分别降低了 67% 和 49%。一方面可能因为聚氨酯弹性体包覆在 CL－20 表面，具有缓冲和润滑作用，而且 CL－20 晶体表面尖锐的棱角也减少了很多，当推进剂受到外界撞击作用时，聚氨酯弹

性体可以减少 CL－20 颗粒间的摩擦和应力集中现象，降低了"热点"生成的概率；另一方面，聚氨酯弹性体可以吸收"热点"的部分能量，延缓了热量向周围的传播，从而降低了推进剂感度。

3.5.3　DNTF－CMDB 推进剂

3,4－二硝基呋咱基氧化呋咱（DNTF，$C_6N_6O_8$）具有能量密度高、爆速高、稳定性好、感度适中等优点[36]，且 DNTF 分子中不含卤族元素，可将其作为氧化剂或增塑剂应用于低特征信号推进剂。综合考虑，DNTF 的整体性能优于 RDX 和 HMX，与 CL－20 接近，在 CMDB 推进剂中具有较好的应用前景[37]。表 3－37 所列为 DNTF－CMDB 推进剂的性能。

表 3－37　DNTF 含量对 CMDB 推进剂能量性能的影响

RDX 含量/%	DNTF 含量/%	I_{sp}/($N \cdot s \cdot kg^{-1}$)	C^*/($m \cdot s^{-1}$)	T_c/K
65	0	2 584.6	1 638.0	3 185
60	5	2 589.8	1 640.7	3 219
55	10	2 595.0	1 643.2	3 254
50	15	2 600.1	1 645.9	3 288
45	20	2 605.1	1 648.1	3 322
40	25	2 610.1	1 649.9	3 355
35	30	2 614.9	1 653.0	3 389
25	40	2 624.4	1 655.7	3 457
15	50	2 633.5	1 658.4	3 524
0	65	2 646.6	1 661.8	3 627

由表 3－37 可知，随着 DNTF 含量增加，推进剂的理论比冲、特征速度、燃烧室温度都逐渐增大，当 DNTF 完全取代 RDX 时，理论比冲提高了 61.97 N·s/kg，特征速度增加了 23.8 m/s。这是因为 DNTF 的生成热为 644.3 kJ/mol 远高于 RDX 的 70.7 kJ/mol，所以 DNTF 有助于提高 CMDB 推进剂的能量水平。

DNTF 对硝化棉具有增塑作用，在改善 CMDB 推进剂能量特性的同时，还对其力学性能有所改善[38]。DNTF 含量对 CMDB 推进剂力学性能的影响如表 3－38 所示。

表 3 – 38　DNTF 含量对 RDX – CMDB 推进剂力学性能的影响

DNTF 含量/%	σ_m/MPa			$\varepsilon_m/\%$		
	– 40 ℃	20 ℃	50 ℃	– 40 ℃	20 ℃	50 ℃
3	21.00	7.28	1.63	2.34	16.10	40.60
10	32.70	7.13	1.35	2.68	27.40	40.20
20	39.10	7.02	1.14	2.86	51.20	68.10
30	29.80	7.31	1.79	2.26	31.80	46.80
40	26.80	7.96	2.56	2.41	22.70	34.10
50	11.20	14.00	6.33	1.71	5.95	17.70

由表 3 – 38 可以看出，随着 DNTF 含量的增加，推进剂的断裂伸长率先增大后减小，当 DNTF 含量为 20% 时，DNTF – CMDB 推进剂的断裂伸长率达到最大。这可能是因为 DNTF 含量低时，NG 含量相对较高，DNTF 可溶于 NG 中，对 NC 起到增塑的作用。随着 DNTF 含量增加到 20%，可溶于 NG 变成液态 DNTF 的含量也增加，所以推进剂的断裂伸长率并没有因为 NG 含量降低而降低，反而继续提高。但当 DNTF 含量高于 20% 时，体系中的 NG 含量过少，导致推进剂的断裂伸长率呈下降趋势。这说明 DNTF 单独使用对 NC 增塑效果不佳，增塑剂应包含 NG 和 DNTF 两部分。

DNTF 的引入可有效提升 CMDB 推进剂的燃速和比冲，但是也会使 CMDB 推进剂的压强指数增加。探究可有效降低 DNTF – CMDB 推进剂燃速压强指数的催化体系，是实现 DNTF 在 CMDB 推进剂中应用的前提。

单组分催化剂有机铋铜复盐（Gal – BiCu）对 DNTF – CMDB 推进剂燃烧性能的影响见表 3 – 39。

表 3 – 39　Gal – BiCu 含量对 DNTF – CMDB 推进剂燃烧性能的影响

w(Gal – BiCu)/%	燃速/(mm·s^{-1})								压强指数	
	2 MPa	5 MPa	8 MPa	10 MPa	13 MPa	15 MPa	17 MPa	20 MPa	n_{8-15}	n_{15-20}
0	3.22	6.44	9.16	10.73	12.93	14.42	15.78	17.71	0.72	0.71
1	3.97	7.21	9.94	11.04	12.75	13.78	15.11	17.24	0.52	0.78
2	4.47	7.52	9.90	11.16	12.45	13.47	14.88	17.07	0.48	0.82
3	4.16	8.07	10.19	11.12	12.41	13.39	14.66	16.90	0.43	0.81

从表 3-39 中可以看出，Gal-BiCu 可提高推进剂的燃速，降低燃速压强指数。这可能是因为在推进剂燃烧过程中，Gal-BiCu 分解产生 Bi_2O_3，会降低 NG 和 HMX 的分解活化能，使凝聚相分解更加容易。Bi_2O_3 可催化加快暗区的氧化还原反应，使暗区的反应更加剧烈，从而使火焰区温度升高，有利于提高推进剂的燃速。但是，单组分催化剂对 DNTF-CMDB 推进剂燃烧性能的调节能力有限，采用复配催化剂使几种催化剂产生"协同作用"，才能有效调节推进剂的燃烧性能，如表 3-40 所示。

表 3-40　复配催化剂对 DNTF-CMDB 推进剂燃烧性能的影响

催化剂种类	燃速/(mm·s⁻¹)								压强指数	
	2 MPa	5 MPa	8 MPa	10 MPa	13 MPa	15 MPa	17 MPa	20 MPa	n_{8-15}	n_{15-20}
Gal-BiCu+CB	5.26	8.35	10.82	12.02	13.25	14.22	15.33	17.42	0.43	0.71
Gal-BiCu+CB+Cu₁	5.37	8.96	12.25	13.92	15.68	16.67	17.59	18.93	0.49	0.44
Gal-BiCu+CB+Cu₂	5.52	8.72	11.20	12.48	13.98	14.50	15.26	17.05	0.42	0.57
Gal-BiCu+CB+Cu₁+NB	7.74	12.83	15.04	15.28	15.70	16.14	16.41	17.08	0.11	0.20

从表 3-40 中可以看出，使用复配催化剂的推进剂在各个压力下的燃速均有所提高。在 Gal-BiCu 和 CB 复配催化剂体系中，炭黑具有较大的比表面积，易发生化学吸附，使得催化活性提高，所以炭黑可以提高推进剂燃速，但对燃烧压强指数的降低效果有限。在 Gal-BiCu、CB 和 Cu 复配催化剂体系中，芳香族铜盐主要作用于气相区，铜盐的分解产物使 Gal-BiCu 的热分解温度降低，间接提高了 Gal-BiCu 的催化活性，使推进剂燃速增加。在 Gal-BiCu、CB、Cu₁ 和 NB 复配催化剂体系中，可能使由于 NB 原子表面处于缺电子状态，可以吸附具有富余电子的气相物质或与之形成络合物，有利于气相反应的进行，降低 Gal-BiCu 的分解温度，产生更多的活性催化组分 Bi_2O_3，从而提高 CMDB 推进剂的燃速，而且 NB 的加入对燃速压强指数的降低有显著的效果，将低压和高压下的燃速压强指数均降低到 0.5 以下，有利于推进剂的稳定燃烧。

3.6　复合改性双基推进剂的发展趋势

CMDB 推进剂因其优异的性能成为我国目前乃至未来相当长的一段时间内

固体推进剂的发展方向之一。综合导弹武器装备的发展趋势与目前 CMDB 推进剂的研究现状，未来 CMDB 推进剂的发展趋势主要有以下几个方面：

1. CMDB 推进剂高能化

开展新型高能量密度材料在 CMDB 推进剂中的探索研究，完善新型配方性能调控技术，加快新材料的应用研究，使 CMDB 推进剂能量水平更上一层楼，满足新一代武器系统对推进剂性能的要求。

2. CMDB 推进剂钝感化

近年来，随着我国武装直升机、武装舰艇等高价值武器平台的飞速发展，大量应用 CMDB 推进剂的战术导弹被装备于高价值武器平台。CMDB 推进剂配方中含有大量高度敏感的含能材料，导致其感度较高，装备 CMDB 推进剂的战术导弹在储存及使用过程中发生意外燃爆已成为武器平台产生巨大损失的主要原因之一。因此，CMDB 推进剂钝感化是提升高价值武器平台生存能力的关键技术之一，已成为当前 CMDB 推进剂的重要发展趋势。

3. 降低 CMDB 推进剂特征信号

在高能 CMDB 推进剂中 AP 是重要的氧化剂，Al 是主要的高能燃料，故推进剂燃烧产生的特征信号较为明显。随着战场生存、高效突防、定点清除、高温高湿环境下使用寿命和发射平台防蚀需求，武器装备对微烟微焰推进剂提出了迫切需求，因此，降低 CMDB 推进剂特征信号是当前的发展趋势。

参 考 文 献

[1] 庞爱民，郑剑. 高能固体推进剂技术未来发展展望 [J]. 固体火箭技术，2004，27 (4)：289 - 293.

[2] 郑剑，侯林法，杨仲雄. 高能固体推进剂技术回顾与展望 [J]. 固体火箭技术，2001，24 (1)：28 - 34.

[3] 刘建平. 国外固体推进剂技术现状和发展趋势 [J]. 固体火箭技术，2000，23 (1)：22 - 26.

[4] 樊学忠，张伟，李吉祯，等. 浇铸复合改性双基推进剂 [M]. 西安：陕西大学出版总社，2017.

[5] 张海燕. 改性双基低特征信号推进剂研究进展 [J]. 固体火箭技术，2000，23 (2)：36 - 38，43.

[6] 蔺向阳. 含能高分子材料球形化技术［M］. 北京：化学工业出版社，2014.

[7] 李上文，赵凤起，袁潮，等. 国外固体推进剂研究与开发的趋势［J］. 固体火箭技术，2002，25（2）：36－42.

[8] 付小龙，邵重斌，樊学忠，等. 高能无烟改性双基推进剂中高压能量特性研究［J］. 化学推进剂与高分子材料，2010，8（1）：46－48.

[9] 刘云飞，杨荣杰，谭惠民. 包覆奥克托今颗粒的燃烧性能［J］. 火炸药学报，2000，（1）：20－22，27.

[10] 王江宁，冯长根，田长华. 含 CL－20、DNTF 和 FOX－12 的改性双基推进剂的热分解［J］. 火炸药学报，2005.28（3）：17－19.

[11] 唐汉祥，陈江，吴倩，等. 硼粉改性对推进剂工艺性能的影响［J］. 含能材料，2005，13（2）：69－73.

[12] 王进，李疏芬，张晓宏，等. 叠氮硝酸酯对硝铵改性双基推进剂燃烧性能研究［J］. 火炸药学报，2001.（2）：22－24.

[13] 刘磊力，李凤生，谈玲华，等. 纳米铜粉对高氯酸铵热分解的影响［J］. 无机化学学报，2005，21（10）：1525－1530.

[14] 赵凤起，高红旭，罗阳，等. 含能复合催化剂对微烟推进剂燃烧性能的影响［J］. 火炸药学报，2007，30（2）：1－4.

[15] 赵凤起，陈沛，李上文，等. 四唑类化合物的金属盐作为微烟推进剂燃烧催化剂的研究［J］. 兵工学报，2004（1）：30－33.

[16] 刘所恩，陈锦芳，潘葆，等. PNMA 在 HMX/Al－CMDB 推进剂中的应用［J］. 火炸药学报，2014，37（6）：62－64.

[17] 宋桂贤，吴雄岗. 复合改性双基推进剂燃烧性能研究［J］. 化学推进剂与高分子材料，2012，10（1）：79－81.

[18] 高红旭，赵凤起，罗阳，等. 纳米复合物 PbO·SnO$_2$ 的制备及对双基和 RDX－CMDB 推进剂燃烧性能的影响［J］. 火炸药学报，2012，35（6）：15－18.

[19] 庞维强，张教强，国际英，等. 21 世纪国外固体推进剂的研究与发展趋势［J］. 化学推进剂与高分子材料，2005，（3）：16－20.

[20] 张正中，蔚红建，郭效德，等. 类球形超细 AP 在 AP－CMDB 推进剂中的应用［J］. 火炸药学报，2020，43（4）：424－427.

[21] 王晗，樊学忠，刘小刚，等. 爆胶棉对浇铸高能少烟 CMDB 推进剂工艺和力学性能影响［J］. 含能材料，2010，18（5）：574－578.

[22] 张正中，樊学忠，李吉祯，等. AP－CMDB 推进剂微观结构及药形尺寸对

低温力学性能的影响 [J]. 火炸药学报, 2015, 38 (6): 91 – 94.

[23] 邵重斌, 付小龙, 吴淑新, 等. 辅助增塑剂对 AP – CMDB 推进剂力学性能的影响 [J]. 化学推进剂与高分子材料, 2010, 8 (6): 50 – 51, 67.

[24] 刘长波, 朱天兵, 马英华, 等. BDNPF/A 增塑剂的性能及其应用 [J]. 化学推进剂与高分子材料, 2010, 8 (1): 23 – 27.

[25] 李吉祯, 樊学忠, 刘小刚. AP 和铝粉对 AP – CMDB 推进剂燃烧性能的影响 [J]. 火炸药学报, 2008, 31 (4): 61 – 63, 90.

[26] 张晓宏, 赵凤起, 谭惠民. 用键合剂改善硝胺 CMDB 推进剂的力学性能 [J]. 火炸药学报, 2005, 28 (2): 1 – 5, 84.

[27] 李江存, 焦清介, 任慧, 等. 不同键合剂与 RDX 表界面作用 [J]. 含能材料, 2009, 17 (3): 274 – 277.

[28] 张亚俊, 李吉祯, 唐秋凡, 等. 不同含氮量 NC 对 CMDB 推进剂力学性能的影响 [J]. 火炸药学报, 2018, 41 (6): 605 – 610.

[29] 曹鹏, 杨斌, 王江宁, 等. 有机铋铜复盐对 DNTF/HMX – CMDB 推进剂燃烧性能的影响 [J]. 火炸药学报, 2016, 39 (4): 82 – 86.

[30] 肖立群, 李吉祯, 裴庆, 等. 含铝 HMX – CMDB 推进剂燃烧残渣特征分析 [J]. 火炸药学报, 2021, 44 (3): 361 – 366.

[31] 欧育湘, 孟征, 刘进全. 高能量密度化合物 CL – 20 应用研究进展 [J]. 化工进展, 2007, 26 (12): 1690 – 1694.

[32] 胡义文, 王江宁, 张军, 等. CL – 20/CMDB 推进剂的宽温力学临界转变特性 [J]. 火炸药学报, 2022, 45 (1): 97 – 102.

[33] 王江宁, 郑伟, 舒安民, 等. 含 CL – 20 改性双基推进剂的燃烧性能 [J]. 火炸药学报, 2013 (1): 61 – 63.

[34] 王江宁, 李伟, 郑伟, 等. 铝粉含量对 CL – 20/Al – CMDB 推进剂燃速的影响 [J]. 火炸药学报, 2018, 41 (4): 404 – 407.

[35] 张川, 张坤, 张建雄. CL – 20 钝感工艺研究进展 [J]. 山西化工, 2021, 41 (5): 35 – 38.

[36] 郑伟, 王江宁. 3,4 – 二硝基呋咱基氧化呋咱 (DNTF) 的研究进展 [J]. 含能材料, 2006, 14 (6): 463 – 466.

[37] 田军, 王宝成, 桑军锋, 等. DNTF – CMDB 推进剂性能的实验研究 [J]. 火炸药学报, 2015 (4): 76 – 79.

[38] 王江宁, 李亮亮, 刘子如. DNTF – CMDB 推进剂的力学性能 [J]. 火炸药学报, 2010, 33 (4): 23 – 27.

第 4 章

交联改性双基推进剂

|4.1 概述|

交联改性双基推进剂（cross – linked modified double base propellant，XLDB）由改性双基推进剂发展而来，它是在复合改性双基推进剂组分内引入带活性基团的高分子黏合剂和多官能度交联剂使大分子主链间生成交联网络结构，由此形成的一类力学性能较好的改性双基推进剂[1]。

XLDB 克服了非交联改性双基推进剂高温发软、低温易脆变的缺点，具有良好的高低温力学性能[2,3]，燃烧速度范围为 8～30 mm/s，燃烧压力指数在 0.58～0.66，密度在 1 870 kg/m³ 左右。与其他改性双基推进剂相比，XLDB推进剂的能量水平高，理论比冲达 2 597～2 646 N·s/kg；燃气微烟，且可进行壳体黏结式装药，综合性能优于以前使用的几种推进剂。因此，XLDB 推进剂广泛应用于战略导弹、战术导弹等武器装备中，是目前国外战略、战术导弹中装备的重要推进剂品种之一。

|4.2 交联改性双基推进剂的组成与分类|

4.2.1 交联改性双基推进剂的组成

交联改性双基推进剂的黏合剂体系包括 NC、NG、聚酯或聚醚多元醇、脂肪族二异氰酸酯、固化催化剂等，含量一般为 23% ~ 30% 。固体组分包括 AP、HMX 和 Al 等，含量一般为 70% ~ 77% 。常用的含量及组分见表 4 – 1。

表 4 – 1　交联改性双基推进剂的含量及组分

组分的作用		含量/%	主要组分
黏合剂体系	黏合剂	23 ~ 30	硝化纤维素（NC）、聚氨酯（PUR）
	预聚物		聚己二酸乙二醇酯（PGA）、聚叠氮缩水甘油醚（GAP）
	增塑剂		硝化甘油、吉纳、硝化二乙二醇
	固化剂		六次甲基二异氰酸酯及其水改性产物（N – 100）和二苯基甲烷二异氰酸酯（MDI）等
	固化催化剂		二月桂酸二丁基锡、辛酸亚锡、氧化铅
氧化剂		5 ~ 40	高氯酸铵（AP）、硝酸铵（AN）
金属燃烧剂		5 ~ 30	铝粉（Al）、镁粉（Mg）、硼粉（B）
高能添加剂		10 ~ 56	黑索今（RDX）、奥克托今（HMX）、CL – 20
燃烧催化剂		0 ~ 8	水杨酸铅与钡盐、β – 雷索辛酸铅与铜盐、炭黑（CB）和锡酸铅
安定剂		0.5 ~ 3	中定剂、2 – 硝基二苯胺、间苯二酚

1. XLDB 推进剂的黏合剂体系

XLDB 推进剂的黏合剂体系由硝化纤维素（NC）、聚酯或聚醚多元预聚物、固化剂、增塑剂和固化催化剂组成。

1）黏合剂

XLDB 推进剂中的黏合剂通常是由聚酯或聚醚多元醇预聚物与硝化纤维素共混得到的。根据黏合剂中预聚物的含能情况可分为惰性预聚物和含能预聚物。

（1）惰性预聚物。

应用最广泛的惰性预聚物是聚己二酸乙二醇酯（PGA）、聚己二酸二乙醇酯和聚乙二醇（PEG）。在室温下，PEG 为晶体结构的固态物质，但在含能增塑剂适用的温度（50 ~ 60 ℃）下，它容易熔化，与大量的含能增塑剂混合后，PEG 就失去了其结晶结构。PEG 溶于 NG/BTTN 混合硝酸酯中，既解决了 PEG

的均匀分散问题，又使 NG/BTTN 明显地钝感，有利于后处理的安全。

（2）含能预聚物。

叠氮类含能预聚物主要有聚叠氮缩水甘油醚（GAP）和基于 3,3 - 二叠氮甲基氧丁环（BAMO）单体的均聚物，硝酸酯类含能预聚物主要有聚（3 - 甲基硝酸酯 - 3 - 甲基环氧丁烷）和聚缩水甘油硝酸酯。其中 GAP 因具有正生成焓、氮含量高、机械感度低、燃温低等特点成为首选预聚物，一般 GAP 的加入方式有两种：一种是 NC 与 GAP、固化剂直接共混；另一种是 GAP 先与固化剂反应，生成端基为异氰酸酯基的预聚物，再与 NC 共混。GAP 可有效降低 XLDB 推进剂的燃烧温度并改善推进剂的高温力学性能。相对于叠氮类含能黏合剂，硝酸酯类黏合剂具有与硝酸酯增塑剂相容性好、氧平衡高以及力学性能好等优点，更适用于由 NG 增塑的 XLDB 推进剂。

2）增塑剂

XLDB 推进剂普遍使用硝酸酯类增塑剂，这是提高推进剂能量水平的有效方法，而且含能增塑剂能改善推进剂的工艺性能[4]。其中，硝化甘油是 XLDB 推进剂必不可少的含能增塑剂，对于固体含量较多的推进剂，还可能加入一些其他辅助增塑剂，如三醋精、多元醇硝酸酯等，以改善推进剂的力学性能。

3）固化剂

XLDB 推进剂用固化剂通常为异氰酸酯类固化剂，常见的有甲苯二异氰酸酯（TDI）、异佛尔酮二异氰酸酯（IPDI）、六次甲基二异氰酸酯及其水改性产物（N - 100）和二苯基甲烷二异氰酸酯（MDI）等。固化剂不同会使推进剂的性能产生很大差异，一般来说，选择固化剂应从以下几个方面考虑。

①固化剂与推进剂其他组分的相容性。化学相容性不佳的固化剂无法使用，若固化剂与推进剂其他液体组分物理相容性不好，将会影响固化效果。考察相容性的大致标准是溶解度参数。物质的溶解度参数越接近，它们的相容性就越好；反之亦然。因此，选择固化剂应尽量使其他液体组分有相近的溶解度参数。

②黏合剂反应基团的活性。有些黏合剂反应基团的活性很高，反应速度较快的固化剂会使推进剂药浆迅速变黏，适用期过短，无法浇铸。

③黏合剂的官能度。为了使推进剂形成网络结构，线性端羟基黏合剂应选用多官能度异氰酸酯固化剂，黏合剂官能度大于 2 时，应选用两官能度或多官能度异氰酸酯。在一定条件下，不同结构和不同官能度的异氰酸酯也可混合使用，以控制黏合剂体系的交联度，获得更好的应用效果。

④异氰酸酯的结构。部分异氰酸酯存在同分异构体，结构差异会影响其反应活性和交联固化效果。例如当用甲苯二异氰酸酯作固化剂时，应注意甲苯二异氰酸酯有邻位、间位及对位三种结构，它们与 NC 的反应速度有差别。

4）固化催化剂

常见的预聚物与固化剂之间反应活性较低，一般需要加入固化催化剂来缩短固化过程所需的时间。对于 XLDB 推进剂来说，固化过程通常为异氰酸酯与端羟基预聚物反应，常用的催化剂有二月桂酸二丁基锡（DBTDL，代号 T－12）、辛酸亚锡、氧化铅等。

在异氰酸酯固化端羟基系统中，固化温度常取 40～60 ℃，较高的固化温度会带来一些问题，如限制易分解组分加入、能源消耗大、固化副反应增加等。若选择合适的固化催化剂把固化温度降低到 20～30 ℃则会减少固化过程的副反应，有利于提高推进剂的力学性能，并且允许采用易分解的高能组分提高固体推进剂能量，降低推进剂生产的成本，防止后固化即固化不完全的现象。

要选择合适的固化剂，首先需对固化反应进行分析，端羟基系黏合剂固化过程就是黏合剂羟基与异氰酸酯基的反应过程，但同时也存在一些副反应，如推进剂各组分残留水分与异氰酸酯反应、异氰酸酯自聚合等。这给选择催化剂提出了两个技术难点：一是需要催化剂加速异氰酸酯与端羟基固化反应，使推进剂在室温下完成固化，但催化剂通常也加速副反应，可能导致固化失败，降低推进剂的力学性能；二是需要解决缩短固化时间和延长适用期的矛盾。推进剂室温固化时所需时间较长，使用催化剂可以缩短固化时间，但往往也减少了推进剂的适用期，造成推进剂工艺性能下降，无法浇铸成型。为解决这一矛盾，目前的研究思路是使催化剂的活性梯度变化，在固化初始阶段，催化剂活性很低，推进剂适用期较长。随着固化时间延长，催化活性提高，从而使推进剂总的固化时间缩短。可采用的技术途径包括控制固化催化剂扩散法、固化过程中形成催化剂法及催化剂 – 抑制剂 – 抑制剂清除剂法等，实际应用时需根据具体情况而定[5]。

2. 氧化剂

XLDB 推进剂的氧化剂一般为 AP，AP 具有高的热安定性、优良的化学安定性，原料易得，生产工艺简单。通过喷射碾磨法、淤浆碾磨法和冻干法可以制成超细高氯酸铵（UFAP），用于 XLDB 推进剂燃速的调节。AP 的缺点是燃烧产物中的 HCl 使推进剂的特征信号较强，易暴露导弹的飞行轨迹。低特征信号 XLDB 推进剂一般采用硝酸铵（AN）作为氧化剂。法国国营火药与炸药公司曾开发一类名为"Nitramites"的高能低特征信号交联改性双基推进剂，该类推进剂以 NG 增塑的端羟基聚醚或聚酯为黏合剂，以 AN 为填料，不含 AP。因为填充大量的 AN，推进剂对冲击波非常敏感，特别是采用中心开孔装药时，易出现燃烧转爆轰和孔效应。后来，CELERG 公司选择一种名 CL767 的新型钝感改性"Nitramites"推进剂，进行了 ϕ140 mm 发动机钝感弹药实验（按 STANAG 标准），快速烧燃实验结果为燃烧反应，子弹撞击实验未发生反应，冲击实验也未产生爆炸反应。

3. 高能添加剂

XLDB 推进剂中常添加 AP 和铝粉来提高其能量性能。低特征信号的无烟 XLDB 推进剂则通常使用 RDX 或 HMX 作为 XLDB 推进剂的高能添加剂。CL – 20 比奥克托今性能更加优异，也常被科研人员加入 XLDB 推进剂中探究其对性能的影响。已有研究表明[6-8]，用 CL – 20 取代 XLDB 推进剂配方中的 RDX 时，随 CL – 20 含量的增加，推进剂比冲略有增加，CL – 20 完全取代 RDX 后，比冲增加约 3.9%；用 CL – 20 替代 XLDB 推进剂中的 HMX、RDX 可大幅提高其燃速，但是推进剂的压强指数略有提高。此外，用 CL – 20 替代推进剂中的 HMX 可提高推进剂中 Al 的燃烧效率，CL – 20 完全取代 HMX 时，推进剂燃烧残渣率最低，为 0.5%。

4. 金属燃料

铝的密度高（2.7 g/cm³）、燃烧热大（829.69 kJ/mol），是 XLDB 推进剂常用的金属燃料，Al 粉燃烧后产生的 Al_2O_3 微粒对振荡燃烧可起到抑制作用，防止不稳定燃烧。但过多的 Al 粉会降低燃烧效率，而且其燃烧产生的白烟与现代战争对低特征信号推进剂要求相悖。因此在 XLDB 推进剂中有时也视要求加入镁、硼、锆粉，或者不添加金属燃料（无烟 XLDB 推进剂）。

5. 功能助剂

在 XLDB 推进剂配方中通常会加入少量燃烧催化剂、安定剂等功能助剂，以调节推进剂的燃烧性能，使推进剂符合装药的设计要求和保持推进剂的安定性。常用的燃烧催化剂有水杨酸铅与钡盐、β – 雷索辛酸铅与铜盐、炭黑（CB）和锡酸铅等。

4.2.2 交联改性双基推进剂的分类

根据 XLDB 推进剂的配方、性能、用途等，可将其分为基础型 XLDB 推进剂和无烟、少烟型 XLDB 推进剂。

基础型 XLDB 推进剂的基本组分是黏合剂、AP、Al、硝胺炸药、燃烧催化剂和安定剂。其中黏合剂包括 NC、NG、脂肪族二异氰酸酯、聚酯或聚醚多元醇化合物、固化催化剂等。AP、Al、硝胺炸药的质量占推进剂总质量 70% 左右，黏合剂体系含能（NC/NG），所以其能量水平较高，但是机械感度、爆轰感度也很高。尽管基础型 XLDB 推进剂已在各种发动机中应用，但它并不是综合性能很好的品种，随着 NEPE 推进剂的出现和逐步完善，基础型 XLDB 推进剂终将会被更新。

无烟、少烟型 XLDB 推进剂是根据武器装备对推进剂燃气无烟或高能低特征信号的要求，减少配方中 AP 和 Al 粉的占比，甚至不加入 AP 和 Al 粉而开发的一种推进剂。随着卫星和侦察技术的迅速发展，高能低特征信号推进剂成为未来战术导弹发动机装药发展的主要方向之一，因此，无烟化是 XLDB 推进剂未来发展的重点。

|4.3 交联改性双基推进剂的性能|

4.3.1 交联改性双基推进剂的能量性能

1971 年美国国家航空航天局公布的资料称，由 NC、NG、AP、HMX 和 Al 粉组成的交联改性双基推进剂理论比冲为 2 598 ~ 2 647 N·s/kg，实测比冲为 2 451 ~ 2 500 N·s/kg，是目前能量较高的一种固体推进剂[9]。含 HMX 的 XLDB 推进剂成分 – 比冲图如图 4 – 1 所示。

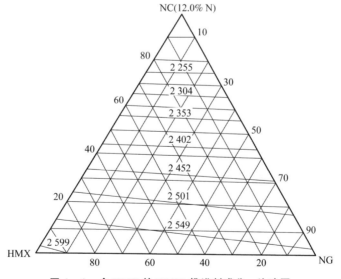

图 4 – 1 含 HMX 的 XLDB 推进剂成分 – 比冲图

　　西安近代化学研究所的刘运飞等[10]研究了二硝酰胺铵 ADN 对 XLDB 推进剂能量性能的影响规律，如图 4 – 2 所示。

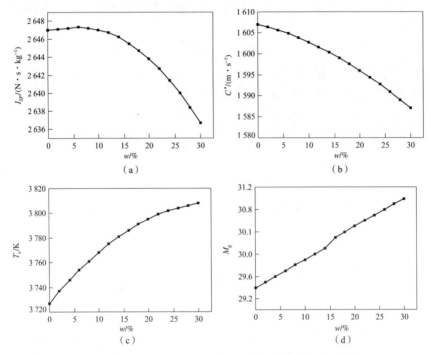

图 4 – 2　ADN/HMX 配比对 XLDB 推进剂能量性能的影响

（a）含量 – 比冲；（b）含量 – 特征速度；（c）含量 – 燃温；（d）含量 – 燃气分子量

　　由图 4 – 2 可知，固定 ADN 和 HMX 总量为 30%，当 ADN 含量小于 10% 时，7 MPa 下 XLDB 推进剂理论比冲随 ADN 含量增加由 2 647 N · s/kg 提高至 2 647.3 N · s/kg，当 ADN 含量由 10% 继续增加时，推进剂理论比冲缓慢下降，ADN 替代全部 HMX 时，推进剂理论比冲降低至 2 636.7 N · s/kg，相比于基础配方降低了 10.3 N · s/kg；推进剂特征速度随 ADN 含量增加由 1 607 m/s 降低至 1 587 m/s；理论燃温和燃气平均相对分子质量则随 ADN 含量增加而升高，分别增加 81 K 和 0.7。分析认为其主要原因是 HMX 生成热为 84 kJ/mol，而 ADN 生成热为 – 150 kJ/mol，当 ADN 替代 HMX 之后，推进剂的内能降低，导致比冲相应地降低。

　　用 ADN 替代配方中的 AP 时，7 MPa 下推进剂理论比冲和特征速度均随 ADN 含量增加而增加，完全替代 AP 之后，推进剂理论比冲由 2 647 N · s/kg 提高至 2 675 N · s/kg，特征速度则由 1 607 m/s 增加至 1 643.3 m/s；而推进剂燃烧室温度和燃气平均相对分子质量则随 ADN 含量增加而略有降低，ADN 完全取代 AP 后，推进剂燃烧室温度由 3 727 K 降低至 3 722.6 K，燃气平均相对分子质量则由 29.4 降低至 28.2。其主要原因是 ADN 标准生成焓为 −150 kJ/mol，远高于 AP 的标准生成焓（−296.2 kJ/mol），由此导致推进剂内能增加，推进剂标准理论比冲也相应提高。此外，AP 分子结构中含有 Cl、N、H、O 四种元素，而 ADN 分子结构中只含有 N、H、O 三种元素，不含分子量较高的 Cl，因此随 ADN 逐步取代 AP，其燃气平均相对分子质量逐渐降低，导致 $T_c/\overline{M_g}$ 的数值随 ADN 含量增加而缓慢增加，而推进剂理论比冲与 $T_c/\overline{M_g}$ 的平方根呈正比，因此 ADN 替代 AP 后推进剂理论比冲得到提高。

何利明[11]研究了三个非 NG 增塑的钝感 XLDB 推进剂体系的能量性能。结果表明，三种增塑剂对推进剂能量贡献从高到低的顺序为 BDNPF/A > GAPA/TEGDN > Bu − NENA。在以 GAP 和 NC 为黏合剂、以 BDNPF/A 为增塑剂的 GAP/NC 交联改性双基推进剂中，配方结构对推进剂能量性能的影响如图 4 − 3 ~ 图 4 − 5 所示。

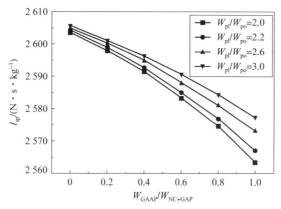

图 4 − 3　比冲随 GAP/(NC + GAP) 比例的变化

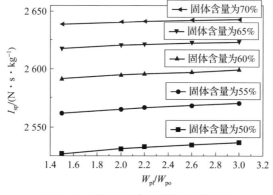

图 4 − 4　增塑比对推进剂比冲的影响

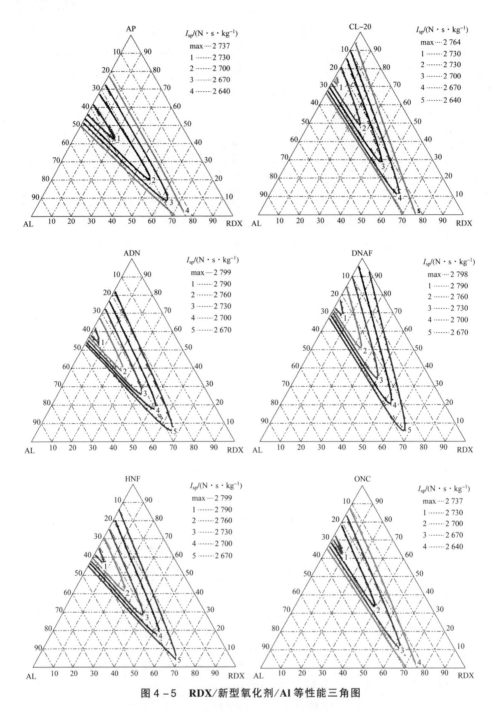

图 4-5 RDX/新型氧化剂/Al 等性能三角图

由图 4-3 可知,随着黏合剂中 GAP 含量的增加,推进剂的理论比冲降低。由图 4-4 可知,随着增塑比的增加,推进剂的理论比冲增加。由图 4-5

可知，采用 CL – 20、ADN、DNAF、HNF、ONC 替换 AP 后，推进剂的理论比冲均有所提高，几种新型氧化剂对能量的贡献顺序为：ADN、HNF、DNAF > CL – 20 > ONC、AP。与含 AP 推进剂相比，采用新型含能材料作为氧化剂的配方对应的高比冲范围都向低 Al 含量方向偏移，如表 4 – 2 所示，最大比冲对应的 Al 含量由小到大的顺序为：DNAF < CL – 20 < ONC < HNF < ADN < AP。采用 CL – 20 替换 AP 后，推进剂达到相同能量所需 Al 含量明显减少，说明 GAP/NC（BDNPF/A）/RDX/CL – 20/Al 是一个重要的高能、低特征信号推进剂体系。

总体而言，XLDB 固体推进剂高能化发展主要包括以下途径。

（1）引入 GAP 等含能黏合剂代替 XLDB 推进剂中的惰性预聚物。

（2）引入 CL – 20、ADN 等新型高能填料。

（3）优化推进剂配方，采取含能黏合剂体系/高能量密度化合物/高能氧化剂/高能金属燃料的组合。

表 4 – 2　新型含能材料对推进剂能量性能的影响

新型含能材料		Al/%	$I_{sp}/(\mathrm{N \cdot s \cdot kg^{-1}})$
名称	含量/%		
AP	23.5	12.5	2 600.0
CL – 20	29.7	6.3	2 600.1
DNAF	36.0	0	2 586.4
HNF	27.8	8.3	2 600.3
ONC	27.0	9.0	2 600.3
AND	27.0	9.0	2 600.3

4.3.2　交联改性双基推进剂的力学性能

本节论述 XLDB 推进剂的力学性能时，其基础配方与第 3 章非交联 CMDB 推进剂所用配方大体一致。

1. 黏合剂体系对力学性能的影响

1）预聚物对推进剂力学性能的影响

在 XLDB 推进剂配方中加入高分子预聚物是提高其力学性能效果较好的一

种方法[12,13]。将聚己二酸二乙二醇酯（PDGA）、环氧乙烷/四氢呋喃共聚醚（PET）与三种不同的异氰酸酯制成 XLDB 推进剂，力学性能与预聚物类型的依赖关系如表 4 - 3 所示。

表 4 - 3　不同预聚物对 XLDB 推进剂力学性能的影响

种类	R	σ_m/MPa(50 ℃)	ε_b/%(-40 ℃)
PDGA/N - 100	1.3	0.33	10.0
PET/N - 100	1.3	0.49	41.2
PET/TDI	1.3	0.28	41.8
PET/HDI	1.3	0.27	29.1

从黏合剂结构特性看，PDGA 是一缩二乙二醇与己二酸的缩聚产物，分子链段中极性较大的酯基使其在低温下易形成结晶体，对力学性能产生不利的影响。PET 为 THF/EO 的共聚物，THF 链节的引入改变了 PEO 的等规排列结构，使 PET 具有了不易结晶脆变的特点，因而 PET 的低温力学性能优于 PDGA 黏合剂。

PET 是两官能度韧性高分子材料，芳香族或脂肪族两官能度固化剂与它只能形成线型结构的聚氨酯。该结构中氨酯基的氢键作用和 PET 链段间的范德华力是决定推进剂力学性能主要因素。由于线型聚氨酯链段中提供二级交联的氨酯基团仅为 5%~6%，起决定作用的主要是 PET 链段的范德华力，所以，以 HDI 和 TDI 作为 PET 黏合剂的固化剂时，推进剂力学性能较差。N - 100 是一种平均官能度大于 3.5 的脂肪族异氰酸酯固化剂，它与 PET 反应既能形成有效的一级交联网络，又能通过氢键作用形成六元环结构的二级交联，从而赋予推进剂良好的力学性能。

西安近代化学研究所的李旭利等[14]研究了 PDGA 和 PET 黏合剂体系对 XLDB 推进剂力学性能的影响。结果显示，在含硝酸酯增塑剂的固体推进剂中，PET 黏合剂的应用效果优于 PDGA 黏合剂，分析认为采用适当特征参数的 PET/N - 100 新型黏合剂体系，可使高能 XLDB 推进剂的力学性能有较大提高。

将 PET - N100 聚氨酯引入 XLDB 推进剂配方中[15]，预聚物中的—NCO 与 NC 上的—OH 可进行有效交联，交联网状结构阻碍了 NC 大分子的滑移，聚氨酯中的柔性链段能延缓 NC 大分子链段间的断裂，从而提高了黏合剂体系的延伸率。黏合剂体系和推进剂的力学性能如表 4 - 4、表 4 - 5 所示。

表4-4 黏合剂体系的拉伸强度和断裂伸长率

黏合剂体系	σ_m/MPa	$\varepsilon_b/\%$
NC + (NG + DEGDN)	1.57	110.5
(PET + N100) + NC + (NG + DEGDN)	1.21	149.0
PET - N100 + NC + (NG + DEGDN)	1.35	191.7

表4-5 含 PET/N-100 XLDB 推进剂的力学性能

推进剂	σ_m/MPa	$\varepsilon_b/\%$
含 PET/N-100 的 XLDB	0.92	53.92

2）增塑比对力学性能的影响

在 XLDB 推进剂中，NC 的塑化程度对推进剂的力学性能有着重要的影响。优化推进剂配方中的增塑比（NC/NG）可以改善 XLDB 推进剂的力学性能。增塑比对 XLDB 推进剂高低温力学性能的影响如表4-6所示。

表4-6 增塑比对 XLDB 推进剂高低温力学性能的影响

序号	NC:NG	-40 ℃		20 ℃		70 ℃	
		σ_m/MPa	$\varepsilon_m/\%$	σ_m/MPa	$\varepsilon_m/\%$	σ_m/MPa	$\varepsilon_m/\%$
1	1:3	—	—	5.8	63.8	0.13	103.7
2	3:7	—	—	9.5	51.9	0.19	97.7
3	33:67	20.2	27	12.7	74.9	0.29	100
4	1:1.5	24.1	5.4	19.3	20.1	—	—
5	1:1	—	—	40.9	8	0.78	71

由表4-6可知，在黏合剂体系中，随着增塑剂 NG 的降低，XLDB 推进剂的高、低温拉伸强度明显增大，而推进剂的低温延伸率下降很多。

3）固化剂对力学性能的影响

硝化纤维素是 XLDB 推进剂中常用的黏合剂，是通过将纤维素分子中葡萄糖残基上的羟基（—OH）用硝酸酯基（—ONO$_2$）取代所得到的。其分子结构如图4-6所示。

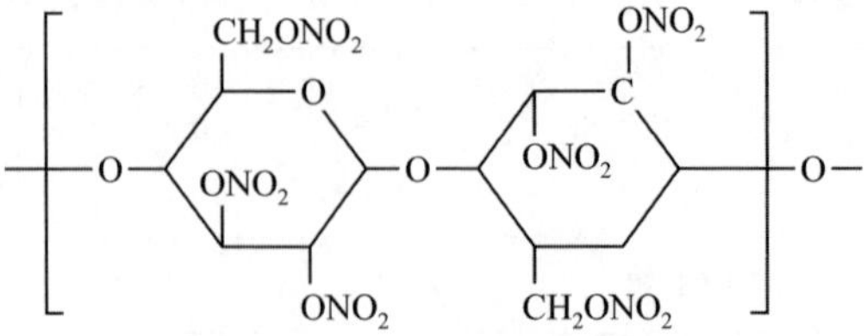
CH₂ONO₂
ONO₂
O
C
O
O
ONO₂
ONO₂
O
O
ONO₂
CH₂ONO₂

图 4-6 硝化纤维素分子结构

在 XLDB 推进剂中，NC 塑化可能不均匀，形成的物理交联网络存在缺陷，会导致力学性能变差[16]。由于 NC 上有残余的羟基，所以可以将羟基与异氰酸酯发生反应，形成化学交联网络，为提高 XLDB 推进剂的力学性能提供可能。但在 XLDB 推进剂中，NC 与固化剂发生反应（化学交联）和 NC 塑化（物理交联）相互竞争、相互影响。NC 交联反应速度过快会影响 NC 的塑化过程，导致 NC 塑化不均匀，不利于 XLDB 推进剂力学性能的提高，所以固化剂的种类对 XLDB 推进剂的力学性能有影响。

在 NC 的交联反应过程中，异氰酸酯与羟基反应生成氨基甲酸酯，在这个过程中受水分影响比较大，异氰酸酯会与水反应生成脲基甲酸酯和二氧化碳，影响交联网络的完善程度。所以使用耐水性固化剂可以降低环境因素对推进剂制备的影响。二聚脂肪酸二异氰酸酯（DDI）是目前已经应用在复合推进剂的包覆层和火箭发动机的膨胀体中的一种耐水型异氰酸酯，其分子结构式如图 4-7 所示。

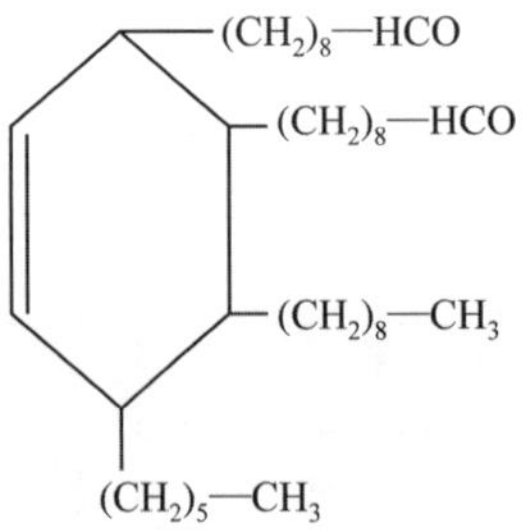
(CH₂)₈—HCO
(CH₂)₈—HCO
(CH₂)₈—CH₃
(CH₂)₅—CH₃

图 4-7 DDI 分子结构

DDI 中异氰酸酯基团的反应活性要比推进剂中常用的 IPDI、TDI、N-100 等分子中异氰酸酯基团的反应活性低，制备的推进剂药浆适应期长，制成的推进剂具有耐水性，所以可以储存更长的时间。经试验证实，DDI 与 XLDB 推进剂中其他主要组分具有良好的相容性。

固化剂对 XLDB 推进剂力学性能的影响如表 4-7 所示。

表 4 - 7 DDI 对 XLDB 推进剂力学性能的影响

固化剂	20 ℃		50 ℃	
	σ_m/MPa	$\varepsilon_m/\%$	σ_m/MPa	$\varepsilon_m/\%$
未加	0.616	16.06	0.196	27.60
加入 N - 100	0.387	4.24	0.153	5.48
DDI	0.620	15.87	0.192	24.61

由表 4 - 7 可知，与未加固化剂的推进剂相比，N - 100 固化的 XLDB 推进剂的拉伸强度和延伸率都下降，说明在低 NC 含量的 XLDB 推进剂中加入 N - 100 固化剂不能有效地改善力学性能。DDI 固化的 XLDB 推进剂常温下力学性能未有明显变化，通过推进剂拉伸断面的 SEM 图（图 4 - 8）可以看出，加入 DDI 的推进剂断面处 NC 已基本塑化，这是因为 DDI 固化速度较慢，没有影响 NC 的塑化。

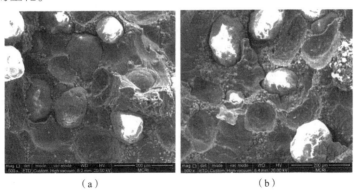

（a）   （b）

图 4 - 8 未加固化剂和加入 DDI 固化剂的推进剂拉伸断面 SEM 图
（a）未加固化剂；（b）加固化剂 DDI

低场核磁可以给出推进剂黏合剂的网络结构参数，对推进剂的力学性能影响因素研究具有重要的意义。由低场核磁得到的 XLDB 推进剂的网络结构数据和推进剂的力学性能数据如表 4 - 8 所示，对应推进剂断面的扫描电镜如图 4 - 9 所示。

表 4 - 8 固化剂与推进剂网络结构和力学性能的关系

固化剂	$G/\%$	$\nu_e/(\times 10^{-4}\ mol \cdot cm^{-3})$	σ_m/MPa	$\varepsilon_m/\%$
空白			0.18	9.48
N - 100	89.50	0.49	0.36	14.11

续表

固化剂	$G/\%$	$\nu_e/(\times 10^{-4}\ \mathrm{mol} \cdot \mathrm{cm}^{-3})$	σ_m/MPa	$\varepsilon_m/\%$
IPDI	90.20	0.45	0.35	15.22
TPTI	10.70	0.03	0.12	5.53
TDI	9.80	0.02	0.12	5.03
E-333	11.40	0.02	0.14	5.59

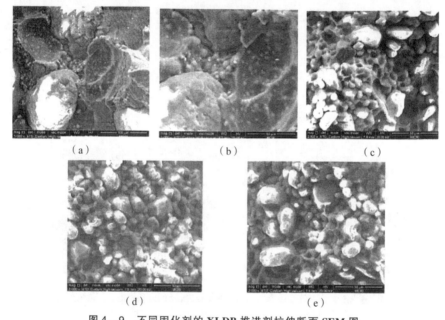

图4-9　不同固化剂的 XLDB 推进剂拉伸断面 SEM 图
（a）固化剂为 N-100；（b）固化剂为 IPDI；（c）固化剂为 TPDI；
（d）固化剂为 TDI；（e）固化剂为 333

由表4-8可知，使用 TPTI、TDI、E-333 固化剂的 XLDB 推进剂交联密度都比较低，拉伸强度和延伸率与不加固化剂的 XLDB 推进剂相比均有所降低。这可能是由于 TPTI、TDI、E-333 为芳香族异氰酸酯固化剂，反应活性较高，XLDB 推进剂中 NC 化学交联的速度要明显快于 NC 塑化的速度，交联反应生成的聚氨酯层阻止了增塑剂扩散到 NC 球形药的内部，NC 球形药塑化不均匀，导致推进剂力学性能变差。N-100 作为固化剂的 XLDB 推进剂交联密度最高、力学性能最优，这是因为，NC 球形药与 N-100 的交联反应速度低于球形药的塑化速度，球形药可以充分塑化后参与交联反应，增加了推进剂中的交联密度，从而提高了推进剂的力学性能。

4）固化参数对力学性能的影响

固化参数 R 值（反应体系中—NCO 与—OH 的摩尔比）对推进剂的交联网络有着显著的影响，故会影响 XLDB 推进剂的力学性能。图 4 – 10 和表 4 – 9 是 R 值为 0.1 ~ 1.2 时，XLDB 推进剂的力学性能测试结果。

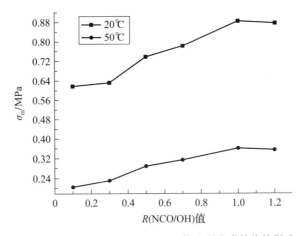

图 4 – 10　固化参数 R 值对 XLDB 推进剂力学性能的影响

表 4 – 9　固化参数 R 值对 XLDB 推进剂力学性能的影响

R 值		0.1	0.3	0.5	0.7	1	1.2
σ_m/MPa	20 ℃	0.619	0.631	0.736	0.782	0.883	0.872
	50 ℃	0.201	0.229	0.287	0.314	0.359	0.351
ε_m/%	20 ℃	11.629	10.318	9.361	8.4	7.709	7.028
	50 ℃	19.204	17.549	15.527	14.890	14.110	15.109

由图 4 – 10 和表 4 – 9 可见，XLDB 推进剂的拉伸强度随 R 值的增加呈现先提高/升高后降低的趋势，在 R 值为 1 时，拉伸强度达到最大值；但延伸率随着 R 值的增加而逐渐降低。因此，优化 XLDB 推进剂的力学性能时，应在充分考虑发动机对推进剂力学性能要求的基础上寻找最优 R 值。

5）固化催化剂对力学性能的影响

NC 的化学交联除与固化剂的反应活性有关外，还和固化催化剂的种类和含量有关。三苯基铋（TPB）、辛酸亚锡（TB）和二月桂酸二丁基锡（T12）是聚氨酯中常用的固化催化剂，三种固化催化剂对 XLDB 推进剂力学性能和工艺性能的影响如表 4 – 10 所示。

表 4 – 10　固化催化剂种类和含量对 XLDB 推进剂力学性能的影响

固化催化剂		药浆黏度/(Pa·s)		药浆适用期/h	σ_m/MPa
种类	含量/%	0	2 h	25 ℃	50 ℃
无	0	391	1 178	>24	0.219
TPB	0.1	407	7 624	>24	0.206
TB	0.1	385	4 216	>6	0.238
T12	0.1	392	1 983	>8	0.304
T12	0.08	381	1 762	>12	0.311
T12	0.06	387	1 658	>12	0.318
T12	0.04	401	1 514	>12	0.327
T12	0.02	398	1 346	>12	0.359

　　由表 4 – 10 可知，与未加催化剂的空白组相比，加入 0.1% TPB 的推进剂药浆黏度有明显的增加，但药浆适用期仍大于 24 h，推进剂高温下的拉伸强度稍有降低，由 0.219 MPa 降低到 0.206 MPa；加入 0.1% TB 的推进剂药浆适用期缩短到 6 h，推进剂高温拉伸强度提高到 0.238 MPa；加入 0.1% T12 的推进剂药浆适用期缩短到 8 h，与空白组相比，推进剂高温拉伸强度有显著提高，由 0.219 MPa 提高到 0.304 MPa。综合分析，T12 在 XLDB 推进剂中应用潜力较好。

　　T12 含量对 XLDB 推进剂力学性能和工艺性能也有明显影响，T12 含量在 0.02%~0.08% 时，推进剂药浆的适用期均大于 12 h，比加入 0.1% T12 的推进剂药浆增加了 4 h，而且随着 T12 含量的减少，推进剂高温拉伸强度逐渐增加，因此，T12 对 NC 化学交联反应催化效果最好，加入适量的 T12 可以提高推进剂的拉伸强度。

2. 固体填料对力学性能的影响

　　为提高 XLDB 推进剂的能量，大量的高能固体填料必不可少，推进剂在应变状态下，固体颗粒与黏合剂界面出现裂纹，扩展到晶体表面时，建立起巨大的应力集中点，填料与黏合剂彼此脱开，晶体从黏合剂内析出，发生"脱湿"现象。解决的途径是使用键合剂，使 NC 与氧化剂颗粒之间形成氢键连接，或用聚合物包覆填料等，加强填料和黏合剂之间的黏结。

3. 键合剂对推进剂力学性能的影响

RDX 表面能较低，与黏合剂体系间的黏附功较小，推进剂受到外力作用时容易发生"脱湿"，使固体填料发生脱落，导致推进剂的力学性能较低。目前，使用键合剂是解决推进剂"脱湿"问题的最有效途径之一，这是因为键合剂中的羟基、氰基等基团会与 RDX 之间形成氢键或诱导力，增加黏合剂基体与固体填料之间的作用力，从而提高 XLDB 推进剂的力学性能。

不同键合剂（中性键合剂 NPBA－1、NPBA－2、NPBA－3、NPBA－4、NPBA－5）对 XLDB 推进剂力学性能的影响如表 4－11 所示。

表 4－11　键合剂种类对 XLDB 推进剂力学性能的影响

键合剂	20 ℃			50 ℃		
	σ_m/MPa	ε_m/%	ε_b/%	σ_m/MPa	ε_m/%	ε_b/%
空白配方	0.359	14.110	38.790	0.883	7.709	46.219
NPBA－4	0.382	26.207	39.257	0.967	14.692	47.608
NPBA－5	0.374	25.269	40.918	0.924	12.928	47.207
NPBA－1	0.351	17.209	40.219	0.879	11.635	50.039
NPBA－2	0.357	18.374	41.367	0.890	12.064	49.627
NPBA－3	0.361	16.382	40.961	0.904	12.309	51.298

从表 4－11 可以看出，不加键合剂的空白配方常温下 ε_m 和 ε_b 分别为 7.709% 和 46.219%，脱湿比为 5.99，脱湿严重，说明黏合剂与固体填料间的界面作用较弱。加入键合剂 NBPA 后推进剂拉伸强度和延伸率与空白配方相比都有一定程度的提高，脱湿比增大（更接近 1），表明键合剂增强了黏合剂与固体填料间的界面作用，改善了脱湿现象，从而提高了推进剂的力学性能。综合分析，NPBA－4 的键合效果最好，对 XLDB 推进剂力学性能的改善最显著。其含量对 XLDB 推进剂力学性能的影响如表 4－12 所示。

表 4－12　NPBA－4 含量对 XLDB 推进剂力学性能的影响

NPBA－4 含量/%	20 ℃			50 ℃		
	σ_m/MPa	ε_m/%	ε_b/%	σ_m/MPa	ε_m/%	ε_b/%
0.10	0.366	19.218	38.790	0.897	9.615	46.817
0.15	0.371	23.964	38.614	0.938	12.619	47.217

续表

NPBA－4 含量/%	20 ℃			50 ℃		
	σ_m/MPa	ε_m/%	ε_b/%	σ_m/MPa	ε_m/%	ε_b/%
0.20	0.382	26.207	39.257	0.967	14.692	47.608
0.30	0.395	28.416	40.211	1.028	15.814	48.294
0.35	0.394	25.621	39.081	9.754	14.038	46.914
0.43	0.392	24.382	38.218	9.741	12.309	46.308

由表 4－12 可知，随着键合剂 NBPA－4 含量的提高，XLDB 推进剂的拉伸强度和延伸率都呈现出先提高后降低的趋势，在 NBPA－4 含量为 0.3% 时，推进剂力学性能达到最优。这可能是由于键合剂含量增多，键合剂与固体填料间形成了更多的氢键，提高了黏合剂与填料间的牢固程度，力学性能提升；但 NBPA－4 含量过高时，反而降低了黏合剂与固体填料间的黏接效果，导致 XLDB 推进剂力学性能降低。

4. 其他因素对力学性能的影响

1）催化剂对 XLDB 推进剂力学性能的影响

一般而言，燃烧催化剂对于双基和改性双基推进剂的力学性能影响较小，但对于 XLDB 推进剂，由于黏合剂体系中有羟基与异氰酸酯的化学交联反应，燃烧催化剂会改变化学反应的速度和程度，影响黏合剂体系的交联网络结构，从而对 XLDB 推进剂的力学性能产生影响。以水杨酸铅为例，其对 XLDB 推进剂力学性能的影响如表 4－13 所示。

表 4－13　水杨酸铅对 XLDB 推进剂力学性能的影响

序号	预聚物/%	催化剂/%	－20 ℃		20 ℃		70 ℃	
			σ_m/MPa	ε_m/%	σ_m/MPa	ε_m/%	σ_m/MPa	ε_m/%
1	3	无	3.61	29.8	0.66	116.8	0.17	62.9
2	3	3	3.30	29.7	0.54	33.8	0.06	44
3	6	无	2.78	44.8	0.84	125	0.29	98.6
4	6	2	2.16	30	0.48	35	0.15	27.7

预聚物含量为 3% 和 6% 时，不含催化剂的推进剂力学性能都较好。加入

水杨酸铅后，其力学性能明显下降。特别是预聚物含量为 6%，催化剂加入量为 2% 时，推进剂在 –20 ℃ 的延伸率降低 14.8%，20 ℃ 和 70 ℃ 的延伸率分别降低 90% 和 71%。

水杨酸铅影响 XLDB 推进剂力学性能的机理是复杂的，可以从影响硝化纤维素的交联密度和交联点的均匀性来解释。含 3% 预聚物的配方，理论上每 16 个葡萄糖单体链节上只有一个交联点，而含 6% 预聚物的配方，每 8 个葡萄糖单体链节上有一个交联点，它们都属于低交联密度的范畴。由于后者所含的柔性链段比前者增加 1 倍，交联度比前者增加 1 倍，因此力学性能更好，抗拉强度由 0.66 MPa 提高至 0.84 MPa，低温延伸率由 29.4% 增加到 44.8%。在整个使用温度范围内，含 6% 预聚物的推进剂表现出类似橡胶弹性体的力学行为。水杨酸铅可影响黏合剂体系的交联密度和交联点的均匀性，使含 3% 预聚物的推进剂原本较低的交联密度进一步下降，已不能充分显示出交联的优点，力学性能与未交联改性双基推进剂类似。含 6% 预聚物的配方，由于原本交联密度稍高，催化剂影响其一定的交联反应后仍表现出橡胶弹性体的力学行为特征，故催化剂对力学性能影响不大，在可接受范围之内。

2）制造工艺对 XLDB 推进剂力学性能的影响

浇铸改性双基推进剂的制造工艺主要包括硝化纤维素球形药的制造、NG 混合溶液的配制、各组分的真空搅拌捏合、真空浇铸以及固化成型等。在固化条件确定的情况下，硝化纤维素球形药的制造就成为影响 XLDB 推进剂力学性能的关键工艺因素。球形药的粒度大小及其分布、球形药的表面性质和球形药的装填密度既影响浇铸工艺和推进剂组成的固液比，也影响硝化纤维素的塑化和推进剂的力学性能。为此对球形药的要求是：粒度小，塑化性能好，装填密度高，球形药的质量重现性好。表 4–14 是以 3% 预聚物配方为例，NC–HMX 包覆球形药对 XLDB 推进剂力学性能的影响。

表 4–14　NC–HMX 包覆球形药对 XLDB 推进剂力学性能的影响

序号	球形药质量	–20 ℃		20 ℃		70 ℃	
		σ_m/MPa	ε_m/%	σ_m/MPa	ε_m/%	σ_m/MPa	ε_m/%
1	粒度小	5.74	19.4	0.71	33.9	0.04	47.4
2	粒度中等	3.30	29.7	0.54	33.8	0.05	44
3	粒度\大	4.92	17.5	0.25	31.4	很小	—

由表 4–14 可以看出，球形药粒度较小时推进剂固化质量好，塑化较完全，其力学性能较好，常温抗拉强度大于 0.7 MPa，–20 ℃ 延伸率接近 20%。

3）在药柱薄弱部位施加涂层改善其力学性能

为了满足弹道性能要求，在推进剂药柱含有轴向扩散的内孔，在药柱内还有径向扩张的沟槽，这些内空与沟槽是在浇铸、固化和脱模后机械加工而成的。在机械加工表面，沟槽的尖端以及某些瑕疵部位施加涂层，可防止药柱的撕裂或者破裂，有利于推进剂力学性能的增强。

4.3.3　XLDB 推进剂的燃烧性能

与普通双基推进剂相比，XLDB 推进剂在大量硝胺（50%以上）存在时，目前有效调节其燃速的方法很少，一般来说它的燃速范围较窄：燃速一般为 2～15 mm/s；压力指数 0.35～0.60；压力温度敏感系数 0.15%～0.35%/℃，与复合推进剂接近。同时交联改性双基推进剂用燃烧催化剂的选择受到很大的限制[17,18]。催化剂中的无机或有机铅、铜盐都不同程度地加速催化（正催化）或减速催化（负催化）交联改性双基推进剂固化反应，如果催化剂加速催化，即正催化作用太强，不仅会使推进剂固化过程中应力集中，导致推进剂出现裂纹，而且会使其适用期缩短，无法浇铸成型。减速催化作用会使推进剂力学性能下降。因此只有对交联固化反应基本无影响的铅、铜盐才能作为交联改性双基推进剂的燃烧催化剂。

XLDB 推进剂的燃烧性能受配方组分影响较大，相关的研究也较多。西北大学的马政生[19]研究了 PTE – N – 100 黏合剂体系的 XLDB 推进剂燃烧性能，发现在 PTE/N – 100 交联体系中，黏合剂 PTE 不影响压力指数，而固化剂 N – 100 降低推进剂的燃烧性能；PTE/N – 100 体系中，"双金属盐"催化作用好，在 7～17MPa 压力范围内，压力指数降为 0.40～0.55。3 种样品的燃烧性能如表 4 – 15 和表 4 – 16 所示（其中，C – 19 是将"复合铅铜盐"和 N – 100 先混合处理后再按照同样工艺制成硝化纤维素催化剂包覆球，然后浇铸样品；C – 18 是在液料中加入 N – 100，然后和固料配浆浇铸成样品；C – 01 为对照样，采用普通的"复合铅铜盐"催化剂包覆球，不含 N – 100）。

表 4 – 15　PTE – N – 100 黏合剂体系的 XLDB 推进剂燃烧性能

编号	燃速/(mm·s⁻¹)					
	7 MPa	9 MPa	11 MPa	13 MPa	15 MPa	17 MPa
C – 19	16.38	17.92	19.34	20.63	22.09	23.81
C – 01	16.35	18.90	20.86	21.63	22.47	23.42
C – 18	11.77	13.76	15.67	17.57	19.60	21.37

表 4 - 16　PTE/N - 100 黏合剂体系的 XLDB 推进剂燃烧性能

编号	一定压力区间的压力指数 n					
	7 ~ 9 MPa	9 ~ 11 MPa	11 ~ 13 MPa	13 ~ 15 MPa	15 ~ 17 MPa	平均
C - 19	0.36	0.38	0.39	0.48	0.60	0.44
C - 01	0.58	0.49	0.22	0.27	0.33	0.38
C - 18	0.62	0.68	0.65	0.76	0.56	0.65

　　西安近代化学研究所研究人员[10]用 ADN 替代了 XLDB 推进剂配方中的氧化剂 AP 并研究了推进剂的燃烧性能,发现当 ADN 含量分别为 5%、10%、15% 和 20% 时,推进剂 1 ~ 15 MPa 下燃速相对于基础配方均增加,ADN 含量越高,Al 在燃面处燃烧的比例越大。各样品的燃烧性能如表 4 - 17 所示。

表 4 - 17　ADN - XLDB 推进剂的燃烧性能

样品编号	压力/MPa	XA - 0%	XA - 5%	XA - 10%	XA - 15%	XA - 20%
燃速/ (mm · s^{-1})	1 MPa	2.06	2.21	2.33	2.45	2.53
	4 MPa	4.38	4.81	5.41	6.05	6.85
	6 MPa	5.53	6.12	7.01	7.94	9.21
	8 MPa	6.41	7.23	8.46	9.67	11.45
	10 MPa	7.22	8.25	9.82	11.26	13.59
	12 MPa	8.06	9.23	11.05	12.79	15.68
	15 MPa	9.11	10.59	12.82	14.88	18.75
n(1 ~ 15 MPa)		0.55	0.58	0.63	0.67	0.74

　　由表 4 - 17 可以看出,推进剂燃速随压强增加而升高,基础配方在 1 MPa、8 MPa 和 15 MPa 下燃速分别为 2.06 mm/s、6.41 mm/s 和 9.11 mm/s。由于基础配方中不含燃烧催化剂,因而其燃烧压强指数较高,1 ~ 15 MPa 下压力指数 n 为 0.55。相同压强下,随 ADN 含量增加,推进剂燃速明显提升。当 ADN 含量为 20% 时,推进剂 1 MPa、8 MPa 和 15 MPa 下燃速分别由基础配方的 2.06 mm/s、6.41 mm/s 和 9.11 mm/s 增加至 2.53 mm/s、11.45 mm/s 和 18.75 mm/s,增幅分别为 22.8%、78.6% 和 105.8%。与此同时,当

ADN 含量由 0 增加至 20% 时，1～15 MPa 燃烧压强指数由 0.55 增加至 0.74，提高了 34.5%。其主要原因可能是，ADN 的生成焓高于 AP 的生成焓，且 ADN 的分解活化能（109～157 kJ/mol）低于 AP（357.2 kJ/mol），说明 ADN 反应活性高于 AP，因此含 ADN 推进剂能在较低温度下发生氧化还原反应，将更多的热量反馈至推进剂凝聚相，促进凝聚相的快速反应，使推进剂燃速和压强指数得到提高。

4.3.4　XLDB 推进剂的工艺性能

双基推进剂制造工艺一般分为三种：压铸法、压伸法和浇铸法。浇铸法又分为充隙浇铸法和配浆浇铸法[20]。性能优良的 XLDB 推进剂中需要加入交联剂或高分子预聚物，与硝化纤维素交联，使推进剂的力学性能获得显著改善，因此配浆浇铸工艺就成为改性双基推进剂的主要生产工艺。配浆浇铸改性双基推进剂的制造主要分为造球、混合、浇铸和固化几个过程。

XLDB 推进剂的制造主要是将制备好的单基或双基球形药加到含安定剂的增塑剂中，然后加入氧化剂、金属燃料、高能添加剂等组分，混合形成淤浆，在真空条件下再充分混合，最后把推进剂淤浆真空浇铸到推进剂的发动机壳体内，高温固化形成贴壁配浆浇铸双基推进剂。配浆浇铸工艺灵活多变，可以在配浆过程中方便地改变配方组成及含量，因此其研制周期短，还可以在配浆过程中方便地加入各种组分，如高能固体填料、液体高分子预聚物等，使推进剂性能的调节范围较广，同时配浆浇铸工艺取消了工艺冗长的机械造粒，工艺简单，安全，容易实现连续化。

虽然一般认为配浆浇铸工艺生产的燃烧性能稍差于充隙浇铸工艺，但仍可以满足使用要求，因为燃速对组分的物理状态的轻微变化不那么敏感，主要取决于组分的含量，因此也有较好的燃速重现性。但是，配浆浇铸工艺还存在其他缺点，如配方组分混合不够均匀、浇铸过程受药浆流平性和流动性制约等，因此，工艺性能无法与充隙浇铸工艺相比。

1. 固体含量对 XLDB 推进剂工艺性能的影响

图 4－11 为固体含量对 XLDB 推进剂药浆流变性能的影响规律。由图 4－11 可知，随着剪切速率的增加，XLDB 推进剂药浆黏度降低，呈假塑性流体特性。随着固体含量的增加，药浆黏度增加。这是因为固体含量越大，填充体积越大，流动相越少，药浆流动时颗粒间更易接触，流体动力学阻力和颗粒间的摩擦力都比较大，所以药浆黏度增大。

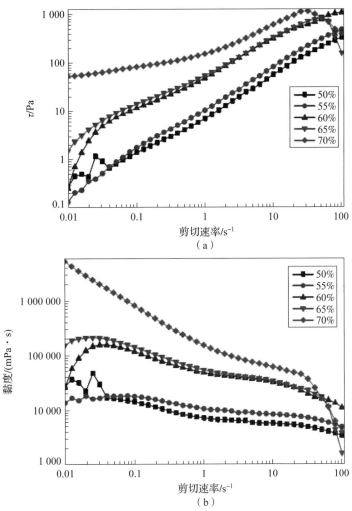

图 4 – 11　不同固体含量的 XLDB 推进剂药浆流变性能

（a）剪切速率扫描曲线；（b）流动曲线

2. 温度对 XLDB 推进剂工艺性能的影响

图 4 – 12 为不同温度下 XLDB 推进剂药浆的流变性能，由图 4 – 12 可知，随着剪切速率的增加，XLDB 推进剂药浆黏度降低，呈假塑性流体。推进剂药浆黏度随着温度的升高而下降，这是因为随着温度的升高，分子的无规则运动激烈程度增加，同时分子间距离增大、相互作用力减小，因此提高温度可降低黏度和增加流动性。当温度达到 60 ℃时黏度又明显增加，这是由于 60 ℃下增塑剂挥发造成的黏度上升。

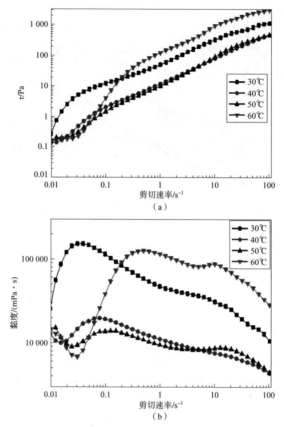

图 4 –12　不同温度的 XLDB 推进剂药浆流变性能

（a）剪切速率扫描曲线；（b）流动曲线

3. 加料顺序对 XLDB 推进剂工艺性能的影响

加料顺序对成药的表面状态和"脱湿"现象有很大的影响。研究发现，在制备推进剂的过程中固体填料如 RDX 和 AP 的加入顺序尤为重要，主要是 AP 颗粒与液体成分的界面相容性较差，容易析出。因此，AP 与 RDX 一般采用逐次加入的方法，这样得到的药块表面很少有析出的颗粒。由于双基球形药在 NG/DEGDN 的塑化能力得到了很大的改善，所以，为了确保推进剂在浇铸过程中具有较好的流动性，双基球最后加入。

4.3.5　XLDB 推进剂的热安定性和安全性能

研究表明，RDX、HMX、Al 和黏合剂能改善黏合剂体系的热安定性能，对于不含 AP 的 XLDB 推进剂，2 – NDPA 和 MNA 两种复合安定剂可以有效提高其热安定性。而 AP 与黏合剂体系具有较明显的化学作用，降低了其热安定性能。对于 AP – XLDB 推进剂，安定剂间苯二酚和 2 号中定剂可提高其热安定性能。

通过交联获得良好力学性能的 XLDB 推进剂对老化较为敏感。硝酸酯的存在、药柱的后固化、增塑剂的迁移，以及温度、湿度和空气等外界环境因素对推进剂的老化均有影响。随着时间的增加，XLDB 推进剂的弹道性能会随着推进剂的老化而受到影响。

安全性能方面，XLDB 推进剂中由聚合物和硝酸酯组成的预混物黏合剂对机械刺激特别是撞击很敏感，会根据机械刺激的不同表现出低速或高速爆轰。因此，需要对预混物的运输使用采取严谨的安全措施。

含有适量硝胺的 XLDB 推进剂对摩擦不敏感，当硝胺含量提高（小于60%），则敏感度稍大。AP 是摩擦感度增大的重要因素，可采用安全性好的含能聚合物或其他新型含能化合物部分取代 XLDB 推进剂配方中安全性能较差的 NG 和高能氧化剂，以降低推进剂的机械感度。

XLDB 推进剂对静电放电不敏感。热激发实验的结果也与 AP 有关，不含 AP 的 XLDB 推进剂热点燃温度高于 100 ℃，而含 AP 的推进剂临界点燃温度低于 100 ℃。

|4.4 典型 XLDB 推进剂及应用|

XLDB 推进剂具有较好的高温和低温力学性能，可用于壳体黏结式装药，这对提高战略导弹的射程和有效载荷起着重要作用。20 世纪 70 年代美国首先研制成功 XLDB 推进剂，并于 1981 年装备武器，最高理论比冲为 2 646 N·s/kg，50 ℃ 最大抗拉强度和断裂延伸率分别为 0.52 MPa 和 75%，– 40 ℃ 最大抗拉强度和断裂延伸率分别为 4.72 MPa 和 35%。后来美国又研究出不同类型的XLDB 推进剂[21]，其主要指标性能如表 4 – 18 所示。

表 4 –18　美国各类交联改性双基推进剂主要性能指标

推进剂	比冲/(N·s·kg^{-1})	密度/(kg·dm^{-3})	燃速(7 MPa)/(mm·s^{-1})	压力指数	温度系数
浇铸 XLDB	2 254	1.70	3 ~ 28	0 ~ 0.2	低
EMCDB	2 303	1.69	3 ~ 40（平台）		中

推进剂	比冲/(N·s·kg^{-1})	密度/(kg·dm^{-3})	燃速(7 MPa)/(mm·s^{-1})	压力指数	温度系数
无铝 XLDB（含 AP）	2 401	1.79	10~25	0.4~0.6	中
无铝 XLDB（不含 AP）	2 303	1.75	5~15	0.4~0.6	中
含铝 XLDB	2 489	1.86	9~25	0.5~0.7	中

美国的远程潜地导弹"三叉戟"Ⅰ第一、二、三级发动机全部采用高比冲、高密度的 XLDB 推进剂[22,23]，其配方组分如表 4-19 所示。美国改进型的"陶"-2 反坦克导弹和"战斧"式巡航导弹也使用了 XLDB 推进剂。

表 4-19　美国"三叉戟"Ⅰ导弹一、二、三级发动机用的 XLDB 推进剂配方

代号	一级 VRP	二级 VTG	三级 VTQ
NC	30	30	23
NG			
HMX	43	40.5	54
AP	8	10	4
Al	19	19.5	19
PGA/HDI 等	PGA、HDI 及少量稳定剂和固化剂等		
理论比冲/(N·s·kg^{-1})	2 597~2 646	2 597~2 646	2 597~2 646

日本于 1982 年开始研制 XLDB 推进剂并获得成功，已将 XLDB 推进剂用于岸舰导弹 SSM 和反坦克导弹 ATM，日本第三代反坦克导弹"中马特"、地空导弹 SAM-1、空空导弹 XAAM-1 及 XATM-3 都采用了 XLDB 推进剂，其配方组成及性能如表 4-20 所示。

表 4-20　用于武器型号的日本 XLDB 推进剂

配方组分					性能		
Al	RDX	PNC	NG	聚醚与 IPDI 的预聚物	火焰温度/K	理论比冲/(N·s·kg^{-1})	燃气量/(mol·kg^{-1})
14	60	8	8	10	3 253	2 640	39.2

XLDB 推进剂在德国、英国、法国也得到了应用。英国全天候中型低、中、高舰空导弹"海标枪"导弹的助推器，法国空舰导弹"飞鱼"导弹、反舰导弹 AS15 等也使用 XLDB 推进剂装药。

为了满足现代战争和国防防御体系对导弹性能的要求，必须在固体推进剂中引入一些新材料和新技术，为此北约各国开展 GAP、CL-20、ADN 等材料的研制，并将其应用于推进剂配方设计。如 CL-20 是一种高能硝胺炸药，在推进剂中取代 AP 或 HMX，从而提高推进剂的能量，降低其特征信号。SNPE（法国国营火炸药公司）已研制出了一种新型 CL-20 基交联改性双基推进剂配方[24]，其配方和性能如表 4-21 所示。

表 4-21　CL-20 基交联改性双基推进剂配方及性能（固体含量60%）

性能＼组分	PGA/HMX	PGA/CL-20	GAP/CL-20
标准比冲/$(N \cdot s \cdot kg^{-1})$	2 385	2 458	2 524
密度/$(g \cdot cm^{-3})$	1.65	1.72	1.73
燃速/$(mm \cdot s^{-1})$(7 MPa)	4.5	11.5	13.4
撞击感度/J	8-20	10-19	8-19
摩擦感度/J	180	85-120	60-85

其中以 GAP/CL-20 为基的交联改性双基推进剂配方，比冲达 2 524 N·s/kg，密度 1.73 g/cm³，燃速 20mm/s（加催化剂），冲击感度 8~19 J，摩擦感度 60~85 J，性能优于其他交联改性双基推进剂配方，并且这类 XLDB 推进剂属于低特征信号推进剂，其一次烟和二次烟均为 A 级。

近二三十年以来，美、英、日、德、法、俄等国家[25-27]在吸取复合推进剂技术优点的基础上，对改性双基推进剂的组成和性能进行了许多改进，研制出了一系列具有各种特性的改性双基推进剂品种，并广泛应用于战略和战术导弹中。表 4-22 列出了改性双基推进剂在部分战术导弹发动机装药上的应用情况[13]。

表 4-22　改性双基推进剂在部分战术导弹发动机装药上的应用情况

国别	导弹型号及代号	推进剂类型
美国	"小榭树"防空导弹	交联改性双基
美国	"战斧"式巡航导弹	交联改性双基

国别	导弹型号及代号	推进剂类型
美国	"坦克破坏者"反坦克导弹	交联改性双基
美国	"响尾蛇"空空导弹	交联改性双基
美国	"陶" – 2 反坦克导弹	交联改性双基
英国	"海标枪"防空导弹	交联改性双基
法国	AS15TT 导弹	改性双基
法国	AS3 OLaster 空地导弹	交联改性双基
法 – 德	"罗兰特"地空导弹	改性双基
日本	"中马特"反坦克导弹	复合改性双基
俄罗斯	"萨姆"SA – 3 防空导弹	双基
俄罗斯	"萨姆"SA – 6 防空导弹	双基

20 世纪 80 年代初，我国也进行了 XLDB 推进剂研制，其中力学性能调控是研制工作中的技术难点。为配合该推进剂的研制，中国兵器工业集团有限公司第 375 厂开展了以 HDI 为交联固化剂提高推进剂力学性能的研究，通过 HDI 交联 NC 中残余羟基将推进剂的 – 20 ℃ 延伸率提高到 30%。中国兵器工业集团有限公司第 204 研究所在国内首次采用 PGA、PDGA 为黏合剂，以 HDI 为交联剂将 XLDB 推进剂（HMDI）– 40 ℃ 延伸率提高到 20%。随后，北京理工大学和西安近代化学研究所相继开展了以四氢呋喃 – 环氧乙烷共聚醚/N – 100 黏合体系改善固体推进剂力学性能的研究，在共聚醚的合成及应用方面取得突破性进展，为国内在 80 年代末开展 NEPE 推进剂的研究奠定了一定的实验和理论基础。由于技术封锁，国外对 XLDB 推进剂用聚醚型聚氨酯黏合剂报道不多，可供借鉴的资料极少。国内在含有 NC/高分子黏合剂/固化剂/交联剂的 XLDB 推进剂力学性能调控方面做了大量研究工作，通过聚氨酯与 NC 共混降低了 XLDB 推进剂体系的玻璃化转变温度，在一定程度上改善了此类推进剂的力学性能，但性能还不够稳定，重现性不好，且燃烧压强指数偏高，因此，还需进一步研究。

|4.5 XLDB 推进剂的发展趋势|

高能、钝感和低特征信号是当今改性双基研究和发展的主要方向，采用各种新型含能材料、新型燃速催化剂、新型键合剂以及先进的工艺技术是实现高能、钝感和低特征信号的主要技术途径。为达到此目标，国外研究了很多新型高能改性推进剂，并成功开展了火箭发动机试验，国内也进行了相关探索研究。根据文献信息和行业发展特点，XLDB 推进剂未来的发展方向主要包括以下几点。

（1）引入—N_3、—NO_2、—ONO_2、—NNO_2、—NF_2 等含能基团，合成新型含能黏合剂体系，探索新的非异氰酸酯固化方式。

（2）开展新型高能量密度材料的合成和应用，例如应用笼型富氮张力环化合物、氟氮或氟氨化合物，应用激发态、亚稳态和原子簇、分子簇化合物等，逐步取代安全性能较低的 NG 等配方组分，使 XLDB 推进剂的能量水平更能满足新一代武器发展的需求。

（3）探索绿色、经济和安全性高的高能化合物，使 XLDB 推进剂进入高能、安全、环保以及低成本的发展模式。

参 考 文 献

［1］樊学忠，张伟，李吉祯，等. 浇铸复合改性双基推进剂［M］. 西安：陕西师范大学出版总社，2017.

［2］蒋亚强，杨皓瑜，黄继军，等. 复合固体推进剂黏合剂研究进展［J］. 中国胶黏剂，2021，30（12）：55 – 70.

［3］辛振东，刘亚青，付一政，等. 几种高能固体推进剂的研究进展［J］. 现代制造技术与装备，2008，（2）：74 – 76.

［4］何利明. 非硝化甘油交联改性双基推进剂基本性能研究［D］. 北京：北京理工大学，2016.

［5］Wu Y，Zhen G. Properties and Application of a Novel Type of Glycidyl Azide Polymer（GAP）– Modified Nitrocellulose Powders［J］. Propellants Explosives Pyrotechnics，2015，40（1）：67 – 73.

［6］宋振伟，李笑江，严启龙，等. CL – 20 基交联改性双基推进剂的燃烧性能

[J]. 火炸药学报, 2012, 35 (1): 52 - 54, 63.

[7] 宋振伟, 严启龙, 李笑江, 等. CL - 20 对 Al/HMX - XLDB 推进剂燃烧凝聚相产物的影响 [J]. 燃烧科学与技术, 2013, 19 (3): 241 - 247.

[8] Song Z, Yan Q, Li X, et al. Effects of CL - 20 on the Condensed Combustion Products of Al/HMX - XLDB Propellants [J]. Journal of Combustion Science and Technology, 2013, 19 (3): 241 - 247.

[9] Zayed M A, El - Begawy S, Hassan H. Enhancement of stabilizing properties of double - base propellants using nano - scale inorganic compounds [J]. Journal of Hazardous Materials, 2012, 227 - 228 (15): 274 - 279.

[10] 刘运飞, 谢五喜, 张伟, 等. 二硝酰胺铵对交联改性双基推进剂能量及燃烧性能的影响 [J]. 科学技术与工程, 2018, 18 (33): 154 - 159.

[11] 何利明, 何伟, 罗运军. GAP/NC 交联改性双基推进剂能量及烟雾特性计算研究 [J]. 含能材料, 2016, 24 (4): 318 - 323.

[12] 宋振伟, 严启龙, 李笑江, 等. 黏合剂系统对 XLDB 推进剂力学性能影响的研究 [J]. 燃烧科学与技术, 2013, 19 (3): 241 - 247.

[13] 谭惠民. 固体推进剂化学与技术 [M]. 北京: 北京理工大学出版社, 2015.

[14] 李旭利, 甘孝贤. 黏合剂系统对 XLDB 推进剂力学性能影响的研究 [J]. 推进技术, 1997, 18 (3): 98 - 102.

[15] 范夕萍, 谭惠民, 张磊, 等. PET - N100 预固化反应动力学及其在交联改性双基推进剂黏合剂体系中的应用研究; 中国化学会第二十五届学术年会论文摘要集 (上册) [C]. 2006.

[16] 辛振东, 刘亚青, 付一政, 等. 几种高能固体推进剂的研究进展 [J]. 现代制造技术与装备, 2008, (2): 74 - 76.

[17] 陆殿林, 樊学忠, 孙育坤, 等. XLDB 推进剂燃烧性能研究 (简报) [J]. 火炸药学报, 2001 (04): 51 - 52.

[18] 张伟, 李吉祯, 孙育坤, 等. 无烟 XLDB 推进剂燃烧性能研究 (Ⅱ) [J]. 含能材料, 2004, 12 (C1): 430 - 433.

[19] 马政生. 交联改性双基推进剂 (XLDB) 燃烧性能的改善及机理研究 [J]. 西北大学学报: 自然科学版, 1995 (6): 636 - 640.

[20] 李笑江, 李旭利, 樊学忠, 等. 粒铸 EMCDB 推进剂性能研究 [J]. 推进技术, 2001, 22 (5): 418 - 421.

[21] 张海燕. 改性双基低特征信号推进剂研究进展 [J]. 固体火箭技术, 2000, 23 (2): 36 - 38, 43.

［22］Hou Z L , Li X D . Combustion characteristics of XLDB and NEPE propellants with catalyst ［J］. Chinese Journal of Energetic Materials, 2007, 15（4）: 297 – 300.

［23］Esslinger J J , Neidert J B , Tappe K , et al. Evaluation of Less Shock Sensitive Minimum Smoke Propellants in High Performance Composite Cases. ［R］. ARMY AVIATION AND MISSILE RESEARCH DEVELOPMENT AND ENG CTR REDSTONE ARSENAL AL, 2010.

［24］Elbasuney S , Elghafour A M A, Radwan M , et al. Novel aspects for thermal stability studies and shelf life assessment of modified double – base propellants ［J］. Defence Technology, 2019, 15（3）: 300 – 305.

［25］Gautam G K , Pundlik S M , Joshi A D , et al. Study of Energetic Nitramine Extruded Double – Base Propellants ［J］. Defence Science Journal, 2013, 48（2）: 235 – 243.

［26］Bhat V K , Radhakrishnan K K , Khire P R , et al. High Performance Binder for EMCDB Propellants ［J］. Defence Science Journal, 2013, 45（1）: 31 – 34.

［27］An T , Zhao F Q , Yan Q L , et al. Preparation and Evaluation of Effective Combustion Catalysts Based on Cu（I）/Pb（II）or Cu（II）/Bi（II）Nanocomposites Carried by Graphene Oxide（GO）［J］. Propellants Explosives Pyrotechnics, 2018, 43（11）: 1087 – 1095.

第 5 章

改性高能丁羟固体推进剂

|5.1　概述|

丁羟复合固体推进剂是指以端羟基聚丁二烯（HTPB）预聚物为黏合剂基体，以高氯酸铵（AP）、硝酸铵（AN）、黑索今（RDX）、奥克托今（HMX）等填料为氧化剂，以 Al 为燃烧剂，经异氰酸酯固化成型的复合固体推进剂。

HTPB 复合固体推进剂至今已有几十年的历史[1-5]，早在 1961 年，美国航空喷气公司便在小型火箭发动机上演示了端羟基聚丁二烯（HTPB）推进剂，但因推进剂低温力学性能差及预聚物的供应等问题而中断了 HTPB 推进剂的研究工作。1965 年以后，由于数均相对分子质量大于 2000 的 HTPB 预聚物可以作为商品出售，美国的 HTPB 推进剂研究工作又活跃起来。特别是美国大西洋富田公司（ARCO）生产的 R-45M 型 HTPB 预聚物极大地促进了 HTPB 推进剂的研究工作。由于其制得的推进剂成本低、性能好，尤其是对于高能推进剂配方，在固体含量达到 90% 时仍具有较好的工艺性能和力学性能，因此，自 20 世纪 70 年代以来，HTPB 推进剂得到了迅速发展。不仅美国的固体推进剂研制生产单位竞相转向 HTPB 推进剂的研究，开展了大量用 HTPB 推进剂取代其他推进剂品种的工作，其他国家如英国、德国、日本、印度、中国等都在新研制的火箭发动机中选用了 HTPB 推进剂。经过 60 多年的发展，HTPB 推进剂的综合性能得到了全面验证，技术趋于成熟，至今仍是各类战术、战略导弹和航天发动机优先选用的推进剂品种。例如，陆基固定式洲际弹道导弹"民兵"-3 延寿后，全面换装了 HTPB 推进剂。"标准""爱国者"系列防空导弹系统也都采用了 HTPB 推进剂。

HTPB 推进剂一般按照其在 7 MPa 下的燃速 u 进行分类，$u \leqslant 5$ mm/s 时称为低燃速 HTPB 推进剂，5 mm/s $\leqslant u \leqslant 30$ mm/s 时称为中燃速 HTPB 推进剂，30 mm/s $\leqslant u \leqslant 1\ 000$ mm/s 时称为高燃速 HTPB 推进剂，$u \geqslant 1\ 000$ mm/s 时称为超燃速 HTPB 推进剂。有时也按照功能性对其进行分类，当固体含量较高时（不小于85%）有时也称为高固体含量 HTPB 推进剂。当推进剂的比冲达到一定值后也可称为高能 HTPB 推进剂。当其机械强度较为突出时也可称为高强度 HTPB 推进剂。

在 HTPB 推进剂的发展历程中，能量水平的提高始终贯穿其中，各国研究人员进行了大量行之有效的改性研究，如提高固体含量、引入高能填料、使用新型氧化剂、使用新型金属燃料、黏合剂含能化等，这些方法可提升推进剂的理论比冲。但是，受到原材料成本高、工艺技术不成熟等因素的限制，实际应用的报道较少。此外，针对高能丁羟推进剂，研究人员还开展了一些其他方面的研究，如开发引入高效键合剂等。

|5.2　基本组成|

改性高能 HTPB 推进剂与传统的 HTPB 推进剂一样，也是由多种满足不同使用要求的材料通过复杂的混合过程和化学反应形成的高固体填充的黏弹材料。除构成黏弹材料基体的 HTPB 预聚物和二异氰酸酯类固化剂外，推进剂中含量最高的是高能氧化剂和金属燃料铝粉。其他组分还包括用于调节网络结构和改善推进剂力学性能的扩链剂、交联剂、键合剂、增塑剂；用于调节和控制燃烧性能的燃速催化剂、燃速抑制剂，降低压强指数和温度敏感系数的燃烧添加物等。为提高其能量性能，研究人员在传统配方中引入了高能添加剂，包括金属氢化物、硝胺类炸药等；引入了含能增塑剂和含能丁羟预聚物等。此外，研究人员还针对这些新型改性 HTPB 推进剂进行了其他性能研究，引入了用于改善储存老化性能的防老剂；用于改善推进剂药浆工艺性能的工艺助剂、表面活性剂、稀释剂等。

改性高能 HTPB 推进剂的主要组成如表 5 - 1 所示[1,2,5]。其中大部分物质如 HTPB 预聚物、AP、Al、固化剂、惰性增塑剂等与传统 HTPB 推进剂相同，含能增塑剂、新型高能氧化剂、新型高能填料、新型高能金属燃烧剂等是在探索提高能量水平过程中于近些年引入的。另有一些键合剂、催化剂、助剂等是针对改性高能 HTPB 推进剂进行性能优化时引入的。

表 5-1 改性高能 HTPB 推进剂的主要组成与作用

组　　分	作　用	含量/%
HTPB 预聚物	黏合剂体系	6～10
TDI，IPDI 等	固化剂	≤1
DOS、DOA、TOP、A3 等	增塑剂	2～4
AP、AN、PSAN、AND 等	氧化剂	30～85
Al、Mg、B、AlH₃、储氢合金	高能燃料	10～20
RDX、HMX、CL-20、HNF、TKX-50 等	高能填料	0～30
MAPO、HX 系列、LBA 系列、T313、G1 等	键合剂	≤0.3
Fe_2O_3、亚铬酸铜（C.C）、二茂铁衍生物等	燃烧催化剂	≤4
其他	工艺助剂、补强剂等	≤2

|5.3　高固体含量丁羟复合固体推进剂|

HTPB 预聚物不含能，广泛应用的 HTPB 推进剂其增塑剂也为惰性，推进剂的能量主要由高能固体填料提供。因此，提高固体含量、优化配方组分匹配性是提高 HTPB 推进剂能量性能的重要途径之一，但固体含量的提高也对推进剂的工艺和力学性能带来挑战。

5.3.1　高固体含量 HTPB 推进剂的能量性能

早期丁羟推进剂的组分主要为 AP/Al/HTPB[1,2]，国内习惯称为三组元 HTPB 推进剂，典型的配方如表 5-2 所示。热力学计算表明，由 HTPB 与 AP 及 Al 三组分组成的推进剂，其能量水平与 CTPB 推进剂相当。理论比冲的最大值在 2 608 N·s/kg 左右。但是，由于 HTPB 预聚物的黏度较小，实际获得的推进剂能量水平优于 CTPB 推进剂，加入必要功能助剂后，HTPB 的实测比冲在 2 410 N·s/kg 左右。

表 5 - 2　典型 HTPB 推进剂配方

组分	含量/%
黏合剂	8 ~ 10
AP	65 ~ 70
Al	18 ~ 20
己二酸二辛酯（增塑剂）	3.2 ~ 3.4
燃烧催化剂	0.5 ~ 0.7
键合剂	0.05 ~ 0.3
工艺助剂	0.15

提高固体含量在一定程度上可提高推进剂的能量，但当固体含量达到 90% 左右时由于推进剂的工艺性能和力学性能不佳，进一步提高固体含量难度较大，随即改性方向转为优化推进剂的配方结构，开发出众多高固体含量四组元 HTPB 推进剂，其主要组分为 HTPB/AP/HMX/Al 或 HTPB/AP/RDX/Al，硝胺炸药的引入可在不提高固体含量的条件下提高 HTPB 推进剂的理论比冲。与不加 RDX 的 HTPB 推进剂相比，丁羟四组元推进剂的比冲高出约 29.4 N·s/kg（3 s）。美国早在 20 世纪 70 年代便开始将硝胺引入推进剂中，研制四组元 HTPB 推进剂，聚硫公司研制的 HTPB 推进剂配方和性能如表 5 - 3 所示。

表 5 - 3　美国丁羟推进剂的配方及性能

推进剂性能	代　号		
	TP – H – 3340	TP – H – 3363	TP – H – 3384
总固体含量/%	89	89.7	89
Al 粉/%	18	18	20
高氯酸铵/%	71	55.5	59
奥克托今（HMX）/%	—	16.2	10
理论真空比冲（$\varepsilon = 50$）/s	322.2	325.7	324.8
燃速（15.5 ℃，7 MPa）/(mm·s^{-1})	7.16	7.24	6.94
压力指数	0.30	0.34	0.32

推进剂性能	代　号			
	TP – H – 3340		TP – H – 3363	TP – H – 3384
密度/(g·cm^{-3})	1.802		1.817	1.80
验证发动机	STAR$_{30}$	STAR$_{37}$X	STAR$_{30}$A	STAR$_{37}$y
推进剂量/t	0.463	1.070	0.463	1.074
平均压力/MPa	3.2	4.3	3.2	5.1
膨胀比	65.3	64.5	67.5	74.6
实测比冲/s	294.6	297	296.2	298.2
根据实测值预示某一发动机比冲/s	297.4		298.7	297.6

国内对 HTPB 推进剂的研究起步较晚，但历经几十年的研究后，也达到较为深入的程度。目前，已开发了众多类型的丁羟推进剂，如北京理工大学系统研究了含 RDX 的高固体含量 HTPB 推进剂，其能量性能如表 5 – 4 所示。当固体含量为 90%（高氯酸铵 37.0%、黑索今 36.6%、铝粉 17.0%）时，其理论比冲可达 270.62s。在一定范围内改变推进剂的配方，其理论比冲可维持在 270s 以上。当高氯酸铵含量 43.0%、黑索今 30.0%、Al 粉 17.0% 时，燃烧压力指数约为 0.34，低温延伸率为 48%。

表 5 – 4　丁羟推进剂的配方及性能

含量/%					I_{sp}/s	O_b	T_c/K	M_n
AP	RDX	Al	其他	固体				
37	36.60	17.40	10	90	270.62	0.46	3 459.20	18.83
43	30	17	10	90	270.24	0.49	3 523.72	19.10
37	36	17	10	90	270.58	0.46	3 460.34	18.87

1. 高固体含量 HTPB 推进剂能量性能提高机理

AP 是 HTPB 推进剂中的氧化剂，通常是 HTPB 推进剂中含量最高的组分，因此硝胺炸药通常是部分取代 AP 引入推进剂中，由于 RDX 和 HMX 的氧平衡均较低，分解产物相对分子质量低，使 HTPB 推进剂的氧平衡下降，推进剂燃烧室温度、气体产物平均相对分子质量均有所下降，根据推进剂比冲的表达式，气体产物平均相对分子质量降低可提高推进剂的比冲。

2. 高固体含量 HTPB 推进剂能量性能提高值

在不同 Al 含量、不同固体含量的配方中，硝胺炸药所带来的比冲增量不同，但大部分配方的理论比冲在 Al 含量为 18%、硝胺炸药含量在 30%～40% 时达到最大值。如对于固体含量为 88% 的 HTPB/AP/Al 推进剂，在用 HMX 逐步替代氧化剂 AP 的过程中，推进剂的氧平衡、燃烧综合作用导致在 HMX 含量为 25% 时，HTPB/AP/HMX/Al 推进剂的理论比冲、真空膨胀比冲可达到最大值，此时推进剂的理论比冲高出 HTPB/AP/Al 推进剂 3 s 左右。

RDX 和 HMX 是炸药行业得到广泛应用的两种威力最大的 A 类炸药，也是较早引入 HTPB 推进剂中的高能固体填料。对于 RDX 和 HMX 而言，其性能差距不大。除爆速外，这两种硝胺炸药最大的差异是产品价格。其生成焓和密度虽然也存在一定差异，但引入到 HTPB 推进剂后，两种物质对推进剂比冲和总冲都没有明显影响。表 5-5 给出了采用最小自由能平衡流法计算的具有相同质量分数的两种硝胺炸药推进剂配方的热力性能计算结果。显然，除推进剂密度外，含 RDX 和 HMX 的四组元 HTPB 推进剂的比冲差别很小。因此，从成本的角度考虑，战术导弹固体发动机普遍采用了价格相对便宜的 RDX。

表 5-5　含 RDX 和 HMX 推进剂配方的性能计算结果

RDX/%	HMX/%	AP/%	Al/%	其他/%	密度/ ($g \cdot cm^{-3}$)	比冲/ ($N \cdot s \cdot kg^{-1}$)	密度比冲/ ($N \cdot s \cdot cm^{-3}$)
15		55.5	17.5	12	1.779	2 611.3	4.646
	15	55.5	17.5	12	1.791	2 609.9	4.674

久保田浪之介等[6]使用 RDX 部分替代 HTPB/AP/Al 推进剂中的 AP，其中黏合剂含量 10.4%，Al 含量 20%，AP 与 RDX 总含量为 69.6%。结果发现 RDX 会引起燃温、气体产物平均相对分子质量均下降，但后者下降的幅度更明显，导致 HTPB/AP/RDX/Al 推进剂理论比冲随 RDX 含量的变化存在最大值，当 RDX 含量为 15% 时，HTPB/AP/RDX/Al 推进剂的理论比冲高出 HTPB/AP/Al 推进剂 2 s 左右。

袁桂芳等[27]在研究 RDX 含量对 HTPB 推进剂能量性能的影响时发现，在固体含量为 88% 的 HTPB/AP/RDX 推进剂中，随着 RDX 含量的增加，推进剂的理论比冲呈现先增加后减小的趋势，并存在极大值 266.4 s，此时推进剂的比冲较 HTPB/AP 推进剂高出 2 s（约提升 0.8%）。此外，随着固体含量的增加，HTPB 推进剂最大理论比冲所对应的 RDX 含量也相应增加，如在固体含量为 87.5% 时，最大理论比冲对应的 RDX 含量为 15%，而在固体含量为 88% 时，最大理论比冲对应的 RDX 含量增至 20%。

3. 高固体含量 HTPB 推进剂能量性能水平

用 RDX 部分取代 AP 后的四组元 HTPB 推进剂在标准状态下的热力性能计算结果如表 5-6 所示。

表 5-6　含 RDX 的四组元 HTPB 推进剂在标准状态下的热力性能计算结果

$S/\%$	$X_{AP}/\%$	$X_{RDX}/\%$	T_c/K	$\overline{M}_n/$ $(g \cdot mol^{-1})$	$\rho/$ $(g \cdot cm^{-3})$	$I_{sp}/$ $(N \cdot s \cdot kg^{-1})$	$I_\rho/$ $(N \cdot s \cdot cm^{-3})$
	68.5	0	3 490	19.68	1.778	2 591	4.607
	59.5	10	3411	19.11	1.768	2 602.6	4.601
87.5	54.5	15	3 363	18.89	1.762	2 605.8	4.591
	49.5	20	3 306	18.72	1.757	2 605.5	4.578
	44.5	25	3 235	17.65	1.751	2 592	4.539
	70.0	0	3 527	19.90	1.789	2 591.4	4.636
	60.0	10	3 454	19.30	1.777	2 605.2	4.629
88.0	55.0	15	3 410	19.05	1.772	2 609.7	4.624
	50.0	20	3 359	18.84	1.766	2 611.8	4.612
	45.0	25	3 296	18.72	1.760	2 607.6	4.589
	70.5	0	3 563	20.13	1.799	2 591.1	4.661
	60.6	10	3 495	19.50	1.787	2 606.8	4.658
88.5	55.5	15	3 455	19.22	1.781	2 612.5	4.653
	50.5	20	3 408	18.99	1.775	2 616.3	4.644
	45.5	25	3 352	18.82	1.769	2 616.7	4.629
	71.0	0	3 596	20.35	1.808	2 590.5	4.684
	61.0	10	3 524	19.71	1.796	2 607.9	4.684
89.0	56.0	15	3 497	19.41	1.791	2 614.7	4.683
	51.0	20	3 455	19.16	1.785	2 619.7	4.676
	46.0	25	3 404	18.95	1.779	2 622.5	4.665

由表 5-6 可知，三组元 HTPB 推进剂比冲在固体含量为 88% 时达到最大值 2591.4 N·s/kg。加入 RDX 后，当固体含量相同时，随着 RDX 含量由 10% 提高到 25% 时，比冲先增加后减小，存在 RDX 最佳含量。由于 RDX 密度较低，推进剂密度比冲是单调降低的。当固体含量不同时，对应的 RDX 最佳含量也不同。当 RDX 含量相同时，比冲随固体含量增加而增大。以 15% 的 RDX 含量为例，当固体含量由 87.5% 逐步增加到 89% 时，推进剂比冲由 2 605.8 N·s/kg 逐渐增加到 2 614.7 N·s/kg，并且仍呈增加趋势。

表 5-6 中固体含量为 88.5%，铝粉含量为 18% 的推进剂 BSFφ165 mm 标准发动机试验结果如表 5-7 所示。显然，比冲、密度比冲和比冲效率在 RDX 含量为 15% 时达到了最大值。

表 5-7　不同 RDX 含量的 HTPB 推进剂 BSFφ165 mm 标准发动机试验结果

$X_{AP}/\%$	$X_{RDX}/\%$	$X_{Al}/\%$	$\rho/$ $(g \cdot cm^{-3})$	$I_{sp}/$ $(N \cdot s \cdot kg^{-1})$	比冲效率	密度比冲 $I_{\rho}/(N \cdot s \cdot cm^{-3})$
70.5	0	18	1.797	2 409.7	0.929 9	4.330
60.6	10	18	1.785	2 430.9	0.932 5	4.339
55.5	15	18	1.780	2 437.9	0.933 2	4.342
50.5	20	18	1.777	2 429.4	0.928 6	4.317

表 5-7 的试验结果是在 Al 粉含量固定为 18% 的条件下获得的。实际应用过程中，HTPB 推进剂中的 Al 粉含量随着发动机用途的不同而变化，相应地，为了获得最大的比冲增益，RDX 的最佳含量也是变化的。图 5-1 给出了固体含量为 89% 时，RDX 含量和 Al 粉含量变化对 HTPB 推进剂配方理论比冲影响的三维图。显然，当 RDX 含量和 Al 粉含量分别保持不变时，对应理论比冲最高时 Al 粉和 RDX 均有一个最佳含量。图 5-2 给出了对应理论比冲最大时，不同 Al 粉含量与 RDX 含量关系。由图可知，当 Al 粉含量较低时，只需加入少量的 RDX，比冲就能达到最大值；当 Al 粉含量高于 10% 时，比冲达到最大值对应的 RDX 含量应在 20% 以上，当 Al 粉含量为 14% 时，比冲达到最大值时对应的 RDX 含量应达到 35%；若继续提高 Al 粉含量，比冲达到最大值时对应的 RDX 含量降低。

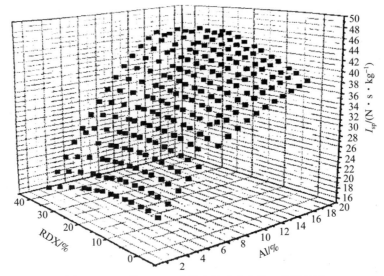

图 5 - 1　Al 粉、RDX 含量与比冲变化的三维效果图

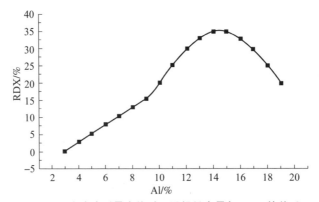

图 5 - 2　比冲达到最大值时不同铝粉含量与 RDX 的关系

　　虽然 Al 粉含量高时比冲获得最大增益对应的 RDX 含量在 20% 以上，甚至可以达到 35% 的水平，但 HTPB 推进剂中 RDX 的实际加入量受到最终用途、装药量、比冲效率及推进剂研究水平的限制。当硝胺炸药含量超过一定比例时，推进剂的危险等级将由 1.3 级变成 1.1 级，具有整体爆轰能力。例如，美国海军使用的水中战斗部采用的 PBXN – 111 炸药配方中，AP/A1/RDX 的含量分别为 43%，25%，20%，即 RDX 含量达到 20% 时可以作为 PBX 炸药使用。此外，硝胺炸药为不规则的非球形颗粒，对 HTPB 推进剂的力学性能和药浆工艺性能有不利影响。因此，从提高 HTPB 推进剂能量性能考虑，硝胺炸药含量一般控制在 15% 以下。国外空间发动机用的含硝胺炸药类 HTPB 推进剂中，通常采用 HMX，并且含量控制在 16% 以下。

对于 AP/A1/RDX/HTPB 四组元推进剂，随固体含量的增加，推进剂理论比冲增加，当固体含量为 90%（高氯酸铵 37%、黑索今 36.6%、Al 粉 17.4%）时，其理论比冲可达 270.62 s。

总体而言，虽然用 HMX 部分替代 AP/Al/HTPB 三组元中的 AP 后可以提高配方的能量性能，但比冲增益只有 20～30 N·s/kg，根据推进剂在标准状态下的能量性能理论计算结果分析得出，导致 HMX 四组元推进剂出现比冲增益不明显的主要原因是 HMX 的氧平衡值过低，能量分析显示，HMX 只在氧平衡值较高的黏合剂体系或高固体含量时才能发挥其生成焓高的优势，但这将导致四组元 HTPB 推进剂加工性能变差。

5.3.2　高固体含量 HTPB 推进剂的其他性能

加入 HTPB 推进剂中的硝胺炸药含量通常大于 10%，是 HTPB 推进剂中除 AP 氧化剂、金属 Al 粉和 HTPB 预聚物之外的又一个重要组分。由于硝胺炸药是一种合成有机化合物，其晶体结构、表面形貌和表面能与金属 Al 粉和无机 AP 氧化剂存在显著差异，与三组元 HTPB 推进剂相比，四组元 HTPB 推进剂在能量性能、安全性能、力学性能、燃烧性能和工艺性能等方面存在明显差异。

1. 力学性能

固体含量的提高和硝胺炸药的引入对 HTPB 推进剂的力学性能带来挑战。试验表明，在高固体含量丁羟推进剂中，随 AP 含量增加，推进剂抗拉强度降低，伸长率也随之下降，其原因是固体含量超过一定范围，固体粒子不再起补强作用，随着黏合剂含量减少，固体粒子得不到很好分散，导致抗拉强度和伸长率降低。为此研究人员主要通过引入高效键合剂、粒度级配、工艺优化等途径提高推进剂的力学性能。

表 5-8 是典型 HTPB 推进剂的一组配方，配方的固体含量由 88.5% 提高到 89.0%，对应推进剂的力学性能如表 5-9 所示。由表可知，固体含量由 88.5% 提高到 89% 时，推进剂 20 ℃ 下的 σ_m 和 ε_m、-40 ℃ 和 55 ℃ 条件下的 ε_m 均有一定幅度的降低。这主要因为当含能固体填料含量提高后，由于填料表面积增大，黏合剂对含能固体的润湿作用也随之变差。由表 5-8 中配方 5、6、7 的结果可知，配方 7 的常温（20 ℃）σ_m 由 0.64 MPa 提高到 0.85 MPa，高温（55 ℃）σ_m 由 0.36 MPa 提高到 0.51 MPa，低温（-40 ℃）σ_m 由 1.66 MPa 提高到 1.93 MPa；常、低温的 ε_m 略有提高。总之，对 AP 进行级配调整后，推进剂在各个温度条件下的力学性能都有一定的提高。此外，键合剂

可有效减少推进剂的"脱湿"现象，提高推进剂的力学性能，且键合剂对推进剂力学性能的影响较大，不同类型的键合剂作用效果差距较大。

表 5-8　典型 HTPB 推进剂的配方

序号	组分含量/%				固体含量/%	AP 级配方
	AP	RDX	Al	键合剂		
1	61.0	9.0	18.5	无	88.5	41 : 10 : 10
2	61.0	9.0	18.5	0.15（JHJ-A）	88.5	41 : 10 : 10
3	61.0	9.0	18.5	0.15（JHJ-B）	88.5	41 : 10 : 10
4	61.0	9.0	18.5	0.15（JHJ-C）	88.5	41 : 10 : 10
5	61.5	9.0	18.5	0.15（JHJ-C）	89.0	41.5 : 10 : 10
6	61.5	9.0	18.5	0.15（JHJ-C）	89.0	43.5 : 12.5 : 5.5
7	61.5	9.0	18.5	0.15（JHJ-C）	89.0	43.5 : 12.5 : 5.5

注：AP 级配方是三种粒径为 $250 \sim 380~\mu m$、$109 \sim 150~\mu m$、$5 \sim 7~\mu m$ 的比例。

表 5-9　典型 HTPB 推进剂的力学性能

序号	$T/℃$	σ_m/MPa	$\varepsilon_m/\%$	$\varepsilon_b/\%$
	20	1.32	25.76	29.28
1	55	0.79	17.99	20.81
	-40	2.83	29.81	35.46
	20	1.09	41.73	43.14
2	55	0.54	47.09	47.27
	-40	2.35	60.31	67.78
	20	0.98	38.89	45.36
3	55	0.62	51.51	53.66
	-40	2.17	44.04	48.65
	20	1.02	49.86	55.64
4	55	0.61	59.76	68.25
	-40	2.61	51.48	62.36

序号	$T/℃$	σ_m/MPa	$\varepsilon_m/\%$	$\varepsilon_b/\%$
	20	0.64	44.97	50.92
5	55	0.36	56.40	60.78
	-40	1.66	50.20	51.91
	20	0.75	44.64	46.94
6	55	0.48	51.76	53.05
	-40	1.84	46.91	54.07
	20	0.85	45.82	51.28
7	55	0.51	54.26	55.51
	-40	1.93	52.29	59.52

　　表 5 – 10 为固体含量为 88% 和 90% 时一系列 HTPB 推进剂配方，其力学性能如表 5 – 11 所示。分析序号 1 和序号 2 的结果可得出，当固体含量由 88% 提高到 90% 后，除了 – 40 ℃ 和 20 ℃ 下初始模量稍有升高外，50 ℃ 的高温初始模量以及各个温度条件下最大拉伸强度延伸率和 ε_b 均有较大幅度的降低。这是因为，当固体含量提高后由于填料表面积增大，黏合剂对固体填料的润湿作用也随之变差，因此力学性能变差。由表中配方 3 ~ 5 的数据来看，与含 180 ~ 280 μm（AP）的配方 3 相比，含 125 ~ 154 μm（AP）的序号 4 推进剂的拉伸强度和断裂延伸率均有所提高。二者级配后的序号 5 力学性能较序号 4 进一步提高，高温（50 ℃）最大拉伸强度由 0.931 MPa 提高到了 1.215 MPa，增幅 30%，而 – 40 ℃ 的低温最大延伸率由 32% 增大到 55%，增幅达 72%。总之，对 AP 进行两级粒度级配后，推进剂在各个温度条件下的力学性能均有一定的提高。

表 5 – 10　HTPB 推进剂的配方

序号	组分含量/%					固体含量 /%	AP 粒径 /μm
	AP	RDX	Al	键合剂	其他		
1	48	23	17	0.2	11.8	88	180 ~ 280
2	50	23	17	0.2	9.8	90	180 ~ 280
3	48	23	17	0	12.0	88	180 ~ 280

续表

序号	组分含量/%					固体含量 /%	AP 粒径 /μm
	AP	RDX	Al	键合剂	其他		
4	48	23	17	0	12. 0	88	125 ~ 154
5	48	23	17	0	12. 0	88	180 ~ 280/ 125 ~ 154 = 1 : 1
6	48	23	17	0. 2	11. 8	88	125 ~ 154
7	41	30	17	0. 2	11. 8	88	125 ~ 154
8	50	23	17	0. 2	9. 8	90	125 ~ 154
9	43	30	17	0. 2	9. 8	90	125 ~ 154

表 5 - 11   HTPB 推进剂的力学性能

序号	$T/℃$	E_0/MPa	σ_m/MPa	$\varepsilon_m/\%$	$\varepsilon_b/\%$
1	50	4. 85	0. 956	62	65
	- 40	19. 9	3. 17	85	94
	20	6. 91	1. 24	65	70
2	50	4. 80	0. 508	15	18
	- 40	26. 7	2. 39	32	36
	20	6. 92	0. 714	17	22
3	50	2. 84	0. 467	37	51
	- 40	16. 1	1. 60	22	53
	20	3. 80	0. 630	35	58
4	50	4. 08	0. 931	44	47
	- 40	19. 2	2. 71	32	52
	20	8. 48	1. 36	58	62
5	50	4. 99	1. 22	59	63
	- 40	23. 6	3. 41	55	59
	20	9. 48	1. 71	74	78

续表

序号	$T/℃$	E_0/MPa	σ_m/MPa	$\varepsilon_m/\%$	$\varepsilon_b/\%$
6	50	4.98	1.05	56	59
	-40	20.7	3.34	74	81
	20	6.62	1.31	64	68
7	50	3.55	1.10	68	70
	-40	21.1	3.38	70	79
	20	5.72	1.39	69	75
8	50	1.35	0.425	59	66
	-40	8.73	1.76	53	62
	20	3.73	0.630	39	51
9	50	1.82	0.506	59	64
	-40	7.61	1.55	48	63
	20	4.17	0.721	42	50

由表 5-11 中序号 6~9 的结果可知，固体含量为 88% 时，提高 RDX 的含量，推进剂的高温拉伸强度和低温最大延伸率均降低；而固体含量为 90% 时，提高 RDX 的含量，推进剂高温最大拉伸强度却随之升高，低温最大延伸率略微降低，RDX 含量对推进剂力学性能的影响规律受推进剂固体含量影响，这是因为随固体含量的增加，工艺性能有所变化。

为改善高固体含量 HTPB 固体推进剂的力学性能，研究人员开发了多种方法，包括对黏合剂进行改性、固体填料级配、优化键合剂结构等。

1. 黏合剂的改性

在黏合剂方面，使用化学共混、共聚等方法对 HTPB 黏合剂进行改性，是改善力学性能的重要方法，且越来越受到研究者们的重视。

互穿网络聚合物（IPN）是一种独特的高分子共混物，具体是指由两种或两种以上的聚合物网络相互贯穿，从而形成一种特殊的共混结构。作为一种新型改性技术，IPN 具有网络互穿结构、强迫互溶、界面互穿和协同作用等特点。张磊等[7]用甲基丙烯酸 B 酯作为塑料相、HTPB 作为 PU 相制备 IPN 材料，其中 PU 相催化剂 T12 的含量为 0.000 25%~0.05%，塑料相引发剂 BPO（过氧化二苯甲酰）含量为 0.4% ~ 1.4% 。结果发现，要得到力学性能优良的 IPN 网络，关键是控制两相的固化或聚合速率，只有当引发剂 BPO 含量在 1.2% 以上、催化剂 T12 含量在 0.01% 以下时，才可以适当的速率生成 IPN 网络，而且该网络的力学性能优良：拉伸强度为 1.432 MPa，断裂延伸率为 576.6%，有望应用于推进剂中。此外，值得借鉴的是，作者根据 IPN 网络形成过程的硬度变化情况，研究了 PU 相和塑料相的固化动力学，两者的反应级数分别为 1.6 和 1.3。

宋雪晶等[8]以三羟甲基丙烷（TMP）为中心核，二羟甲基丙酸为单体，首先制备了长链脂肪族单体改性的超支化聚酯，然后再用改性超支化聚酯与 HTPB 制备了具有半互穿网络的黏合剂。这里，之所以称为半互穿网络，是因为 HTPB 与固化剂靠聚氨酯反应形成封闭的聚氨酯网络，但改性超支化聚酯是靠氢键形成物理交联网络，结构如图 5 - 3 所示。力学测试结果显示，含 20% 改性超支化聚酯的网络力学性能优异：σ_m 为 2.3 MPa，ε_m 为 1 860%，这是由互穿网络的协同作用所致。此外，超支化结构可与主网络形成更多缠结点，有利于提高延伸率；另外，超支化结构与基体之间存在的微相分离可增强韧性，并降低内应力。

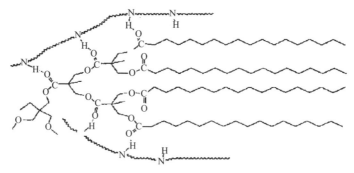

图 5 - 3　改性超支化聚酯与 HTPB 形成氢键示意图

Amrollahi M 等[9]将 HTPB 与聚环氧丙烷（PPO）进行了共混，并分别使用 TDI 和 BDO 作为固化剂和扩链剂。结果发现，当硬段含量增加至 50% 以上时，黏合剂的氢键化程度（氢键化羰基 $C=O_{Hydrogen\ bonding}$/自由羰基 $C=O_{Free}$）大于 1，软/硬段的微相分离程度较高，作者认为控制 PPO 与 HTPB 比例在 1：1 左右时，HTPB 可与 PPO 形成 IPN 结构，两个网络的协同效应有助于提升力学性能：此时黏合剂的模量大于 200 MPa，最大强度和断裂延伸率分别在 20 MPa 和 200% 以上。此外，当硬段含量在 50% 左右，PPO 含量从 0 增至 100% 时，黏合剂的低温玻璃化转变温度从 - 43.8 ℃ 提高/升高到 - 25.3 ℃，这是因为黏合剂的交联作用逐步增强所致。由此导致 HTPB/PPO 黏合剂的玻璃化转变温度过高，这会影响其低温力学性能。

2. 固料的级配

固体填料的种类、含量、级配等也是影响 HTPB 推进剂力学性能的因素，如高模量的金属燃料 Al 可起增强作用，而氧化剂 AP、高能填料 RDX 与黏合剂存在弱的边界层（或结合能力较弱），易导致推进剂出现"脱湿"现象。因此，合理选择和使用固体填料，在一定程度上可改善推进剂的力学性能。

陈胜等[10]研究了 AP、RDX 粒径和级配对 HTPB 推进剂力学性能的影响。结果发现，使用粒径范围为 $178 \sim 250 \ \mu m$ 和 $250 \sim 420 \ \mu m$ 的 AP 进行级配时，推进剂的力学性能最佳，此时高温（60 ℃）最大强度为 1.04 MPa，低温（-40 ℃）断裂延伸率为 74.7%，这是因为 AP 的合理级配可使固体填料间的堆积更紧密，有利于提高力学性能。此外，随着 RDX 含量的降低，推进剂的高温、低温和常温延伸率均上升，但强度和模量先增加后减小，在 RDX 含量为 23% 时，HTPB 推进剂的力学性能最佳。作者认为 RDX 含量的降低有利于增加黏合剂基体的连续性，所以推进剂延伸率会增加，但对于强度的变化，作者并未进行合理的解释。

周学刚[11]在研究高性能 HTPB 推进剂（固体含量 88%～90%，HMX 含量 30%～40%）的力学性能时发现，固体含量从 88% 增至 90% 的过程中，推进剂的强度和延伸率均下降，作者认为这是由于固体填料分散不均所致。但是，若采用球形 Al 粉代替非球形 Al 粉后，推进剂的常温、高温和低温延伸率均能提高 6% 左右，而且延伸率会随球形 Al 粉含量的增加而增大。因此可知，球形填料对推进剂力学性能是有益的。

3. 固化剂的合理使用

HTPB 推进剂最常用的固化剂为 TDI、IPDI 和 HDI 等二异氰酸酯，固化剂分子结构、反应活性也会影响 HTPB 的交联网络结构和推进剂的力学性能，如 TDI 上的苯环结构刚性较强，且苯环易氧化成酚、醌等结构，导致 HTPB/TDI 推进剂的强度较高。但是，延伸率不佳，含柔性脂环结构的 IPDI 有利于提高推进剂的延伸率，但 IPDI 与 HTPB 的反应活性较低，会影响推进剂的强度等。此外，新型低毒固化剂 DDI 在 HTPB 推进剂中也有应用。

周学刚等[11]认为，TDI 易与 HTPB 发生一系列副反应，从而恶化聚氨酯交联网络，这是造成 HTPB/AP/HMX/Al 推进剂（固体含量为 89%）力学性能不佳的原因。而 IPDI 与 HTPB 的相容性较 TDI 好，由于反应速率较低，IPDI 与 HTPB 的反应更容易控制，HTPB/IPDI 推进剂的延伸率较 HTPB/TDI 高 3%～5%，因此作者倾向于使用 IPDI。但是，因成本因素和使用过程中的界面问题，在国内，IPDI 仅在某些高燃速推进剂中有应用，TDI 仍是 HTPB 推进剂中主要使用的固化剂。

二聚脂肪酸二异氰酸酯（DDI）具有低毒性、低蒸汽压和对水不敏感等特点，是一种具有良好应用前景的低毒固化剂。

Cucksee 等[12]研究发现，在以氮丙啶化合物作催化剂时，HTPB/DDI 推进剂的低温强度、延伸率均高于 HTPB/IPDI 推进剂，但老化性能欠佳。

李爽等[13]用等温红外法分别研究了 HTPB 与 DDI 和 IPDI 的反应活性，结果发现，DDI 与 HTPB 的反应活性略高，表观活化能 E_a 为 37.02 kJ/mol，而 HTPB 与 IPDI 的反应活化能 E_a 为 40.57 kJ/mol，这与 Coutinho 等[14]的研究结果基本一致。作者还使用 DDI 制备了 HTPB/AP/Al 推进剂，力学性能测试结果显示，在适当调节 R 值后，该推进剂的最大强度高达 1.24 MPa，断裂延伸率为 50%。作者认为 DDI 固化剂以柔性的脂肪链为主，侧链仍为软段，该结构有利于伸长和变形。

4. 键合剂结构优化

对于高固体含量 HTPB 推进剂，键合剂是影响其力学性能的重要因素，因而关于键合剂的研究层出不穷。氮丙啶类物质是 HTPB 推进剂最理想的键合剂，其中 MAPO 最具代表性。主要针对氧化剂 AP，Hasegawa 等[15]研究了 MAPO/固化剂、MAPO/AP、MAPO/RDX 和 MAPO/HTPB/AP 等混合物的黏度变化情况，并得出结论：MAPO 同 RDX 间并无物理作用或化学反应，但可在呈酸性的 AP 表面开环自聚，生成含膦氧基、亚胺基等极性基团，MAPO 还可与 HTPB 发生反应并进入黏合剂，这是 MAPO 对 HTPB/AP 推进剂的键合机理。此外，作者比较了含 MAPO 的 HTPB/AP、HTPB/RDX 推进剂（固体含量 80%）力学性能，结果发现，HTPB/AP 推进剂的强度高达 0.76 MPa，且脱湿率低：$\varepsilon_b/\varepsilon_m = 1.3$，而 HTPB/RDX 推进剂强度仅为 0.33 MPa，脱湿率高：$\varepsilon_b/\varepsilon_m = 2.1$。所以 MAPO 适合 AP 基推进剂。

氮丙啶类、醇胺类键合剂主要针对 AP 起作用，但对 RDX 的键合效果不佳。为改善这一现状，学者们又合成了硼酸酯键合剂。崔瑞禧等[16]认为硼酸酯键合剂的设计要点为：①需具有参与固化反应的羟基；②不宜含可与 B 原子形成内配位作用的仲胺基，因为内配位作用会削弱键合效果，且仲胺基会影响固化反应、药浆工艺；③应具有新型的键合基团。基于此，作者分别合成了主链为聚醚，侧链为烷基、乙酰基或氰基的硼酸酯键合剂，并且应用于固体含量为 87% 的 HTPB/AP/RDX/Al 推进剂中。力学性能测试结果显示，侧基为氰基、乙酰基的硼酸酯键合效果最好，其常温强度可达 0.902 ~ 0.905 MPa，延伸率为

60.7%～62.3%，$\varepsilon_b/\varepsilon_m$ 仅为 1.07，该结果较空白配方和含 MAPO 的配方好。作者认为，乙酰基、氰基对 RDX 的键合作用较强，尤其是后者，因为 RDX 的硝胺基团呈吸电性，会导致氰基的 π 电子离域增加，形成更强的诱导作用[17]。

国内黎明化工研究设计院有限责任公司[18]在新型键合剂的合成和应用研究方面做了大量的工作，制备了 LBA 系列键合剂，如表 5－12 所示。其中 LBA－303B 键合剂为改性醇胺和三氟化硼的络合物，当它加入丁羟推进剂固化体系后，硼原子主要以三氟化硼、氟硼酸酯和氟硼酸盐三种形式存在，通过与丁羟胶发生硼酰氟醇解反应和氟硼酸酯交换反应，以及与二异氰酸酯发生氨基甲酸酯反应，在黏合剂网络中引入硼酸酯交联－扩链点，使黏合剂体系分子链增加，提高了母体的延伸率；同时还引入季铵离子结构，增强了硬段微区的内聚力。醇胺结构引入丁羟推进剂的结果增大了硬段长度，促进微相分离进一步完全，提高软相段的纯度，降低黏合剂相的玻璃化转变温度。因此，LBA－303B 键合剂的综合性能较好，在固体含量为 88% 的 RDX/AP/Al/HTPB 高能丁羟推进剂配方中显示出较佳的键合效果（表 5－13），主要表现在推进剂高、低温延伸率得到大幅提高。

表 5－12　LBA 系列键合剂

键合剂	官能团或功能元素	官能度	设计目的
LBA－303A	—OH、B	2.8	提高丁羟推进剂综合性能
LBA－303B	—OH、B	2.8	提高推进剂综合性能，改善工艺
LBA－204	—OH	2	改善工艺性能
LBA－203	—OH、—CN、—CONH—	2.6	提高硝胺推进剂综合性能
LBA－201	—OH、—NH₂、B	3.5	提高丁羟推进剂高温性能
LBA－101	—OH	2	提高丁羟推进剂低温性能

表 5－13　含 LBA 键合剂的 HTPB 推进剂的力学性能

键合剂	70 ℃，100 mm/min			−40 ℃，2 mm/min			25 ℃，100 mm/min		
	σ_m/MPa	ε_m/%	ε_b/%	σ_m/MPa	ε_m/%	ε_b/%	σ_m/MPa	ε_m/%	ε_b/%
基础配方	0.445	42.5	47.6	2.178	15.7	37.3	0.700	42.0	52.0
LBA－303B	0.381	64.5	70.9	2.459	70.4	84.9	0.709	45.4	64.4

刘加健[19]以端羟基超支化聚醚为骨架，氰基乙酸乙酯为改性剂，经酯交换反应制备了聚醚型超支化聚合物键合剂 G_1 和 G_2，两者的键合基团分别是酯

基—COO—和氰基—CN。作者研究发现这两种键合剂与 RDX 或 AP 的黏附功高于 T313 或 HX – 752，说明此系列键合剂与固体填料的界面作用强。力学测试结果表明，这两种键合剂对 HTPB 推进剂（固体含量 83%）的强度、延伸率改善非常明显：含 0.6% G_2 的 HTPB/RDX 试片强度可高达 0.62 MPa，延伸率为 74.6%。此外，含 0.6% G_2 的 HTPB 推进剂强度高达 0.70 MPa，延伸率为 36.6%，而不含键合剂的 HTPB 推进剂强度和延伸率分别为 0.53 MPa 和 30.8%。由此可见，超支化聚合物键合剂 G_2 在 HTPB 推进剂中具有很好的应用前景。

2. 工艺性能

表 5 – 14 给出了固体含量为 89%、RDX 含量为 15% 的四组元 IPDI 型 HTPB 推进剂的药浆流变性能，该推进剂力学性能如表 5 – 15 所示。显然，固体含量为 89% 的四组元 HTPB 推进剂药浆工艺性能良好，适用期长。力学性能在常温强度 σ_m 不大于 1.1 MPa 时，常温伸长率高于 45%，高温和低温伸长率高于 50%，完全满足一般战术武器对力学性能的要求。

表 5 –14　固体含量 89% 的四组元 HTPB 推进剂药浆流变性能

t/h	$\eta/(Pa \cdot s)$	τ_y/Pa
1	824.5	162.5
2	782.7	147.3
3	787.5	135.4
4	859.4	132.3
5	845.9	130.9

表 5 –15　89% 固体含量的四组元 HTPB 推进剂的力学性能

R_1	25 ℃			70 ℃			−40 ℃		
	σ_m/MPa	$\varepsilon_m/\%$	$\varepsilon_h/\%$	σ_m/MPa	$\varepsilon_m/\%$	$\varepsilon_h/\%$	σ_m/MPa	$\varepsilon_m/\%$	$\varepsilon_h/\%$
1.30	0.86	49.5	51.9	0.48	63.3	65.4	2.27	59.3	69.0
1.33	1.10	48.0	50.4	0.71	58.2	58.9	2.71	55.9	86.1
1.36	1.35	43.5	46.1	0.81	40.8	41.7	2.79	50.0	55.7
1.39	1.40	40.0	42.6	0.80	30.3	30.3	2.83	40.5	48.3
1.41	1.40	38.9	41.7	0.79	27.3	27.3	2.88	36.9	43.8

增加固体含量和引入非球形的硝胺炸药都会使丁羟推进剂药浆性能恶化。黏合剂用量相对减少，降低了黏合剂对固体组分的润滑作用，导致固体颗粒间的接触增加，增大了内聚力，从而使药浆黏度变大，剪切速率指数降低，工艺特性变差。固体含量对推进剂药浆流动性的影响如表 5 – 16 所示。

表 5 – 16　固体含量对推进剂药浆流动性的影响

固体含量	$\eta/(Pa \cdot s)$	剪切速率指数	浇铸性能
88	< 700	0.93 ~ 098	流动性好
89	< 1 000	0.77 ~ 0.80	流动性较好
90	< 1 500	0.71 ~ 0.77	流动性较差

注：η 为浇铸后 5 h 时的黏度。

|5.4　硝化丁羟复合固体推进剂|

端羟基聚丁二烯（hydroxyl – terminated polybutadiene，HTPB）的其分子结构式如图 5 – 4 所示。分子结构中不含能基团，为典型的惰性黏合剂。由于 HTPB 预聚物在推进剂中占比较高，质量分数可达 10%，因此，惰性黏合剂是造成 HTPB 推进剂能量水平低的重要原因，对 HTPB 黏合剂体系进行含能化是提高能量的有效途径之一。

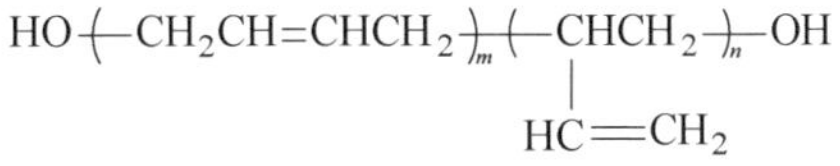

$$HO + CH_2CH=CHCH_2 \frac{}{}_m + CHCH_2 \frac{}{}_n OH$$
$$HC = CH_2$$

图 5 – 4　端羟基聚丁二烯的分子结构式

使丁羟预聚物含能化最直接的思路是借鉴 NC 分子，通过硝化反应将硝酸酯基团引入 HTPB 分子，以提升其能量性能。早在 20 世纪 90 年代，Colclough[20] 采用 "N_2O_5/epoxide" 反应法对 HTPB 进行硝化，如图 5 – 5 所示。该过程较简单，首先在介质（二氯乙烷）中，使用过氧乙酸对 HTPB 进行环氧化，然后在中性环境中，用环氧化 HTPB 与 N_2O_5 发生加成反应，生成硝酸酯基团。但是，用该法制得的 NHTPB 黏度（128 泊（P），（1 P = 10^{-1}Pa · s），25 ℃）远高于 HTPB（14 泊（P），25 ℃），而且玻璃化转变温度 T_g（– 22 ℃）也较 HTPB 高，这是因为引入的硝酸酯基团会阻碍链段的运动。此外，作者还发现，NHTPB

与硝酸酯、硝基增塑剂（如 NG、DEGDN、TEGDN 和 BDNPF/A）的物理相容性较好，这表明 NHTPB 推进剂可使用含能增塑剂。但是，后续 NHTPB 的应用探索研究未见报道。

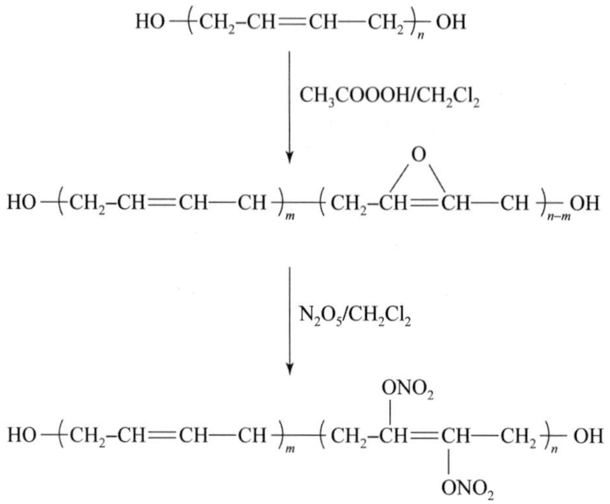

图 5 - 5　"N₂O₅/epoxide" 反应法制备 NHTPB

Abdullah 等[21]对上述 "N₂O₅/epoxide" 反应法进行了改进：在中性环境中，用 N_2O_5 直接硝化 HTPB 制得 NHTPB，如图 5 - 6 所示。作者认为 NHTPB 的硝化度应控制在 10% 左右，此时 NHTPB 的密度可达 1.195 g/cm³（HTPB 仅为 0.9 g/cm³）。作者还用 NHTPB 制备了固体含量为 88% 的推进剂，增塑剂分别为 DOA 和 Bu – NENA，其燃速测试结果表明，在 $2 \sim 9$ MPa 下，NHTPB 推进剂的燃速较 HTPB 推进剂略高，但其压力指数却明显高于 HTPB 推进剂。

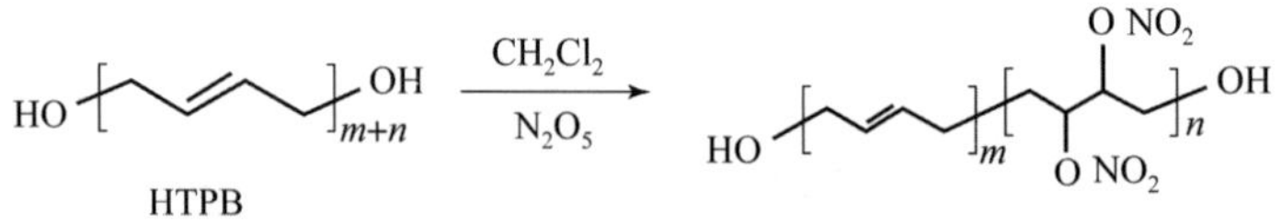

图 5 - 6　直接硝化法制备 NHTPB

邓剑如等[22]采用两步法制得了 NHTPB，但有别于 Colclough 的是，作者使用的硝化剂为稀硝酸。作者首先在甲苯中用过氧甲酸对 HTPB 进行环氧化，且对 HTPB 的环氧化率进行了优化，并认为 HTPB 的环氧化率应控制在 20% 以下，否则易导致 HTPB 发生自聚而产生凝胶；然后用稀硝酸硝化环氧 HTPB，最终制得了硝酸酯含量为 12% ~ 24.7% 的 NHTPB。但是，此系列 NHTPB 的硝化度过高，且有部分样品为半透明的凝胶，这对于 NHTPB 的应用是极为不利的，而且作者也并未进行 NHTPB 的应用研究。

总体而言，硝化法可改善 HTPB 黏合剂或推进剂的能量性能，是提高 HTPB 推进剂能量性能的有效途径，但改善的幅度并不高，主要是由于丁羟预聚物的硝化度较低，而且—ONO_2 基团会阻碍分子链运动，导致 NHTPB 的力学性能、低温性能不佳。因此，关于硝化丁羟复合固体推进剂的相关研究较少。

|5.5 含能增塑剂改性丁羟复合固体推进剂|

HTPB 推进剂常用脂肪二元酸酯、邻苯二甲酸酯类物质作增塑剂，如癸二酸二辛酯（DOS）、己二酸二辛酯（DOA）或邻苯二甲酸二乙酯（DBP）等，此类增塑剂生成焓低（ $-848.1 \sim -723.1$ kcal/kg），密度低（ $0.916 \sim 1.04$ g/cm^3 ），氧平衡低，被称为"惰性"增塑剂。这是造成 HTPB 推进剂能量水平低的重要原因，使用含能增塑剂代替惰性增塑剂可提高 HTPB 推进剂的能量水平。但是，双基、改性双基、NEPE 等推进剂常用的硝酸酯增塑剂如 NG、BTTN、DEGDN 和 TEGDN 等[23]虽然具有较高的能量和密度，但此类增塑剂与 HTPB 物理相容性差，无法在 HTPB 推进剂中使用。因此需寻求可应用于 HTPB 推进剂的含能增塑剂。

20 世纪 90 年代，美国研制了一些可用于 HTPB 推进剂的硝酸酯化合物，如 2 - 乙基己基硝酸酯、2 - 乙基 - 1,3 - 二硝酸酯己烷、2,2,4 - 三甲基 1,3 - 二硝酸酯戊烷、1,6 - 二硝酸酯己烷和 1,2 - 二硝酸酯癸烷等，它们与 HTPB 的物理相容性较好，而且，制备此类增塑剂的原料为二元醇类，其价格低廉。在 HTPB 推进剂中使用此类增塑剂后，虽然推进剂的固体含量有所下降，但仍具备较高的比冲和密度。几种典型配方如表 5 - 17 所示，其中含 2 - 乙基己基硝酸酯的 A 配方标准理论比冲可达 2 601.7 N·s/kg（265.5 s）。此外，这几种推进剂的燃速压力指数较低，冲击波感度低，且可在室温（25 ℃）下固化，但美中不足的是，这类增塑剂均具有一定的挥发性。

表 5 - 17 含硝酸酯化合物的 HTPB 推进剂配方

配方	A	B	C
固体含量/%	83	82	88
AP/%	60	57	98
Al/%	23	25	20

配方	A	B	C
HTPB 黏合剂/%	5.67	4.50	10
2－乙基己基硝酸酯	5.66	5.85	
2－乙基1,3－二硝酸酯己烷		7.65	
2,2,4－三甲基1,3－二硝酸酯戊烷		7.65	
DOA（己二酸二辛酯）			2
固化温度/℃	25	25	57
标准理论比冲/（N·s·kg^{-1}）	2 601.7	2 600.7	2 593.8
7 MPa 燃速/（mm·s^{-1}）	10.5	10.9	10.1
压强指数	0.36	0.37	0.36
密度/（g·cm^{-3}）	1.87	1.79	1.80

国内，杜文庆[23]首次使用硝酸酯来增塑 HTPB 推进剂，具体使用的是2－乙基－己二醇二硝酸酯（EDNH）和硝化－2－乙基己醇（ENH）增塑剂。在改善了此类增塑剂的挥发和固化问题后，作者制备了固体含量为85.6%～88%的 HTPB/EDNH(EHN)/AP/Al 推进剂。值得强调的是，该推进剂的增塑比可降低0.23～0.44，这表明 EDNH 和 EHN 对 HTPB 推进剂的增塑效果可与 DOS、DOA 等相媲美。虽然作者未对该推进剂作能量计算或测试，但由于硝酸酯基团—ONO$_2$ 的生成焓高（$\Delta H_f = 69.4$ kJ/mol），EDNH 或 EHN 增塑的 HTPB 推进剂应具备较高的能量水平，但其挥发性的问题仍未得到彻底解决。

5.6 储氢合金改性丁羟复合固体推进剂

金属燃烧剂广泛应用于固体推进剂中，能有效提高推进剂的比冲，其质量含量占整个推进剂组分含量的5%～20%。目前，可选择的金属燃烧剂有铝、镁、硼、铍、锂等，其中 Al 粉最常用。然而，Al 粉在实际燃烧过程中表面形成的致密的氧化铝将阻止 Al 的完全燃烧，而且 Al 的燃烧产物全部是固体颗粒，导致推进剂燃气平均相对分子质量增加，从而抵消其爆热对比冲的贡献。

因此，Al 粉并不是最理想的金属燃料。相对于金属而言，储氢合金具有燃烧热值更高、可产生气体等优点，在添加金属粉的同时将氢原子引入，增加燃气中水的分子数，既提高了推进剂的热量（氢燃烧能放出大量的热），又降低了燃气的平均相对分子质量，从而使推进剂的比冲有显著的提高。

此外，一些金属氢化物（有时也称为储氢合金）含氢量大、热值高，可提高推进剂的能量性能，也具有明显的应用价值。其中，AlH_3 具有含氢量高、燃烧热高（$\Delta H_c = 1\ 221.2\ kJ/mol$）、无毒的特点，是 HTPB 推进剂的理想燃料。

5.6.1　储氢合金的性能

1. AlH_3 的性能

三氢化铝，又名铝烷，是一种无机化合物，化学式为 AlH_3，为无色固体，溶于 THF 和乙醚溶剂。AlH_3 的储氢量为 10.08%，早在 20 世纪 60 年代国外就有过报道，含 AlH_3 推进剂比冲比含 Be 推进剂高 1~4 s（9.8~39.2 N·s/kg）[24]。但是由于 AlH_3 工艺性能差，以及与含能黏合剂和氧化剂相容性差的原因，使其研究曾一度低迷。1998 年，俄罗斯专家指出，AlH_3 的安全性问题已经解决[25]，这使得对 AlH_3 研究重新活跃起来。俄罗斯研究表明，ADN/AlH_3 推进剂的比冲可达 300 s（2 940 N·s/kg）[15]。Maehlen 等[26]的研究表明，与 AP/HTPB/Al 推进剂作对比，AP/HTPB/α - AlH_3 推进剂的比冲提高了 20 s。此外，Deluca 等[27]研究了 AP/HTPB/AlH_3 推进剂的燃烧性能，结果表明 AlH_3 可以明显改善推进剂的燃烧性能。美中不足的是，AlH_3 的密度仅为 1.477 g/cm³，不利于推进剂密度比冲的提高[27]。综合来看，目前需要通过研究解决如下三个问题：①找到成本低、适于工业化生产的三氢化铝合成方法；②寻求可行的降感途径，解决推进剂大型装药的安全问题；③解决三氢化铝稳定性、与含能增塑剂和氧化剂的相容性问题。

2. 储氢合金的性能

基于金属氢化物在推进剂中的应用前景和现阶段 AlH_3 存在的问题，国内罗运军课题组改变了研究思路，考虑将储氢合金引入固体推进剂中，对几种镁基储氢合金理化性能进行了系统研究。其中，$(Mg_{0.45}Ni_{0.05}B_{0.5}H_x)_{0.2}Al_{0.8}$ 储氢合金燃烧剂形态规整，稳定性好，具备良好的综合性能，该储氢合金和推进剂用球形 Al 粉的形貌如图 5 - 7 所示。物相分析结果表明，进入合金中的氢原子既能与金属形成固溶体又能与固溶体反应形成氢化物，主要以金属氢化物的形式存在，储氢合金燃烧剂的主要组成相为单质 Al 和 MgH$_2$。

（Mg$_{0.45}$Ni$_{0.05}$B$_{0.5}$H$_x$）$_{0.2}$Al$_{0.8}$ FLQT−0#球形铝粉

图 5 − 7 储氢合金和球形 Al 粉的 SEM 图

储氢合金（Mg$_{0.45}$Ni$_{0.05}$B$_{0.5}$H$_x$）$_{0.2}$Al$_{0.8}$ 的能量见表 5 − 18。由表可知，该储氢合金的实际燃烧热大于 30 000 kJ/kg，能量密度较高，燃烧效率达到 94%，远高于同粒度的超细 Al 粉。

表 5 − 18 不同粒度储氢合金与 Al 粉燃烧热的比较

测试对象	储氢合金（Mg$_{0.45}$Ni$_{0.05}$B$_{0.5}$H$_x$）$_{0.2}$Al$_{0.8}$				超细 Al 粉
	325 ~ 400 目	400 ~ 600 目	600 目	200 目	800 目
理论燃烧热/（kJ·kg^{-1}）	32 342.6				31 044.8
实际燃烧热/（kJ·kg^{-1}）	29 229.4	30 327.5	30 359.3	30 058.9	25 500.1
燃烧效率/%	90.4	93.8	93.9	92.9	82.1

不同 Al 含量的储氢合金（记为 A20 和 A30）与推进剂主要含能组分的相容性评价如表 5 − 19 和表 5 − 20 所示。

表 5 − 19 单一含能组分及 50/50 − 储氢合金（A20）/含能组分二元混合体系的相容性评价

体系		相容性判据及等级			
混合体系	单一体系	T_{p2}/℃	T_{p1}/℃	ΔT_p/℃	等级
50/50 − A20/AP	AP	361.57	306.89	− 54.68	A
50/50 − A20/RDX	RDX	250.81	238.91	− 11.90	A
50/50 − A20/CL − 20	CL − 20	251.35	251.58	0.23	A
50/50 − A20/NC	NC	208.61	208.15	− 0.46	A

体系		相容性判据及等级			
混合体系	单一体系	$T_{p2}/℃$	$T_{p1}/℃$	$\Delta T_p/℃$	等级
50/50 – A20/GAP	GAP	249.70	251.24	1.54	A
50/50 – A20/NG	NG	200.14	203.74	3.60	B

表 5 – 20　单一含能组分及 50/50 – 储氢合金(A30)/含能组分二元混合体系的相容性评价

体系		相容性判据及等级			
混合体系	单一体系	$T_{p2}/℃$	$T_{p1}/℃$	$T_p/℃$	等级
50/50 – A30/AP	AP	361.76	307.42	– 54.34	A
50/50 – A30/RDX	RDX	247.73	238.91	– 8.82	A
50/50 – A30/CL – 20	CL – 20	249.82	251.58	1.76	A
50/50 – A30/NC	NC	207.47	208.15	0.68	A
50/50 – A30/GAP	GAP	250.64	251.24	0.60	A
50/50 – A30/NG	NG	181.79	203.74	21.95	D

由表 5 – 20 可知，A20 与 NG 的相容性较好，轻微敏感；A30 与 NG 不相容。除此之外，储氢合金与固体推进剂常用含能组分均相容。纯 HTPB 的最大放热分解峰温为 470.99 ℃，加入 A20 和 A30 后，最大放热分解峰温分别为 476.99 ℃和 472.77 ℃，说明储氢合金燃烧剂和 HTPB 黏合剂相容性很好。因此，该储氢合金有望作为高能组分提高 HTPB 推进剂的能量性能。

5.6.2　储氢合金改性 HTPB 推进剂的能量性能

1. AlH₃ 基 HTPB 推进剂的能量性能

早在 20 世纪 70 年代，美国、苏联和欧洲国家已开始合成 AlH_3，并研究了 AlH_3 在 HTPB 推进剂中的应用。理论计算结果表明，对于 HTPB/AP/Al 和 HTPB/AP/AlH₃ 推进剂，在 Al 和 AlH_3 含量相同的情况下，HTPB/AP/AlH₃ 推进剂的理论比冲明显高于 HTPB/AP/Al 推进剂，如图 5 – 8 所示，HTPB/AP/AlH₃ 推进剂可达到的最大理论比冲在 2 600 N·s/kg 以上，而 HTPB/AP/Al 推进剂的最大理论比冲小于 2 500 N·s/kg。Maehlen 等的研究表明，与 AP/HTPB/Al 推进剂作对比，AP/HTPB/α – AlH₃ 推进剂的比冲提高了 20 s。

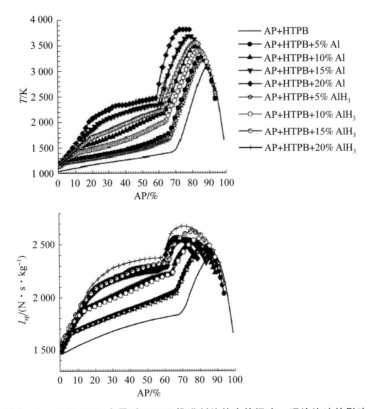

图 5 - 8   Al 和 AlH₃ 含量对 HTPB 推进剂绝热火焰温度、理论比冲的影响

2. 储氢合金基 HTPB 推进剂的能量性能

刘晶如等研究了以 HTPB 为黏合剂、AP 为氧化剂、储氢合金为金属燃烧剂的固体推进剂的能量性能,结果如表 5 - 21 所示。

表 5 - 21   储氢合金含量变化对 HTPB/AP 推进剂能量的影响

配方	组分/%			能量示性数				
	HTPB	ALLOY	AP	ϕ	$I_{sp}/(\text{N} \cdot \text{s} \cdot \text{kg}^{-1})$	$C^*/(\text{m} \cdot \text{s}^{-1})$	T_c/K	$\overline{M_n}$
1	13	5	82	0.711	2 514.43	1 566.1	3 126.0	26.112
2	13	10	77	0.632	2 570.47	1 590.1	3 245.0	26.477
3	13	15	72	0.561	2 617.94	1 610.9	3 346.0	26.847
4	13	20	67	0.497	2 652.84	1 624.3	3 406.0	27.207
5	13	21	66	0.485	2 656.88	1 624.6	3 409.0	27.275

续表

配方	组分/%			能量示性数				
	HTPB	ALLOY	AP	ϕ	$I_{sp}/(\mathrm{N \cdot s \cdot kg^{-1}})$	$C^*/(\mathrm{m \cdot s^{-1}})$	T_c/K	$\overline{M}_n$
6	13	22	65	0.473	2 658.69	1 623.7	3 406.0	27.340
7	13	23	64	0.461	2 656.40	1 621.2	3 399.0	27.396
8	13	24	63	0.456	2 648.84	1 617.0	3 384.0	27.437

表 5-21 与表 5-22 相比可以看出，储氢合金使 HTPB/AP 推进剂的理论比冲明显提高，HTPB/Al/AP 推进剂的理论比冲在 Al 质量分数为 20% 附近有极值，而 HTPB/储氢合金/AP 推进剂在储氢合金质量分数达到 22% 时理论比冲出现极值。储氢合金体系较之于 Al 粉体系，最大理论比冲提高了 51.04 N·s/kg（5.21s），涨幅为 1.96%，特征速度 C^* 提高了 28.7 m/s，涨幅为 1.8%。这主要是由于储氢合金燃烧热高以及储存有氢的缘故。HTPB/储氢合金/AP 推进剂的氧系数 φ 与 HTPB/Al/AP 推进剂的相当。由此可见，用储氢合金代替丁羟推进剂中的铝粉后，推进剂的能量水平大大提高。

表 5-22　Al 含量变化对 HTPB/AP 推进剂能量的影响

配方	组分/%			能量示性数				
	HTPB	Al	AP	ϕ	$I_{sp}/(\mathrm{N \cdot s \cdot kg^{-1}})$	$C^*/(\mathrm{m \cdot s^{-1}})$	T_c/K	$\overline{M}_n$
1	13	5	82	0.714	2 510.54	1 561.5	3 155.0	26.629
2	13	10	77	0.636	2 558.20	1 579.2	3 306.0	27.560
3	13	15	72	0.565	2 592.45	1 592.0	3 438.0	28.539
4	13	16	71	0.552	2 597.38	1 593.8	3 461.0	28.738
5	13	17	70	0.539	2 601.52	1 595.3	3 481.0	28.937
6	13	18	69	0.526	2 604.79	1 595.9	3 498.0	29.134
7	13	19	68	0.514	2 606.93	1 595.9	3 513.0	29.330
8	13	20	67	0.502	2 607.65	1 595.0	3 524.0	29.523
9	13	21	66	0.490	2 606.70	1 592.9	3 530.0	29.742

图 5-9 和图 5-10 为储氢合金（或铝）推进剂的等性能三角图和组分性能三维图。从这两幅图中可以看出，储氢合金在 15%～24% 的范围内都可得到 2 600 N·s/kg 以上的比冲值，结合工艺和燃烧温度的要求选择合适的推进剂配

方，在平衡流压力比为70/1的条件下，其理论比冲在2 610~2 660 N·s/kg 的范围内变化。

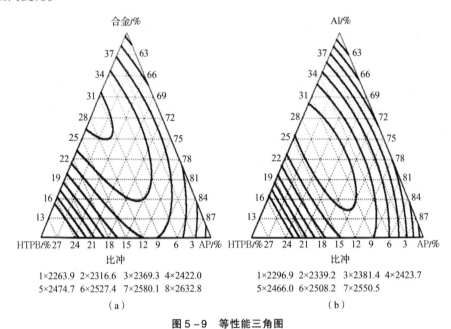

1×2263.9 2×2316.6 3×2369.3 4×2422.0
5×2474.7 6×2527.4 7×2580.1 8×2632.8

（a）

1×2296.9 2×2339.2 3×2381.4 4×2423.7
5×2466.0 6×2508.2 7×2550.5

（b）

图5-9　等性能三角图

（a）I_{sp}—HTPB/储氢合金/AP；（b）I_{sp}—HTPB/Al/AP

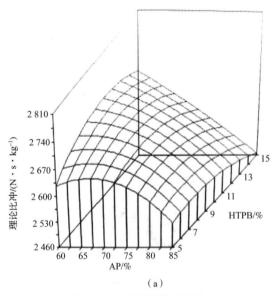

（a）

图5-10　组分性能三维图

（a）I_{sp}—HTPB/储氢合金/AP

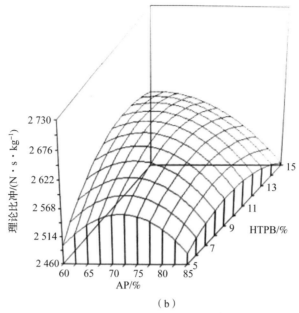

图 5-10　组分性能三维图（续）

(b) I_{sp}—HTPB/Al/AP

在 HTPB/储氢合金/AP 推进剂中加入一定量的 RDX 后，推进剂的能量性能计算结果见表 5-23。在 HTPB/储氢合金/AP 推进剂配方中加入氧化剂 RDX 可提高 HTPB/储氢合金/AP 推进剂的比冲和特征速度，当硝胺类氧化剂含量为 16% 时，推进剂的比冲提高值达最大，约提高了 4.35 N·s/kg。

表 5-23　RDX 含量变化对 HTPB/储氢合金/AP 推进剂性能的影响

配方	组分/%				能量示性数			
	HTPB	ALLOY	AP	RDX	$I_{sp}/(\text{N}\cdot\text{s}\cdot\text{kg}^{-1})$	$C^*/(\text{m}\cdot\text{s}^{-1})$	T_c/K	$\overline{M}$
1	13	15	72	0	2 617.94	1 610.9	3 346.0	26.847
2	13	15	68	4	2 620.13	1 613.9	3 318.0	26.425
3	13	15	64	8	2 621.66	1 616.4	3 289.0	26.016
4	13	15	60	12	2 622.51	1 618.5	3 259.0	25.618
5	13	15	56	16	2 622.75	1 619.7	3 227.0	25.232
6	13	15	52	20	2 622.29	1 620.9	3 192.0	24.857
7	13	15	48	24	2 621.13	1 620.9	3 155.0	24.892

5.6.3 储氢合金改性 HTPB 推进剂的燃烧性能

1. AlH₃ 基 HTPB 推进剂的燃烧性能

除了可提高推进剂的能量性能外，储氢合金的另一大优势是可以减少 Al 的团聚，提高推进剂中 Al 的燃烧效率。因此，研究人员关注含有储氢合金推进剂的燃烧性能。Deluca 的研究结果表明，在 HTPB 推进剂中使用 AlH₃ 可以减少 Al 的团聚（图 5-11），降低发动机喷管内的两相流动损失，降低燃温，减少喷管烧蚀，将推进剂的比冲明显提高（可达将近 25 s）。

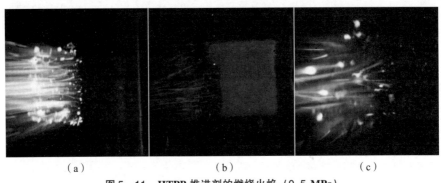

（a）　　　　　　　　　（b）　　　　　　　　　（c）

图 5-11　HTPB 推进剂的燃烧火焰（0.5 MPa）

（a）18% nmAl；（b）21% AlH₃；（c）18% μmAl

2. 储氢合金基 HTPB 推进剂的燃烧性能

含储氢合金的 HTPB 推进剂的燃烧性能如表 5-24 所示。由表可知，在相同压力下，HTPB/AP/Al 推进剂、HTPB/AP/A20 推进剂、HTPB/AP/A30 推进剂的燃速依次增加，A30 使 HTPB 推进剂在 7 MPa 下的燃速提高了 26%。这说明储氢合金对 HTPB 推进剂的燃烧有很强的催化作用。

表 5-24　含储氢合金的 HTPB 推进剂的燃烧性能

金属燃烧剂	燃速 u 的平均值/（mm·s⁻¹）					n	u_1	燃速 u-压力 p 的关系式
	3 MPa	5 MPa	7 MPa	9 MPa	11 MPa			
Al	5.35	7.33	7.73	8.26	10.54	0.4581	3.2824	$u = 3.2824p^{0.4581}$
A20	6.76	8.31	9.00	9.54	9.79	0.2855	5.0747	$u = 5.0747p^{0.2855}$
A30	7.56	8.74	9.74	10.65	11.36	0.3152	5.3092	$u = 5.3092p^{0.3152}$

究其原因，储氢合金对 AP 热分解的两个阶段都有催化作用，且使高温分解峰明显增强。A20 使 AP 的低温起始分解温度提前了 8.49 ℃，高温起始分解温度提前了 21.1 ℃；A30 使 AP 的低温起始分解温度提前了 2.29 ℃，高温起始分解温度提前了 16.4 ℃。储氢合金的这种催化作用源于其燃烧产物的多功能性。储氢合金含有 Mg、Al、Ni、Fe 等元素，燃烧后形成氧化镁、氧化铝、氧化镍、氧化铁等氧化物。氧化镁和氧化铝是推进剂常用的燃烧稳定剂；氧化镍和氧化铁是固体推进剂常用的燃速催化剂，有助于燃速的提高。

表 5 - 25 所列为储氢合金的含量对推进剂燃烧性能的影响。可以看出，储氢合金含量增大，推进剂的燃速降低，压力指数略有升高。这是因为，储氢合金由 Mg、Ni、B、H 组成，外部包覆了 80% 或 70% 的 Al。一般来说，在 HTPB 推进剂中，Al 粉含量增大，推进剂燃速降低。Al 粉的这种效应是与 Al 粉在推进剂燃烧过程中的历程分不开的。Al 粉首先在燃烧表面上熔化，接着表面形成一层氧化铝薄膜，从而阻止了 Al 的进一步氧化。由于氧化铝与 Al 的热膨胀系数不同，氧化铝膜受热后破裂，Al 液由内溢出凝聚在一起，形成新的铝凝团。当这种凝团离开燃烧表面时就被点燃，在它接近扩散火焰时，表面的 Al 又被氧化成氧化铝；然后又由于 Al 和氧化铝的膨胀系数不同，氧化铝膜再次破裂，这种点燃和氧化的交替进行便构成了 Al 的复杂燃烧过程。由此可见，在高压下，Al 粉含量的增加就需要吸收更多的热量才能让被氧化铝膜包围的铝液突破薄膜的包围。因此，随着储氢合金含量的增加，其中的 Al 粉含量也相应增加，燃速下降。另外，相应的 AP 含量减少引起氧系数的降低也是推进剂燃速下降的原因之一。

表 5 - 25　储氢合金的含量对推进剂燃烧性能的影响

A20 含量/%	燃速 u 的平均值/$(mm \cdot s^{-1})$					n	u_1	燃速 u – 压力 p 的关系式
	3 MPa	5 MPa	7 MPa	9 MPa	11 MPa			
19	7.84	9.72	10.51	11.76	13.65	0.400 2	5.014 7	$u = 5.014\ 7p^{0.400\ 2}$
21		7.22	7.96	8.81	10.12	0.416 5	3.619 6	$u = 3.619\ 6p^{0.416\ 5}$

表 5 - 26 为储氢合金粒度对 HTPB 推进剂燃烧性能的影响。表中数据表明，储氢合金粒度在不同压力下对 HTPB 推进剂的燃速和压力指数的影响都较大。采用粒度 74 μm 的储氢合金，推进剂在 3 ~ 11 MPa 压力范围内的压力指数为 0.611 9；采用粒度 15.9 μm 的储氢合金，推进剂的压力指数降到了 0.285 5。其原因可能是细粒度的储氢合金易于点燃，有利于燃烧完全，起到降低压力指数的效果。粒度变小燃速反而下降，其原因有待进一步研究。

表 5 – 26　储氢合金的粒度对推进剂燃烧性能的影响

D_{A20} /μm	燃速 u 的平均值/(mm · s⁻¹)					n	u_1	燃速 u – 压力 p 的关系式
	3 MPa	5 MPa	7 MPa	9 MPa	11 MPa			
74	6.73	9.46	11.59	13.91	14.53	0.612 3	3.489 6	$u = 3.489\,6p^{0.612\,3}$
15.9	6.76	8.31	9.00	9.54	9.79	0.285 5	5.074 7	$u = 5.074\,7p^{0.285\,5}$

窦燕蒙[28]研究了含有储氢合金的 HTPB 推进剂 PA0、PA20、PA30 和 PB30 在 5MPa 下的稳态燃烧火焰结构，其中，B30 为不含氢的 MgNiB 合金，A20 和 A30 为储氢合金，与前述研究工作中一致。推进剂火焰结构如图 5 – 12 所示。

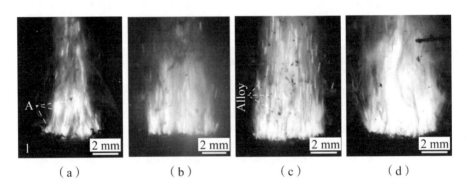

（a）　　　　　（b）　　　　　（c）　　　　　（d）

图 5 – 12　5 MPa 下 HTPB 三组元推进剂的燃烧火焰结构照片

（a）PA0；（b）PA20；（c）PA30；（d）PB30

PA0、PA20、PA30 和 PB30 凝聚相反应生成的气体经过燃面进入气相燃烧以及燃面上的金属燃烧剂吸热后熔融成球并点火进入气相燃烧形成明亮火焰，其燃烧火焰结构存在以下共同点：①存在多个火焰，分别为 AP 预混火焰、AP – HTPB 扩散火焰[25]、其他热分解气体间的扩散火焰和 Al 或合金燃烧火焰；②火焰喷射现象明显，这是推进剂快速分解并在气相区剧烈燃烧的结果；③燃面上方有亮团和亮线，这是气相区充分燃烧的结果；④火焰中有黑点，这是未点燃的金属颗粒或合金颗粒被下方气体推射出去的结果，因此这些黑点会在气相区点燃；⑤火焰区（尤其是末端）有烟，这是由 AP 燃烧生成的 HCl 以及金属燃烧剂燃烧生成的固体氧化物造成的。

对比 PA0 和 PB30 的燃烧火焰结构可知，PB30 火焰亮度更高，火焰面积更大，气相燃烧更彻底，原因是 B30 增加了推进剂的燃烧热，增大了推进剂气相反应的剧烈程度。对比 PB30 和 PA30 的燃烧火焰结构可知，PA30 火焰区亮线数量多，喷射现象明显，黑点数量多，亮度低。原因是 A30 放氢后粉化，造成合金尺寸减小。同时，放出的 H_2 使推进剂成气量增加，促进更多未点燃的合金颗粒进入气相。由于 H_2 的火焰温度低（约为 1 430 ℃），因此降低了推进剂的火焰区亮度。

综上所述，与 Al 相比，A30 的高燃烧热和放氢以及粉化性能改善了推进剂的气相燃烧性能。由于 A20 的燃烧热和储氢量均小于 A30，因此与 PA30 相比，PA20 的火焰区亮线数量少、喷射剧烈程度弱、黑点数量少、火焰亮度低。

此外，窦燕蒙研究了含储氢合金推进剂的点火性能、燃烧波结构和熄火表面形貌等燃烧特性，建立了该推进剂的燃烧模型。结果表明，储氢合金缩短了推进剂的点火延迟时间，如 65.2 W/cm 点火能量密度下，A30 相对于 Al 使推进剂的点火延迟时间缩短了 40.0 ms；提高了推进剂的燃面温度，如 A30 相对于 Al 使 5 MPa 下推进剂的燃面温度提高了 7.45 ℃；燃烧过程中储氢合金的放氢粉化特性使推进剂的气相反应更充分。

5.6.4　储氢合金改性 HTPB 推进剂的安全性能

AlH_3 机械感度较高，对 HTPB 推进剂的安全性能带来挑战，这是限制其应用的原因之一。因此，研究人员关注储氢合金对推进剂感度的影响。

含储氢合金 HTPB 三组元推进剂的撞击感度（特性落高 H_{50}）和摩擦感度（爆炸百分数 P）如表 5-27 所示。由表可知，将 B30 全部取代 Al 粉加入推进剂配方中，推进剂的撞击感度和摩擦感度基本不变；将储氢合金 A20、A30 全部取代 Al 粉加入推进剂配方中，推进剂的撞击感度和摩擦感度都有所降低。由于储氢合金在温度高于 150 ℃（远小于推进剂的热分解温度）时即开始放氢，而储氢合金颗粒的破散会消耗一部分能量，使撞击作用力和摩擦作用力沿合金表面迅速传递，降低了局部热点的形成概率，因此储氢合金的粉化作用是使推进剂感度降低的原因。此外，储氢合金放氢吸热，也会降低局部热点的形成概率。

表 5-27　HTPB 三组元推进剂的撞击感度

推进剂	PA0	PB30	PA30	PA20
爆炸百分数 $P/\%$	18	18	12	14
特性落高 H_{50}/cm	41.62	41.93	45.17	43.51

5.7 GAP 改性丁羟复合固体推进剂

与 HTPB 相比，叠氮类黏合剂 GAP 等具有生成热高（492.24 kJ/kg）、氮含量高（40% 左右）、密度大（1.29 g/cm³）、机械感度低、燃气清洁等众多优点，是一种具有重要应用价值的含能黏合剂。将其引入 HTPB 推进剂黏合剂体系中可有效提高其能量水平。根据引入方式不同，可分为共混法和共聚法。

5.7.1 GAP 共混改性 HTPB 推进剂

1. GAP 共混改性 HTPB 推进剂的能量性能

表 5-28 所列为 GAP : HTPB 比例在 1 : 9 ~ 5 : 5（1 : 9 比例为参比），固体含量为 88% 时，GAP 含量对推进剂能量性能的影响。此处所列配方均是在调整了固相组成后，氧系数在 0.52 ~ 0.54，具有最大标准理论比冲的推进剂配方。由表可见，随着 GAP 含量的增加，配方所能达到的最大标准理论比冲和密度均增大。推进剂的理论比冲与燃烧室温度 T_c 和燃气平均相对分子质量 M 的关系：$I_{sp} \propto \sqrt{T_c/M}$，$T_c$ 的增大和 M 的减小均可提升 I_{sp}。GAP 的生成焓、燃烧热等均高于 HTPB，在氧系数相同的条件下其燃烧放热量较 HTPB 大，虽然 GAP 含量的增加导致 T_c 和 M 均增大，但 T_c 的增幅比 M 大，因此推进剂的理论比冲得到了显著提升。此外，GAP 的密度（1.29 g/cm³）高于 HTPB（0.90 g/cm³），两者的密度差是推进剂密度变化的主要影响因素，故推进剂的密度也随着 GAP 含量的增加而增大。

表 5-28 GAP 含量对固体含量为 88% 的推进剂能量性能的影响

GAP	HTPB	DOS	AP	RDX	Al	Φ	$\rho/(\text{g} \cdot \text{cm}^{-3})$	I_{sp}/s	M	T_c/K
0.000	0.080	0.040	0.550	0.200	0.130	0.539	1.756	264.725	20.302	3 344.683
0.008	0.072	0.040	0.570	0.130	0.180	0.522	1.794	267.550	19.158	3 543.365
0.016	0.064	0.040	0.540	0.160	0.180	0.520	1.799	268.086	19.160	3 556.670
0.024	0.056	0.040	0.500	0.210	0.170	0.521	1.796	268.491	19.414	3 538.941
0.032	0.048	0.040	0.490	0.210	0.180	0.521	1.809	269.012	19.245	3 590.957
0.040	0.040	0.040	0.450	0.260	0.170	0.522	1.806	269.473	19.500	3 574.170

A3 是一种含能增塑剂，引入 HTPB 推进剂可提高其能量性能。表 5 – 29 所列为 A3 与 DOS 比例在 1 : 9 ~ 7 : 3，固体含量为 86% 时 GAP 改性 HTPB 推进剂的能量性能。同样，各配方均是在调整了固相组成后，具有最大标准理论比冲的推进剂配方。

表 5 – 29　A3 含量对固体含量为 86% 的推进剂能量性能的影响

A3	DOS	AP	RDX	Al	Φ	$\rho/(\text{g} \cdot \text{cm}^{-3})$	I_{sp}/s	M	T_c/K
0.000	0.040	0.520	0.170	0.170	0.522	1.790	268.083	19.436	3 532.042
0.004	0.036	0.500	0.190	0.170	0.519	1.793	268.453	19.424	3 539.505
0.008	0.032	0.490	0.200	0.170	0.522	1.797	268.709	19.492	3 554.290
0.012	0.028	0.480	0.210	0.170	0.524	1.800	268.951	19.500	3 569.012
0.016	0.024	0.470	0.220	0.170	0.527	1.803	269.195	19.629	3 583.699
0.020	0.020	0.460	0.220	0.180	0.521	1.813	269.609	19.362	3 621.298
0.024	0.016	0.450	0.230	0.180	0.524	1.817	269.814	19.430	3 635.952
0.028	0.012	0.420	0.270	0.170	0.524	1.812	270.187	19.672	3 613.736

由表 5 – 29 可见，随着 A3 含量的增加，各配方的最大标准理论比冲和密度均增大。A3 的生成焓和氧平衡均高于 DOS，其含量的增加对 T_c 的提升作用最明显，因此理论比冲随着 A3 含量的增加而增大。此外，A3 的密度（1.39 g/cm³）高于 DOS（0.92 g/cm³），在 A3 含量增加时，两者的密度差是推进剂密度变化的主要影响因素，因此推进剂的密度也随 A3 含量的增加而增大。

由上述结果可知，固体含量为 88% 的推进剂，当 GAP : HTPB = 1 : 1 时，推进剂的理论比冲较 HTPB 推进剂已高出 4.7 s，将部分 DOS 采用 A3 替代后，推进剂的理论比冲在固体含量为 86% 时便可达 270 s，这充分说明采用 GAP 对 HTPB 推进剂进行改性是提高其能量性能的有效手段。

2. GAP 共混改性 HTPB 推进剂的工艺性能

GAP 主链为极性的聚醚链段，侧链为强极性的叠氮甲基（—CH₂N₃），链段偶极矩较大，属于极性黏合剂（溶度参数 $\delta = 22.34$ J$^{1/2}$/cm$^{3/2}$，298 K，实测），且密度较高（1.29 g/cm³）。而 HTPB 分子链含 1,4 – 顺式丁二烯、

1,4 - 反式丁二烯和 1,2 - 乙烯基结构，除末端含少量羟基外，分子链上不含极性基团，链段偶极矩小，为非极性黏合剂（$\delta = 17.0 \sim 18.0 \, \text{J}^{1/2}/\text{cm}^{3/2}$，298 K），并且其密度低（0.9 g/cm³）。若直接对 GAP 和 HTPB 进行物理混合，会出现明显的分层现象，因此，探索合适的制备工艺制备质量均一的 GAP 共混改性 HTPB 推进剂是研究人员关注的内容。

Mathew 等[29]用 $\bar{M}_n$ 为 2 000 左右的 GAP 与 $\bar{M}_n$ 为 2 500 左右的 HTPB 进行共混，并选用甲苯二异氰酸酯（TDI）作固化剂，二月桂酸二丁基锡（T12）作催化剂，三羟甲基丙烷（TMP）为交联剂，GAP 含量为 10% ~ 90%。结果表明，使用该方法可制备宏观均一的共混黏合剂胶片，因为小分子三醇 TMP、二异氰酸酯 TDI 的反应活性高，且 TMP 在固化反应中起交联点的作用，对相分离有一定的抑制作用。但是，动态力学测试（DMA）结果表明，共混物在 GAP 含量为 40% ~ 90% 时出现两个玻璃化转变温度 T_g，说明 GAP 与 HTPB 在很大的混合比例范围内热力学相容性不佳。因此可知，TMP/二异氰酸酯对 GAP 与 HTPB 的增容作用并不太理想。Manu 等[30]重复了 Mathew 的研究工作，并得到了相同的结论。

倪冰等[31]也采用类似的方法对 GAP 与 HTPB 进行共混，交联剂为 TMP。结果发现，当控制 T12 含量在 0.05% ~ 0.15% 时，使用固化剂 HDI、N100、TDI 或 IPDI 均可制得宏观均一的共混黏合剂胶片。但 SEM 断面扫描结果显示，GAP/HTPB 共混黏合剂中存在一定的气孔缺陷，这是由于催化剂使用不当造成的。T12 对黏合剂和水分子上羟基的催化无选择性，水分与二异氰酸酯反应会产生气孔，因此 T12 并不适宜单独催化含 GAP 黏合剂的体系。此外，作者在使用催化剂 T12 时并未进行稀释，T12 用量过多，对水分与异氰酸酯反应的催化作用更明显，这不仅影响共混黏合剂的成型质量，也会导致固化反应过快，工艺性能变差，因此该共混黏合剂的应用存在困难。

总体而言，当前研究大多停留在黏合剂层面，缺乏对 GAP 黏合剂自身固化、网络结构的深入探索，导致推进剂性能优化效果较差。为此，马松系统地研究了 GAP 和 HTPB 黏合剂体系的固化、网络结构与力学性能，得到了各固化体系的反应动力学参数、网络结构完整性、力学性能等，基于此设计了分布固化工艺，通过共混反应增容技术制备了 GAP/HTPB 黏合剂和 GAP 共混改性 HTPB 固体推进剂。

1. 增塑比对 GAP 改性 HTPB 推进剂工艺性能的影响

不同增塑比对药浆的黏度曲线和流动曲线，如图 5 - 13 所示。

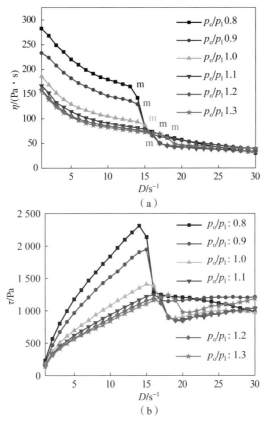

图 5 – 13　不同增塑比对药浆的黏度曲线和流动曲线

(a) 黏度曲线；(b) 流动曲线

　　由图 5 – 13 (a) 可知，药浆的黏度随着剪切速率的增加而减小，呈现出假塑性流体的剪切变稀特征[32]。各黏度曲线上存在着临界点（畸变点）m，黏度在 m 点前后变化的连续性不同，在 m 点之前，黏度随着剪切速率的增加而逐渐减小，因为在提高剪切速率后，药浆内部固体填料的堆砌结构被破坏，GAP 和 HTPB 大分子之间的缠结、氢键、偶极－偶极作用易被剪切力破坏，导致黏合剂分子构象发生变化，并沿着剪切的方向取向，此时药浆内部阻碍流动的作用力减小，因此黏度逐渐减小，此时药浆尚未发生流动畸变，因此黏度随剪切速率呈现连续性的变化规律。此外，在 m 点之前的剪切速率较小，药浆在剪切场的作用下表现为两相流动，即填料的固相流和黏合剂的液相流，两相之间有均匀的动量传递，表现为稳定的层流，因此剪切力随剪切速率的增加而增大，如图 5 – 13 (b) 中所示。

　　当剪切速率到达某一临界值（m 点对应的剪切速率 D_a）时，固相流和液相流不再同步，转子受药浆黏滞的拖曳力急剧减小，出现了打滑现象，此时发生了流动畸变，畸变点即图 5 – 13（a）中的 m 点。在 m 点之后，随着剪切速率继续增加，药浆黏度先急剧下降后趋于稳定，而剪切力先急剧下降后呈现不规则的波动。因此，在推进剂的混合工艺中，剪切速率应控制在发生流动畸变的临界剪切速率 D_a 以下，否则药浆易发生非稳态流动，难以混合均匀。

由曲线得到的推进剂药浆黏度 η、剪切速率指数 n、屈服值 τ_y 如表 5 – 30 所示。

表 5 – 30　不同增塑比药浆的黏度 η、剪切速率指数 n、屈服值 τ_y

p_o/p_1	$\eta/(\mathrm{Pa \cdot s})$	n	τ_y/Pa
0.800	282.670	0.312	62.975
0.900	233.189	0.361	60.533
1.000	185.844	0.381	60.609
1.100	166.625	0.421	58.064
1.200	158.913	0.432	55.231
1.300	157.577	0.450	55.510

由表 5 – 30 可见，不同增塑比的药浆均存在屈服值，且随着增塑比的增加，推进剂药浆的黏度 η 和屈服值 τ_y 逐渐减小，而剪切速率指数 n 逐渐增大，分析认为：

在复合固体推进剂药浆中，固体颗粒之间的结构效应、黏合剂之间的氢键和缠结作用、黏合剂与固体颗粒之间的相互作用均会对药浆的流动产生阻碍力，使药浆存在屈服值。但增塑剂会降低颗粒与颗粒、颗粒与黏合剂、黏合剂与黏合剂之间的各种作用，减小了药浆的流动阻力或内摩擦力，因此随着增塑比的增加，药浆的黏度和屈服值均呈现减小的规律，工艺性能逐渐变好。

剪切速率指数 n 值反映了黏度的剪切速率敏感特性，n 与高、低剪切速率下的黏度直接相关：低剪切速率下，在增塑比较小的药浆中，黏合剂与黏合剂、黏合剂与固体颗粒之间存在较强的氢键、偶极 – 偶极或缠结等作用，导致黏度偏高，但增塑剂可降低此类作用。因此，对于增塑比较大的药浆，其黏度较小；但是，在高剪切速率下，剪切力不仅可降低黏合剂分子间作用，还会使分子链发生剪切取向，并破坏颗粒间的堆砌结构，使增塑比较大和较小的药浆黏度均大幅下降，也就是说，强剪切作用缩小了不同增塑比的药浆黏度的差值。这样一来，增塑比较小的药浆表现出更强的剪切速率敏感特性，n 值较小。因此提高增塑比可增大药浆的 n 值，改善工艺性能。

增塑比为 1.2 或 1.3 时推进剂药浆的黏度和屈服值差别不大，且均具有较大的剪切速率指数，表明在这两个增塑比下，药浆具备良好的混合和浇铸工艺。但是，从力学性能角度讲，GAP 或 HTPB 的增塑比不宜过大，从能量性能上讲，增塑比小的配方比冲较高，因此选择增塑比为 1.2 较合适。

2. A3 含量对改性 HTPB 推进剂工艺性能的影响

A3 增塑剂可改善推进剂的能量性能，也可降低 GAP 的黏度，但与 HTPB 的相容性不佳，因此 A3 含量对推进剂工艺性能的影响是研究人员所关注的。图 5 – 14（a）和（b）分别为不同 A3 含量时推进剂药浆的黏度曲线和流动曲线。

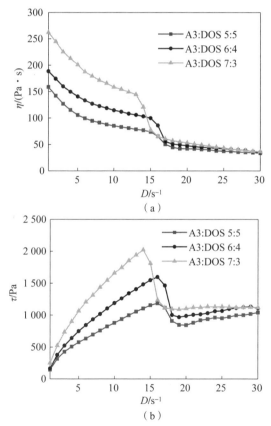

图 5 – 14　不同 A3 含量的药浆黏度曲线和流动曲线

（a）黏度曲线；（b）流动曲线

由图 5 – 14 可见，对于不同 A3 含量的推进剂药浆，其黏度和剪切应力随剪切速率的变化规律与前述类似。不同的是，随着 A3 含量的增加，各曲线的黏度或剪切应力显增大，表明工艺性能变差。为定量分析各工艺参量的变化情况，对黏度曲线和流动曲线进行处理，得到了不同 A3 含量时药浆的黏度 η、剪切速率指数 n、屈服值 τ_y，并列于表 5 – 31。

表 5 – 31   不同 A3 含量的药浆黏度 η、剪切速率指数 n、屈服值 τ_y

A3 含量	$\eta/(\mathrm{Pa \cdot s})$	n	τ_y/Pa
0.500	158.913	0.432	55.231
0.600	188.734	0.404	55.270
0.700	261.813	0.326	78.810

由表 5 – 31 可见，随着 A3 含量的增加，药浆的黏度 η 和屈服值 τ_y 逐渐增大，而剪切速率指数 n 逐渐减小，说明药浆偏离牛顿流体的程度增大，分析认为：

首先，偕二硝基基团的对称性较好，A3 中 BDNPF 和 BDNPA 分子的刚性比 DOS 大，但增塑作用较 DOS 弱；其次，A3 的黏度比 DOS 大；再者，自由液相体积分数 V_f 也影响药浆的流动性能[33]，V_f 越大，药浆黏度越小，A3 的比体积比 DOS 小，其含量的增加会导致推进剂药浆的 V_f 减小。上述原因共同导致当 A3 含量增加时，流体层间的摩擦力、药浆流动受到的阻碍作用均增强，因此黏度和屈服值均增大，且黏度的增幅最明显，工艺性能变差。

至于剪切速率指数，在低剪切速率下，黏合剂与黏合剂、黏合剂与固体颗粒、颗粒与颗粒之间的相互作用较强，且 A3 含量越多药浆黏度越大；在高剪切速率下，黏合剂分子链发生取向，且颗粒之间的堆砌结构被破坏，上述作用迅速降低，黏度大幅下降且各药浆的黏度差值减小，A3 含量越多，药浆表现出越强的剪切速率敏感性，因此剪切速率指数逐渐减小。

由以上分析可知，A3 含量为 0.5 的药浆具有较大的剪切速率指数、较小的黏度和屈服值，适合混合、浇铸工艺，因此选择 A3 含量为 0.5 较合适。

3. 键合剂对 GAP 改性 HTPB 推进剂工艺性能的影响

HTPB 推进剂常用的醇胺类、氮丙啶类键合剂在该推进剂中难以应用，前者导致药浆干散，无法成型，后者影响药浆固化，而适用于 GAP 推进剂的键合剂 LBA – 278、G_2 也同样适用于该体系。图 5 – 15（a）和（b）分别为不同键合剂含量时药浆的黏度曲线和流动曲线。

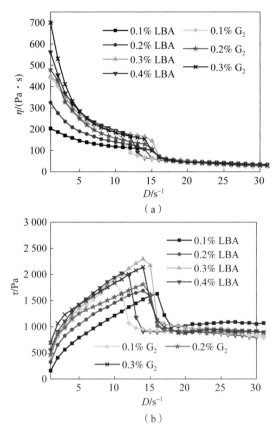

图 5 – 15　含不同键合剂药浆的黏度曲线和流动曲线

（a）黏度曲线；（b）流动曲线

由图 5 – 15 可见，药浆的黏度、剪切应力随剪切速率的变化规律与图 5 – 14
和图 5 – 13 类似。与图 5 – 14 中不含键合剂的药浆相比，在加入键合剂后，药
浆在低剪切速率下的黏度较高。为具体分析各键合剂对工艺参数的影响，对黏
度曲线和流动曲线进行处理，得到了不同键合剂含量时药浆的黏度 η、剪切速
率指数 n、屈服值 τ_y，并列于表 5 – 32。

表 5 – 32　不同增塑比药浆的黏度 η、剪切速率指数 n、屈服值 τ_y

键合剂	含量/%	η/（Pa · s）	n	τ_y/Pa
LBA – 278	0.1	203.210	0.382	63.331
LBA – 278	0.2	325.190	0.381	204.464
LBA – 278	0.3	449.622	0.330	249.414

续表

键合剂	含量/%	$\eta/(\text{Pa} \cdot \text{s})$	n	τ_y/Pa
LBA – 278	0.4	562.207	0.282	300.676
G_2	0.1	441.623	0.310	188.913
G_2	0.2	478.836	0.310	370.948
G_2	0.3	700.238	0.246	505.318

由表 5 – 32 可见，随着各键合剂含量的增加，推进剂药浆的黏度、屈服值显著增大，剪切速率指数则减小。此外，在键合剂含量相同时，含 G_2 键合剂的药浆黏度和屈服值较大，剪切速率指数较小。

G_2 和 LBA – 278 分子中含大量的键合基团，此类键合基团可与固体填料产生较强的相互作用，其中氰基、叔氨基团可与氧化剂 AP 形成氢键作用；氰基、酯基可与硝胺炸药 RDX 上的硝基产生诱导作用；叔氨基团也可与 RDX 的硝胺基团产生诱导作用，上述的键合作用使固体填料与键合剂缔合形成物理交联点，阻碍了药浆的流动。此外，G_2 和 LBA – 278 分子上的反应性基团 – OH、亚氨基可与固化剂发生反应并形成交联点，键合剂用量越多，所形成的交联或物理交联点越多，药浆的结构强度越大，流动受到的阻碍作用越强，因此黏度和屈服值均增大。

在键合剂含量相同时，含 G_2 键合剂的药浆黏度、屈服值均大于含 LBA – 278 键合剂的药浆，这与两种键合剂的溶解度有关：含酯基的 G_2 键合剂在黏合剂体系中溶解得更完全，更易与黏合剂分子形成较强的交联网络或拟网状结构，使药浆的黏度和屈服值增大。但是，这会影响其键合效果，实验中发现，G_2 和 LBA – 278 键合剂需部分聚集于固体填料表面以形成强 "结合点" 且部分溶于黏合剂体系，这类由键合剂聚集而形成的 "结合点" 对裂纹扩展的抑制作用更强，能起到更好的键合作用。

至于剪切速率指数，在低剪切速率下，由于受剪切作用的影响较小，键合剂与固体填料、键合剂与黏合剂、黏合剂与黏合剂、黏合剂与固体填料之间均存在着较强的氢键、缠结、诱导或偶极 – 偶极等相互作用，导致药浆的黏度大，且含 G_2 键合剂的药浆黏度更大；在高剪切速率下，上述的各种作用被大幅削弱，此时剪切作用是药浆黏度的主要影响因素，高剪切速率使各药浆的黏度迅速降低，且在相同剪切速率下的黏度差值减小，这样一来，低剪切黏度较大的药浆表现出更强的剪切速率敏感特性。因此，药浆的剪切速率指数随着键合剂含量的增加而增大，且含等量 G_2 键合剂的药浆剪切速率指数较大。

综合分析，含 $0.1\% \sim 0.3\%$ LBA – 278、0.1% G_2 键合剂的药浆黏度和屈服值较小、剪切速率指数较大，工艺性能较好。因此，需在改性 HTPB 推进剂中控制 LBA – 278 键合剂的含量在 0.3% 以下（含 0.3%），G_2 键合剂的含量不超过 0.1%。

4. 改性 HTPB 推进剂药浆适用期

不同温度下，改性 HTPB 推进剂药浆的黏度 – 时间曲线如图 5 – 16 所示。

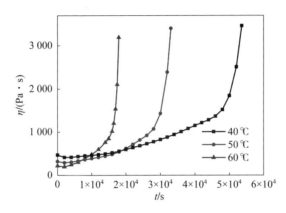

图 5 – 16　不同温度下推进剂药浆的黏度 – 时间曲线

由图 5 – 16 可见，温度越高，药浆的初始黏度越小，但其增长幅度越大。因为升高温度可增大药浆的内能、增强分子链的活动能力，因此药浆表现出更小的表观黏度。与此同时，黏合剂的反应速率也会增加，导致黏度增长过快。按照 Stacer 等的方法，可确定改性 HTPB 推进剂药浆在 40 ℃、50 ℃ 和 60 ℃ 下的适用期分别为 13.3 h、8.5 h 和 4.5 h。考虑到药浆在 60 ℃ 下的适用期较短，在 40 ℃ 下的黏度和屈服值较大，且剪切速率指数过小，工艺性能不佳，而在 50 ℃ 下兼备较好的工艺性能和较长的适用期。因此，选择混合、浇铸的温度为 50 ℃ 较合适。

由图 5 – 17 还可见，在 0 ~ 0.5 h 内，各药浆的黏度有小幅下降，这是由于黏合剂对固体填料的润湿作用所致。在黏度 – 时间曲线的初始阶段，药浆的反应程度低，固化反应对黏度的影响很小，而黏合剂对固体填料的润湿作用逐渐增强，润湿可使黏合剂与固体填料之间充分接触，有效降低药浆的黏度，但润湿又是与时间相关的动力学过程。因此，药浆的黏度在一定的时间内缓慢下降。但随着时间的增加，固化反应成为影响黏度的主要因素，因此黏度又逐渐增大。

5. 改性 HTPB 推进剂的固化反应动力学

本节研究的是改性 HTPB 推进剂的固化反应动力学。与黏合剂不同，改性 HTPB 推进剂药浆的透光率差，无法使用红外光谱法进行研究，但动态扭振法可用于监测药浆的固化过程。动态扭振法是强迫振动非共振动态力学法的一种[34]，测试原理是：对样品施加一定频率的小角度振动，并通过传感器对维持这种振动所需的扭矩进行测定，扭矩与样品的固化程度呈正相关，可通过监测样品的实时扭矩来反映固化过程。

首先制备了改性 HTPB 推进剂药浆（含 LBA – 278 键合剂），并测得了药浆在 50 ~ 80 ℃ 下的 $G – t$（扭矩 – 时间）曲线，如图 5 – 17 所示。

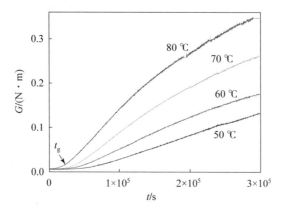

图 5 – 17　不同温度下药浆固化过程的 $G – t$ 曲线

由图 5 – 17 可见，随着时间的延长，药浆的扭矩先是基本不变，当到达某一临界时间点（凝胶点 t_g）后，扭矩持续增大，其增长幅度先增大后减小。分析认为，在反应前期，药浆内的固化反应程度低，主要发生的是黏合剂与固化剂反应产生封端，并有少量的扩链和交联，所以此时的扭矩很小且基本不变；随着固化反应的进行，药浆到达凝胶点，黏合剂分子产生更多的扩链和交联，此时三维网络逐渐形成，药浆形变时需消耗更多的能量，此时固化成为形变的主要控制因素，表现为扭矩逐渐增大；在反应后期，固化反应程度持续增大，但反应基团的浓度逐渐减小，导致扭矩持续增大，但增长幅度逐渐减小。此外，在相同时间下，药浆在高温下的扭矩较大，因为升高温度可增强分子的活动能力，使反应速率增大。

根据 Flory[35] 的凝胶化理论，对于任何固化反应，到达凝胶点时的反应程度与反应温度及反应条件无关，为一常数。Gough[36] 根据该理论对固化反应动力学进行了数学推导，得到了凝胶时间 t_g 与固化反应速率常数 k 之间的关系：

$t_g = L/k$，L 为常数。由于 k 可用阿伦尼乌斯公式计算得到：

$$k = A\exp\left(-\frac{E_a}{RT}\right) \quad\quad\quad (5-1)$$

因此，t_g 和反应的表观活化能 E_a 有如下关系：

$$t_g = \frac{L}{A}\exp\left(\frac{E_a}{RT}\right) \quad\quad\quad (5-2)$$

对式（5-2）两边取对数，可得

$$\ln t_g = \frac{E_a}{RT} + L' \quad\quad\quad (5-3)$$

以 $\ln t_g$ 对 $1/T$ 作图并拟合，所得直线的斜率即固化反应的表观活化能 E_a。

根据文献[37]中的方法求得药浆在 50 ℃、60 ℃、70 ℃和 80 ℃下的凝胶时间分别为 16.6 h、11.34 h、9.31 h 和 5.88 h。需强调的是，药浆在 50 ℃和 60 ℃下的凝胶时间与前述适用期并不矛盾，凝胶时间是药浆加工过程的最长时间期限，而适用期是满足装药工艺可行性判据要求的时间期限，两者概念不同；此外，旋转黏度计和动态扭振仪对药浆固化的响应程度不同。用 $\ln t_g$ 对 $1/T$ 作图并进行线性拟合，可得到如图 5-18 所示的线性关系。根据拟合直线的斜率可求得改性 HTPB 推进剂药浆固化反应的表观活化能 E_a 为 31.33 kJ/mol。

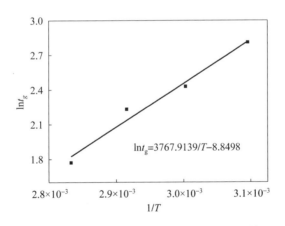

图 5-18　改性 HTPB 推进剂药浆的 $\ln t_g$—$1/T$ 关系

由图 5-18 可见，药浆固化反应的 E_a 较小。这主要是因为在推进剂药浆中，活泼氢和具有催化作用的基团含量较多，其中键合剂不仅含羟基，还含有亚氨和叔氨基团，亚氨基团的反应活性比羟基高，叔氨基团可催化聚氨酯反应，等等。因此，改性 HTPB 推进剂药浆的反应活性较高，有利于缩短固化周期、节约能耗。

3. GAP 共混改性 HTPB 推进剂的力学性能

1. R 值对推进剂力学性能的影响

推进剂的固化参数对推进剂的力学性能具有重要影响，R 值在 1.1 ~ 1.3 时 GAP 改性 HTPB 推进剂的力学性能，如表 5 – 33 所示。

表 5 – 33　R 值对推进剂力学性能的影响

R 值	σ_m/MPa	ε_m/%	σ_b/MPa	ε_b/%	$\varepsilon_b/\varepsilon_m$
1.10	0.467	18.345	0.452	19.542	1.065
1.15	0.573	18.486	0.552	19.532	1.057
1.20	0.544	17.529	0.531	18.157	1.036
1.25	0.501	16.443	0.487	17.905	1.089
1.30	0.483	15.005	0.467	16.260	1.084

由表 5 – 33 可见，随着 R 值的增加，推进剂的最大强度先增大后减小，而断裂延伸率则逐渐减小。分析认为，适度增加 R 值有利于提高黏合剂（尤其是 GAP）的反应程度，体系中有更多的异氰酸酯基团参与网络结构的形成，推进剂的交联密度会增大，有利于 GAP 与 HTPB 黏合剂的增容反应。与此同时，交联链的平均链长会减小，因此推进剂的最大拉伸强度增大，而断裂延伸率逐渐减小。随着 R 值的进一步增加，过量的固化剂易导致残余端基、封闭环等结构缺陷的生成，且交联链的平均链长持续减小，因此，推进剂的最大强度和断裂延伸率均减小。

综合来看，推进剂在 R 值为 1.15 时的力学性能较好，此时 σ_m 和 ε_b 均较大，分别为 0.573 MPa 和 19.532%；脱湿率 $\varepsilon_b/\varepsilon_m$ 最小，为 1.057。

2. 键合剂对推进剂力学性能的影响

含 0.1% ~ 0.3% LBA – 278 键合剂，或含 0.1% G_2 键合剂的推进剂工艺性能较好，基于此制备的推进剂的力学性能如表 5 – 34 所示。为便于比较，此处也给出了 G_2 键合剂含量为 0.2% 时推进剂的力学性能。

表 5 – 34　键合剂种类和含量对推进剂力学性能的影响

键合剂	含量%	σ_m/MPa	ε_m/%	σ_b/MPa	ε_b/%	$\varepsilon_b/\varepsilon_m$
无	0.0	0.346	11.299	0.324	14.015	1.240
LBA – 278	0.1	0.554	14.498	0.530	16.172	1.115

续表

键合剂	含量%	σ_m/MPa	ε_m/%	σ_b/MPa	ε_b/%	$\varepsilon_b/\varepsilon_m$
LBA – 278	0.2	0.573	18.486	0.552	19.532	1.057
LBA – 278	0.3	0.551	12.805	0.549	13.223	1.033
G_2	0.1	0.420	15.893	0.406	17.567	1.105
G_2	0.2	0.428	15.606	0.415	17.278	1.107

由表 5 – 34 可见，在添加量相同时，含 LBA – 278 键合剂的推进剂力学性能较好，且 0.2% 的 LBA – 278 对力学性能的改善最明显。

对于硝胺炸药 RDX，LBA – 278 分子上的键合基团—CN 可与 RDX 分子中硝胺基团 N—NO$_2$ 上的 O 原子产生诱导作用，此外，LBA – 278 上的叔氨基团与 N—NO$_2$ 上的 N 原子之间存在配位作用。因此，LBA – 278 键合剂与 RDX 的结合作用较强，可改善 RDX 与黏合剂间弱的界面作用。对于氧化剂 AP，键合剂上的—CN 基团可与 AP 上的 N—H 键形成氢键；AP 上的 N 原子也可与键合剂上的叔氨形成配位键，因此，LBA – 278 与 AP 的键合作用也较强。此外，LBA – 278 键合剂还含有羟基—OH，可通过聚氨酯反应进入黏合剂，这样一来，LBA – 278 键合剂可在填料与黏合剂之间形成"桥接"作用，因此推进剂的力学性能得到了大幅改善。上述因素导致 LBA – 278 对力学性能的改善最明显，但其含量需作适当调节，因为当键合剂含量较少时，键合基团的浓度较小且键合作用不明显，当其含量过高后，推进剂的交联密度过大，网络结构的完整性受到影响，推进剂的延伸率不佳。当 LBA – 278 含量为 0.2% 时推进剂的力学性能较好，σ_m 为 0.573 MPa，ε_b 为 19.532%。

G_2 分子上的键合基团为氰基—CN 和酯基—COOR，对于 RDX，氰基也可通过与 N—NO$_2$ 上的 O 原子产生诱导作用，因此 G_2 对 RDX 也存在一定的键合作用。对于 AP，不仅可与键合剂上的—CN 基团形成氢键，且 AP 上的 N—H 可与 G_2 上的—COOR 产生氢键作用，所以 G_2 键合剂对 AP 的键合作用也较强。与空白样品相比，含 0.1% 的 G_2 时推进剂的 σ_m 和 ε_b 分别较前者高 21.39% 和 25.34%。

对比 LBA – 278 和 G_2 的键合作用，在添加量相同时，含 LBA – 278 的推进剂 σ_m 较大，脱湿率 $\varepsilon_b/\varepsilon_m$ 较小，表明其键合作用比 G_2 稍好。这主要与两种键合剂对 AP 的键合作用有关：LBA – 278 所含键合基团为—CN、亚氨和叔氨，其中亚氨和叔氨基团不仅可与 AP 上的 H 原子形成氢键，还与 AP 上的 N 原子存在配位作用。G_2 的键合基团为—CN 和—COOR，相比之下，—COOR 与 AP

仅能形成氢键，导致 G_2 与 AP 的结合能力较 LBA – 278 稍差。此外，LBA 键合剂的羟值（5.91 mmol/g）比 G_2 键合剂的羟值（3.87 mmol/g）大，在含量相同时，LBA – 278 与固化剂生成的氨基甲酸酯基团较 G_2 多，有利于增强推进剂的氢键作用和强度。因此，LBA – 278 对力学性能的提升更明显，且在含量为 0.2% 时推进剂的力学性能最佳。

3. 推进剂的高低温力学性能

在低温（–40 ℃）、常温（20 ℃）、高温（50 ℃）下，测定了 LBA – 278 键合剂含量为 0.2% 时改性 HTPB 推进剂的力学性能，如表 5 – 35 所示。

表 5 – 35　含 LBA – 278 键合剂的推进剂高低温力学性能

温度/℃	σ_m/MPa	ε_m/%	σ_b/MPa	ε_b/%	$\varepsilon_b/\varepsilon_m$
50	0.469	17.212	0.447	19.347	1.124
20	0.573	18.486	0.552	19.532	1.057
–40	2.420	22.781	2.191	26.892	1.180

由表 5 – 35 可见，改性 HTPB 推进剂在低温下的最大强度和断裂延伸率均高于常温和高温下的结果，而常温下的最大强度较高温略高。因为在低温下，黏合剂及推进剂的韧性较强，发生形变时，裂纹扩展的速率相对于变形速率滞后，因此其最大强度和断裂延伸率高。这是由于，在高温下，一方面，黏合剂分子链的活动能力增强；另一方面，黏合剂的氢键、物理缠结等作用被削弱，且键合剂与填料的结合作用变弱，导致推进剂的最大强度略低，但断裂延伸率与常温下的相当。

综上所述，马松开发的 GAP 改性 HTPB 推进剂的力学性能得到了全面的优化，其中常温（20 ℃）下 σ_m 和 ε_b 可分别达到 0.573 MPa 和 19.532%，脱湿率 $\varepsilon_b/\varepsilon_m$ 为 1.057；低温（–40 ℃）下的力学性能优于常温，σ_m 为 2.420 MPa，ε_b 为 26.892%；高温（50 ℃）下的 σ_m 略低，ε_b 与常温相当，该配方的力学性能已接近应用要求。该推进剂在战术导弹、火箭等领域具有应用前景。

5.7.2　GAP 共聚改性 HTPB 推进剂

将丁二烯链段 PB 与含能黏合剂链段进行共聚，也是改善 HTPB 能量性能的方法。截至目前，使用最多的含能黏合剂链段为 GAP 聚醚链段。

Vasudevan 等[38] 用 $BF_3 \cdot Et_2O$ 作引发剂，引发环氧氯丙烷（ECH）发生开环聚合，与 HTPB 形成三嵌段共聚物 PCEH – PB – PECH，然后在 DMSO 溶液中

用 NaN₃ 进行叠氮化，最终制得了 GAP - PB - GAP 嵌段共聚物。作者将此共聚物应用在 HTPB/AP 推进剂中，以期改善 HTPB 推进剂的能量与燃烧性能。结果表明，与 HTPB 推进剂相比，含 GAP - PB - GAP 嵌段共聚物的推进剂燃速较高，且压力指数仅为 0.3319，低于 HTPB 推进剂（0.4252）。此外，Vasudevan 等[38]对比了该推进剂与 HTPB 推进剂的力学性能。结果表明，含 GAP - PB - GAP 的推进剂拉伸强度较同等固体含量的 HTPB/AP 推进剂高 1 kgf/cm² 左右，且脱湿率较低，作者认为，这是由于 GAP - PB - GAP 共聚物可改善黏合剂与 AP 的界面作用所致。由此可见，嵌段共聚物可改善 HTPB 推进剂中的界面作用，由此提升力学性能。

Subram[39]用类似方法合成了 GAP - PB - GAP 嵌段共聚物，发现 GAP - PB - GAP 嵌段共聚物的拉伸强度高出 HTPB 黏合剂 30.3% ~ 49.6%。以此制备了固体含量为 84.6% 的 GAP - PB - GAP 和 HTPB 推进剂，并比较了两种推进剂的热性能和燃烧性能。结果表明，GAP - PB - GAP 基推进剂的热分解放热量（1 425 ~ 1 450 cal/g）高于 HTPB 推进剂（1 250 ~ 1 260 cal/g），相应地，前者的燃速也较后者高，但不明显，这可能与 GAP 链段含量低有关。

从效果分析，将丁二烯链段与其他材料进行聚合，可增加丁二烯链段与其他聚合物链段的相容性，最终获得力学性能较佳的黏合剂。但与共混法相比，共聚法的步骤较烦琐，包括前驱体开环聚合、叠氮化，且产率较低，这会增加推进剂的生产成本。因此，该方面内容研究不多。

|5.8　CL - 20 改性丁羟复合固体推进剂|

除了 RDX 和 HMX，近几十年来众多新型高能材料成功合成，其中，CL - 20 类的笼型和强张力环化合物是新型高能化合物的研究重点。这类化合物在爆炸作用中除了经典炸药爆炸产物所产生的膨胀功外，还增添了张力作用而释放出的张力功和爆炸后位能降低所释放的能量。CL - 20 的主要优势在于张力环导致较高的生成热；拥有比 RDX 和 HMX 高的氧平衡；分子的笼型结构和密堆积使材料具有高密度。在这些因素的综合作用下，CL - 20 的能量是 HMX 的 1.2 倍。因此，在丁羟推进剂中使用 CL - 20 不仅可以有效改善丁羟推进剂羽焰，还可以提升推进剂的能量水平。尤其是近年来其生产技术趋于成熟，应用探索研究逐渐增多。

Florczak [40]用热力学代码计算了高能填料 FOX - 7、TNAZ、CL - 20、

NTO 和 HMX 对 HTPB 推进剂标准理论比冲、密度的影响，结果如图 5 – 19 和图 5 – 20 所示，其中黏合剂含量为 15%，Al 含量为 10%，高能固体填料含量 5% ~ 70%。结果显示，含 CL – 20 和 TNAZ 的 HTPB 推进剂标准理论比冲整体较高，并且在含量为 30% ~ 40% 时，推进剂的理论比冲可达到最大值 （260.2 s左右），而含 CL – 20 的推进剂在密度上有一定的优势。

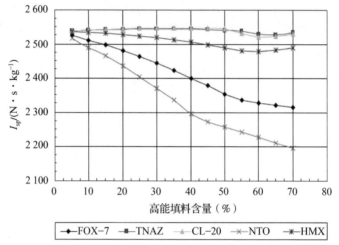

图 5 – 19　高能密度材料对 HTPB 推进剂标准理论比冲的影响

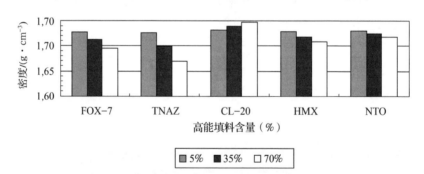

图 5 – 20　高能密度材料对 HTPB 推进剂密度的影响

揭锦亮[41]认为，CL – 20、TAGZT 和 DNOAF 等高能化合物在部分替代 AP 之后，都会对 AP 的高温分解起到抑制作用，抑制效果依次是 TAGZT > DNOAF > CL – 20；在与 AP/HTPB 组成的混合体系中，AP 的热分解受到 HTPB 和高能化合物的共同抑制作用，其分解速率随着高能化合物含量的提高而不断降低。而在 AP 的低温分解阶段，只有 CL – 20 会对分解起到一定的促进作用。与基础配方固体推进剂燃速相比，添加 TAGZT 后推进剂燃速有一定程度的下降，而添加 CL – 20、DNOAF 却能使燃速得到提高；相同含量高能化合物固体推进剂的燃速顺序是：含 CL - 20 > 含 DNOAF > 含 TAGZT 固体推进剂；对于同一类含高能化合物的固体推进剂来说，燃速随着高能化合物含量的提高而降低；在相同含量高能化合物的固体推进剂中，燃速压强指数的顺序是：基础配方 > 含 CL - 20 > 含 DNOAF > 含 TAGZT 固体推进剂。然而，随着高能化合物的添加，推进剂体系的氧平衡和燃烧温度逐渐下降。配方的比冲 I_{sp} 和 C^* 均会呈现先增加后减小的趋势，因此含高能化合物的丁羟推进剂存在比冲最高的最佳配方。但是，采用新型高能化合物调节丁羟推进剂的能量性能水平目前主要处于探索研究阶段，考虑实际应用时仍有大量的研究工作需要进行。

热分析结果表明，随着亚微米 CL - 20 含量的增加，CL - 20/HTPB 复合推进剂的热分解温度及表观活化能均逐渐降低，但热分解温度降低的幅度随亚微米 CL - 20 含量的增加而减小。另外，CL - 20/HTPB 复合推进剂的热爆炸临界温度（T_b）计算结果表明，随着亚微米 CL - 20 含量的增加 T_b 逐渐降低，但是最大降幅只有 7.75%。因此，亚微米 CL - 20 含量对复合推进剂的热安定性的影响不大。

欧阳刚等[42]采用非接触式红外测温仪测试了 CL - 20/HTPB 复合固体推进剂在大气压（0.1 MPa）下火焰温度与含量的关系，发现随着亚微米 CL - 20 含量的增加，CL - 20/HTPB 复合推进剂的最高火焰温度逐渐升高，说明增加亚微米 CL - 20 的含量有助于提高 CL - 20/HTPB 推进剂的能量；再根据燃烧时间计算了各个配方在大气压下的燃速，发现 CL - 20/HTPB 复合推进剂的燃速随着配方中亚微米 CL - 20 含量的增加而升高。

|5.9　ADN 改性丁羟复合固体推进剂|

与常用的氧化剂 AP 相比，新型绿色氧化剂二硝酰胺铵 ADN（$NH_4N(NO_2)_2$）、二硝基脲 DNGu（$CH_3N_5O_4$）和硝仿肼 HNF（$N_2H_5C(NO_2)_3$）的氧平衡略低，但生成焓较高且不含氯，具有较好的发展前景。

20 世纪 70 年代苏联泽林斯基研究所合成了 ADN，然后 EURENCO 开始中试并规模化生产晶状球形化包覆的 ADN。在 20 世纪 90 年代披露于世后，俄罗斯、美国、瑞典等国家均致力于含 ADN 的战略导弹用固体推进剂技术研究。有资料显示，俄罗斯战略导弹用 HTPB 推进剂中使用过 ADN；美国研制的 ADN 推进剂标准理论比冲可达到 265 s 左右，高于常规低特征信号推进剂的比冲。

Reshmi 等[43]分别计算过两种低铝推进剂 HTPB/AP/Al 和 HTPB/ADN/Al 的

能量特性，其中 Al 含量为 3%。结果表明，这两种推进剂的理论比冲均在固体含量 70%~90% 出现最大值，但却有所差异：HTPB/ADN/Al 推进剂为 245.3 s，而 HTPB/AP/Al 推进剂仅为 240.5 s，更重要的是，ADN 基推进剂的小分子气体产物含量明显高于 AP 基推进剂，因为 ADN 的氮含量较高（34.94%）。因此，从能量和环保的角度，ADN 氧化剂的优势更明显。但是 ADN 氧化剂也存在不足，其吸湿性强、储存稳定性稍差，密度低且晶体缺陷多[32]，因此 ADN 在 HTPB 推进剂中的应用较少。

李猛等[44]在研究二硝基脲（DNGu）对 HTPB 推进剂（固体含量为 87%）能量性能的影响时发现，当使用 DNGu 替换 AP 的质量分数小于 40% 时，理论比冲呈增加趋势，并在 DNGu 含量为 40% 处达到最大值 266.3 s。但是，在 DNGu 含量大于 40% 后比冲急剧下降，因为替换量过高会导致推进剂氧含量不足，使 Al 的氧化受到影响：Al_2O_3 含量逐步减少，且 Al 的氢氧化物、氯化物、氢氯化物增加，Al 的这种非正常氧化会严重影响推进剂的理论比冲。此外，DNGu 含量的增加还会降低推进剂的密度：当 DNGu 含量为 40% 时，推进剂密度小于 1.755 g/cm^3。由此可见，DNGu 对 HTPB 推进剂能量性能的提升十分有限。

俄罗斯的研究者认为 ADN 是目前最好的氧化剂，但由于 ADN 的密度相对较低，其复合固体推进剂更适合应用于二级、三级固体火箭发动机。例如，SS-24 战略导弹第二、三级发动机用推进剂配方大致为 HTPB/ADN/Al/HMX/二茂铁衍生物，某潜地导弹第三级、某空空导弹和洲际战略导弹的第三级发动机均采用 ADN 推进剂，但其详细情况尚属机密，未见公开资料报道。此外，ADN 可改变推进剂的燃烧火焰结构。Korobeinichev[45]研究了 HTPB 含量为 3%~20% 的 ADN/HTPB 推进剂燃烧火焰结构，发现 ADN 推进剂燃烧与 AP 推进剂燃烧的情况不同，ADN 推进剂火焰区远离推进剂燃面，这使得燃烧表面温度梯度较小，火焰区对推进剂燃速影响较弱。作者认为，在 0.1 MPa 条件下，凝聚相反应控制着 ADN/HTPB 推进剂燃烧反应。而 HTPB 的气相分解产物则会增加热释放，并加速 ADN 火焰区中的反应速率。

欧美等国也十分关注 ADN 的应用，而美国等西方国家的研究显示 ADN 的实用化还面临一些挑战，如吸湿性、较低的熔点等。John de Flon 等[46]在典型丁羟推进剂配方中使用 ADN 替代等量的 AP，使推进剂理论比冲从 262 s 上升至 270 s。实验发现，ADN 与 HTPB 有较好的化学相容性，在添加一定量防老剂的情况下，含 ADN 的丁羟推进剂可以达到较好的储存性能。在固体含量 80% 且不含任何燃烧调节剂的 ADN/Al/HTPB 配方中，6 MPa 的燃速为 12.8 mm/s，压强指数为 0.9。另一种新型氧化剂 HNF，其热稳定性差，摩擦感度与撞击感度高, 实际应用非常困难。HNF 在推进剂中应用的相关研究主要集中在荷兰[47], 他们解决了 HNF 与 HTPB 的界面结合问题, 成功制备了性能良好的含 HNF 的丁羟推进剂, 并采用纯度明显改善的 HNF 开展了相关研究工作, 改善了 HNF 固体推进剂压强指数高和感度高的不足。经过采用 HNF/AP, 其固体推进剂压强指数可以降低到 0.7, 但是离 0.6 的指标仍然有距离; 采用 5 燃速调节剂与 HNF 压片, 压强指数可以降低到 0.5 ~ 0.6; 通过机械球磨制备了平均粒径 5 ~ 10 μm 的细 HNF, 与含粗 HNF 的丁羟推进剂相比, 含细 HNF 丁羟推进剂的压强指数从 1.12 降至 0.78, 摩擦感度与撞击感度降低, 热稳定性降低。

| 5. 10　发展趋势 |

在固体推进剂的发展历程中, 以端羟基聚丁二烯 (HTPB) 为黏合剂的丁羟复合固体推进剂占有十分重要的地位。自 20 世纪 70 年代起, 以 HTPB、高氯酸铵 (AP)、金属 Al 粉等为基础原材料的丁羟复合固体推进剂性能优良且低廉价格, 使丁羟复合固体能够满足大部分通用战术导弹的要求, 因此在众多导弹武器型号中得到应用, 至今仍是复合固体推进剂装药的主流。进入 21 世纪, 现代战争和航天领域对弹箭射程或运载能力的要求越来越高, 设计者们对复合固体推进剂提出了更高的要求, 传统丁羟推进剂技术革新的紧迫性与日俱增。

根据国内外对 HTPB 推进剂的改性研究现状可以看出, 对 HTPB 推进剂的改性研究有望进一步提高能量并改善综合性能, 以满足未来武器装备对固体推进剂的需求。改性 HTPB 推进剂未来的发展趋势主要表现为以下几个方面。

(1) 引入含能组分改善能量性能。通过共混或共聚法引入含能黏合剂, 或采用含能增塑剂、新型含能材料来改善 HTPB 推进剂的能量性能; 引入新型含能材料, 研究其对推进剂性能的影响规律, 进一步提升 HTPB 推进剂的能量水平, 拓宽能量调节技术途径, 并开展高能量 HTPB 推进剂在武器型号中的应用研究。

(2) 改善力学性能。进一步开展黏合剂体系构效关系研究, 利用 IPN 技术、Semi – IPN 技术、新型键合剂或高能填料等来完善 HTPB 推进剂网络结构、提升力学性能, 并在武器装备中进行应用验证。

(3) 发展高燃速、低感度 HTPB 推进剂技术。通过引入高效燃速催化剂、含能复合材料, 或改变固料粒径以实现 HTPB 推进剂高燃速 (100 mm/s 以上）、超高燃速（1 m/s 以上）的调节，并使用钝感炸药等降低高燃速 HTPB 推进剂的感度。

（4）燃气清洁化。推进剂燃气中的可见烟会使导弹武器的生存能力和突防能力受到严重威胁，同时带来环境污染问题。燃气清洁化最直接的手段就是尽可能替换含 Cl 元素的氧化剂 AP。因此，应开展 AND、DNTF 等无氯新型高能氧化剂在 HTPB 推进剂中的应用研究，考察这些含能材料对固体推进剂各方面性能的影响，降低高能 HTPB 推进剂的特征信号，并减少环境污染。

参 考 文 献

[1] 庞爱民，马新刚，唐承志. 固体火箭推进剂理论与工程［M］. 北京：中国宇航出版社，2014.

[2] 张端庆. 固体火箭推进剂［M］. 北京：兵器工业出版社，1991.

[3] 郑剑. 高能固体推进剂性能及配方设计专家系统［M］. 北京：国防工业出版社，2014.

[4] 覃光明，卜昭献，张晓宏. 固体推进剂装药设计［M］. 北京：国防工业出版社，2013.

[5] 谭惠民. 固体推进剂化学与技术［M］. 北京：北京理工大学出版社，2015.

[6] 鲁念惠. 复合固体推进剂的研究动向（文献综述）［J］. 固体火箭技术，1984（3）：43 – 61.

[7] 张磊，范夕萍，谭惠民. 互穿聚合物网络技术对丁羟推进剂黏合剂体系性能的改善［J］. 精细化工，2006，23（10）：1019 – 1022.

[8] 宋雪晶，罗运军，柴春鹏. 超支化聚酯对以 HTPB 为基的聚氨酯胶片力学性能的影响［J］. 含能材料，2007，15（4）：352 – 355.

[9] Amrollahi M, Sadeghi G M M, Kashcooli Y. Investigation of novel polyurethane elastomeric networks based on polybutadiene – ol/polypropyleneoxide mixture and their structure – properties relationship［J］. Materials & Design，2011，32（7）：3933 – 3941.

[10] 陈胜，刘云飞，姚维尚. 组分对高能 HTPB 推进剂燃烧性能和力学性能的影响［J］. 火炸药学报，2007，30（5）：62 – 65.

[11] 周学刚. 高能量特性丁羟推进剂研究［J］. 推进技术，1996，17（2）：71 – 76.

[12] Cucksee M T, Allen H C. Bonding agent system for improved propellant aging

and low temperature physical properties：U. S. Patent 4，090，893 ［P］. 1978 – 5 – 23.

［13］李爽，邓琪明，贾方娜，等. FT – IR 光谱法研究低毒固化剂 DDI 与 HTPB 的反应动力学 ［J］. 含能材料，2015，23（7）：619 – 623.

［14］Coutinho F，Rocha M. Kinetic study of the reactions between hydroxylated poly-butadiene and isocyanates in chlorobenzene—IV. Reactions with tolylene diiso-cyanate，3 – isocyanatomethyl – 3，5，5 – trimethylcyclohexyl isocyanate and hexamethylene diisocyanate ［J］. European polymer journal，1991，27（2）：213 – 216.

［15］Hasegawa K，Takizuka M，Fukuda T. Bonding agents for AP and nitramine/HTPB composite propellants ［C］//19th Joint Propulsion Conference. 1983：1199.

［16］崔瑞禧，张炜，陈浪. AP/RDX/Al/HTPB 推进剂用硼酸酯键合剂的合成与应用研究 ［J］. 固体火箭技术，2012，35（3）：372 – 5.

［17］Landsem E，Jensen T L，Hansen F K，et al. Neutral Polymeric Bonding Agents （NPBA）and Their Use in Smokeless Composite Rocket Propellants Based on HMX – GAP – BuNENA ［J］. Propellants，Explosives，Pyrotechnics，2012，37（5）：581 – 591.

［18］陈洛亮，蒋萍，赵怡. 高能丁羟推进剂用键合剂分子设计与应用 ［J］. 化学推进剂与高分子材料，2003，19（5）：1 – 3.

［19］刘加健. 具有超支化结构的键合剂的合成及应用研究 ［D］. 北京：北京理工大学，2015.

［20］Colclough M，Paul N. Nitrated hydroxy – terminated polybutadiene：synthesis and properties ［M］. ACS Publications. 1996.

［21］Abdullah M，Gholamian F，Zarei A. Investigation of composite solid propellants based on nitrated hydroxyl – terminated polybutadiene binder ［J］. Journal of Propulsion and Power，2014，30（3）：862 – 864.

［22］邓剑如，王彪，习彦，等. 端羟基聚丁二烯硝化方法研究 ［J］. 2006 年全国高分子材料科学与工程研讨会论文集，2006.

［23］杜文庆. 硝酸酯增塑的 HTPB 推进剂探索研究 ［D］. 北京：北京理工大学，2005.

［24］柴春鹏，罗运军，郭素芳，等. 端羟基聚丁二烯与 ε – 己内酯新型嵌段共聚物的合成与表征 ［J］. 含能材料，2008，16（3）：301 – 304.

［25］Zhang X，Zhang C，Wang Y，et al. Synthesis and characterization of symmetri-cal triblock copolymers containing crystallizable high – trans – 1，4 – polybutadiene [J]. Polymer bulletin, 2010, 65: 201 – 213.

[26] 张炜, 鲍桐, 周星. 火箭推进剂 [M]. 北京: 国防工业出版社, 2014.

[27] 王北海, 刘学. MAPO 提高丁羟推进剂伸长率条件的研究 [J]. 推进技术, 1998, 19 (2): 76 – 80.

[28] 窦燕蒙. 含储氢合金燃烧剂推进剂的燃烧性能研究 [D]. 北京: 北京理工大学, 2014.

[29] Mathew S, Manu S E K, Varghese T E L. Thermomechanical and Morphological Characteristics of Cross – Linked GAP and GAP – HTPB Networks with Different Diisocyanates [J]. Propellants, Explosives, Pyrotechnics, 2008, 33 (2): 146 – 152.

[30] Manu S, Varghese T, Joseph M, et al. Physical, mechanical and morphological characteristics of chain modified GAP and GAP – HTPB binder matrices [C] // Proceedings of the International Annual Conference – Fraunhofer Institut fur Chemische Technologie, Berghausen; Fraunhofer – Institut fur Chemische Technologie; 1999, 35: 98.

[31] 倪冰, 覃光明, 冉秀伦. GAP/HTPB 共混黏合剂体系的力学性能研究 [J]. 含能材料, 2010, 18 (2): 167 – 173.

[32] Madlener K, Ciezki H. Some aspects of rheological and flow characteristics of gel fuels with regard to propulsion application [C] //45th AIAA/ASME/SAE/ASEE Joint Propulsion Conference & Exhibit, 2009: 5240.

[33] Nair C R, Prasad C, Ninan K. Effect of process parameters on the viscosity of AP/Al/HTPB based solid propellant slurry [J]. Journal of Energy and Chemical Engineering, 2013, 1 (1): 1 – 9.

[34] Weibing X, Pingsheng H, Dazhu C. Cure behavior of epoxy resin/montmorillonite/imidazole nanocomposite by dynamic torsional vibration method [J]. European polymer journal, 2003, 39 (3): 617 – 625.

[35] Flory P J. Principles of polymer chemistry [M]. Cornell University Press, 1953.

[36] Gough L, Smith I. A gel point method for the estimation of overall apparent activation energies of polymerization [J]. Journal of Applied Polymer Science, 1960, 3 (9): 362 – 364.

[37] 何平笙. 热固性树脂及树脂基复合材料的固化: 动态扭振法及其应用 [M]. 合肥: 中国科学技术大学出版社, 2011.

[38] Vasudevan V, Sundararajan G. Synthesis of GAP – PB – GAP Triblock Copolymer and Application as Modifier in AP/HTPB Composite Propellant [J]. Pro-

pellants, Explosives, Pyrotechnics, 1999, 24（5）: 295 – 300.

［39］ Subramanian K. Hydroxyl – terminated poly（azidomethyl ethylene oxide – b – butadiene – b – azidomethyl ethylene oxide）—synthesis, characterization and its potential as a propellant binder［J］. European Polymer Journal, 1999, 35（8）: 1403 – 1411.

［40］ Florczak B. Theoretical Thermodynamic Combustion Properties of Composite Propellant［J］. Materiały Wysokoenergetyczne, 2009, 1: 95 – 106.

［41］ 揭锦亮. 含高能量密度化合物固体推进剂的性能研究［D］. 长沙: 国防科学技术大学, 2008.

［42］ 欧阳刚. 亚微米 CL – 20 的制备及其在固体推进剂中的应用研究［D］. 南京: 南京理工大学, 2015.

［43］ Reshmi S, Hemanth H, Gayathri S, et al. Polyether triazoles: an effective binder for 'green' gas generator solid propellants［J］. Polymer, 2016, 92: 201 – 209.

［44］ 李猛, 赵凤起, 徐司雨, 等. 二硝基胍在固体推进剂中的能量性能分析［J］. 化学推进剂与高分子材料, 2016, 14（2）: 49 – 53.

［45］ Korobeinichev O P, Paletsky A A. Flame structure of ADN/HTPB composite propellants［J］. Combustion and flame, 2001, 127（3）: 2059 – 2065.

［46］ de Flon J, Andreasson S, Liljedahl M, et al. Solid propellants based on ADN and HTPB［C］//47th AIAA/ASME/SAE/ASEE Joint Propulsion Conference & Exhibit, 2013: 6136.

［47］ Van der Heijde A, Leeuwenburgh A B. HNF/HTPB propellants: Influence of HNF particle size on ballistic properties［J］. Combustion & Flame, 2009, 156（7）: 1359 – 1364.

第 6 章

硝酸酯增塑聚醚推进剂

|6.1 概　述|

纵观推进剂发展历程，可知固体推进剂始终沿着双基推进剂与复合推进剂两个方向平行发展，两类固体推进剂的差别主要是黏合剂体系以及制备工艺的不同。在双基推进剂基础上加入 Al 粉及硝胺炸药得到的改性双基推进剂较复合推进剂在能量性能方面具有明显优势，但复合推进剂具有更好的力学性能与安全性能。随着推进剂技术的不断发展，人们研制了一类新型黏合剂，既可以像硝化纤维素一样被硝酸酯增塑剂增塑，又可以通过固化反应形成力学性能良好的三维交联网络，进而发展出一类新型固体推进剂，即硝酸酯增塑聚醚推进剂（Nitrate Ester Plasticized Polyether，NEPE）。

NEPE 推进剂最早由美国赫克利斯公司在 20 世纪 70 年代末研制成功，赫克力斯公司称它是交联改性推进剂技术水平的最新进展，代表着当前高能固体火箭推进剂的发展方向。目前美国已将由 PEG（聚乙二醇）与硝酸酯（NG 及 1，2，4 - 丁三醇三硝酸酯）及 HMX - AP - Al 制成的 NEPE 推进剂应用于"三叉戟 Ⅱ""侏儒"和"MX"三种战略导弹的 7 台发动机中。我国 20 世纪 80 年代中期开始研制这类推进剂，已成功进行了实验发动机、缩比发动机、全尺寸发动机等一系列实验，成为一种迄今为止能量水平、力学性能最优越的推进剂品种。毫无疑问，NEPE 推进剂将会在各种导弹武器中发挥越来越重要的作用。

6.1.1　定义与特点

NEPE 推进剂是一类以硝酸酯增塑剂和聚醚黏合剂构成黏合剂基体，以高能炸药（如 RDX、HMX）、氧化剂（如 AP）和金属燃料（如 Al）等为固体填料而组成的高能固体推进剂。

NEPE 推进剂打破了传统改性双基推进剂与复合推进剂的界限，其高分子黏合剂既像硝化纤维素一样可为硝酸酯所增塑，又像复合推进剂用的预聚物一样通过固化交联而形成弹性良好的三维网络，从而在上述两类推进剂之间实现取长补短。由于 NEPE 推进剂充分发挥了双基推进剂中液态硝酸酯增塑剂的能量特性、复合推进剂中聚醚聚氨酯型黏合剂低温力学性能好的特长，又采用大量的 HMX 等固体组分，因而结合成为具有优异的能量特性和低温力学性能的一类推进剂。

6.1.2　组成与作用

NEPE 推进剂的组成特点，决定了其配方的结构特征和功能特点。与传统复合固体推进剂最大的区别在于大量含能液体组分的应用，这能使推进剂在较低的固体含量下保持更高的能量水平，并且具有较高的力学性能水平和良好的工艺加工性能。硝酸酯增塑剂和交联黏合剂组成的 NEPE 推进剂，选用的基本组分如下。

（1）黏合剂。NEPE 推进剂的常用黏合剂有 PEG（聚乙二醇）、PET（环氧乙烷－四氢呋喃共聚醚）以及星型的 PAO（聚氧化乙烯或含有少量聚氧化丙烯的共聚物）等，从结构上可将 NEPE 推进剂的黏合剂分为聚醚二元醇和多官能度星型聚合物，PEG 和 PET 属于前者，而星型 PAO 则属于后者。

（2）混合酯含能增塑剂。含能增塑剂能够增加推进剂能量、降低黏合剂的玻璃化转变温度与药浆的黏度。在 NEPE 推进剂中，含能增塑剂的种类与含量对推进剂的能量性能、力学性能以及工艺性能具有重要影响。NEPE 推进剂通常采用硝酸酯类增塑剂，如硝化甘油（NG）、1，2，4－丁三醇三硝酸酯（BTTN）、二缩三乙二醇二硝酸酯（TEGDN）、一缩二乙二醇二硝酸酯（DEGDN）以及它们的混合物。

在 NEPE 推进剂中，硝酸酯增塑剂的含量一般在18%以上。硝酸酯增塑剂凝固会导致推进剂出现明显的脆化现象，延伸率显著下降，推进剂的机械感度也会升高，危及推进剂的安全。从物理安定性出发，要求推进剂所用的硝酸酯增塑剂能够在储存及使用温度范围内不出现凝固现象。因此，需要选用凝固点低的硝酸酯增塑剂。

　　根据低共熔原理，将两种硝酸酯混合，可得到熔点低于单一硝酸酯的混合硝酸酯。利用这一方法，可以得到在较低温度下不凝固的混合硝酸酯增塑剂，这也是目前防止 NEPE 推进剂出现低温脆化的有效方法。表 6 - 1 及表 6 - 2 分别列出了 NG/DEGDN 及 NG/BTTN 混合硝酸酯的熔点。由表可见，两种混合硝酸酯均在质量比为 50/50 时熔点达到最低值，这也是目前 NEPE 推进剂通常使用混合硝酸酯的原因。目前，NG/BTTN 混合硝酸酯增塑剂已成为战略导弹发动机用 NEPE 推进剂的主要增塑剂品种。

表 6 - 1　NG/DEGDN 混合硝酸酯增塑剂的熔点

NG/DEGDN	100/0	75/25	50/50	25/75	0/100
熔点/℃	13.12	− 12.45	− 28.03	− 27.18	− 10.87

表 6 - 2　NG/BTTN 混合硝酸酯增塑剂的熔点

NG/BTTN	100/0	85/15	75/25	60/40	50/50	35/65	25/75	10/90	0/100
熔点/℃	13.12	− 18.65	− 23.33	− 31.33	− 38.0	− 35.75	− 30.33	− 30.33	− 27.25

　　（3）氧化剂。氧化剂是固体复合推进剂中含量最多的组分，其作用是在燃烧过程中供氧使推进剂能够平衡燃烧，并且提供能量。同时，氧化剂的种类以及氧化剂粒度大小的级配对推进剂的工艺性能、力学性能、能量性能以及燃烧性能等性能具有重要影响。常用于 NEPE 推进剂的氧化剂主要有 AP（高氯酸铵）、AN（硝酸铵）和 KP（高氯酸钾）等。

　　（4）高能添加剂。高能添加剂的主要作用是提高推进剂的生成焓以及降低燃气相对分子质量，进而提高推进剂的比冲，且部分高密度高能添加剂还能提高推进剂的密度比冲。目前常用的高能添加剂主要有 RDX、HMX 和 CL - 20 等。

　　（5）金属燃料。Al 粉作为高能燃烧剂，在推进剂燃烧过程中能够与氧反应释放大量的热，显著提高推进剂的能量水平；同时，Al 粉氧化后产生的 Al_2O_3 对于推进剂的不稳定燃烧具有抑制作用，是 NEPE 推进剂中常用的金属燃料。

　　（6）安定剂/防老剂。NEPE 推进剂中含有大量硝酸酯增塑剂。在储存过程中，硝酸酯会缓慢分解，其分解产生的氮氧化物对硝酸酯的分解具有催化作用，最终导致推进剂能量损失，力学性能下降，安全风险增加。因此，为改善 NEPE 推进剂的储存性能，需要在推进剂中加入安定剂/防老剂等组分。

NEPE 推进剂常用的安定剂为 N –（2 – 甲氧基乙基）– P – 硝基苯胺（MENA）和 N（2 – 乙酰氧基乙基）– P – 硝基苯胺（NAN）。其主要作用为吸收推进剂中硝酸酯分解产生的氮氧化合物，抑制硝酸酯的分解；防老剂 H 是 NEPE 推进剂的常用防老剂，其主要作用是保护黏合剂分子主链免受氧化物、氮氧化物的攻击，保持黏合剂网络结构的完整。

（7）固化剂。NEPE 推进剂中常用的固化剂主要有多官能度异氰酸酯（N100）、六次甲基二异氰酸酯（HDI）、甲苯二异氰酸酯（TDI）、三（4 – 苯异氰酸酯基）硫代硫酸酯（RF）等多异氰酸酯化合物。固化剂的主要作用为与 PEG、PET 等黏合剂反应形成网络结构，为推进剂的力学性能提供基础。

（8）固化催化剂。为保证安全，推进剂须在较低温度下进行固化，因此需要固化催化剂来催化黏合剂与固化剂之间的固化反应，常用的固化催化剂有三苯基铋和双醋酸二丁基锡。此外，由于 NEPE 推进剂中含有大量硝酸酯增塑剂，推进剂的酸碱性特性与传统复合固体推进剂有较大差异，而马来酸酐能够调节推进剂的酸碱性，为三苯基铋的催化作用提供良好的环境。因此，国外常在 NEPE 推进剂中将马来酸酐与三苯基铋作为组合催化剂协同使用。

（9）键合剂。由于 NEPE 推进剂中含有大量硝酸酯增塑剂，对于 RDX、HMX 等硝胺炸药具有一定的溶解性，导致推进剂中 RDX 等固体填料的表面出现软化层。同时，使传统键合剂无法在固体填料表面形成高模量层，进而致使推进剂的力学性能恶化。而中性键合剂（NPBA）的出现解决了这一难题。NPBA（Neutral Polymeric Bonding Agent）是由乙烯基单体自由基共聚形成的线型聚合物，其分子结构如图 6 – 1 所示，其中的丙烯腈可以用丙烯酰胺、丙烯酮等代替，丙烯酸甲酯可用其他的丙烯酸烷酯或乙烯醇酯等代替，丙烯酸羟乙酯可用其他的丙烯酸羟烷酯、丙烯醚醇或丙烯酰胺代替。

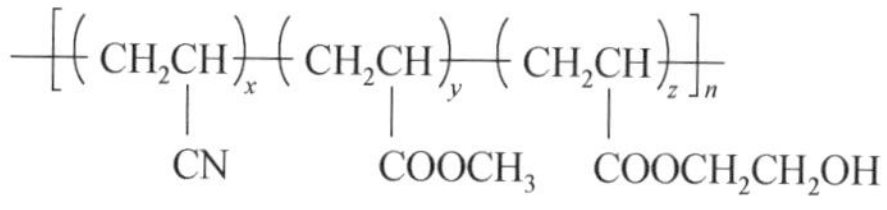

$$-\left[\left(CH_2CH\right)_x\left(CH_2CH\right)_y\left(CH_2CH\right)_z\right]_n-$$
$$\quad\;\; CN \qquad\quad COOCH_3 \quad\; COOCH_2CH_2OH$$

图 6 – 1　NPBA 的分子结构

NPBA 通过冷却相分离和沉积涂层的原理，在氧化剂填料和黏合剂基体之间起到分子桥的作用。大量的研究表明，NPBA 能够通过氢键作用在硝胺炸药表面形成一层高模量层，同时能够与黏合剂反应形成稳定的化学键连接，进而增强硝胺类炸药与黏合剂基体的界面作用[1-3]。所有 NPBA 分子的 pH 值在 5.5 ~ 8.5，相对分子质量为 3 000 ~ 500 000，分子结构中含有较多的羟基。当温度高于浆料的混合温度时，NPBA 可以溶解在黏合剂体系中，固体硝酸铵填料在浆料中均匀分散后，降温至浆料的混合温度，NPBA 从浆料中沉淀出来，吸附在硝酸铵固体颗粒的表面，起到填料和黏合剂之间的结合作用[1-3]。因此，NPBA 键合剂是目前 NEPE 推进剂的常用键合剂。此外，MAPO 键合剂能够在 AP 表面自聚合形成高模量层，也常用于 NEPE 推进剂中。

（10）燃烧性能调节剂。NEPE 推进剂中的大量硝酸酯增塑剂使其燃烧性能调节范围较窄，因而需要加入燃烧性能调节剂，用于改善推进剂的燃烧性能，调节燃速、降低燃速压力指数和温度敏感系数等。NEPE 推进剂常用的燃烧性能调节剂有过渡金属氧化物以及金属络合物、金属无机盐等。其中，Fe_2O_3、Co_2O_3、$PbCrO_3$ 等常用于提高其燃速；$CaCO_3$、CaF_3 以及稠环芳烃化合物等通常作为降速剂用于推进剂中；且部分铅盐与过渡金属氧化物的协同使用能够起到降低推进剂燃速压力指数的效果。

（11）其他功能添加剂。为改善 NEPE 推进剂的工艺性能、力学性能等综合性能，还可根据需要加入其他功能性添加剂，例如硼酸酯、钛酸酯等工艺助剂或炭黑、特种纤维等增强材料。

|6.2 PEG 基 NEPE 推进剂|

6.2.1 PEG 基 NEPE 推进剂的力学性能

良好的力学性能是推进剂保持装药结构完整性的基础，是使推进剂按设定的燃烧规律燃烧的前提条件，而黏合剂基体的网络结构是固体推进剂力学性能的基础，其本身黏弹性能的优劣决定了固体推进剂能否具有高水平力学性能[4]。聚乙二醇（PEG）的分子结构如图 6-2 所示，其主链上碳原子数较多，醚键的存在使其主链柔顺性好，具有较高的力学强度。同时，虽然高分子量的 PEG 有易结晶的趋势[5]，但在硝酸酯增塑以及与固化剂反应形成交联网络后结晶性能消失[6]，保证了推进剂的力学性能不受 PEG 的结晶行为的影响。

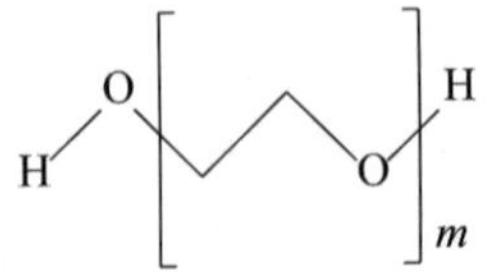

图 6-2 PEG 分子结构式

PEG 基 NEPE 推进剂在较宽的温度范围内（ - 40 ℃ ~ 50 ℃ ）具有优越的力学性能。例如，由 PEG/NG - BTTN/AP/HMX/Al 组成的 NEPE 推进剂的力学性能如表 6 - 3 所示。

表 6 - 3　PEG/NG - BTTN/AP/HMX/Al 基 NEPE 推进剂的力学性能

温度/℃	σ_m/MPa	ε_m/%
20	0.89	100
70	0.57	79
- 40	6.80	20

NEPE 推进剂中的大量硝酸酯增塑剂使得传统小分子键合剂的键合效果不佳。对此，Kim[7] 等提出了中性键合剂（NPBA）的概念，并将 NPBA 用于 PEG/HMX 基 NEPE 推进剂中，发现在配方中加入 0.2% 的 NPBA 即可使推进剂的抗拉强度提升 5 倍，键合效果良好。研究表明[8]，NPBA 键合剂使推进剂力学性能提高的一个原因是其能够提高固体填料与黏合剂基体之间界面过渡层的交联密度。

湖北航天化学技术研究所[9] 对 NPBA 在 PEG 基 NEPE 推进剂中的作用进行了深入研究，发现 NPBA 键合剂的键合效果主要取决于键合剂的微观结构以及键合剂与黏合剂基体的相互作用；且当温度超过键合剂的玻璃化转变温度时，键合剂的键合效果会减弱。因此，开发高玻璃化转变温度的 NPBA 键合剂有利于维持 NEPE 推进剂的力学性能。

另外，PEG 黏合剂基体中的扩链剂也对其力学性能有重要影响。在 NEPE 推进剂的固化体系中，PEG 及扩链剂与固化剂之间存在竞争反应，由于扩链剂消耗了部分固化剂，与 PEG 反应的固化剂减少，导致 NEPE 推进剂的断裂伸长率提高，强度下降[10]。类似地，安定剂（MNA）也会与固化剂反应，降低黏合剂体系的交联密度，使推进剂的力学性能下降[8]。

环境压力对推进剂的力学性能也有较大的影响[11-14]，在不同环境压力下，推进剂的最大抗拉强度与延伸率呈线性对数关系。环境压力的变化对推进剂的初始弹性模量没有明显影响，但环境压力增大能够抑制推进剂内部损伤的产生与扩张。因此，随着环境压力的提高，推进剂的抗拉强度与断裂延伸率以及最大抗压强度均随之增大。试验表明，与常压相比，环境压力为 2 MPa 时，推进剂的最大延伸率增加了 1 倍，最大抗拉强度是常压下的 1.44 倍。

6.2.2　PEG 基 NEPE 推进剂的燃烧性能

　　由于 NEPE 推进剂中含有大量的硝酸酯增塑剂，其燃速压力指数偏高，燃速调节范围较小[15]。调节固体填料的含量以及粒度是调节 NEPE 推进剂燃烧性能的一个有效途径，固体填料含量及粒度变化对推进剂燃烧性能的影响如表 6-4 所示[16]。

表 6-4　固体填料含量及粒度变化对推进剂燃烧性能的影响

固体填料	粒径 $d/\mu m$	燃速 $u/(\text{mm} \cdot \text{s}^{-1})$							燃速压强指数 n
		9 MPa	8 MPa	7 MPa	6 MPa	5 MPa	4 MPa	3 MPa	
AP①	340		7.71	6.77	5.86	5.08	4.06		0.911
	120		8.96	7.98	6.97	6.13	4.79	3.84	0.872
	28		10.12	9.17	7.83	6.70	5.76	4.62	0.804
	10		12.79	11.35	10.18	8.96	7.66	6.20	0.727
	1		15.78	13.96	12.02	10.04	8.32	6.82	0.868
Al②	29	10.45	9.56	8.60	7.64	6.62	5.64	4.49	0.767
	24	10.18	9.36	8.46	7.52	6.57		4.37	0.771
	13	10.24	9.42	8.58	7.59	6.59	5.50		0.768
	6.54	9.87	9.03	7.97	7.18	6.30	5.36	4.41	0.732
	5.73	9.86	8.94	8.04	7.29	6.46	5.60	4.68	0.671
	4.8	9.97	9.08	8.22	7.46	6.63		4.89	0.642
	3.7	9.57	8.87	8.04	7.12	6.45	5.78	4.82	0.619
Al③	13		8.96	7.98	6.97	6.13	4.79	3.84	0.872
	3		9.08	8.07	7.09	6.03	5.22	4.17	0.788
	2		9.13	8.02	7.07	6.11	4.94	4.28	0.788
HMX④	70		8.96	7.98	6.97	6.13	4.79	3.84	0.872
	33		8.62	7.48	6.53	5.56	4.54	3.67	0.870
	20		8.76	7.76	6.74	5.69	4.72		0.897

　　注：①AP 粒径为平均粒径；②Al 粉粒径为中值粒径，AP 含量为 18%；③Al 粉粒径为中值粒径，AP 含量为 12.5%；④HMX 粒径为平均粒径。

由表 6-4 可知，降低 AP 的粒径能有效提升推进剂燃速，而当 Al 粉粒径为 2~3 μm 时能够降低推进剂的燃速压强指数，HMX 的粒度变化对推进剂的燃烧性能则无明显影响。

除改变固体填料的含量与粒径外，使用燃速催化剂也是调节推进剂燃烧性能的有效途径。Al/Cu 类燃速催化剂以及炭黑/铅/铜类复配燃速催化剂对 PEG 基 NEPE 推进剂的燃烧性能均具有一定的调节作用。燃速催化剂对 PEG 基 NEPE 推进剂的燃烧性能影响如表 6-5 所示。

表 6-5　燃速催化剂对 PEG 基 NEPE 推进剂燃烧性能的影响

催化剂	燃速/（mm·s⁻¹）						n (3~9 MPa)	n (10~25 MPa)
	6.86 MPa	10 MPa	15 MPa	18 MPa	20 MPa	25 MPa		
空白	9.994	12.98	17.00	19.72	21.42	26.18	0.59	0.78
Pb₃O₄/CB	10.01	13.08	17.24	19.79	21.62	25.66	0.57	0.75
1% 纳米 PbO	9.868	12.75	16.63	19.23	20.81	25.77	0.59	0.77
1% PbO/CuO	9.877	12.92	16.73	19.20	20.60	25.07	0.56	0.72
2% 有机铜盐	9.445	12.47	16.46	18.50	19.84	23.63	0.58	0.70
1% CB	9.455	12.60	16.26	18.15	19.43	23.27	0.54	0.66
1% 纳米 PbO/CB	9.954	12.98	16.59	18.91	20.33	24.39	0.58	0.69
2% 纳米 PbO/CB	9.745	12.64	16.41	18.87	20.33	24.09	0.56	0.70
2% 有机铜盐/CB	9.886	12.42	15.88	18.38	20.78	24.24	0.59	0.74

由于 NEPE 推进剂与交联改性双基推进剂类似，均含有大量硝酸酯增塑剂，其燃速催化剂的使用也大多参照交联改性双基推进剂。然而，NEPE 推进剂的燃烧机理与交联改性双基推进剂仍然存在差别，燃速催化剂对其燃烧性能的影响也有差异。目前，对于 NEPE 推进剂的燃烧机理尚不完全明确，燃速催化剂及降低燃速压力指数助剂等功能添加剂的使用大多依靠经验与大量实验，效果有限。

除粒度调节及燃速催化剂之外，增塑比对 NEPE 推进剂的燃烧性能也具有一定程度的影响。增速比 1~4 时 PEG 基 NEPE 推进剂的燃烧性能如图 6-3 所示。随着增塑比的增大，NEPE 推进剂的燃速有升高的趋势，同时燃速压力指数升高，且增塑比提高越多，燃速升高越不明显。

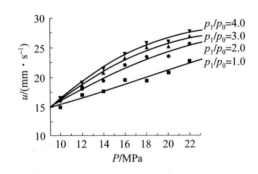

图 6-3　增速比对 PEG 基 NEPE 推进剂的燃烧性能的影响

6.2.3　PEG 基 NEPE 推进剂的工艺性能

　　由于 NEPE 推进剂中的液相体系使用了极性较大的聚醚黏合剂和硝酸酯增塑剂，导致液相组分与硝胺类氧化剂的界面作用较弱，制备过程中推进剂的黏度、屈服值都会大幅上升。其中，NPBA 的—OH 与硝胺类氧化剂的—NO_2 易形成氢键，是 NEPE 推进剂药浆流变特性的主要影响因素。通过调节固化催化剂（或提高固化温度）等方法，可以缩短或消除 NEPE 推进剂固化反应初期高模量现象[17]。

　　潘新洲等[18]研究发现，RDX 在 PEG/NG/BTTN 黏合剂体系中混合形成的悬浮液随 RDX 含量的增加，颗粒间相互作用增强，当 RDX 的体积分数在 35%以上时，悬浮液的表观黏度和屈服值呈现急剧升高的现象。

　　此外，使用工艺助剂也能改善推进剂药浆的工艺性能。使用 PB 类工艺助剂能够降低 PEG 基 NEPE 推进剂药浆的黏度与屈服值，延长适用期，同时还起到键合剂的作用，提高推进剂的力学性能，且对推进剂的燃烧性能与安全性能无明显影响[19]。

6.2.4　PEG 基 NEPE 推进剂的老化性能

　　PEG 基 NEPE 推进剂的热老化性能如图 6-4～图 6-8 所示[20]。由图 6-4 可知，在老化前期，推进剂的热失重迅速增加，随着时间的延长，热失重速率降低，推进剂甚至出现增重。这是因为在老化前期，硝酸酯增塑剂迅速挥发，而进入老化后期后，硝酸酯增塑剂含量减少，热失重速率相应降低，且推进剂部分分解产生的氮氧化物气体与聚合物链反应以及吸湿而出现增重，其宏观表现为热失重速率的下降。

由图6-4可见，随着老化时间的延长，推进剂爆热整体呈下降趋势，且在不同温度下的爆热变化基本一致，表明推进剂在老化过程中的爆热变化对温度不敏感。在老化130天后，推进剂的爆热降低了9%左右，表明老化导致推进剂的能量出现一定程度的降低。

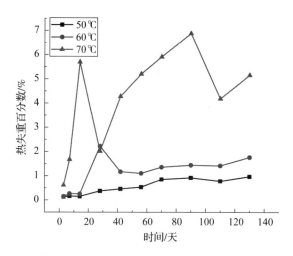

图6-4　PEG基NEPE推进剂在不同温度和老化时间下的热失重百分数

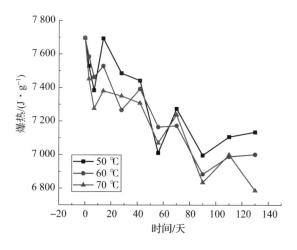

图6-5　PEG基NEPE推进剂在不同温度和老化时间下的爆热

图6-6~图6-8中的性能变化趋势基本相同，表明NEPE推进剂的邵氏硬度与凝胶百分数、相对交联密度具有一定程度的相关性。由图6-6~图6-8可知，在老化前期，硝酸酯增塑剂的挥发以及后固化反应使推进剂的硬度、凝胶百分比以及相对交联密度增大；而在老化后期，硝酸酯增塑剂的分解产物催化

聚合物网络降解，使推进剂的邵氏硬度与凝胶百分数、相对交联密度降低。

总之，NEPE 推进剂的老化可分为前期与后期两个阶段。前期的失效模式主要为硝酸酯增塑剂的挥发、迁移以及黏合剂体系的后固化。在这期间，推进剂的凝胶百分比、相对交联密度以及邵氏硬度上升，其老化的宏观表现为推进剂变硬。在老化后期，推进剂中的中定剂已基本被消耗完，硝酸酯增塑剂的分解产物对聚醚分子链的催化降解作用使推进剂的聚合物网络出现断链、裂解，造成推进剂的硬度、凝胶百分数以及相对交联密度的下降。

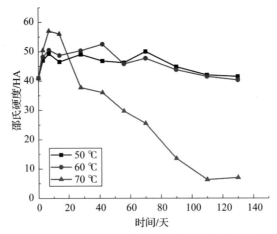

图 6 - 6　PEG 基 NEPE 推进剂在不同温度和老化时间下的邵氏硬度

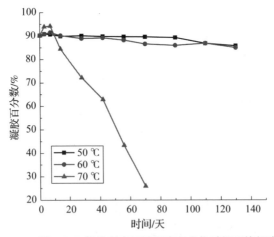

图 6 - 7　PEG 基 NEPE 推进剂在不同温度和老化时间下的凝胶百分数

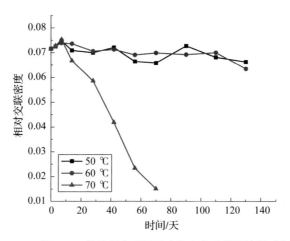

图 6 - 8　PEG 基 NEPE 推进剂在不同温度和老化时间下的相对交联密度

6.2.5　典型的 PEG 基 NEPE 推进剂

PEG 基 NEPE 推进剂在国内外均已取得实际应用。美国在 1989 年将 PEG 基 NEPE 推进剂装备于"三叉戟"Ⅱ（D5）型潜射弹道导弹中正式服役，并已完成 140 余次飞行试验，无一失败，展现出极高的可靠性。表 6 - 6 列出了"三叉戟"Ⅱ（D5）用 NEPE 推进剂的基本性能。

表 6 - 6　"三叉戟"Ⅱ（D5）用 NEPE 推进剂的基本性能

项目		"三叉戟"Ⅱ（D5）用 NEPE 推进剂
真空比冲/（N·s·kg^{-1}）		2 901.8
比冲/（N·s·kg^{-1}）（ϕ315 mm）		2 499
密度/（g·cm^{-3}）（20 ℃）		1.84 ~ 1.86
燃速/（mm·s^{-1}）（6.86 MPa，全尺寸发动机）		11 ~ 17
压强指数/（4.0 ~ 8.5 MPa，ϕ127 mm 发动机）		0.66
力学性能	σ_m/MPa（25 ℃）	0.896
	ε_m/%（20 ℃）	100
	ε_m/%（65 ℃）	79
	ε_m/%（ -40 ℃）	20

PEG 基 NEPE 推进剂多装备于战略导弹中，现装备使用的典型 NEPE 推进

剂的配方为：聚乙二醇（固体含量73%）、硝化甘油、1，2，4-丁三醇三硝酸酯、高氯酸铵、铝粉、奥克托今、三苯基铋或双醋酸二丁锡、异氰酸酯、硝化纤维素、乙酸丁酸纤维素和α-硝基二苯胺，其基本性能见表6-7。NEPE推进剂配方中各组分用量可根据需求进行调整，例如需要较高能量时，可使用较多的硝化甘油作增塑剂并提高固体含量；要求推进剂在宽温域范围内具有较好的力学性能时，可以选用50/50的NG/BTTN混合硝酸酯作为增塑剂；需要推进剂少烟低特征信号时，应当尽量少用或不用AP和铝粉。

表6-7　NEPE推进剂基本性能

温度/℃	65	25	-40
抗张强度/MPa	0.57	0.89	6.8
弹性模量/MPa	3.27	4.13	
延伸率/%	79	100	20
燃速（13.73 MPa压力）	26.4 mm/s		
压力指数	0.58		
对冲击的临界起始值	4×104 J/s		
对摩擦的临界起始值	4×108 N/m^2		
对电火花的临界起始值	1.26 J		
枪击试验临界冲击试验值	190 m/s		
危险等级	1.1		
工艺方法	浇铸成型		

6.3　PET基NEPE推进剂

聚乙二醇（PEG）结构规整，相对分子质量可根据推进剂力学性能的需要在6 000~12 000灵活控制。但是，该类黏合剂的缺陷是易结晶（结晶度大于80%），玻璃化转变温度较高，影响推进剂的力学性能和安全性能，难以满足战术导弹武器对固体推进剂宽温度范围的要求。为了改善PEG黏合剂的这一缺点，研究人员将四氢呋喃引入其中制得了环氧乙烷-四氢呋喃共聚醚

（PET），其分子结构式如图 6-9 所示。PET 的主链由醚键与亚甲基组成，具有良好的柔顺性[21]，且两种单体的共聚破坏了聚环氧乙烷与聚四氢呋喃分子链的规整性，使其不易结晶。PET 基 NEPE 黏合剂的玻璃化转变温度在 -60 ℃左右[22]，可在 30 ℃条件下储存 18.5 年[23]，具有良好的低温性能和老化性能，可满足战术武器应用的需求[24]。

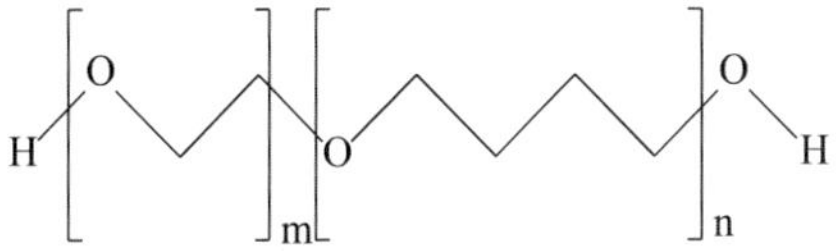

图 6-9　PET 分子结构式

6.3.1　PET 基 NEPE 推进剂的力学性能

PET 预聚物的数均分子量及其分布指数对推进剂的力学性能有较大影响。一般来说，使用数均分子量分布较窄的预聚物有利于获得结构较为规整的交联网络，提高 PET 预聚物的数均分子量也有利于提高推进剂的力学性能。PET 预聚物的数均分子量对 NEPE 推进剂力学性能的影响如表 6-8 所示[24]。

表 6-8　PET 预聚物的数均分子量对 NEPE 推进剂力学性能的影响

数均分子量	温度	σ_m/MPa	ε_m/%	ε_b/%
	20 ℃	0.56	62	64
3 618	70 ℃	0.47	54	56
	-40 ℃	1.69	72	96
	20 ℃	0.66	80	83
4 600	70 ℃	0.47	64	65
	-40 ℃	1.72	99	108

此外，加入多官能度化合物提高交联密度也是改善力学性能的有效途径。杨寅等[25]采用三官能度的 PET 对 NEPE 推进剂配方的力学性能进行了研究，结果表明，随着三官能度 PET($f=3.2$) 在预聚物中占比的增大，胶片交联密度提高，最大增幅达 45.69%，胶片强度随之提高，最大抗拉强度增幅达 101%，断裂伸长率相应减小；三官能度 PET 应用于 NEPE 推进剂时，能有效改善推进剂常温力学性能，强度与延伸率均有所提高，当黏合剂预聚物中三官能度 PET 的质量分数达 62.5% 时，强度可达 0.57 MPa，比空白样提高了 59%。

　　类似的，刘晶如等[26]将混合固化剂、扩链剂聚乙二醇200（PEG200）、交联剂三羟甲基丙烷（TMP）、三官能度PET、端异氰酸酯预聚物以及互穿聚合物网络等技术作为调整NEPE推进剂黏合剂网络结构的主要措施，发现TMP能提高推进剂的拉伸强度，异佛尔酮二异氰酸酯（IPDI）与PEG200混合使用能提高推进剂的最大延伸率；三官能度PET能使推进剂的强度和延伸率均有所提高，当黏合剂中三官能度PET的质量分数为50%时，推进剂常温下的拉伸强度和最大延伸率分别比空白样提高了16%和161%；端异氰酸酯预聚物能改善推进剂的力学性能，尤其是对提高最大延伸率有明显作用；将新型聚合物P31引入推进剂黏合剂体系形成互穿网络，推进剂在不同温度下的拉伸强度先增大后减小，延伸率一致增大，当P31的含量占黏合剂体系的5%时，拉伸强度达到最大值。

　　增塑比对推进剂的力学性能也具有一定影响，如图6-10所示。随着增塑比的增加，PET基NEPE推进剂的拉伸强度逐渐降低，延伸率先增加后降低，初始模量则无明显变化[24]。

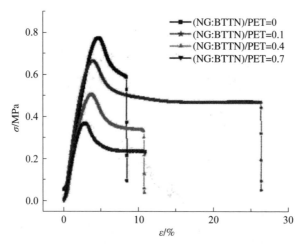

图6-10　增塑比对PET基NEPE推进剂的力学性能的影响

　　与PEG基NEPE推进剂类似，NPBA键合剂同样能够增强PET基NEPE推进剂的力学性能。不同种类的NPBA键合剂可不同程度地提高推进剂高低温力学性能，抑制"脱湿"现象，使推进剂的初始模量提高1.7～2.1倍。在NPBA键合剂基础上改性得到嵌段型NPBA键合剂，可使推进剂的脱湿比降至1.02，具有比传统NPBA键合剂（脱湿比为1.12）更好的键合效果。

　　除NPBA键合剂外，含有海因和三聚异氰酸酯的键合剂（22）因其具有环状结构以及较多的极性基团，也能起到提高NEPE推进剂力学性能的作用。22

#键合剂对提高含 CL – 20 的 NEPE 推进剂体系的力学性能非常有利，可使推进剂的拉伸强度和断裂延伸率分别提高 18.8% 和 103.4% 。

6.3.2 PET 基 NEPE 推进剂的能量性能

当固体填料为 HMX/AP/Al，增塑剂为 NG/BTTN 时，推进剂能达到的最大理论比冲与固体含量的关系如图 6 – 11 和表 6 – 9 所示。

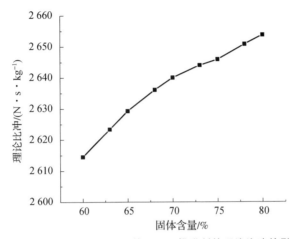

图 6 – 11　固体含量对 PET 基 NEPE 推进剂的理论比冲的影响

表 6 – 9　固体含量对 PET 基 NEPE 推进剂能量特性的影响

固体含量 /%	密度 /(g · cm⁻³)	燃烧室温度 /K	特征速度 /(m · s⁻¹)	理论比冲 /(N · s · kg⁻¹)
60	1.811 9	3 370	1 607	2 614.5
63	1.826 6	3 418	1 612	2 623.4
65	1.841 9	3 493	1 613	2 629.3
68	1.857 1	3 536	1 618	2 636.1
70	1.867 4	3 564	1 620	2 640.0
73	1.883 0	3 616	1 623	2 644.0
75	1.893 9	3 654	1 625	2 645.9
78	1.910 1	3 692	1 628	2 650.8
80	1.920 8	3 716	1 629	2 653.8

对于 Al 含量为 18% 的 PET 基 NEPE 推进剂，用 CL－20 替代 RDX 后其能量变化不大，但对于 Al 含量为 5% 的低铝 PET 基 NEPE 推进剂，用 CL－20 替代 RDX 后，推进剂的标准理论比冲可提高约 54 N·s/kg。且 CL－20 使 NEPE 推进剂的密度比冲明显提升，燃烧产物特征信号低，在高能低特征信号推进剂领域有较好的应用前景[27,28]。

6.3.3　PET 基 NEPE 推进剂的燃烧性能

调节固体含量以及粒度是调节推进剂燃烧性能的有效方式。冯增国等[29]研究了氧化剂含量及粒度对 PET 基 NEPE 推进剂燃速及压力指数的影响，发现 NEPE 推进剂的燃烧行为类似于 AP/HMX 基复合改性双基推进剂。使用细粒径的 AP 或者将粗细两种 AP 进行粒度级配能使推进剂的燃速提高 25% 左右，燃速压力指数也有所降低。类似地，使用纳米级铝粉代替微米级 Al 粉也能够起到提高推进剂燃速的作用[30]。

燃速催化剂对推进剂的燃烧性能具有重要影响，且根据推进剂类型的不同，所适用的燃速催化剂也随之改变。对于 NEPE 推进剂，将碳酸铅与炭黑复配作为燃速催化剂有利于提高燃速，且增加碳酸铅的用量有利于压力指数的降低[31]。此外，多组元燃烧催化剂对 NEPE 推进剂燃速和压力指数有一定影响，但和双组元的相比，并无大的差异。

对含 CL－20 的无烟 NEPE 推进剂而言，NTO－Pb/AD－Cu 双组分燃速催化剂对推进剂的燃烧催化效果较好，在 15 MPa 下推进剂的燃速达到 25.66 mm/s；Pb/乙炔炭黑双组分燃速催化剂使推进剂在 10~15 MPa 下能产生一个较好的燃烧平台，燃速压力指数为 0.22[32]。

随着纳米技术的兴起，纳米复合催化剂也应运而生，并展现出良好的应用前景。将纳米级碳酸铅作为燃烧催化剂用于 NEPE 推进剂中，除了可以改善推进剂的燃烧性能，还对推进剂的固化反应具有催化作用，可取代部分固化催化剂以提高推进剂的能量性能[33]。另外，顾健[34]设计了以新型碳纳米材料（CN）为载体的负载燃速催化剂并用于 NEPE 推进剂中，发现随着负载燃速催化剂中 CN 含量的提高，NEPE 推进剂在 15 MPa 下的燃速由 15.72 mm/s 增至 24.68 mm/s，增幅达 57%，压强指数由 0.60 降至 0.46；当负载燃速催化剂中 CN 的质量分数为 10% 时，NEPE 推进剂的燃速高达 34.8 mm/s，而药浆的工艺性能没有明显恶化，综合作用效果最好。

增塑比对 PET 基 NEPE 推进剂的燃烧性能具有较为明显的影响。增速比 p_1/p_0 与 PET 基 NEPE 推进剂燃烧性能的关系如图 6－12 所示。随着增塑比增大，PET 基 NEPE 推进剂的燃速显著提高，同时压强指数略有升高。当增塑比稍大于 1 时，增塑比的增大对燃速的提高较明显，随着增塑比的进一步增大，燃速提高变缓。

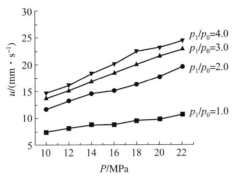

图 6 - 12　增速比对 PET 基 NEPE 推进剂燃烧性能的影响

6.3.4　PET 基 NEPE 推进剂的工艺性能

　　与 PEG 基 NEPE 推进剂的工艺性能相似，PET 基 NEPE 推进剂的工艺性能主要表现在药浆流动性、固化交联网络的形成等方面。张伟等[35,36]对少烟低铝 PET 基 NEPE 推进剂的流变性能及界面性能进行了一系列系统的研究。结果表明，在推进剂固化初期，推进剂药浆还未形成明显的交联网络，随时间的增加，推进剂药浆的储能模量和损耗模量缓慢升高，整个体系处于黏流态；在反应中期，体系的交联网络结构逐渐形成，药浆逐渐出现凝胶现象，表现为推进剂药浆由黏流态转变为黏弹态；到反应末期，交联网络趋于完善，体系弹性进一步增强；此外，研究还发现，在推进剂制备过程中，键合剂吸附于填料表面形成的界面能够稳定保持在黏合剂体系中，在改善固体颗粒分散性的同时，也增加了推进剂药浆的模量和结构强度，对药浆的流平性有负面作用。

　　此外，将抑制剂乙酰丙酮（HAA）与 T - 12 混合使用，能够使 PET 基 NEPE 推进剂的适用期从 1 h 延长至 4.5 h，有利于推进剂药浆的浇铸成型，且对推进剂的力学性能无负面影响[37]。

|6.4　PAO 基 NEPE 推进剂|

　　PAO 是聚氧化乙烯或含有少量聚氧化丙烯的共聚物[38]，属于多官能度星型聚合物，其分子链中含有柔性的重复醚键单元。PAO 的分子结构式如图

6-13 所示，其特有的三臂或四臂结构，使其单个分子链上的碳原子数达到 300~600 个。

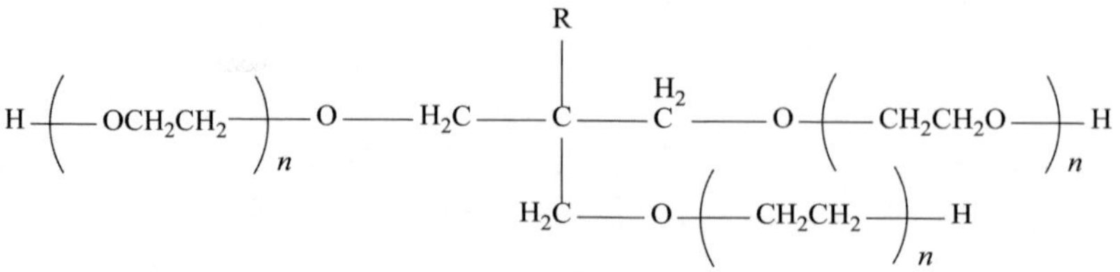

（a）

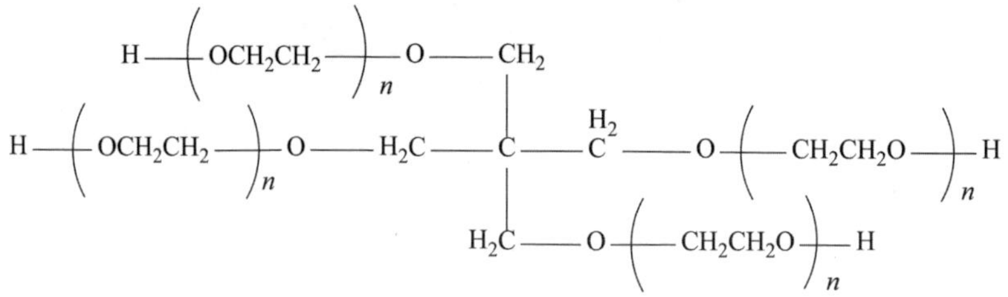

（b）

图 6-13　PAO 分子结构式

（a）三官能度 PAO，R 为甲基或乙基；（b）四官能度 PAO

20 世纪 80 年代后期，美国首先开发出了多官能度的星型 PAO 黏合剂并应用于 NEPE 推进剂中，发现以星型 PAO 为黏合剂制得的推进剂，交联点间有较长的柔韧结构，能充分抵抗拉长和撞击的破坏，使推进剂的抗拉强度、断裂伸长率大幅提高（可提高 2~5 倍），体积收缩率降低，有效改善 NEPE 推进剂的力学性能，使其明显优于 PEG。又因其具有吸收能量的星型骨架结构，从而能在一定程度上降低推进剂的感度，提高安全性能[38,39]。

Reed[39] 将三臂型与四臂型 PAO 应用于 HMX/BTTN 高能体系中，制得具有高延伸率与低体积膨胀率的 NEPE 推进剂，其推进剂组成与力学性能如表 6-10 所示。由表可见，相对于 PEG 基 NEPE 推进剂，PAO 基 NEPE 推进剂具有更优异的力学性能。

表 6-10　PAO 基及 PEG 基高延长率 NEPE 推进剂配方基力学性能

黏合剂			异氰酸酯	R	增塑剂	HMX (10 μm)/%	σ_m/MPa	ε_m/%
规格	M_n	官能度						
PAO24-17	18 000	3	RF	2.5	BDNPA/F	60	0.46	719
			N-100	1.8	BTTN	60	0.29	813

黏合剂			异氰酸酯	R	增塑剂	HMX (10 μm)/%	σ_m/MPa	ε_m/%
规格	M_n	官能度						
PAO21 - 63	20 000	3	N - 100	2.5	BTTN	60	0.78	781
			N - 100	2.0	BTTN	55	0.52	775
			N - 100	1.5	BTTN	60	0.37	777
			XⅢ - D	1.8	BTTN	60	0.37	726
			XⅢ - D	1.5	BTTN	60	0.44	972
PAO24 - 37	28 000	3	N - 100	2.0	BTTN	60	0.28	939
			RF	2.5	BTTN	60	0.64	748
PAO24 - 13	18 000	4	N - 100	2.0	BTTN	50	0.41	473
PEG	4 500	2	N - 100	1.5	BTTN	64	0.45	301
			N - 100	1.8	BDNPA/F	50	0.50	224

注：BDNPA/F 为双（2，2 - 硝基丙基）缩乙醛/双（2，2 - 二硝基丙基）缩甲醛（质量比 50：50 混合物）；XIII - D 为硝基 - 1，5 - 五次甲基二异氰酸酯。

近年来，在含有二硝酰胺硝铵（ADN）、1，4 - 二硝基哌嗪（DNP）、1，4，4 - 三硝基哌啶（TNP）、4，4 - 双二氟氨基 - N - 硝基哌啶（CL - 22）等新型氧化剂及含硼固体推进剂中也使用星型 PAO 作为黏合剂，推进剂理论比冲可达 276 s。

2003 年，美国海军使用相对分子质量为 18 000 的端羟基四星 PAO 作为黏合剂、ADN 作为氧化剂制备了低特征信号、低污染的高能固体推进剂[40]，星型 PAO 与 ADN 相容性和黏结力良好，无须使用键合剂就可获得力学性能良好的推进剂，该推进剂的实测比冲达 240 s，燃速达 19.3 mm/s。

黎明化工研究设计院同样成功制得了星形 PAO 黏合剂，相对分子质量（M_n）为 6 000 ~ 28 000（三臂）、8 000 ~ 32 000（四臂）；分散指数不大于 1.5；玻璃化转变温度不高于 - 50 ℃；外观为片状白色结晶或无色膏状体[38]。目前，国内学者已将 PAO 黏合剂用于 NEPE 推进剂中，其力学性能如表 6 - 11 和表 6 - 12[41] 所示。

表 6-11　PAO 基 NEPE 推进剂的力学性能（NG/BTTN/HMX 体系）

温度	力学参数	三星 PAO	四星 PAO
25 ℃	σ_m/MPa	1.02	1.13
	ε_m/%	90.7	66.7
	ε_b/%	93.1	67.6
70 ℃	σ_m/MPa	0.45	0.55
	ε_m/%	63.9	45.1
	ε_b/%	83.2	52.4
-40 ℃	σ_m/MPa	2.55	2.60
	ε_m/%	101.3	77.0
	ε_b/%	118.5	95.4

表 6-12　PAO 基 NEPE 推进剂的力学性能（NG/TEGDN/RDX 体系）

温度/℃	力学参数	三星 PAO			四星 PAO		
		$M_n = 18\,980$	$M_n = 23\,810$	$M_n = 20\,700$	$M_n = 31\,730$	$M_n = 30\,330$	$M_n = 28\,780$
25	σ_m/MPa	0.76	0.69	0.65	0.86	0.75	0.68
	ε_m/%	88.9	131.1	130.2	97.5	85.7	100.1
	ε_b/%	90.2	131.1	135.4	99.7	87.3	100.1
70	σ_m/MPa	0.62	0.73	0.71	0.67	0.61	0.73
	ε_m/%	78.0	72.8	81.3	69.4	52.8	59.8
	ε_b/%	78.7	72.8	81.3	70.0	52.9	59.8
-40	σ_m/MPa	0.98	1.21	1.25	1.53	1.57	0.91
	ε_m/%	77.9	89.8	60.3	72.2	74.9	99.5
	ε_b/%	81.1	99.0	89.3	78.0	79.9	104.1

　　此外，不同硝酸酯增塑剂对 PAO 基 NEPE 推进剂的力学性能也有不同程度影响，表 6-13 为使用不同增塑剂时 PAO 基 NEPE 推进剂的力学性能。由表可以发现，增塑剂对 NEPE 力学性能的影响主要与硝基含量有关，硝基含量增

加，则推进剂常温强度增加。硝基含量较高时，推进剂的常温下强度可达 0.9 MPa，延伸率超过 80%。

表 6 – 13　增塑剂种类对 PAO 基 NEPE 推进剂力学性能的影响

增塑剂			TEGDN	NG	BTTN	TEGDN/NG	TEGDN/BTTN	NG/BTTN
硝基含量			38.3	60.8	57.3	49.6	47.8	59
力学性能	20 ℃	σ_m/MPa	0.54	0.93	0.89	0.77	0.78	0.94
		ε_m/%	124.7	85.2	81.59	113.3	88.2	87.1
		ε_b/%	125.1	85.2	81.59	113.3	88.2	87.7
	70 ℃	σ_m/MPa	0.42	0.73	0.57	0.46	0.48	0.71
		ε_m/%	90	69.4	74.25	74.4	65.1	69.7
		ε_b/%	90.1	69.8	74.3	74.8	65.7	72.0
	–40 ℃	σ_m/MPa	1.18	1.77	1.53	—	1.47	—
		ε_m/%	91.2	68.9	54.2	—	65.1	—
		ε_b/%	93.8	73.4	57.7	—	75.5	—

国内外研究均表明，PAO 基 NEPE 推进剂具有优于二官能度 PEG 基 NEPE 推进剂的力学性能，且感度较低，可用于低易损高能 NEPE 推进剂的制备。未来星型 PAO 黏合剂在 NEPE 推进剂领域将获得越来越多的应用。

|6.5　GAP 改性 NEPE 推进剂|

PEG 及 PET 均为惰性黏合剂，其力学性能优异，但对推进剂的能量性能贡献有限。而聚叠氮缩水甘油醚（GAP）具有较高的生成热与密度，能够对推进剂的能量性能做出贡献，是目前含能黏合剂领域的一大研究热点。此外，GAP 与 PEG 及 PET 的相容性可满足推进剂的使用要求。因此，为在保证力学性能满足要求的前提下进一步提高 NEPE 推进剂的能量性能，可将 GAP 与 PEG 或 PET 混合制备 GAP 改性 NEPE 推进剂。

6.5.1 GAP 改性 PEG 基 NEPE 推进剂

将 PEG 预聚物高温熔融后与 GAP 预聚物混合，随后与异氰酸酯固化剂反应即可得到 GAP/PEG 黏合剂。需要注意的是，由于 GAP 本身具有较大的自由体积，其增塑比不能大于 1。图 6-14 与表 6-14 分别为增塑比及 GAP 含量对 GAP/PEG 黏合剂的玻璃化转变温度与力学性能的影响。

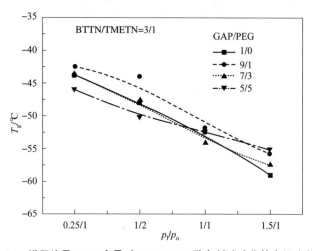

图 6-14 增塑比及 GAP 含量对 GAP/PEG 黏合剂玻璃化转变温度的影响

表 6-14 增塑比及 GAP 含量对 GAP/PEG 黏合剂力学性能的影响

GAP/PEG	增塑比	σ_m/kPa	ε_b/%	模量/MPa	邵氏硬度/HA
1/0	0.25	260	92	470	18
	0.5	380	86	380	14
	1	83	62	200	4
	1.5	74	45	210	5
9/1	0.25	340	101	600	20
	0.5	250	95	450	18
	1	90	84	100	2
	1.5	100	100	160	2
7/3	0.25	440	141	630	21
	0.5	290	130	440	14
	1	100	131	140	1
	1.5	50	130	70	0

GAP/PEG	增塑比	σ_m/kPa	ε_b/%	模量/MPa	邵氏硬度/HA
5/5	0.25	1 230	173	3 400	40
	0.5	430	160	580	19
	1	200	165	240	5
	1.5	800	222	60	0

由图 6 – 14 可见，与 GAP 含量相比，增塑比对黏合剂体系的玻璃化转变温度的影响更为显著。在最大增塑比范围内，增塑比越大，玻璃化转变温度越低，越有利于保持推进剂在低温条件的装药完整性。然而，由表 6 – 14 可知，随着增塑比增加，黏合剂的抗拉强度、断裂延伸率、模量及邵氏硬度均呈下降趋势。因此，需要选择合适的增塑比，确保 GAP/PEG 基 NEPE 推进剂具有较低的玻璃化转变温度和较好的力学性能。此外，随着 PEG 含量的增加，GAP/PEG 黏合剂的玻璃化转变温度有小幅下降，且力学性能均逐渐提高。但为了提高推进剂的能量性能，仍需要加入一定量的 GAP。

当固化剂为 N – 100，且不加入 NPBA 键合剂时，GAP/PEG 基 NEPE 推进剂（mGAP : mPEG = 1 : 1）的抗拉强度为 0.3 MPa 左右，此时延伸率低于 50%，而断裂延伸率超过 200%，"脱湿"现象明显。当固化剂为 N – 100/IPDI，且加入 0.4% 的 NPBA 键合剂后，GAP/PEG 基 NEPE 推进剂的抗拉强度超过 0.4 MPa，断裂延伸率约为 85%，且基本无"脱湿"现象，推进剂的玻璃化转变温度约为 – 50 ℃，可在低温使用[42,43]。

6.5.2 GAP 改性 PET 基 NEPE 推进剂

1. GAP/PET 基 NEPE 推进剂

由于 GAP 与 PET 均能与异氰酸酯反应，因此将 GAP 与 PET 的预聚物进行物理混合，并加入异氰酸酯固化剂，即可实现 GAP 与 PET 的化学共混。在此基础上添加硝酸酯增塑剂与固体填料等组分即可制得 GAP/PET 基 NEPE 推进剂。需要注意的是，GAP 预聚物的端羟基与 PET 预聚物的端羟基的反应活性不同，且 GAP 与 PET 预聚物的密度存在差异。因此，在固化反应过程中，需要对反应过程进行控制，确保在固化过程中不会发生相分离甚至分层现象。表 6 – 15 列出了以 T12 为催化剂时，GAP 和 PET 与 N – 100 的固化动力学参数。由此可以计算出两体系在不同温度下任意时刻的转化率 α_1、α_2，并得到两体

系的转化率差值 $\Delta\alpha$ 随时间变化的曲线。图 6-15 所示为不同温度时，GAP/N100、PET/N100 两个体系转化率差值 $\Delta\alpha$ 与时间的关系曲线[44]。

表 6-15　催化剂为 T12 时，GAP/N100、PET/N100 体系固化动力学参数

催化剂用量/%	GAP/N100			PET/N100		
	动力学模型	$E_a/(\text{kJ} \cdot \text{mol}^{-1})$	A/h^{-1}	动力学模型	$E_a/(\text{kJ} \cdot \text{mol}^{-1})$	A/h^{-1}
0.1	2 级	55.36	7.31×10^7	2 级	69.39	4.29×10^{10}
0.3	2 级	54.77	3.65×10^5	2 级	66.18	7.33×10^9
0.5	2 级	48.86	2.16×10^7	2 级	55.49	2.70×10^9
1	2 级	20.76	2.93×10^3	2 级	50.80	6.70×10^8

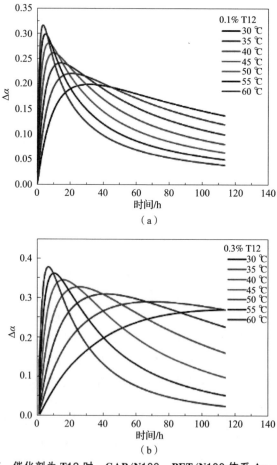

图 6-15　催化剂为 T12 时，GAP/N100、PET/N100 体系 $\Delta\alpha - t$ 关系图

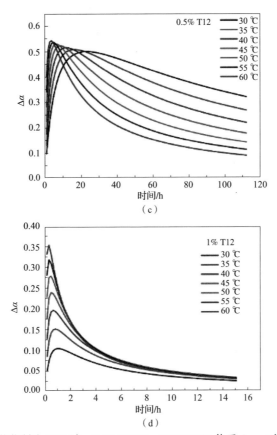

图 6 – 15 催化剂为 T12 时，GAP/N100、PET/N100 体系 Δα – t 关系图（续）

由图 6 – 15 可知，T12 为催化剂时，GAP/N100、PET/N100 两体系存在最大转化率差值 Δα，该差值在催化剂 T12 为 0.5% 时，可达 50% 以上，且用时较短。由图 6 – 15（c）可见，随着温度的升高，达到最大转化率差值所用时间缩短，最大转化率差值逐渐增大。由此结果绘制出催化剂 T12 用量为 0.5% 时，GAP/N100 与 PET/N100 两体系最大转化率差值 Δα、时间与温度的关系曲线，如图 6 – 16 所示。

由图 6 – 16 可知，随着温度的增加，Δα 逐渐增大，达到 Δα 所用时间减少，在温度为 35 ℃ 时，最大转化率差值达到最大，之后随着温度的升高，呈现先下降后上升的趋势。根据 GAP/N100、PET/N100 两体系在不同温度下的 Δα 来调整固化条件，可在共混黏合剂发生相分离前完成交联反应。将 GAP/PET 共混体系的固化条件分为两个阶段；第一阶段在低温下进行（35 ℃ 固化 1 天），两体系存在最大转化率差值 $\Delta\alpha_{max}$，此时 GAP 与 N100 反应速率较慢，而 PET 与 N100 反应速率较快，在该温度下可以快速反应形成网络结构。当 PET/

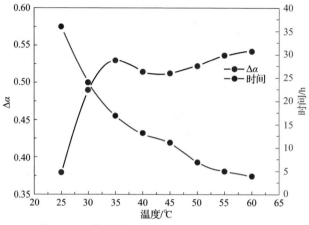

图 6 – 16　最大转化率差值、时间与温度的关系

N100 大量反应后，体系黏度有一定程度的增加，但是体系中还存在大量未反应的 GAP 和部分 N100。此时，升高温度进入第二阶段（60 ℃ 固化 5 天）。在此阶段，GAP 与剩余 N100 开始大量反应，由于第一阶段形成的 PET/N100 网络占据共混体系大量的反应空间，因此会有很大比例的 GAP 与 N100 在 PET/N100 交联网络的间隙处反应交联，形成拓扑链缠结。

同时，从图 6 – 17 所述的 GAP 与 PET 预聚物的二元液相相图可知，在 GAP 含量低于 50%、35 ℃ 和 45 ℃ 低温固化时，混合液位于稳定区和亚稳定区。这表明上述固化方法可使共混黏合剂体系在发生相分离前完成部分固化，随后在高温下完成全部固化。基于上述方法，即可制得 GAP/PET 基 NEPE 推进剂。

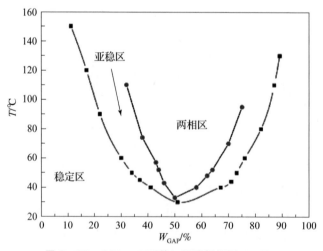

图 6 – 17　GAP – PET 的二元液相相图（7 天）

　　由于 GAP 黏合剂具有高的正生成焓、比 PET 黏合剂拥有更高的密度以及更低的负氧平衡系数，使得推进剂的比冲、密度和氧平衡系数增大，从而密度比冲也显著增大。表 6－16、表 6－17 分别为 GAP/PET 基 NEPE 推进剂能量特性及燃烧特性。

表 6－16　GAP 在黏合剂中的含量变化对 GAP/PET 基 NEPE 推进剂能量特性的影响

GAP : PET	ϕ	$C/(\mathrm{m \cdot s^{-1}})$	$I_{\mathrm{sp}}/\mathrm{s}$	$\rho/(\mathrm{g \cdot cm^{-3}})$
0 : 10	0.55	1 620.79	267.96	1.84
1 : 9	0.55	1 621.46	268.16	1.85
2 : 8	0.55	1 622.05	268.25	1.85
3 : 7	0.56	1 622.56	268.43	1.85
4 : 6	0.56	1 623.02	268.78	1.86
5 : 5	0.57	1 624.48	269.12	1.86
10 : 0	0.59	1 624.44	269.47	1.88

　　注：① ϕ 为氧平衡系数，C 为特征速度，I_{sp} 为推进剂理论比冲，ρ 为推进剂密度。
　　② 固体含量为 73.95%，增塑剂为 NG，增速比为 2.52。

表 6－17　不同 NEPE 推进剂样品的燃速及压力指数

样品	燃速 u 的平均值/$(\mathrm{mm \cdot s^{-1}})$					n	u_1
	6 MPa	8 MPa	10 MPa	12 MPa	14 MPa		
PET－NEPE	10.74	12.80	14.47	16.03	17.55	0.57	3.87
GAP－NEPE	17.90	20.09	22.53	24.92	27.34	0.52	7.04
GAP/PET－NEPE	13.88	16.53	19.23	21.48	22.81	0.58	4.75

　　注：n 是推进剂的燃速压力指数；u_1 是推进剂燃速系数。

　　GAP 含量对 GAP/PET 基 NEPE 推进剂力学性能的影响如表 6－18～表 6－20 所示。

表 6－18　NEPE 推进剂的常温（25 ℃）力学性能测试结果

样品	$\sigma_{\mathrm{m}}/\mathrm{MPa}$	$\varepsilon_{\mathrm{b}}/\%$
PET－NEPE	0.71	80.84
GAP－NEPE	0.50	22.60

样品	σ_m/MPa	$\varepsilon_b/\%$
10% GAP/PET – NEPE	0.69	65.32
20% GAP/PET – NEPE	0.64	60.18
30% GAP/PET – NEPE	0.62	56.21
40% GAP/PET – NEPE	0.603	53.02
50% GAP/PET – NEPE	0.58	49.89

表 6 – 19　NEPE 推进剂的高温（50 ℃）力学性能测试结果

样品	σ_m/MPa	$\varepsilon_b/\%$
PET – NEPE	0.62	58.44
GAP – NEPE	0.41	20.71
10% GAP/PET – NEPE	0.65	59.06
20% GAP/PET – NEPE	0.58	56.12
30% GAP/PET – NEPE	0.55	49.27
40% GAP/PET – NEPE	0.53	48.36
50% GAP/PET – NEPE	0.51	37.02

表 6 – 20　NEPE 推进剂的低温（–40 ℃）力学性能测试结果

样品	σ_m/MPa	$\varepsilon_b/\%$
PET – NEPE	1.45	90.12
GAP – NEPE	1.15	21.30
10% GAP/PET – NEPE	1.21	87.21
20% GAP/PET – NEPE	1.08	69.34
30% GAP/PET – NEPE	1.01	43.21
40% GAP/PET – NEPE	0.97	31.08
50% GAP/PET – NEPE	0.97	19.68

由表 6 - 18 ~ 表 6 - 20 可知，加入 GAP 后，推进剂的力学性能有所降低。这是因为 GAP 具有较大的侧基，柔顺性较差，且反应活性较低，导致网络结构容易出现缺陷，且 GAP 的主链承载原子数比 PET 的少，降低了推进剂的拉伸强度及断裂延伸率。但是，改性后的 NEPE 推进剂常温力学强度和延伸率仍可达 0.57 MPa 和 50.45%，在提高推进剂能量的前提下，力学性能可以满足使用要求。

2. Acyl - GAP/PET 基 NEPE 推进剂

根据 GAP 含有大量叠氮基的特点，首先通过酰基化反应对端羟基 GAP 黏合剂进行酰基化封端处理得到酰基化 GAP（Acyl - GAP）；然后使用炔类固化剂与异氰酸酯类固化剂作为双固化体系将 Acyl - GAP 与 PET 共混制备 Acyl - GAP/PET 全互穿黏合剂。图 6 - 18 和图 6 - 19 分别为 Acyl - GAP 的合成以及 Acyl - GAP 与炔类固化剂发生化学反应示意图。

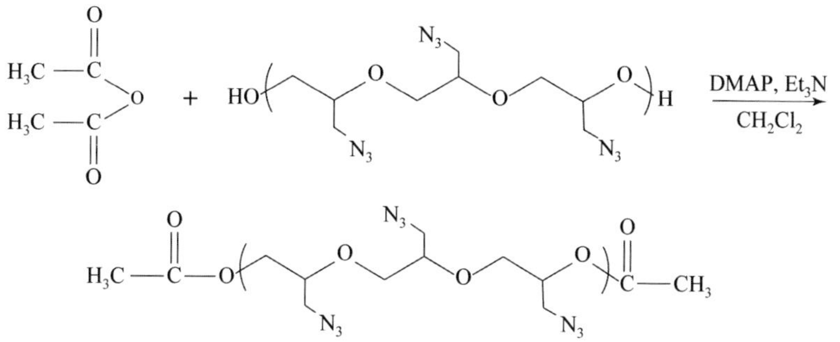

图 6 - 18　Acyl - GAP 合成示意图

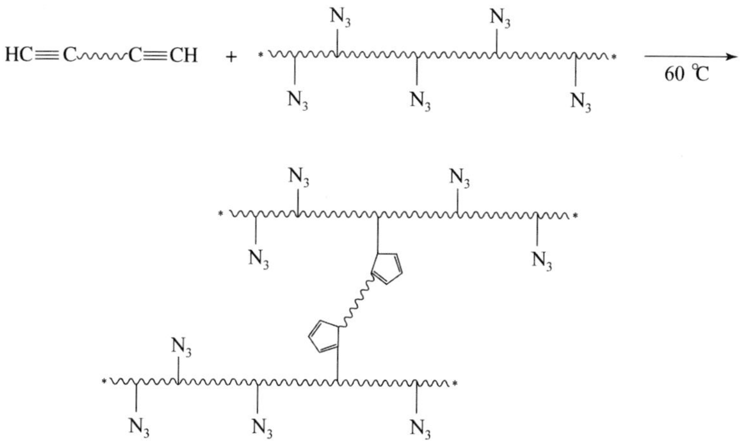

图 6 - 19　Acyl - GAP 与炔类固化剂反应示意图

将 PET 预聚物与 Acyl – GAP 混合，并分别加入异氰酸酯固化剂及炔类固化剂，即可制备得到如图 6 – 20 所示的 PET 与 Acyl – GAP 的全互穿网络结构。

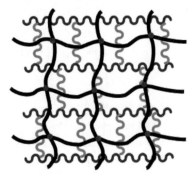

图 6 – 20   Acyl – GAP/PET 黏合剂体系的全互穿网络结构示意图

值得注意的是，炔类固化剂与 Acyl – GAP 反应生成的三唑环能够增加黏合剂体系的放热量，有利于推进剂能量性能的提升。表 6 – 21 为 Acyl – GAP 在黏合剂组分中含量的变化对推进剂能量特性的影响。Acyl – GAP 与 PET 形成的互穿网络结构也会对推进剂的力学性能产生影响。表 6 – 22 ~ 表 6 – 24 分别列出了不同温度条件下，Acyl – GAP 含量对推进剂力学性能的影响。

表 6 – 21   Acyl – GAP 在黏合剂组分中的含量对 NEPE 推进剂能量特性的影响

Acyl – GAP : PET	ϕ	$C/(\mathrm{m \cdot s^{-1}})$	I_{sp}/s	$\rho/(\mathrm{g \cdot cm^{-3}})$
0 : 10	0.55	1 620.79	267.96	1.84
1 : 9	0.55	1 622.54	268.23	1.84
2 : 8	0.55	1 624.18	268.51	1.85
3 : 7	0.56	1 624.95	268.92	1.85
4 : 6	0.56	1 627.32	269.28	1.86
5 : 5	0.57	1 628.79	269.42	1.86
10 : 0	0.58	1 639.24	270.85	1.88

注：ϕ 为氧平衡系数，C 为特征速度，I_{sp} 为推进剂理论比冲，ρ 为推进剂密度。

表 6 – 22   NEPE 推进剂的常温（20 ℃）力学性能测试结果

样品	σ_m/MPa	$\varepsilon_b/\%$
PET – NEPE	0.71	80.84
Acyl – GAP – NEPE	0.24	33.15

样品	σ_m/MPa	ε_b/%
Acyl – GAP/PET – NEPE（10%）	0.55	65.78
Acyl – GAP/PET – NEPE（20%）	0.50	54.32
Acyl – GAP/PET – NEPE（30%）	0.47	55.16
Acyl – GAP/PET – NEPE（40%）	0.44	47.83
Acyl – GAP/PET – NEPE（50%）	0.39	48.13

表 6 – 23　NEPE 推进剂的高温（50 ℃）力学性能测试结果

样品	σ_m/MPa	ε_b/%
PET – NEPE	0.62	58.44
Acyl – GAP – NEPE	0.25	17.26
Acyl – GAP/PET – NEPE（10%）	0.58	58.67
Acyl – GAP/PET – NEPE（20%）	0.44	56.65
Acyl – GAP/PET – NEPE（30%）	0.39	55.77
Acyl – GAP/PET – NEPE（40%）	0.41	51.34
Acyl – GAP/PET – NEPE（50%）	0.38	47.83

表 6 – 24　NEPE 推进剂的低温（−40 ℃）力学性能测试结果

样品	σ_m/MPa	ε_b/%
PET – NEPE	1.45	90.12
Acyl – GAP – NEPE	0.74	14.53
Acyl – GAP/PET – NEPE（10%）	1.48	95.48
Acyl – GAP/PET – NEPE（20%）	1.23	53.99
Acyl – GAP/PET – NEPE（30%）	1.16	37.03
Acyl – GAP/PET – NEPE（40%）	1.02	28.12
Acyl – GAP/PET – NEPE（50%）	0.98	18.20

NEPE 推进剂中引入聚三唑体系后，推进剂的高低温力学呈现不同的变化规律。引入聚三唑体系后 NEPE 推进剂的常温、高温最大拉伸强度和断裂延伸率随着 Acyl – GAP 含量的增加而降低。Acyl – GAP 含量在 10% 时，推进剂的低温延伸率增大，最大拉伸强度与未添加聚三唑体系的 NEPE 推进剂相当，但是随着 Acyl – GAP 含量的增加，推进剂的最大拉伸强度和断裂延伸率均降低。这是由于黏合剂体系中引入了刚性的三唑环结构，且随着 Acyl – GAP 含量的增加，三唑环数量增加，影响了推进剂的延伸率。同时，三唑环在 Acyl – GAP 侧链的形成，阻碍了分子链段的运动，分子间作用力变小，拉伸强度降低。

Acyl – GAP 改性 PET 基 NEPE 推进剂的燃烧性能如图 6 – 21 所示。由图可见，固体含量和增塑比相同的情况下，在推进剂黏合剂组分中只添加 10% 的 Acyl – GAP 后，提高了推进剂在相同压力水平下的燃速，这对调节 NEPE 推进剂的燃速具有潜在应用价值。

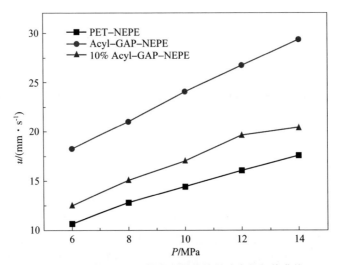

图 6 – 21　不同 NEPE 推进剂样品的燃速变化规律曲线

3. GAP – ETPE/PET 基 NEPE 推进剂

将 GAP 含能热塑性弹性体（GAP – ETPE）与 PET 黏合剂混合制备半互穿黏合剂也是以 GAP 改性 PET 的一种有效途径。GAP – ETPE 不仅具有热塑性弹性体的优点，还具有较高的能量和钝感特性，是目前研究和应用最多的一种含能热塑性弹性体。研究表明，GAP – ETPE/PET 黏合剂体系具有良好的热稳定性，含能弹性体 GAP – ETPE 的加入增加了黏合剂体系的热分解放热量，提高了推进剂中黏合剂组分的能量。同时，GAP – ETPE/PET 黏合剂体系中物理交联作用的增加，降低了基团的热分解能力，使整个 GAP‐ETPE/PET 黏合剂体系热稳定性增加。

　　然而，如何将 GAP‐ETPE 引入到 PET 基 NEPE 推进剂中是一个需要解决的问题。根据 NEPE 推进剂含有大量硝酸酯增塑剂的特点，可考虑先将 GAP‐ETPE 与足量的硝酸酯增塑剂混合，使 GAP‐ETPE 充分溶解，随后加入 PET 预聚物、固化剂以及固体填料等组分，使 GAP‐ETPE 能够充分扩散于 PET 与固化剂形成的交联网络之间，形成半互穿网络结构，实现 GAP‐ETPE/PET 基 NEPE 推进剂的制备。

　　上述方法的实现需要考虑硝酸酯增塑剂对 GAP‐ETPE 的溶解性。表 6‐25 列出了 GAP‐ETPE 和 NG 不同质量比的溶解情况[44]。

表 6‐25　GAP‐ETPE 在 NG 中的溶解情况

NG : GAP‐ETPE（质量比）	时间/h	温度/℃	溶解结果
1 : 1	>120	32	不能完全溶解
4 : 1	>120	32	不能完全溶解
5 : 1	48~60	32	可溶解
6 : 1	48	32	完全溶解
7 : 1	42	32	完全溶解

　　由表 6‐26 可见，GAP‐ETPE 与 NG 有一定的相容性，两者质量比大于 7 : 1（NG : GAP‐ETPE）时，在 48 h 内可完全溶解。即在推进剂配方中，须满足 NG 与 GAP‐ETPE 的质量比在 7 : 1 以上的要求才能实现 GAP‐ETPE 的完全溶解及 GAP‐ETPE/PET 基 NEPE 推进剂的制备。考虑到在 NEPE 推进剂配方中，GAP‐ETPE 占比低，并含有大量增塑剂，可以满足 NG 与 GAP‐ETPE 的质量比在 7 : 1 以上的要求，并实现 GAP‐ETPE/PET 基 NEPE 推进剂的制备。表 6‐26 ~ 表 6‐28 分别列出了在不同温度下 GAP‐ETPE 对 NEPE 推进剂力学性能的影响。

表 6‐26　NEPE 推进剂的常温（20 ℃）力学性能测试结果

样　品	σ_m/MPa	ε_b/%
PET‐NEPE	0.71	80.84
GAP‐ETPE/PET‐NEPE（10%）	0.62	56.51

样　品	σ_m/MPa	ε_b/%
GAP – ETPE /PET – NEPE（20%）	0.48	91.41
GAP – ETPE /PET – NEPE（30%）	0.37	100.88
GAP – ETPE /PET – NEPE（40%）	0.35	69.33
GAP – ETPE /PET – NEPE（50%）	0.36	59.0

表 6 – 27　NEPE 推进剂的高温（50 ℃）力学性能测试结果

样　品	σ_m/MPa	ε_b/%
PET – NEPE	0.62	58.44
GAP – ETPE/PET – NEPE（10%）	0.58	47.91
GAP – ETPE/PET – NEPE（20%）	0.40	48.30
GAP – ETPE/PET – NEPE（30%）	0.38	53.80
GAP – ETPE/PET – NEPE（40%）	0.36	59.09
GAP – ETPE/PET – NEPE（50%）	0.35	66.40

表 6 – 28　NEPE 推进剂的低温（– 40 ℃）力学性能测试结果

样　品	σ_m/MPa	ε_b/%
PET – NEPE	1.45	90.12
GAP – ETPE/PET – NEPE（10%）	2.05	47.91
GAP – ETPE/PET – NEPE（20%）	1.42	58.01
GAP – ETPE/PET – NEPE（30%）	1.07	59.10
GAP – ETPE/PET – NEPE（40%）	0.78	69.09
GAP – ETPE/PET – NEPE（50%）	0.73	66.40

　　随着 GAP – ETPE 含量的增加，推进剂中的化学交联点逐渐降低，而物理交联点逐渐增加，导致拉伸强度降低。常温下，推进剂药柱受到拉伸作用时，体系内由拓扑链缠结的分子链比由交联点形成的分子链更容易运动，保证了推进剂的断裂延伸率。同时，在低温（– 40 ℃）拉伸过程中，由于出现部分结

晶的现象，推进剂的拉伸强度增加。但是，GAP – ETPE 的含量增加后，推进剂的高、低温断裂延伸率和拉伸强度都不理想，说明大量极性烃链段的增加，对推进剂各组分间的相容性造成了负面影响。

|6.6 NEPE 推进剂的发展趋势|

NEPE 固体推进剂是固体推进剂的研究热点。随着军事技术的进步、武器装备的迅速发展和战争环境的日趋复杂，综合性能优良的 NEPE 推进剂展现出巨大的应用潜力。为满足战略、战术导弹的应用需求，在高能量性能的基础上，未来 NEPE 推进剂的发展趋势主要包括以下几点。

（1）进一步提高能量。提高能量始终是贯穿推进剂发展历程的一条主线。研发高能 NEPE 推进剂仍然是未来的一大发展趋势，其实现途径主要有以下两种：针对现有高能量密度材料（如 CL – 20 等）在 NEPE 推进剂中应用出现的问题进行改进；开发新型高能量密度材料并用于 NEPE 推进剂中。

（2）降低特征信号。降低推进剂的特征信号有利于提高武器的隐蔽能力与生存能力，提高打击精度。因此，使用新型氧化剂替代 AP，降低铝粉含量，发展少烟低特征信号 NEPE 推进剂将是 NEPE 推进剂未来的发展方向之一。

（3）拓宽燃速范围。由于含有大量硝酸酯增塑剂，NEPE 推进剂的燃速压力指数普遍偏高，且燃速难以调节。这一缺陷限制了 NEPE 推进剂的应用范围。未来需要对 NEPE 推进剂的燃烧机理进行进一步研究，为控制 NEPE 推进剂的燃速压力指数，拓宽其燃速调节范围提供理论指导。

参 考 文 献

［1］ 王北海. 中性聚合物键合剂在 NEPE 推进剂中的应用［J］. 固体火箭技术，1994（4）：59 – 65.

［2］ 王北海. 中性聚合物键合剂的分子设计和合成［J］. 推进技术，1995（4）：71 – 76.

［3］ 潘碧峰，罗运军，谭惠民. 固体推进剂中性高分子键合剂［J］. 航天发射技术，2002（1）：20 – 25.

［4］ 张鑫，唐根，庞爱民. NEPE 推进剂力学性能研究进展［C］//中国航天第三专业信息网第三十九届技术交流会暨第三届空天动力联合会议. 河南

洛阳，2018.

[5] 张兴祥，张华，王学晨，等. 聚乙二醇结晶及其低温能量储存行为研究[J]. 天津纺织工学院学报，1997，16（2）：11 – 14.

[6] 赵孝彬，张小平，郑剑，等. NEPE 推进剂中聚乙二醇的结晶性[J]. 推进技术，2002，23（3）：252 – 257.

[7] Kim C S，Youn C H，Noble P N，et al. Development of neutral polymeric bonding agents for propellants with polar composites filled with organic nitramine crystals[J]. Propellants，Explosives，Pyrotechnics，1992，17（1）：38 – 42.

[8] 徐婉，邓剑如，张丽. NEPE 推进剂中活泼氢组分的固化反应动力学研究[J]. 固体火箭技术，2010，33（5）：560 – 563.

[9] Hu W，Su Y，Zhou L，et al. Molecular dynamics of neutral polymer bonding agent（NPBA）as revealed by solid – state NMR spectroscopy[J]. Molecules，2014，19（1）：1353 – 1366.

[10] 赵孝彬，张小平，郑剑，等. 扩链剂对 NEPE 推进剂力学性能的影响[J]. 推进技术，2003，24（1）：74 – 79.

[11] Li H，Xu J S，Chen X，et al. Experimental Investigation and Modeling the Compressive Behavior of NEPE Propellant under Confining Pressure[J]. Propellants，Explosives，Pyrotechnics，2021，46（7）：1023 – 1035.

[12] Li H，Xu J S，Liu J M，et al. Research on the influences of confining pressure and strain rate on NEPE propellant：Experimental assessment and constitutive model[J]. Defence Technology，2021，17（5）：1764 – 1774.

[13] 宋峻，李辉，王士欣，等. 考虑应变率和环境压强的 NEPE 推进剂力学性能实验研究[J]. 兵器装备工程学报，2021，42（3）：203 – 207.

[14] Li H，Wang S X，Li M，et al. Experimental Research on Tensile Mechanical Properties of NEPE Propellant under Confining Pressure[J]. Propellants，Explosives，Pyrotechnics，2020，45（11）：1769 – 1779.

[15] 陈永，赵凤起，李辉，等. 固体推进剂降速剂研究现状及发展趋势[J]. 火炸药学报，2021，44（5）：567 – 577.

[16] 李静峰，司馥铭. NEPE 推进剂燃烧性能调节技术研究[J]. 含能材料，2002，10（1）：4 – 9.

[17] 朱宏春，王吉强，苗建波. NEPE 推进剂药浆固化初期特殊流变性能研究[J]. 推进技术，2013，34（10）：1420 – 1425.

[18] 潘新洲，郑剑，郭翔，等. RDX/PEG 悬浮液的流变性能[J]. 火炸药学

报，2007，30（2）：5 – 7，12.

[19] 李洪旭，唐汉祥，邓剑如，等．PB 类助剂对硝酸酯增塑聚醚推进剂性能的影响 [J]．推进技术，2001，22（5）：429 – 431.

[20] 杨根．N – 15B 推进剂热老化特性与储存寿命预估研究 [D]．长沙：国防科学技术大学，2005.

[21] 周集义，谭惠民．环氧乙烷 – 四氢呋喃共聚醚在 NEPE 推进剂中的应用进展 [J]．化学推进剂与高分子材料，2001（3）：1 – 3.

[22] 高艳宾，陈雄，许进升，等．NEPE 推进剂动态力学特性分析 [J]．推进技术，2015，36（9）：1410 – 1415.

[23] 祝艳龙，丁黎，安静，等．交联密度为特征参量的 NEPE 推进剂贮存寿命评估方法研究 [J]．固体火箭技术，2022，45（1）：92 – 96.

[24] 毛科铸．PET 基钝感推进剂研究 [D]．北京：北京理工大学，2015.

[25] 杨寅，罗运军，刘晶如，等．三官能度 PET 对胶片和 NEPE 推进剂力学性能的影响 [J]．精细化工，2008，25（2）：118 – 120，129.

[26] 刘晶如，宋雪晶，杨寅．NEPE 推进剂黏合剂网络结构调节研究 [J]．固体火箭技术，2010，33（1）：72 – 76.

[27] 宋会彬，刘云飞，姚维尚．含 CL – 20 的 NEPE 固体推进剂的性能 [J]．火炸药学报，2006（4）：46 – 48.

[28] 王申，谭惠民，金韶华，等．含六硝基六氮杂异伍尔兹烷的 NEPE 固体推进剂能量水平分析 [J]．飞航导弹，2002（2）：53 – 56.

[29] 冯增国，侯竹林，王恩普，等．氧化剂粒度和含量变化对 NEPE 推进剂燃速和压力指数的影响 [J]．兵工学报，1995（1）：7 – 9，6.

[30] 张伟，谢五喜，樊学忠，等．纳米铝粉对少烟 NEPE 推进剂燃烧性能的影响 [J]．固体火箭技术，2014，37（4）：516 – 520.

[31] 侯竹林，李晓东．XLDB 与 NEPE 推进剂催化燃烧性能的研究 [J]．含能材料，2007（4）：11 – 14.

[32] 邵重斌，庞维强，樊学忠，等．燃烧催化剂对含 CL – 20 无烟 NEPE 推进剂燃烧性能的影响 [J]．火炸药学报，2014，37（3）：47 – 51.

[33] 陈福泰，罗运军，多英全，等．纳米级碳酸铅在 NEPE 推进剂中的应用 [J]．推进技术，2000，21（1）：82 – 85.

[34] 顾健，张小平，庞爱民，等．新型负载燃速催化剂对 NEPE 推进剂燃速的影响 [J]．火炸药学报，2015，38（5）：79 – 82.

[35] 张伟，樊学忠，陈永铎，等．NEPE 推进剂固化交联的流变学研究 [J]．高等学校化学学报，2009，30（6）：1230 – 1234.

[36] 张伟，樊学忠，封利民，等. 少烟 NEPE 推进剂的表面和界面性能 [J]. 火炸药学报，2009，32（3）：41 - 45.

[37] 侯竹林，冯增国. 固体推进剂药浆适应期的研究 [J]. 推进技术，1990（2）：49 - 52.

[38] 张明权，周集义. 星型 PAO 黏合剂在 NEPE 推进剂中的应用 [J]. 化学推进剂与高分子材料，2008，6（6）：4 - 7.

[39] Reed Jr R. Multifunctional polyalkylene oxide binders：U. S. Patent 4，799，980 [P]. 1989 - 1 - 24.

[40] Reed Jr R，Ciaramitaro D A. High energy propellant with reduced pollution：U. S. Patent 6，805，760 [P]. 2004 - 10 - 19.

[41] 司馥铭. 聚氧化乙烯黏合剂推进剂力学性能研究 [J]. 固体火箭技术，2004，27（1）：53 - 56，86.

[42] Sue B，Baek G，Ko S W. Characterization of Polyether - type GAP and PEG Blend Matrices Prepared with Varying Ratios of Different Curatives [J]. Journal of Industrial Engineering Chemistry，2007，13（3）：373 - 379.

[43] Sun M B. Characterization of the Plasticized GAP/PEG and GAP/PCL Block Copolyurethane Binder Matrices and its Propellants [J]. Propellants, Explosives, Pyrotechnics，2008，33（2）：131 - 138.

[44] 李雅津. GAP 改性 NEPE 推进剂的研究 [D]. 北京：北京理工大学，2018.

第 7 章

叠氮高能复合固体推进剂

|7.1 概 述|

固体推进剂的高能化是未来固体推进剂的重要发展目标。固体推进剂的高能化是指提高推进剂的比冲和密度，主要通过新型含能黏合剂、含能增塑剂、金属燃料、高能量密度化合物的应用以及配方的合理设计等技术途径来实现。其中，黏合剂的含能化是未来高能固体推进剂的最重要发展方向之一。

作为黏合剂的含能聚合物是一种分子链上带有大量含能基团的聚合物。这些含能基团主要包括硝酸酯基（—ONO_2）、硝基（—NO_2）、叠氮基（—N_3）以及二氟氨基（—NF_2）等，其最显著的特点就是燃烧时能够释放出大量的能量，并生成大量低相对分子质量气体，从而提高推进剂的燃烧热和做功能力。在这些含能基团中，生成热最高的是叠氮基团，每个基团具有高达 355 kJ/mol 的生成热（表 7-1）[1]。此外，叠氮基团热分解温度较低，其热分解可先于主链独立进行，故不仅能增加推进剂的能量，还能起到加速推进剂热分解的作用。因此，叠氮类聚合物是目前研究最多的含能聚合物，叠氮高能固体推进剂是目前极具应用前景的一类固体推进剂。

表 7 - 1　含能基团的生成热

基团	生成热/($kJ \cdot mol^{-1}$)	基团	生成热/($kJ \cdot mol^{-1}$)
—ONO_2	- 81. 2	—N_3	355. 0
—NO_2	- 66. 2	—NF_2	- 32. 7
—NNO_2	74. 5		

|7.2　基本概念与分类|

　　黏合剂是一些可将推进剂的其他成分黏结成性能均匀的整体，并赋予理想力学性能的高分子化合物，是在固体推进剂中形成连续性的基体。通常以黏合剂种类的不同来区分不同种类的固体推进剂，如以硝化纤维素为黏合剂的双基推进剂、以端羟基聚丁二烯为黏合剂的丁羟推进剂、以硝酸酯增塑聚醚为黏合剂的 NEPE 推进剂等。

　　叠氮基（—N_3）是一种强亲核基团，其共振结构如下：

$$—N_a = \overset{+}{N}_b = \bar{N}_c \longleftrightarrow —\bar{N}_a—\overset{+}{N}_b \equiv N_c$$

　　N_a 和 N_b 之间的键长为 1. 240 Å（1 Å = 10^{-10} m），而 N_b 和 N_c 之间的键长为 1. 142 Å，N_a 和 N_b 之间的键比较弱。叠氮基的分解就是 N_a 和 N_b 之间的键断裂，释放出氮气和热量。叠氮基的生成热比较高（表 7 - 1），因此含叠氮基的化合物生成热较大。例如，2 - 叠氮乙醇（$N_3CH_2CH_2OH$）的生成热比乙醇（CH_3CH_2OH）的生成热高 370 kJ/mol，为 94. 14 kJ/mol。叠氮基的存在还不会影响化合物的 C/H 比，因此叠氮化合物是很好的氮气源。此外，含叠氮基的化合物感度不高。例如，早在 1978 年，美国洛克韦尔公司火箭动力部的研究中心就探索了含叠氮基化合物分子结构与冲击感度的关系。他们的实验结果表明，所有含单个叠氮基的烷烃冲击感度都很低（2 kg 落锤撞击下 H_{50} > 250 cm），含单个叠氮基单体制备的聚合物也具有很好的耐冲击性能。

　　综上所述，叠氮基化合物在推进剂领域的应用具有如下优势：①增加体系的总能量；②提高体系的氮含量而不影响其碳氢比，增加单位质量体系燃烧时的排气量；③提高推进剂的燃速，且不增加其火焰温度；④减少火箭排气的烟和焰，从而减少对制导系统的干扰并降低本身的特征信号。

叠氮基聚合物在推进剂中最直接的应用是以叠氮基聚合物的形式用作黏合剂。这些叠氮聚合物主要包括聚叠氮缩水甘油醚（GAP）、3，3－二叠氮甲基环氧丁烷－四氢呋喃共聚物（BAMO－THF 共聚物、PBT）、3，3－二叠氮甲基环氧丁烷均聚物（PBAMO）、3－叠氮甲基－3－甲基氧杂丁环均聚物（PAMMO）等。

|7.3　GAP 基高能推进剂|

7.3.1　GAP 的结构、合成方法及性能

聚叠氮缩水甘油醚（GAP）是一种侧链含有叠氮基团，主链为聚醚结构的含能预聚物，是近年来研究最多的叠氮类含能黏合剂，其分子结构如图 7－1 所示。GAP 具有正的生成热（492.24 kJ/kg），因而能量水平高，将其替代推进剂中惰性黏合剂后可大幅提升推进剂的做功能力。GAP 还能与硝酸酯增塑剂（TMETN 和 BTTN）混合并降低硝酸酯的机械感度，且能提高含高氯酸铵（AP）和奥克托今（HMX）推进剂的燃速。此外，GAP 还具有氮含量高、密度大（1.3 g/cm³）、燃气清洁等优点，将其作为黏合剂应用于固体推进剂中还可降低推进剂的特征信号。在配方中使用 GAP 作为含能黏合剂是高能固体推进剂的发展的重要方向之一，并成为各国研究的热点。

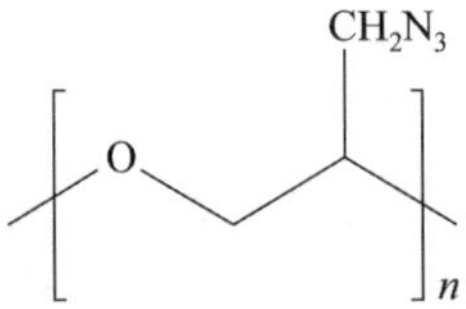

$$\left[O\text{—}CH_2\text{—}CH(CH_2N_3) \right]_n$$

图 7 -1　GAP 的分子结构

GAP 可通过直接法和间接法制得。早在 1976 年，美国 Frankel 等[2]就开展了直接法合成 GAP 的研究。他们首先在三氟化硼－乙醚的作用下对环氧氯丙烷（ECH）进行开环，得到 1－叠氮－3－氯－2－丙醇；然后在碱的作用下 1－叠氮－3－氯－2－丙醇关环得到叠氮基缩水甘油醚（GA），此过程如图 7－2 所示。最后对 GA 进行聚合得到 GAP。但是，由于 GA 的聚合活性低，得到的 GAP 相对分子质量很低。

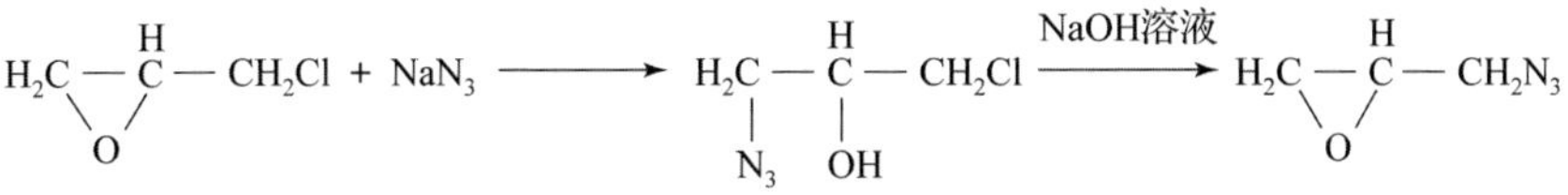

$$H_2C \overset{H}{\underset{O}{\overset{|}{C}}} CH_2Cl + NaN_3 \longrightarrow H_2C \overset{H}{\underset{\underset{N_3}{|}}{\overset{|}{C}}} \overset{}{\underset{OH}{}} CH_2Cl \xrightarrow{\text{NaOH溶液}} H_2C \overset{H}{\underset{O}{\overset{|}{C}}} CH_2N_3$$

图 7 - 2　叠氮缩水甘油醚的合成过程

目前，普遍采用间接法合成 GAP，即将聚环氧氯丙烷（PECH）与叠氮化钠反应制备 GAP。该方法能够避免直接法产生的中间产物（含能小分子 GA）的危险性，且中间体 PECH 的生产工艺趋于成熟，相对分子质量容易控制。以丙三醇和乙二醇为助引发剂对 ECH 进行开环聚合得到 PECH 后在对其进行叠氮化制备 GAP 的过程分别如图 7 - 3 和图 7 - 4 所示。

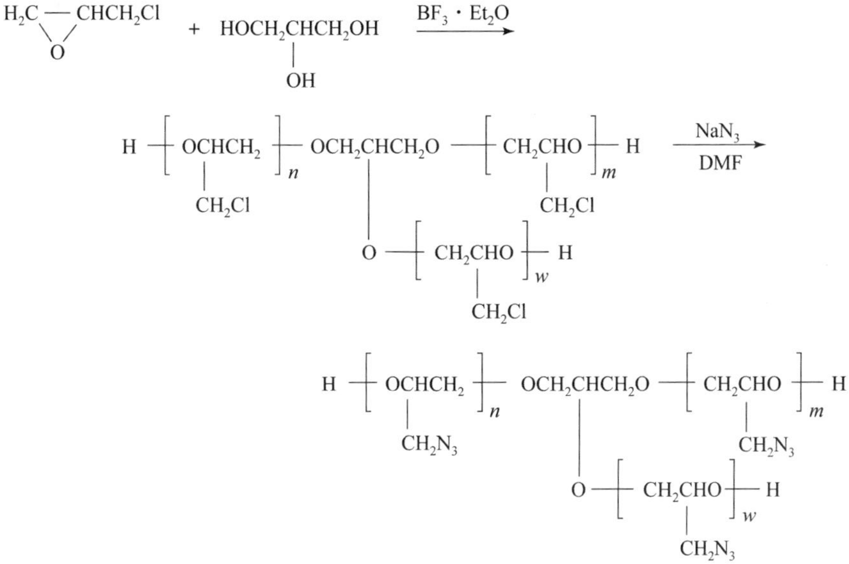

图 7 - 3　以丙三醇为助引发剂合成 GAP 的过程

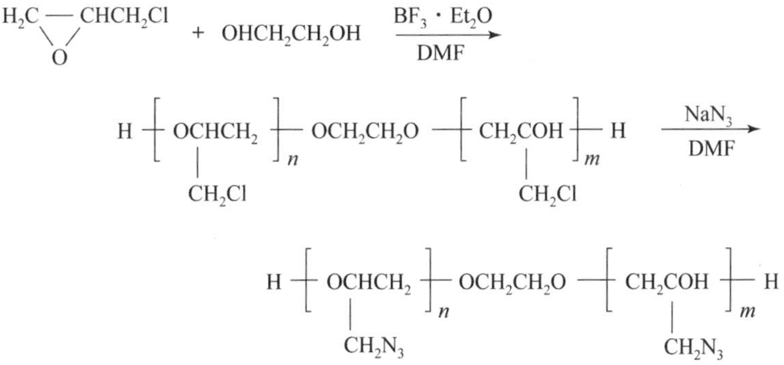

图 7 - 4　以乙二醇为助引发剂合成 GAP 的过程

由图 7-3 和图 7-4 可知，不同方法合成的 GAP 分子链具有不同的结构。根据不同的分子结构，GAP 可分为线型 GAP、支化 GAP、GAP 二醇、GAP 四醇等，其物理、化学性质也存在一定差异。不同分子结构 GAP 的主要物理化学性质如表 7-2 所示。

表 7-2 不同分子结构 GAP 的主要物理化学性质

参数	线型 GAP	支化 GAP	GAP 二醇	GAP 四醇
分子量 M_n	2 000 ~ 5 000	1 900 ~ 36 000	500 ~ 4 000	
官能度 f	~2	7 ~ 11	~2	~4
玻璃化转变温度 T_g/℃	-28 ~ -20	-55 ~ -45	-45	
密度 ρ/(g·cm^{-3})	1.303	1.312	1.300	1.290
生成热 ΔH_f/(kJ·mol^{-1})	118.9	175.8		
比热容 c/(J·kg^{-1}·K^{-1})				3 300
热导率 λ/(W·m^{-1}·K^{-1})				2.17×10^{-2}

7.3.2 GAP 基高能固体推进剂的基本组成

根据成型方式的不同，GAP 基高能推进剂可分为热塑性和热固性类。热塑性 GAP 高能推进剂的黏合剂是以 GAP 为预聚物制备的 GAP 基含能热塑性弹性体，这类推进剂可采用螺压成型的方式制备成型，将于第 11 章介绍，此处不赘述。热固性 GAP 高能推进剂的黏合剂是以 GAP 为预聚物，引入固化剂制备的具有三维网络结构的 GAP 交联聚合物。这类推进剂采用浇铸成型的工艺进行制备，本章主要介绍热固性 GAP 基高能推进剂。

如前所述，GAP 基高能推进剂是以 GAP 交联聚合物为基体（黏合剂）的固体推进剂。它是以 GAP 为预聚体，添加固体填料后，经固化反应得到的复合固体推进剂。根据添加固体填料或黏合剂体系的不同，GAP 基高能推进剂包括 GAP/硝胺推进剂、GAP/AP 推进剂、GAP/AN 推进剂、GAP 共聚物推进剂等不同种类。为了提高其燃烧温度以获得高的能量水平，还可以在其配方中加入如 Al 粉之类的轻金属燃料。

GAP 基高能推进剂的固体填料中，氧化剂通常为 AP 以及 RDX 等高能炸药，高能燃烧剂通常为 Al 粉等轻质金属粉；GAP 基高能推进剂的固化剂通常有 TDI、IPDI、MDI、N-100（HMDI 的三聚体或五聚体）等。此外，为了改善其加工工艺性能、提高其力学性能，GAP 基高能推进剂配方中还会加入增塑剂（A3 等）、催化剂、键合剂（T313、22#、LBA－278 等，分子结构见图 7－5）等功能助剂。

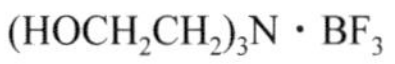

T313

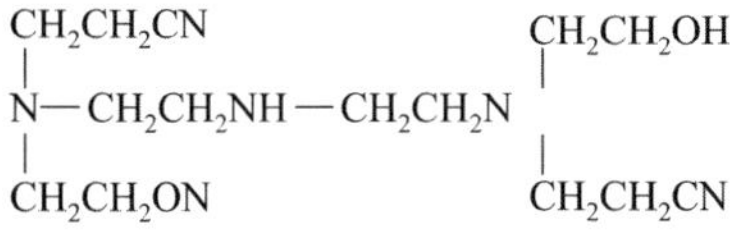

LBA-278

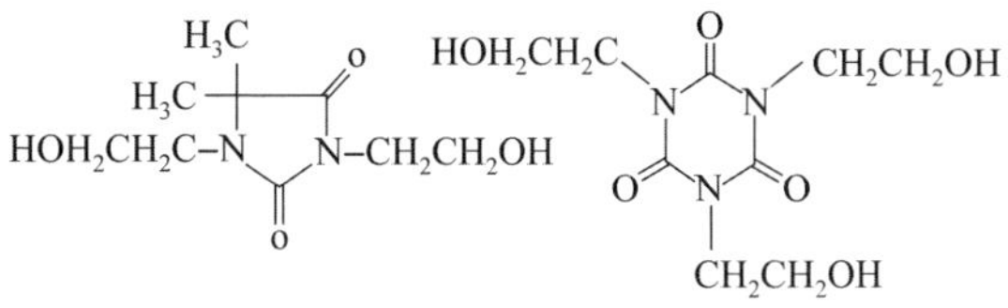

22

图 7－5　不同键合剂的分子结构

7.3.3　GAP/硝胺推进剂

典型的 GAP/硝胺推进剂包含 GAP/RDX 推进剂、GAP/HMX 推进剂、GAP/CL－20 推进剂等几大类。

美国海军武器中心[3]研制的代号为 BLX 系列的 GAP/RDX 推进剂配方组成、比冲、感度及力学性能如表 7－3 所示。该推进剂的比冲明显高于 HTPB 推进剂，而且硝酸酯增塑的 GAP/RDX 推进剂具有更高的比冲，其玻璃化转变温度降低、延伸率提高，但模量和拉伸强度也相应降低。

表 7－3　GAP/RDX 推进剂的配方及力学性能

配方代号	BLX－2	BLX－4	BLX－8	BLX－9
GAP/%		4.95	26.72	9.81
HTPB(R45M)	18.55			
N－100		1.30	4.68	2.09
IPDI	1.39			
TMETN		18.70		
BTTN				22.63
NC				0.20
DBTDL/%		0.005	0.005	0.005

配方代号	BLX-2	BLX-4	BLX-8	BLX-9
TPB	0.03			
草酸	0.03		0.05	
RDX A 级	32.00	44.91	27.43	39.54
RDX E 级/%	48.00	29.94	41.15	26.36
$I/(\text{N}\cdot\text{s}\cdot\text{kg}^{-1})$	2 140	2 528	2 293	2 509
冲击感度(50%)/J	37	24	37	25
E/MPa	22.4	1.5	40.6	8.2
σ_m/MPa	1.12	0.18	0.90	0.40
$\varepsilon_b/\%$	9	22	5	10
$T_g/℃$	-72	-58	-40	-65

　　高能少烟的 GAP/HMX 推进剂配方由 8%~50% 的叠氮黏合剂体系、50%~90% 的高能硝胺炸药以及 0.5%~10% 的 Pb 或 Cu 催化剂组成[4]。该推进剂的压力指数低,且燃烧后不产生腐蚀性气体。代表性 GAP/HMX 推进制的配方及性能如表 7-4 和表 7-5 所示。

表 7-4　GAP/HMX 推进剂配方

组分	GAP	HMX	BDNPF/A	C	柠檬酸铅
百分比/%	17	70	10	0.75	2.25

表 7-5　GAP/HMX 推进剂性能

性能	摩擦感度	冲击感度	爆燃温度	燃速(10 MPa)	压力指数
数值	14 kg	6.5 J	233 ℃	13.2 mm/s	0.36

　　与 GAP/HMX 推进剂相比,GAP/CL-20 推进剂的燃速和理论比冲更高。当 GAP/CL-20/AP 高能少烟推进剂的配方组成如表 7-6 所示时,其比冲为 2 500 N·s/kg(255 s),密度比冲为 4 400~4 500 N·s/dm³,燃气中 HCl 含量仅为 3.7 mol%,大大低于 HTPB/AP 推进剂燃气中的 HCl 含量(18.8 mol%)[5]。固体含量为 70% 的 GAP/CL-20 高能固体推进剂燃速为 15 mm/s(7 MPa),压

力指数为 0.57，理论比冲达到 2 462 N·s/kg(251 s)。GAP/CL – 20 推进剂的燃速随着 CL – 20 粒径的减小而降低[6,7]，这是由于粗粒度 CL – 20 较细粒度提前进行部分分解，分解产物除催化自身分解反应外，还促进 AP 的分解，从而提高相应推进剂凝聚相反应区的温度增加速率，并使推进剂的燃速更高。但是，GAP/CL – 20 推进剂中 GAP 与 CL – 20 的界面相互作用弱于 GAP/HMX 推进剂中 GAP 和 HMX 的界面相互作用，导致"脱湿"更明显，对 GAP/CL – 20 推进剂的力学性能产生不利影响[8]。

表 7 – 6   GAP/CL – 20/AP 高能少烟推进剂配方

组分	GAP 及含能增塑剂	AP	CL – 20	添加剂
百分比/%	35	20	42	3

法国火炸药公司（SNPE）研制的 GAP/CL – 20 推进剂和 GAP/HMX 推进剂性能如表 7 – 7 所示。由表可见，GAP/CL – 20 推进剂的安全性和 GAP/HMX 推进剂性相当，但是能量、密度及燃速均明显提高，同时压强指数也在可接受范围内（GAP/HMX 推进剂为 0.74，GAP/CL – 20 推进剂为 0.57）。北京理工大学研制的 GAP/CL – 20 推进剂（表 7 – 8）理论比冲可达 2 670 N·s/kg，添加催化剂 MoO_3 后，该推进剂燃速压力指数由 0.762 降至 0.561，而且还降低了其特征信号[9]。

表 7 – 7   GAP/CL – 20 推进剂的性能

类别	GAP/CL – 20 推进剂
标准比冲/(N·s·kg^{-1})	2 526
密度/(g·m^{-3})	1.73
燃速/(mm·s^{-1})	13.4
摩擦感度/N	60 ~ 85
冲击感度/J	8 ~ 19

表 7 – 8   GAP/CL – 20 推进剂配方

组分	GAP	AP	CL – 20	HMX	A3	N – 100	Al	催化剂
百分比/%	10	10	30	24	17	2	5	2

7.3.4 GAP/AP 推进剂

相比于 GAP/HMX 推进剂，GAP/AP 推进剂具有更高的燃速。使用 TEGDN 增塑的 GAP/AP/Al 推进剂低温力学性能得到改善，其玻璃化转变温度由 -47 ℃ 降低到 -75 ℃，同时其燃速也进一步提高。这种以 GAP 为黏合剂，N-100 为固化剂（$R=1.05$），添加双级配的 AP（205 μm/26 μm）和 6 μm Al 并在 60 ℃下固化 10 天得到的 GAP/AP/Al 推进剂基本配方和性能如表 7-9 所示。

表 7-9 GAP/AP/Al 推进剂的基本配方和性能

推进剂类型		GAP	GAP/TEGDN
配方组分/%	GAP	27	13.5
	TEGDN	—	13.5
	AP	62.2	62.2
	Al	11.8	11.8
性能	T/C	-47	-75
	断裂伸长率 ε_b(25 ℃)/%	56	—
	燃速 r_b(0 ℃，6.9 MPa)/(mm·s^{-1})	16	18
	燃速 r_b(25 ℃，6.9 MPa)/(mm·s^{-1})	17.5	19.8

李谨卫等[10]以 GAP/AP 推进剂为基础研制了 GAP 基低特征信号推进剂。该推进剂以 GAP 为黏合剂，以硝酸酯（NG/BTTN）为增塑剂，以 AP、HMX 为固体填料，具有优异的性能。其具体配方和理论性能如表 7-10 所示。以不同相对分子质量的 GAP 为黏合剂，得到的低特征信号推进剂的力学性能如表 7-11 所示。当黏合剂采用高相对分子质量的 GAP（代号为 YGAP，分子量 8 000~10 000）时比采用数均相对分子质量为 3 000 的均聚物 GAP（代号为 HGAP）制备的推进剂各项力学性能表现更佳。

表 7-10 基本组成和理论计算

组成/%（质量分数）						能量特征		燃烧产物组成/%（质量分数）	
GAP	NG/BTTN	HMX	AP	Al	其他	理论比冲/(N·s·kg^{-1})	ρ/(g·cm^3)	Al$_2$O$_3$ + HCl	N$_2$
5~15	15~25	30~60	10~30	1~6	1~2	2 510~2 590	1.70~1.76	16.4	25.8

表 7 - 11　GAP 相对分子质量对推进剂性能的影响

序号	M_n	力学性能（25 ℃，$R=100$ mm/min）		
		σ_m/MPa	ε_m/%	ε_b/%
HGAP	3 000	0.76	14.0	14.5
YGAP - 1	4 000 ~ 5 000	0.64	27.2	29.0
YGAP - 2	6 000 ~ 7 000	0.84	37.9	41.6
YGAP - 3	8 000 ~ 10 000	0.80	44.2	51.2

不同批次的 GAP 基推进剂在不同温度下的力学性能如表 7 - 12 所示，表明 GAP 基推进剂具有良好的力学性能，且力学性能较为稳定。

表 7 - 12　不同批次的 GAP 基固体推进剂的力学性能

序号	25 ℃，$R=100$ mm/min			70 ℃，$R=2$ mm/min			25 ℃，$R=100$ mm/min		
	σ_m/MPa	ε_m/%	ε_b/%	σ_m/MPa	ε_m/%	ε_b/%	σ_m/MPa	ε_m/%	ε_b/%
GAP - 30	0.62	100.7	105.6	0.28	63.5	64.7	3.6	99.3	107.5
GAP - 31	0.68	92.1	96.1	0.21	58.4	59.5	3.25	81.7	84.5
GAP - 32	0.76	65.7	69.5	0.31	41.4	44.8	4.96	91.7	99.0
GAP - 33	0.74	67.6	71.6	0.24	48.1	48.1	3.05	103.0	109.0
GAP - 34	0.81	57.6	61.6	0.28	47.6	48.2	4.23	98.1	101.3
GAP - 35	0.62	80.1	87.6	0.22	52.6	53.3	2.58	87.8	99.7

推进剂固化过程中的气孔问题是复合固体推进剂需要避免的，GAP/AP 固化现象如表 7 - 13 所示。研究表明，通过选择合适的固化催化体系，加入质量含量为 0.3% ~ 0.5% 的间苯二酚，以及对 AP 包覆等措施，都能有效解决 GAP/AP 推进剂的固化气孔问题。

表7-13 固化胶片相容性实验结果

组分	现象
GAP/LM-100 固化体系	固化良好，无气孔
GAP/LM-100 固化体系 + 镁铝合金	固化良好，无气孔
GAP/LM-100 固化体系 + AP（AP 在 60 ℃下烘 7 天）	有气孔生成，10 天后才固化
GAP/LM-100 固化体系 + AP（AP 在 60℃下烘 1 天）	有大量气孔生成，20 天后才固化，且表层发黏

7.3.5 GAP/AN 推进剂

由于 AP 的燃烧产物中存在大量的氯化氢，因此含 AP 的推进剂使火箭发射装置带有明显的目标特征信号，从而干扰制导系统并降低自身的安全性，同时大型火箭及卫星发射时使用含 AP 的固体推进剂还会引起环境污染。

由前文可知，AN 不含卤素，因此应用于钝感、微烟、少烟推进剂的氧化剂具有潜在优势。将 GAP 和 AN 结合制备 GAP/AN 推进剂是研制低特征信号推进剂的主要技术途径之一。

GAP/AN 推进剂的燃速压力指数较高，达到 0.7 以上，易导致推进剂燃烧不稳定。日本 Tokui[11] 通过制备一系列的 GAP/AN 推进剂（表 7-14）发现，以三官能度的 HTPB 替代 TMP 交联剂后，推进剂的压力指数略有降低，同时加入的增塑剂对推进剂的点火性能也有所改善。

表7-14 GAP/AN 推进剂的配方组成　　　　　单位:%

组分	1	2	3	4
GAP 二元醇	100	100	83.3	83.3
三官能度 HTPB	20			
三羟甲基丙烷		1.2	1.0	1.0
IPDI	10.4	11.9	9.9	9.9
防老剂		1	0.85	0.85
二月桂酸二丁基锡	0.1	0.1	0.085	0.085
DEP			16.7	
A3 增塑剂				16.7

续表

组分	1	2	3	4
AN	200	200	200	200
$(NH_4)_2Cr_2O_7$	3.3	3.3	3.3	3.3
ZrO_2	3.3	3.3	3.3	3.3
炭黑	1.7	1.7	1.7	1.7

　　美国 Powell[12] 则分别选用 GAP、PolyNIMMO 和聚氨酯,加入硝酸酯增塑剂后制备了基于 AN 的微烟推进剂,其配方和弹道性能如表 7 – 15 所示。其中 GAP/PSAN/RDX 推进剂在直径 123 mm 发动机装药的弹丸冲击(BI)试验中达到Ⅳ级和Ⅴ级。

表 7 – 15　美国研制的 AN 推进剂配方及性能

推进剂	1	2	3
黏合剂	GAP	PolyNIMMO	聚氨酯
增塑剂	TMETN/BTTN	BDNPA/F	NG
氧化剂	RDX/PSAN	RDX/AN	HMX/AN
燃料			AL
燃速/$(m \cdot s^{-1})$	8	4.5	
压力指数 n	0.62	0.65	
比冲/s	237.2	239.4	
BI 试验结果	Ⅳ/Ⅴ	Ⅳ/Ⅴ	Ⅳ/Ⅴ

　　注:PSAN 为相对稳定化 AN。

7.3.6　GAP 共聚物推进剂

　　由前文可知,GAP 分子侧链带有极性的叠氮基团,分子结构表现为刚性,因此其低温力学性能和加工性能均较差,这就限制了其在推进剂中的应用。通过共聚的方法在 GAP 的主链上引入柔性链段可以改善其力学性能。这些用来改善 GAP 分子柔顺性的柔性分子可以是聚丁二烯,也可以是 PEG 或 PCL。

　　以 HTPB 作为软段改性后的 GAP 作为黏合剂,将其与 HTPB 推进剂进行对比(表 7 – 16,其中改性后推进剂的成分组成列于表 7 – 17),可以发现改性后的推进剂表现出更好的燃烧性能。此外，改性后的推进剂力学性能也有明显改善。

表 7 – 16　以不同黏合剂制备的固体推进剂的燃速

黏合剂[①]	燃速催化剂[②]/%（质量分数）	燃速/(mm·s^{-1})（40 KSC）	燃烧热[③]/(J·g^{-1})
HTPB	–	6.6	5 232
HTPB	亚铬酸铜（0.23%（质量）的 Cu + Cr）	7.4	5 274
GAP – PBD – GAP	–	7.6	6 069
GAP – PBD – GAP	亚铬酸铜（0.23%（质量）的 Cu + Cr）	8.7	5 965
GAP – PBD – GAP + HTPB – graf – 二茂铁（1∶0.3）	HTPB – graf – 二茂铁（0.011%（质量）的 Fe）	8.0	5 776

①黏合剂 14.5%；TMP/黏合剂质量比：3.89×10^{-3}；氧化剂含量 84.6%；
②加入量为配方中金属含量的质量分数；
③已固化推进剂的燃烧热

表 7 – 17　固体推进剂的成分和组成

成分	作用	质量含量
AP	氧化剂	0.730 0
HTPB(80%)	黏合剂	0.216 0
GAP 共聚物(20%)		
DEA	增塑剂	0.040 5
TDI	固化剂	0.013 5

7.3.7　其他 GAP 基高能推进剂

美国已研制出两种高性能燃气发生器用推进剂，该推进剂使用线型 GAP 作为黏合剂，其配方及弹道性能见表 7 – 18 和表 7 – 19。与一般 HTPB/AN 燃气发生器推进剂相比，该推进剂的比冲和燃速都较高，燃温也较低，而且燃气无烟。

表 7 - 18　美国线型 GAP 推进剂配方

配方		GG15	GG16
黏合剂	GAP	18%	20%
	PEG - 4000	3%	0
增塑剂	BDNPA/F	9%	10%
氧化剂	PSAN	0	65.4%
	TAGN	66.9%	0
	Cr_2O_3	0	0.75%
	Cr_2O_3	0	0.75%
固化剂	N - 100	3.1%	3.1%
固化催化剂	TPB	2 mg/100 g	2 μL/100 g
	DBTDL	2 mg/100 g	2 μL/100 g

表 7 - 19　美国线型 GAP 推进剂弹道性能

配方	GG15	GG16
压强/MPa	7	7
火焰温度/K	1 539	2 164
比热比	1.310 5	1.232 3
比冲/($N \cdot s \cdot kg^{-1}$)	2 106	2 228
特征速度/($m \cdot s^{-1}$)	1 328.9	1 387.2
燃速/($mm \cdot s^{-1}$)	10.4	8.2
压强指数	0.519	0.596

　　支化 GAP 在高能、低特征信号推进剂中也有应用，如某配方中用二月桂酸二丁基锡作固化催化剂，二苯胺为稳定剂，不需偶联剂，固化参数为 1.3/1。支化 GAP 推进剂配方组成为 GAP/IPDI/BDNPA：28%，AN：68%，燃速催化剂：2%，其中黏合剂与增塑剂的比例为 1：1。如果改变固化参数则可调节延伸率和强度值，从而获得较好的推进剂力学性能。

日本航天与空间研究所的 Sumito Togo 等[13]研究了 GAP 四醇和 PEG 共混作黏合剂，纳米 Al 粉和纳米碳纤维作填料的富燃料推进剂配方的力学性能和燃烧性能与热分解，有效地利用燃烧产生的气体，在补燃室与汽化的液体氧化剂发生燃烧反应的同时燃烧气体也可作为液体氧化剂喷射的动力。

|7.4 PBT 基高能固体推进剂|

叠氮类黏合剂的主要代表是 GAP（聚叠氮缩水甘油醚）黏合剂，其具有较高的生成焓和较高的密度，为研制更高能量的推进剂提供了可能。但是，大量研究表明，GAP 存在的主要问题是力学性能调节困难。针对惰性黏合剂能量水平有限，GAP 力学性能不佳的问题，一种新型叠氮黏合剂 PBT 应运而生。

7.4.1 PBT 的结构、合成方法及性能

由于 BAMO（图 7 - 6）是结构对称的单体，其均聚物分子链具有很高的立构规整性，导致 PBAMO（图 7 - 7）在室温条件下为结晶的固体聚合物，因此 PBAMO 不适合单独用作固体推进剂的黏合剂。在这种聚合物链中通过共聚引入不同的结构单元，可以起到破坏原有的立构规整性、消除或减少结晶的作用。

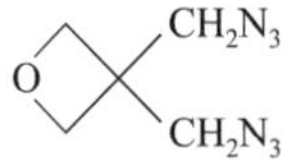

图 7 - 6　BAMO 的分子结构

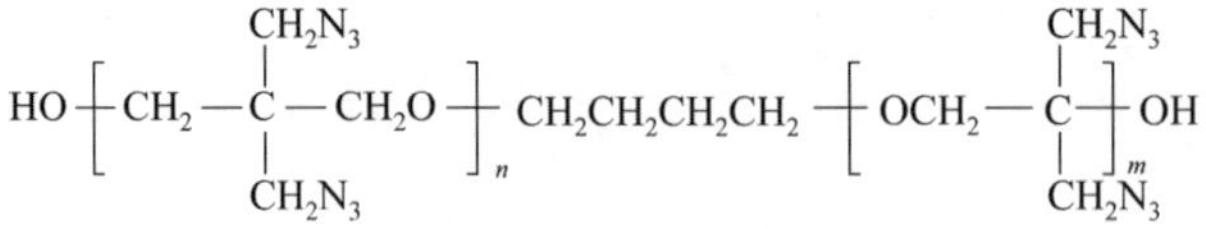

图 7 - 7　PBAMO 的分子结构

BAMO - THF 共聚物（PBT）具有良好的燃烧性能和低温力学性能，是可以实际应用的含能聚合物。PBT 是 BAMO 与 THF 的无规共聚物，分子链中含有大量的叠氮基团，为推进剂的能量特性提供保证，THF 则提升了 PBT 主链的柔性。PBT 的制备是以 BAMO 和 THF 为单体，通过阳离子开环共聚实现的，其共聚反应过程如图 7 - 8 所示。PBT 的性能可通过制备过程中的投料比进行调节，不同投料比的 PBT 性能如表 7 - 20 所示。

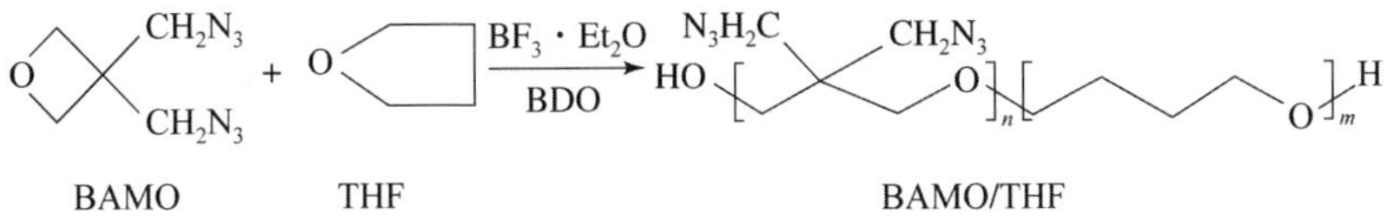

图 7-8 **BAMO 与 THF 的共聚反应过程**

表 7-20 不同 **PBT** 的性能

编号	投料量/mol		熔点/℃	$\rho/(g \cdot cm^{-3})$	官能度	实测相对分子质量 $(g \cdot mol^{-1})$
	$n(BAMO)$	$n(THF)$				
1	1.00	0	78	1.30	1.9	6 500
2	0.75	0.25	50	1.24	2.0	6 900
3	0.60	0.40	25	1.27	2.0	6 200
4	0.50	0.50	<0	1.18	2.0	7 300

　　PBT 与其他叠氮黏合剂性能对比如表 7-21 所示。由表 7-21 可知，BAMO 的生成热最高，但是 BAMO 分子链刚性大，玻璃化转变温度在 -39 ℃，不能直接作为推进剂的黏合剂使用。PBT 的密度较丁羟（0.9 g/cm³）高，略小于 GAP，生成热高于 GAP，玻璃化转变温度低，综合性能优异。

表 7-21 几种常用叠氮黏合剂的性能

属性	BAMO	AMMO	GAP	PBT
密度/$(g \cdot cm^{-3})$	1.30	1.06	1.30	1.27
玻璃化转变温度/℃	-39	-45	-45	-61
生成热/$(kJ \cdot kg^{-1})$	2 420	354	492	1 185

7.4.2 PBT 基高能固体推进剂的基本组成

　　PBT 基高能固体推进剂以 PBT 黏合剂为基体，添加了氧化剂、高能炸药、高能燃烧剂以及功能助剂等固体组分，通过添加固化剂以浇铸成型的工艺制备得到。固化剂通常为异氰酸酯，如 TDI、IPDI、MDI、N-100（HMDI 的三聚体或五聚体）等。

增塑剂可以增加推进剂的塑性，使之易于加工并能够改善推进剂的低温力学性能。PBT基高能固体推进剂的理想增塑剂应该具有以下性质：①良好的物理性质，不影响体系的交联网络结构且与其他组分具有良好的相容性，具有较低的玻璃化转变温度和黏度，较低的渗透性和挥发性；②良好的化学性能，能量高，稳定性好，化学相容性好；③成本低，纯度高，毒性低等。为了得到更优异的能量性能，PBT基高能固体推进剂通常使用含能增塑剂。目前，PBT基推进剂应用最广泛的增塑剂是A3增塑剂（双2，2-二硝基丙醇缩甲醛/双2，2-二硝基丙醇缩乙醛混合物）。但分子动力学模拟计算结果表明[14]，Bu-NENA（丁基硝氧乙基硝胺）与PBT的相容性更优，且Bu-NENA/PBT体系具有更低的玻璃化转变温度，因此，使用Bu-NENA作为PBT基推进剂的增塑剂可获得更高的能量、更低的灵敏度和更优的力学性能。

在复合固体推进剂中，目前应用最广泛的氧化剂为高氯酸铵（AP），这是由于其具有含氧量高（可达34%）、密度大（可达1.95 g/cm^3）等优点。但是AP的生成焓为负值，能量相比新型氧化剂略有不足。因此，PBT基高能固体推进剂通常是将AP和硝胺高能炸药复配后作为其氧化剂使用，这些硝胺炸药包括RDX、HMX以及CL-20等。

此外，同其他复合推进剂类似，PBT基高能固体推进剂中通常添加铝粉等轻金属粉末作为高能燃烧剂，添加过渡金属氧化物等作为燃烧催化剂。

7.4.3　PBT基低铝复合推进剂

Al作为复合固体推进剂的主要可燃组分之一，燃烧时能够释放出大量的热，是推进剂燃温高的主要原因。Al粉在燃烧时会产生大量的 Al_2O_3，是推进剂燃烧产生一次烟雾的主要成分之一。目前，国内外已经投入使用的低特征信号推进剂中，大多为低铝或无铝型推进剂。研究表明，Al和 Al_2O_3 都是复合固体推进剂燃烧后的凝聚态残留的主要成分。因此，若能实现推进剂的低铝化，对于研制低特征信号、低凝聚态残留的复合固体推进剂将有着重要意义。

PBT具有本身能量高的特点，可以在一定程度上弥补低铝推进剂中燃烧剂含量降低引起的能量不足。北京理工大学[15]研究了Al含量仅为2%的PBT基推进剂各项性能及影响因素，确定了主要配方为PBT/Bu-NENA/AP/HMX的推进剂体系（表7-22）。该推进剂在11 MPa下理论比冲不小于265 s，密度不小于1.7 g/cm^3。

表 7 – 22　**PBT 基低铝推进剂的配方**

PBT	NENA	HMX	AP	Al
10% ~ 13%	10% ~ 12%	27% ~ 41%	31% ~ 51%	2%

经过配方优化，所制备的 PBT 基低铝推进剂综合力学性能优异，常温下最大抗拉强度可达 0.63 MPa，断裂延伸率达 37.46%。该推进剂在高温（60 ℃）条件下的抗拉强度为 0.59 MPa，在低温（ – 40 ℃）条件下，推进剂的断裂延伸率为 61.09%。

7.4.4　PBT 基钝感推进剂

高能钝感推进剂能够为武器系统的战场生存能力提供可靠保障，使导弹的战略战术价值显著提升。目前，固体推进剂面临的挑战在于增加推进剂能量和密度的同时不增加敏感性。

由于 PBT 兼具能量高、钝感、燃烧产物特征信号低、燃气洁净等优点，通过合理调整配方，可开发各项性能满足要求的 PBT 基钝感或低感度推进剂。这类推进剂包括 PBT/HMX/AP/A1/Bu – NENA 体系钝感推进剂（P1）、PBT/AP/A1/Bu – NENA 体系钝感推进剂（P2）和 PBT/Bu – NENA/RDX/AP 低 Al 体系钝感低特征信号推进剂（P3）等[16]，基本配方见表 7 – 23。

表 7 – 23　**推进剂 P3 的基本配方**　　　　　　单位:%

PBT/Bu – NENA	RDX	AP	Al	交联剂	扩链剂	其他
18 ~ 22	35 ~ 45	20 ~ 30	0 ~ 5	0.3 ~ 1.0	0.5 ~ 2.0	1.5

其中，推进剂 P1 在 180 ℃ 左右开始出现分解，热分解活化能为 102 kJ/mol。推进剂 P1 与 P2 的快速烤燃试验响应等级均为燃烧，且由于 P1 中含 HMX，其对热刺激表现出更高的敏感度。推进剂 P1 和 P2 的子弹冲击试验和破片冲击试验响应等级皆为燃烧，具有很好的安全性。推进剂 P1 的聚能射流试验响应等级为爆轰，而 P2 的响应等级为燃烧，同样也是因为 P1 中含有的 HMX 对其聚能射流试验的响应等级有着较大的影响。通过研究推进剂 P3 的力学性能发现，其力学性能有较大的可调范围，采用大分子扩链剂 PEG 和小分子交联剂 TN – J 复配的形式，同时调节两者含量，能够实现推进剂 20 ℃ 下抗拉强度为 0.9 ~ 1.3 MPa、最大伸长率为 40% ~ 70%；70 ℃ 下抗拉强度为 0.6 ~ 0.7 MPa、最大伸长率为 30% ~ 50%；– 55 ℃ 时的最大抗拉强度为 3.7 ~

4.6 MPa、最大伸长率为45%~75%。此外，推进剂 P3 的玻璃化转变温度 $T_g <$ $-65\ ℃$。由此可见，推进剂在 $-55 \sim 70\ ℃$ 具有良好的力学性能，可满足工程化应用的需求。

|7.5　其他叠氮高能固体推进剂|

除了上述叠氮基高能黏合剂以外，目前研究较为广泛的叠氮基高能黏合剂还有3，3-二叠氮甲基环氧丁烷均聚物（PBAMO）、3-叠氮甲基-3-甲基氧杂丁环均聚物（PAMMO）等。

PBAMO 通常以3，3-二叠氮甲基环氧丁烷（BAMO）为单体通过直接法按阳离子反应机理经过开环聚合得到。由前文可知，PBAMO 在室温下为结晶状的固体，且感度较高，不适合直接用作固体推进剂的黏合剂，因此通常将其与其他单体制备共聚物进行改性。前面已经介绍了 BAMO - THF 共聚物（PBT），除此之外，近年来研究较多的还有 BAMO - AMMO 共聚物（PBA）等。

PAMMO 具有含氮量高、感度低、热稳定性好的优点，很适合用作低易损性或低特征信号推进剂的含能黏合剂。含 PAMMO 黏合剂的推进剂力学性能好、生产方便，且钝感，是一种高比冲、高密度的先进固体推进剂，PAMMO 通常是以 AMMO 为单体经开环聚合以直接法间接法实现。

进一步将 BAMO 和 AMMO 进行共聚，可破坏 PBAMO 分子链的立构规整性，得到力学性能优异的 BAMO - AMMO 共聚物。

近年来的研究通常以 PBAMO、PAMMO 等为预聚体，制备成含能热塑性弹性体，以此为黏合剂应用于固体推进剂，此部分内容将在第 11 章中详细介绍。

|7.6　叠氮基高能固体推进剂的发展趋势|

叠氮基黏合剂由于其能量高、密度大和燃气洁净等优点，成为制备高能固体推进剂的重要黏合剂之一。围绕该黏合剂可开发出多种新型高性能叠氮基固体推进剂，其未来的发展趋势主要集中在以下几个方面。

（1）将点击化学反应应用到叠氮基黏合剂固化中，通过调节固化交联网

络结构改善叠氮基黏合剂的力学性能。利用点击化学高反应活性及其反应速率
常数对温度的依赖性较大的特点，研究催化剂种类、含量对叠氮基黏合剂及推
进剂固化动力学的影响规律制备可室温固化的叠氮基高能固体推进剂，点击化
学反应不受水分的影响，有望实现一些吸湿性较强的高能组分在推进剂中的
应用。

（2）通过对配方进行合理的设计，在提高叠氮基高能固体推进剂能量性
能的同时，兼顾低特征信号、钝感、高燃速等其他性能。

（3）通过对叠氮基黏合剂体系的网络结构进行调节、改性以及在叠氮基
高能固体推进剂中添加合适的键合剂等方法，对叠氮基高能固体推进剂的力学
性能进行优化。

（4）利用叠氮聚合物对已有的固体推进剂配方进行改性，代替现有推进
剂配方中的不含能组分，从而提高固体推进剂的能量性能。

参 考 文 献

[1] 罗运军，王晓青，葛震. 含能聚合物［M］. 北京：国防工业出版
社，2011.

[2] Frankel M B，Flanngan J E. Energetic hydroxy – terminated azide polymer：U.
S. Patent 4，268，450［P］. 1981 – 5 – 19.

[3] 李辰芳. 国外对 GAP/AN 推进剂燃烧性能和感度的研究［J］. 固体火箭
技术，1998，21（3）：31 – 34.

[4] Eisele S，Menke K，Schubert H. Solid rocket fuels：U. S. Patent 4，938，
813［P］. 1990 – 7 – 3.

[5] Eisele S，Menke K. About the Burning Behaviour and other Properties of Smoke
Reduced Composite Propellants based on AP/CL20/GAP［C］// International
annual conference – fraunhofer institute fur chemische technologie. Berghausen，
Fraunhofer – Institut fur Chemische Technologie，1999：149 – 149.

[6] 周晓杨，唐根，庞爱民，等. GAP/CL – 20 高能固体推进剂燃烧性能影响
因素［J］. 固体火箭技术，2017，40（5）：592 – 595.

[7] 王瑛，王正明，赵昱，等. CL – 20 粒度对 GAP/AP/Al 高能推进剂燃烧性
能的影响［J］. 火炸药学报，2021，44（3）：336 – 341.

[8] 张鑫，胡翔，徐星星，等. GAP 黏合剂基体与 ε – CL – 20 界面作用［J］.
含能材料，2021，29（11）：1099 – 1105.

[9] 宋廷鲁. 含 HNIW 的叠氮复合推进剂燃烧性能研究［D］. 北京：北京理

工大学，2008.

[10] 李谨卫，庞爱民，吴京汉. GAP 高能低特征信号推进剂的研究 ［J］. 固体火箭技术，2001，24（3）：42 - 46.

[11] Tokui H，Saitoh T，Hori K，et al. Synthesis and physico – chemical properties of glycidyl azide polymer（GAP）and the application of GAP/ammonium nitrate based propellants to a small motor ［J］. Technology of polymer compounds and energetic materials，1990：7 - 1.

[12] Powell I. Reduced vulnerability minimum smoke propellants for tactical rocket motors ［C］//41st AIAA/ASME/SAE/ASEE Joint Propulsion Conference & Exhibit，Tucson 2005：3615.

[13] Togo S，Kobayashi K，Shimada T，et al. Modified burning rate spectrum & combustion mechanism of tetra – ol GAP ［J］. International Journal of Energetic Materials and Chemical Propulsion，2007，6（2）：153 - 169.

[14] 邓蕾，张炜，鲍桐，等. PBT 与含能增塑剂相互作用的分子动力学模拟 ［J］. 含能材料，2017，25（1）：32 - 38.

[15] 姚启发. PBT 基低铝复合推进剂配方及性能研究 ［D］. 北京：北京理工大学，2019.

[16] 张杰凡. PBT 基钝感固体推进剂的安全特性及影响因素研究 ［D］. 南京：南京理工大学，2016.

第 8 章

端羟基嵌段共聚醚不敏感推进剂

|8.1 概 述|

随着科学技术的进步和战争形式的不断变化，高技术下的常规战已逐渐成为战争的主要模式，并且未来战争中战场环境的恶劣化程度不断提高，战场上的火焰、热辐射、子弹、碎片、爆炸冲击波、电磁波和静电火花等均可直接或间接引发弹药的爆炸或爆轰，极大增加了武器装备的不安全性，给作战人员和武器装备带来极大的安全隐患，特别是战斗机、舰船等由于武器装备集成度更高、人员更密集，且均较多携带导弹、火箭弹等装填有大量推进剂的武器装备，极易发生由于作战环境恶劣而引发的非战斗性毁损，并造成灾难性后果和巨大的损失。因此未来战争，在对固体推进剂的能量水平有着越来越高的要求的同时，对其不敏感性能的要求更高，需求更迫切[1]。根据 MIL – STD – 2105D、STANAG 4439 等标准要求，固体推进剂只有通过快速烤燃、慢速烤燃、子弹冲击、破片撞击、跌落、殉爆、聚能射流七项不敏感性能测试才能称之为不敏感固体推进剂[2]。

端羟基嵌段共聚醚（Hydroxyl – Terminated Block Copolyether，HTPE）推进剂是美国在 20 世纪 90 年代研制以改善 HTPB 复合推进剂钝感弹药特性为目标的一类以端羟基嵌段共聚醚预聚物（HTPE）为黏合剂的新型固体推进剂。它是建立在 NEPE 推进剂由于采用聚醚聚氨酯型黏合剂具有良好的低温力学性能、具有独特微相分离结构的多嵌段热塑性聚氨酯聚合物具有相当优异的物理力学性能的基础上，结合嵌段共聚醚的结构与性能特点，发展起来的一类新型高能钝感推进剂品种。HTPE 推进剂不但具有良好的能量特性、力学性能、工艺性能、燃烧性能，还具有优异的不敏感性能，是目前国际上公认能完全满足 MIL – STD – 2105 D 不敏感性能要求的推进剂品种[3]。

　　HTPE 推进剂具有良好的不敏感特性，尤其采用石墨复合发动机壳体时，使用该推进剂的发动机完全满足 MIL – STD – 2105 D 的技术要求。此外，因为 HTPE 推进剂电导率要比 HTPB 推进剂高几个数量级。对静电刺激的危险性也远低于 HTPB 推进剂，其对于 HTPE 推进剂，可通过使用与聚合物 HTPE 相容性良好的含能增塑剂，确保在保持 HTPE 推进剂能量水平的同时降低其固体含量。据文献报道，固体含量77%的 HTPE 推进剂与高固体含量89%的 HTPB 推进剂的理论比冲相当[4]，约为 2 597 N·s/kg，也就是说当 HTPE 推进剂的能量与 HTPB 推进剂持平时，HTPE 推进剂固体含量低，这样便可以使得推进剂的总能量在黏合剂体系相和固体填料相之间得到合理的分配。

　　在 HTPE 推进剂制备方面[5]，目前，国外已有 5 个工厂掌握了大规模加工 HTPE 推进剂的技术。1993 年，在美国 ABL 公司生产了第一批批量为 227 L 的 HTPE 推进剂之后，该实验室加工了很多批批量为 227 L 和 1 340 L 的 HTPE 推进剂。1995 年，美国 NAWC 公司生产了第一批批量为 134 L 和 670 L 的 HTPE 推进剂。1995 年，美国 ATK 公司将 HTPE 推进剂技术转让给挪威 NAMMO 公司。1996 年，NAMMO 公司生产了第一批批量为 1 340 L 的 HTPE 推进剂，并加工了多批批量为 1 340 L 的推进剂。2003 年，ATK 公司又将该技术转让给日本 IHI 航空航天公司（IA），2003 年该公司生产了第一批批量达 1 200 L 的 HTPE 推进剂。美国杜邦公司持有 HTPE 生产工艺的专利权，特许 ATK 公司在弹药中使用该专利权。Goleniewski 等首先将美国杜邦公司和巴斯夫公司生产的环氧乙烷 – 四氢呋喃共聚醚引入到 HTPE 推进剂，其中杜邦公司生产的共聚醚的数均相对分子质量为 2 000，包括 38 % 的环氧乙烷和 62 % 的四氢呋喃；巴斯夫公司的共聚醚数均相对分子质量为 1 250，环氧乙烷含量为 25 %，四氢呋喃含量为 75 %。

　　由于 HTPE 推进剂通常采用一种仅有个别制造商能制造的昂贵 HTPE 预聚物，所以 HTPE 推进剂成本较高。2002 年，美国 ARC 公司选用了可通过广泛商业途径获得的端羟基聚醚预聚物（用 THF 和 PEG 制备）和相对廉价的硝酸酯增塑剂，成功研制出低成本 HTPE 推进剂。据报道，该低成本 HTPE 推进剂的所有性能（包括工艺性能、力学性能、弹道性能和能量水平）均达到或超过了美国 ATK 公司的基础型 HTPE 推进剂。

　　另外，为了满足战术应用有时要求固体推进剂具有高密度比冲，研发人员也通过寻找其他途径试图改进 HTPE 推进剂的性能。例如，美国 ATK 公司采用加入含（10~21）% 高密度氧化剂—Bi_2O_3 的方法，成功研制出高密度型 HTPE 推进剂，在其应用于体积受限的战术发动机中时，该推进剂表现出更加优异的不敏感性能，提高了钝感弹药响应特性，而且该 HTPE 推进剂的密度比冲较一般含铝的 HTPE 和 HTPB 推进剂整体提高了 6%，储存期也更长。

还可采用低感度氧化剂 AN 部分取代感度较高的 AP 的方法来降低 HTPE 推进剂的感度。目前，采用 HTPE 推进剂的改进型"海麻雀"导弹用的含铝和少烟两种配方已进入生产阶段，而 HTPE 推进剂的其他应用仍在研制和试验鉴定阶段。该推进剂满足典型战术导弹的所有要求，并具有 IM 响应温和的特点。

据文献报道[6]，HTPE 配方已在"爱国者" - 3 导弹改进型（PAC - 3 MSE）、"标准" - 3 第二级（SM - 3）、先进中程空空导弹（AIM - 120D）、高超速反坦克导弹（HATM）、"海麻雀"改进型（ESSM）、"陶" - 2（TOW2）和"地狱火"（Hellfire，现已归并 PAM）以及"响尾蛇" - 9L（Sidewinder 9L）等美国主战战术型号上得到应用或演示。HTPE 推进剂技术在美国海军非敏感发展项目支持下达到小尺寸发动机验证试验成熟程度。

我国在 HTPE 不敏感推进剂方面的研究起步较晚，国内相关单位，包括北京理工大学、湖北航天化学研究所等均在进行相关研究，开展了不敏感 HTPE 推进剂配方设计及制备、HTPE 推进剂综合性能调控及不敏感性能测试等研究工作。汪存东等分别通过阳离子开环聚合法、缩醛法和氧鎓离子聚合法合成了端羟基嵌段共聚醚（HTPE），并对它们进行各种性能表征，分析其链段结构、热分解特性，以及 HTPE 基聚氨酯弹性体的各项性能，最后指出这种新型黏合剂与国外专利报道的链段结构相似，可作为 HTPE 钝感推进剂的黏合剂使用，并提出了优化的合成工艺。

|8.2　HTPE 推进剂的基本组成与作用|

HTPE 推进剂是以固体填料为分散相、以 HTPE 黏合剂等为连续相的一种复合含能材料。在介绍 HTPE 推进剂各项性能之前，先介绍 HTPE 推进剂中所包含的 HTPE 黏合剂、增塑剂、氧化剂、金属燃料、高能组分等基本组分及其作用。

8.2.1　HTPE 黏合剂

黏合剂是一类可将推进剂其他组分黏结成性能均匀的整体，赋予推进剂力学性能，并为推进剂燃烧提供 C、H 等可燃元素的高分子化合物。

HTPE 是一种以聚四氢呋喃（PTHF）和聚乙二醇（PEG）构成的端羟基嵌段共聚醚型黏合剂。在常温下，HTPE 黏合剂为液态，可满足复合推进剂传统混合 - 浇铸 - 固化的工艺要求。

8.2.1.1　HTPE 黏合剂的性能特点

HTPE 黏合剂的性能对 HTPE 推进剂的能量、力学及工艺等性能均有重要影响。HTPE 黏合剂的性能具有以下特点。

（1）HTPE 黏合剂是一种遥爪型预聚物，可以通过固化反应形成三维网络结构，从而赋予 HTPE 推进剂良好的力学性能。

（2）合成 HTPE 黏合剂所使用的 PTHF 和 PEG 相对分子质量较低（一般为 200～600），两者不易形成折叠链的结晶结构，因此 HTPE 黏合剂的结晶倾向性较小。

（3）HTPE 黏合剂中含大量极性醚键，与硝酸酯等含能增塑剂具有良好的相容性。在 HTPE 推进剂基本组成中使用一定量的含能增塑剂，能使推进剂在较低的固体含量（小于 85%）时就具有较高的能量水平，并可为各项性能的调节提供较大空间。

（4）HTPE 推进剂具有较高的电导率，其电导率较 HTPB 推进剂高 100～10 000 倍，能有效降低 HTPE 推进剂的静电火花感度。

（5）HTPE 黏合剂结构单元的平均氧原子质量含量高达 29%，使 HTPE 推进剂的基本组成对氧化剂的需求量降低，达到最佳能量水平的固体含量较低，从而为 HTPE 推进剂能量水平调节、工艺性能控制提供了较大空间。

（6）HTPE 推进剂在燃烧时，HTPE 黏合剂醚键易先发生断裂形成黏流态，并覆盖在氧化剂（AP）及硝胺炸药（HMX 或 RDX）表面，有利于降低燃烧时的热反馈作用，进而降低 HTPE 推进剂的燃速压力指数，且能在一定压强范围内表现出平台燃烧特性；此外，黏流态的 HTPE 黏合剂体系可填充在推进剂可能形成的裂纹和空穴中，进而使 HTPE 推进剂能保持良好的不敏感特性。

由于 HTPE 黏合剂具有上述各项优良性能，因此 HTPE 推进剂表现出优异的使用性能，成为目前不敏感推进剂发展的最佳选择。

8.2.1.2　HTPE 黏合剂的合成方法

HTPE 黏合剂的合成主要包括氧鎓离子法、缩醛法、大分子终止法和端基偶联法等。

1. 氧鎓离子法

在加热条件下，只有 PTHF 与催化剂（浓硫酸）生成氧鎓离子，然后与 PEG 反应形成交替共聚，进而合成 HTPE 黏合剂，其合成路线如图 8-1 所示。

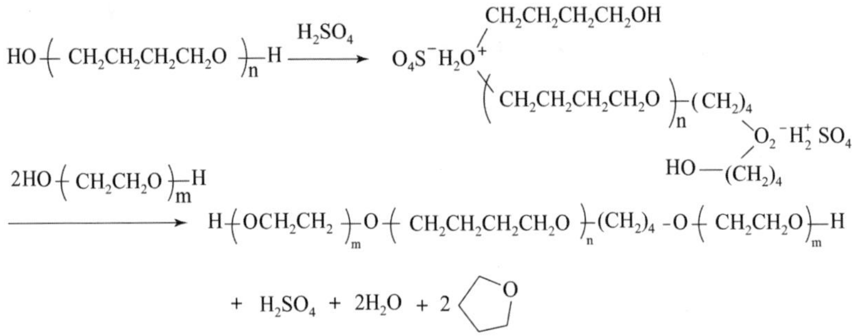

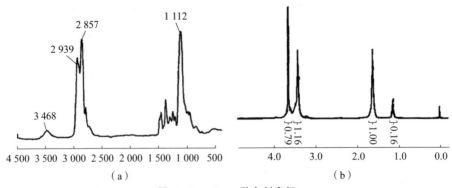

图 8-1　氧鎓离子法合成 HTPE 黏合剂的路线图

反应生成的副产物（H_2O 及四氢呋喃）可通过减压蒸馏（约 10 mmHg）去除。产物的聚合程度可由其黏度来控制。黏度达到要求后，可以加入大量的水，以终止反应。在分离器中将水分离后，产物中的残酸可以通过加入氢氧化钙进行中和，并经升温和减压干燥，即可获得交替共聚的 HTPE 黏合剂，其红外、核磁图谱如 8-2 所示，物化性质如表 8-1 所示。获得交替共聚的原因在于，上述反应中只有 PTHF 分子的两端可以与硫酸反应形成氧鎓离子，而 PEG 只与氧鎓离子反应，进而形成嵌段共聚物。

图 8-2　HTPE 黏合剂表征

（a）红外图谱；（b）核磁图谱

由图 8 - 2（a）可知，在 HTPE 的红外谱图中，1 112 cm^{-1} 为醚键 C—O—C 的吸收峰，在 2 857 cm^{-1} 和 2 939 cm^{-1} 处为亚甲基的伸缩振动双肩吸收峰，在 3 468 cm^{-1} 处为羟基 – OH 的伸缩振动吸收峰。图 8 - 2（b）中化学位移为 1.63 处的吸收峰是四氢呋喃开环后中间两个亚甲基上的质子峰；3.39 处吸收峰是聚四氢呋喃链段中与氧相连的亚甲基上的质子峰；3.64 处是聚乙二醇链段中与氧相连的亚甲基上的质子峰。

表 8 - 1　HTPE 黏合剂的物化性质

PEG 含量/% （质量分数）	PTHF 含量/% （质量分数）	相对分子质量	羟基当量	黏度/（Pa·s）（49 ℃）
50	50	3 400	1 700	15
51	49	2 956	1 581	12
47	53	2 903	1 535	12

此外，Rodrigo I. Caro 等通过阳离子本体聚合法合成了一种端羟基无规共聚醚，并进行了各种表征实验，结果如表 8 - 2 所示，这种无规共聚醚与专利中的嵌段共聚物（HTPE）在各种性能上十分接近。

表 8 - 2　HTPE 黏合剂物性参数

[THF]/[EO]n	M_n	T_g/℃	T_m/℃	H_m/（J·g^{-1}）	黏度/（Pa·s）（25 ℃）	密度/（g·cm^{-3}）
0.98	4 340	-81.6	-7.0	38.3	2 796	1.030

2. 缩醛法

由于甲醛中的羰基氧可与两个羟基中的氢反应生成水，使两个含羟基的烷烃生成醚。因此，利用醇醛缩合反应原理，以酸性蒙脱土为催化剂，将聚 PTHF、PEG 与甲醛缩合（图 8 - 3），即可获得 HTPE 黏合剂。

$$H\left(OCH_2CH_2CH_2CH_2\right)_n OH + H_2CO + HO\left(CH_2CH_2-O\right)_m H$$

$$\xrightarrow[催化剂]{环己烷（溶剂）} H\left(OCH_2CH_2CH_2CH_2\right)_n OCH_2O\left(CH_2CH_2\right)_m OH + H_2O$$

图 8 - 3　缩醛法合成 HTPE 黏合剂的路线图

缩醛法合成 HTPE 黏合剂的反应过程较为温和，但由于 PTHF 和 PEG 的端羟基均为伯羟基，缩合过程对羟基没有选择性，所合成的共聚醚分子链中，两种嵌段物的分布呈不规则状态。

3. 大分子终止法

将一种端羟基聚醚（如 PEG）与甲基磺酰氯反应，可以生成端甲基磺酰基的聚合物；后者再与 PTHF 反应，即可生成交替结构的共聚醚，其合成路线如图 8-4 所示。

$$2B-OH + CH_3SO_2Cl \longrightarrow CH_3-SO_2-O-B-O-SO_2-CH_3$$

$$\xrightarrow{2A-OH} A-B-A + 2MsOH$$

Ms—甲基磺酰基；A—PTHF；B—PEG

图 8-4 大分子终止法合成 HTPE 黏合剂的路线图

上述方法可获得交替度较好的嵌段结构，但产物的端基为甲基，不能满足推进剂固化反应对黏合剂结构的要求。为获得端羟基的嵌段共聚醚，可采用一端为羟基，另一端为羟基保护基的 PTHF 作为终止剂。例如，将苯甲基作为 PTHF 一端的保护基，在终止反应后，将苯甲基脱除便能获得端羟基的嵌段共聚醚。

4. 端基偶联法

将偶联剂，如甲苯二异氰酸酯（TDI），先与 PTHF 反应，后将产物继续与 PEG 反应，可得到交替共聚醚，但其结构中存在由微相分离引起的硬段结晶微区；若采用一步法可得到无规共聚醚（图 8-5）；若需合成嵌段共聚醚，则需经多步反应，并严格控制 PTHF 和 PEG 的投料比，且所得产物的分子量只能呈倍数增长[7]。

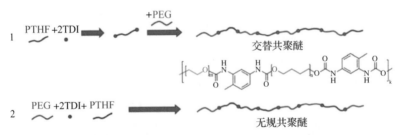

图 8-5 端基偶联法合成 HTPE 黏合剂的路线图

8.2.2 增塑剂

为提高 HTPE 推进剂能量水平的同时，使其仍具有良好的不敏感特性，一般将钝感的 N - 丁基硝氧乙基硝胺（Bu - NENA）作为 HTPE 推进剂的含能增塑剂。对比几种常见含能增塑剂的理化性能参数发现，Bu - NENA 的熔点较低、生成焓较高，Bu - NENA 的使用更有利于改善 HTPE 推进剂的低温力学性能、提高其能量水平[8]。而且，Bu - NENA 的撞击和摩擦感度试验都超出了仪器的测量范围，具有良好的钝感特性[9]。Bu - NENA 可满足当前对推进剂不敏感性的发展要求，也是各国近年来重点发展的一种新型钝感含能增塑剂，具有广阔的应用前景，是 HTPE 推进剂理想的含能增塑剂。

8.2.3 固体填料

1. 氧化剂

氧化剂是推进剂中的重要组分，其作用是在推进剂燃烧时提供所需的氧。因此，要求氧化剂应具有足够高的有效氧含量，并同时具有尽可能高的生成焓及密度。表 8 - 3 所列为推进剂常用氧化剂的物化性能参数。

表 8 - 3 推进剂常用氧化剂的物化性能参数

氧化剂	化学式	密度/($g \cdot cm^{-3}$)	有效氧/%	生成焓/($kJ \cdot mol^{-1}$)
高氯酸铵	NH_4ClO_4	1.95	34.0	-291
硝酸铵	NH_4NO_3	1.73	20.0	-366
高氯酸钾	$KClO_4$	2.52	46.2	-434
高氯酸肼	$N_2H_5ClO_4$	1.94	24.2	-178
二高氯酸肼	$N_2H_4(HClO_4)_2$	2.21	41.2	-293

高氯酸铵（AP）的综合性能（有效氧含量、生成焓及密度）较为优越，是 HTPE 推进剂中应用最为广泛的氧化剂。而 AP 的缺点是其燃烧产物中生成的 HCl 气体，使推进剂的特征信号较强，易暴露导弹的飞行轨迹。

二硝酰胺铵（ADN）的燃气产物相对分子质量小，且无烟，以 ADN 作为氧化剂的低特征信号推进剂比冲能达到 258.86 s，具有高燃速推进剂的特性[10]。将 CL - 20 和 ADN 代替 AP 后，HTPE 推进剂的理论比冲大幅提高至 265 s[11]。但 ADN 易吸湿、密度（1.82 g/cm³）及生成焓（-140.3 kJ/mol）较低、价格较高等问题也限制了其应用。

2. 金属燃料

为提高推进剂的能量水平，需在推进剂配方中加入金属燃料，进而提高其燃烧温度，以获得高比冲、高特征速度的推进剂。Al 的密度高（2.7 g/cm³）、燃烧热大（829.69 kJ/mol），是 HTPE 推进剂常用的金属燃料。

3. 高能添加剂

为进一步提高 HTPE 推进剂的能量水平，还可考虑在 HTPE 推进剂的基本组成中加入高能量密度化合物。常用的高能填料为 RDX[12]、CL-20[13] 等。使用了 CL-20 的无金属燃料推进剂的理论比冲高达 270.08 s，且特征信号低、燃烧性能稳定。但 CL-20 昂贵的价格、较高的机械感度是阻碍其在 HTPE 推进剂中广泛应用的主要原因[14]。

1,1'-二羟基-5,5'-联四唑二羟胺盐（TKX-50）是一种新型低感度富氮四唑高能量密度化合物。刘运飞等[15] 将 25% 的 TKX-50 部分代替 AP 后发现，HTPE 推进剂的理论比冲可达 274.0 s，而含 30% HMX 的 HTPE 推进剂的理论比冲为 272.5 s。

另有研究表明[16]，将 3,3'-二硝铵基-4,4'-偶氮呋咱二肼盐（Hy2DNAAF）、5,7-二氨基-4,6-二硝基苯并氧化呋咱（CL-14）和 3-硝氨基-4-硝基呋咱羟胺盐（HANNF）分别替换 RDX 后，HTPE 推进剂的理论比冲均大幅提高，分别达到 280.36 s、280.08 s 和 285.94 s。

8.2.4 其他助剂

除上述组分外，在 HTPE 推进剂配方中，还有一些功能性小组分，如键合剂、中定剂、防老剂等。

键合剂是用于改善固体推进剂力学性能的一种功能助剂，其作用主要是增强高分子黏合剂基体与固体填料之间的相互作用，使填料及黏合剂基体在形变过程中共同承担载荷而不过早产生相界面分离。在 HTPE 推进剂中常用的键合剂有氮丙啶类及其衍生物，醇胺类、多胺类及其衍生物等，这类键合剂对 AP 起到有效键合的作用。在含硝胺类 HTPE 固体推进剂中，还采用添加针对硝胺的中性聚合物键合剂（NPBA）。此外，在 HTPE 推进剂中，还会采用 PSAN 或 Bi₂O₃ 部分代替 AP，目前尚无专用于 PSAN 或 Bi₂O₃ 的键合剂，多通过不同键合剂复配，以达到最佳键和效果。

由于在 HTPE 推进剂中含有大量的 Bu-NENA、A3 等含能增塑剂，因此需加入中定剂抑制其中硝基、硝胺基、硝酸酯基等基团的缓慢分解，避免推进剂力学性能和弹道性能的恶化，以增加 HTPE 推进剂的储存寿命。

|8.3　典型 HTPE 推进剂|

根据 HTPE 推进剂的配方、性能、用途等特点，可将其分为下述几种类型：①基础型 HTPE 推进剂；②高能型 HTPE 推进剂；③高密度型 HTPE 推进剂；④无烟、少烟型 HTPE 推进剂。

8.3.1　基础型 HTPE 推进剂

8.3.1.1　基础型 HTPE 推进剂性能

基础型 HTPE 推进剂的组分主要为 HTPE 黏合剂、增塑剂、AP、Al 及其他功能性助剂。

在 1994 年，Goleniewski 首次公开了使用乙酰柠檬酸三丁酯（ATBC）增塑的基础型 HTPE 推进剂的基本组成（表 8 – 4）[17]。此基础型 HTPE 推进剂表现出良好的不敏感特性，可通过子弹撞击、慢速烤燃、快速烤燃和殉爆等多项不敏感特性评估试验。而且 HTPE 推进剂的体积电阻率远低于 HTPB 推进剂，呈现很低的静电积累性能，有利于降低其静电火花感度。

表 8 – 4　使用 ATBC 增塑的 HTPE 推进剂的基本组成

组分	功能	含量/%
HTPE	黏合剂	3.0 ~ 10.0
ATBC	增塑剂	3.0 ~ 10.0
二羟乙基酰胺	键合剂	0.0 ~ 0.3
Fe_2O_3	燃速催化剂	0.0 ~ 1.0
AP	氧化剂	0.0 ~ 70.0
HMX	高能组分	0.0 ~ 10.0
Al	金属燃料	16.0 ~ 24.0
异氰酸酯	固化剂	0.5 ~ 2.0
三苯基铋/顺丁烯二酸酐	固化催化剂	0.0 ~ 0.1

为提高 HTPE 推进剂的能量性能，通常将 Bu – NENA、A3 等低感度的含能增塑剂用于 HTPE 推进剂。采用 Bu – NENA 增塑的 HTPE 三组元推进剂，称为基础型 HTPE 推进剂。

1. 能量性能

使用乙酰柠檬酸三丁酯（ATBC）增塑的基础型 HTPE 推进剂的能量较低，如表 8 – 5 所示。

表 8 – 5   使用 ATBC 增塑的 HTPE 推进剂的性能

性能		HTPE 推进剂 （固体含量 87%）	HTPB 推进剂 （固体含量 88%）
比冲/（N·s·kg^{-1}）		2 557.7	2 585.1
氧燃比*		1.26	1.26
力学性能	σ_m/MPa	1.03	0.80
	ε_m/%	69	35
	E/MPa	3.79	3.81
体积电阻率/（Ω·cm^{-3}）		8.4×10^9	1×10^{13}

* 氧燃比 = $n_{O_2}/(n_C + 1.5 \times n_{Al})$。

由表 8 – 5 可知，采用惰性增塑剂（ATBC）增塑的 HTPE 推进剂的能量低于 HTPB 推进剂。因此，为提高 HTPE 推进剂的能量性能，可将 Bu – NENA、A3 等低感度的含能增塑剂用于 HTPE 推进剂中。Bu – NENA，可使推进剂在保持良好不敏感性能的同时，大幅提高其能量水平，改善推进剂在低温下的点火性能，并适当降低基本组成中的固体含量，使推进剂获得更好的工艺及力学性能。

1998 年，研究者公开了一种含能增塑剂的 HTPE 推进剂配方。该配方使用相同的黏合剂，但由于使用了含能增塑剂，该推进剂在保持其他性能基本相同的情况下具有更高的比冲，同时也具有更好的力学性能。与 HTPB 推进剂只能使用低极性的己二酸二辛酯（DOA）、DOS 等惰性增塑剂相比，含能增塑剂 Bu – NENA 的引入可显著提高 HTPE 推进剂的能量水平，并且仍维持良好的不敏感特性。相比于 88% 固体含量的 HTPB/DOS 推进剂，83% 固体含量的 HTPE/Bu – NENA 推进剂的理论比冲提高了 16.7 N·s/kg（表 8 – 6）。

表 8-6 HTPE 推进剂与 HTPB 推进剂的性能对比

性能		HTPE 推进剂(固体含量83%)	HTPB 推进剂(固体含量88%)
比冲/(N·s·kg^{-1})		2 399.8	2 383.1
氧燃比*		1.32	1.25
力学性能	σ_m/MPa	0.79	0.93
	ε_m/%	31	46
	E/MPa	3.68	3.23
体积电阻率/(Ω·cm^{-3})		10^8	10^{13}
NOL 卡片试验		0	0

* 氧燃比 = $n_{O_2}/(n_C + 1.5 \times n_{Al})$。

2. 力学性能

推进剂的力学性能是其最重要的物理性能之一。若推进剂的力学性能不佳,会使装药结构完整性被储存、运输、使用中产生的复杂载荷所破坏,影响发动机的正常工作,降低武器装备的可靠性和安全性。

袁申等[18]对基础型 HTPE 三组元推进剂的力学性能进行测试,其结果如表8-7 所示。

表 8-7 基础型 HTPE 推进剂力学性能

推进剂	−50 ℃		−40 ℃		20 ℃		50 ℃		70 ℃	
	σ_m/MPa	ε_b/%	σ_m/MPa	ε_b%	σ_m/MPa	ε_b/%	σ_m/MPa	ε_b/%	σ_m/MPa	ε_b/%
HTPE	3.79	21.06	3.16	17.06	0.61	23.31	0.49	16.16	0.38	13.25

据朱国翠等[19]对基础型 HTPE 三组元推进剂力学性能的研究发现,由于受温度的影响,HTPE 推进剂在 −50~70 ℃的力学行为表现出三个不同的阶段:第一阶段为弹性阶段,此阶段推进剂药柱没有出现明显的损伤,黏合剂基体和填料间的界面完整,黏合剂基体承受载荷并分散至填料;第二阶段为"脱湿"损伤阶段,此时由于黏合剂基体与填料的界面处应力较为集中,界面黏结作用被破坏,微裂纹、微空洞随之在此处出现,推进剂发生"脱湿";第三阶段为断裂阶段,此时黏合剂基体与填料的界面基本失去承载能力,黏合剂基体承受全部载荷,直至推进剂断裂。

因此，针对 HTPE 推进剂的力学特性，研究人员主要从黏合剂基体、填料与黏合剂基体的界面作用等方面对 HTPE 推进剂在不同温度下的力学性能展开了研究。

1）黏合剂基体对 HTPE 推进剂力学性能的影响

HTPE 推进剂的力学性能与 HTPE 黏合剂基体密切相关。HTPE 黏合剂基体是由黏合剂、增塑剂、固化剂、扩链剂和交联剂等功能助剂经交联固化反应得到，这些组分决定则黏合剂基体的网络结构及其力学性能。因此，当前研究主要集中在黏合剂基体、增塑剂及功能助剂等方面，以提高 HTPE 推进剂的力学性能。

（1）黏合剂骨架分子链。

互穿、半互穿网络聚合物（IPN、semi‑IPN）是一类具有特殊结构的高分子共混物，其结构由两种或两种以上聚合物网络通过相互贯穿或半互穿形成。IPN、semi‑IPN 具有强迫互溶、网络结构互穿、界面互穿和协同作用等特点，为黏合剂基体网络结构改性的新方法[20]。Ou 等[21]先以间甲苯基异氰酸酯（TI）对聚叠氮缩水甘油醚（GAP）进行封端得到 E‑b GAP，后将其与 HTPE 共混，并以 2‑炔丙基丙二酸二甲酯（DDPM）和 TDI 为固化剂，制备了 semi‑IPN 结构的 HTPE/GAP 黏合剂基体，其网络结构如图 8‑6 所示。相比于常规黏合剂基体，semi‑IPN 黏合剂基体在 25 ℃时的最大拉伸强度 σ_m 从 0.32 MPa 提高至 5.72 MPa。

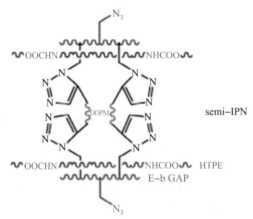

图 8‑6　GAP/HTPE 黏合剂基体的 semi‑IPN 网络结构

由于叠氮基与炔基反应可控性较聚氨酯反应差，通过点击化学固化的推进剂能否进一步应用还有待验证。而采用常规的黏合剂预聚物共混、共聚法对黏合剂基体进行改性，是改善黏合剂基体力学性能的有效途径。姚启发等[22]将含氟多元醇（PFD）与 HTPE 黏合剂进行化学共混后发现，PFD 的加入不仅能增加黏合剂分子链的刚性，还能增加交联点间分子量，进而提高了改性黏合剂基体在 25 ℃时的力学性能。

任治等[23]将 HTPE 与 NC 进行共混后发现，HTPE/NC 物理共混物有两个玻璃化转变温度，而化学共混的 HTPE/NC 黏合剂基体只表现出一个玻璃化转变温度，表明化学共混可提高两种黏合剂的相容性，有利于提高黏合剂基体的力学性能。

袁申等[24]利用聚己内酯（PCL）较高的线性承载能力、与推进剂各组分相容性好等优点，通过化学共混将其作为黏合剂引入 HTPE 推进剂中。研究表明，PCL 的引入能够改善黏合剂基体的网络结构完整性，使黏合剂基体承受更多载荷而不被破坏，进而大幅提高推进剂在 – 50 ~ 70 ℃ 的力学强度，其结果如表 8 – 8 所示。

表 8 – 8　HTPE 和 HTPE/PCL 推进剂在 – 50 ~ 70 ℃的 σ_m 和 ε_b

推进剂	– 50 ℃		– 40 ℃		20 ℃		50 ℃		70 ℃	
	σ_m/MPa	ε_b/%	σ_m/MPa	ε_b%	σ_m/MPa	ε_b%	σ_m/MPa	ε_b%	σ_m/MPa	ε_b/%
HTPE	4. 01	22. 15	1. 83	15. 04	0. 38	15. 48	0. 30	13. 07	0. 25	10. 19
HTPE /PCL	4. 77	15. 46	2. 88	25. 02	0. 75	12. 71	0. 49	12. 00	0. 48	11. 32

（2）固化剂、扩链剂及交联剂。

固化剂的选择、扩链剂及交联剂的使用为推进剂力学性能的调节提供了较大空间。线型结构的黏合剂分子链能提高其取向规整性，进而提高推进剂的延伸率；交联结构的分子链起分散应力、承受载荷的作用，有助于推进剂强度的提高[25,26]。

Zheng 等[27]研究发现，相比于线型结构的 HTPE/TDI 黏合剂胶片，交联结构的 HTPE/多官能度固化剂（N – 100）黏合剂基体具有更高的承载能力，因此其力学强度更高，但延伸率较低。

为同时提高黏合剂基体的强度和延伸率，Mao 等[28]以 TDI 和 N – 100 作为混合固化剂，制备了 HTPE 黏合剂胶片。研究发现，混合固化剂的使用不仅能同时提高 HTPE 黏合剂胶片的强度和延伸率，还能使其保持良好的热稳定性。

交联剂能显著提高推进剂的强度，但其极性和刚性对推进剂的延伸率不利。为此，可将扩链剂与交联剂复配使用，以提高推进剂的延伸率。汪存东等[72]研究了扩链剂 BDO、交联剂 TMP 复配比例对 HTPE 黏合剂基体力学性能的影响。研究表明，随 BDO 含量增加，HTPE 黏合剂基体的 ε_b 由 273% 提高至 1 274%，但其 σ_m 先增加后降低，BDO 和 TMP 摩尔比为 3：1 时，HTPE 黏合剂基体的 σ_m 最大。

（3）增塑剂。

增塑剂的使用能够增大推进剂体系的自由体积，提高黏合剂链段的运动能力，有利于改善推进剂的延伸率。邻苯二甲酸二乙酯（DEP）和邻苯二甲酸二丁酯（DBP）这两种增塑剂均能有效降低 HTPE 黏合剂基体的玻璃化转变温度，进而提高 HTPE 推进剂的低温延伸率[29]。但 DEP、DBP 为惰性增塑剂，并不满足 HTPE 推进剂对高能量水平的要求。

为提高 HTPE 推进剂的能量水平，可选择含能增塑剂。Fu 等[30]通过模拟对 HTPE 黏合剂基体所用增塑剂种类进行了优化，发现 HTPE 与 Bu－NENA 结合能高、相容性好，HTPE 与 A3 的结合能次之，HTPE 与 NG/BTTN 的结合能较低，因此所制备的 HTPE/Bu－NENA 黏合剂胶片在 25 ℃表现出了更好的力学性能。

然而，增塑比不宜过高。这是因为，过高的增塑比会削弱黏合剂基体的交联作用，降低推进剂的强度；而且，增塑比过高会降低固化反应基团的相对浓度，破坏黏合剂基体网络结构的完整性，从而降低推进剂的延伸率[31]。相关研究表明，提高增塑比后，HTPE/Bu－NENA 黏合剂胶片在 25 ℃时的 σ_m 和 ε_b 均降低，其结果见表 8－9[32]。

表 8－9　不同增塑比时 HTPE/Bu－NENA 黏合剂胶片在 25 ℃时的 σ_m 和 ε_b

增塑比	σ_m/MPa	ε_b/%
0.9	5.47	143.60
1.0	3.83	113.66
1.1	3.45	104.95
1.2	2.39	93.27
1.3	2.19	92.76
1.4	1.84	84.97
1.5	1.24	79.95

综上所述，为获得力学性能优异的 HTPE 推进剂，还需从多方面对黏合剂基体的力学性能进行综合分析。

2）界面作用对 HTPE 推进剂力学性能的影响

界面作用是通过填料与基体间的氢键等物理作用形成的。由于在低温时，填料和基体的界面作用较强，界面处并未观察到由填料和基体"脱湿"形成的缝隙出现（-40 ℃时推进剂的断面形貌如图 8 - 7（a）所示），"脱湿"对推进剂的低温力学性能影响较小；而高温使推进剂的氢键等物理作用降低，导致填料和黏合剂基体间的界面作用减弱，大量微裂纹、微空隙出现在界面处（71 ℃时推进剂的断面形貌如图 8 - 7（b）所示），并在黏合剂基体中传递、扩散，降低黏合剂基体的承载能力，严重影响推进剂的高温力学性能。

（a）　　　　　　　　　　　　　（b）

图 8 - 7　不同温度时推进剂的断面形貌

（a）-40 ℃时推进剂的断面形貌；（b）71 ℃时推进剂的断面形貌

为此，需要在推进剂中使用键合剂，以改善界面作用，进而提高推进剂的力学性能。

小分子多胺类键合剂是推进剂的常用键合剂。曲正阳等[33]研究发现，使用含多羟基胺类键合剂（LBA - 604）能提高 PET 推进剂在 -40 ~ 60 ℃时的 σ_m，其力学性能结果见表 8 - 10。

表 8 - 10　PET 推进剂的力学性能

样品	-40 ℃		20 ℃		60 ℃	
	σ_m/MPa	ε_b/%	σ_m/MPa	ε_b/%	σ_m/MPa	ε_b/%
未含 LBA - 604	1.69	150	0.60	23	0.47	23
含 LBA - 604	2.10	149	0.64	31	0.49	21

郑亭亭等[34]研究了醇胺类键合剂（JX01）、多胺类键合剂（JX02）对 HTPE 推进剂力学性能的影响。研究发现，含 JX01 的推进剂在 20 ℃和 70 ℃时的 σ_m 偏低，且在 -45 ℃时出现"脱湿"；含 JX02 的推进剂在 -45 ~ 70 ℃时的 σ_m 较高，但 70 ℃时的 ε_m 偏低。

大分子羟基/硼键合剂（ZX01）、大分子羟基/氰基键合剂（ZX02）能大幅提高 HTPE 推进剂在 −45～70 ℃的力学性能。相比于小分子键合剂，大分子键合剂的优势在于，其表面活性更大，吸附位点更多，能形成更强的界面作用。

3）固体含量对 HTPE 推进剂力学性能的影响

复合推进剂的力学性能还受固体填料的形貌、固体含量及其粒径分布等因素影响。据相关文献[35]报道，采用球形 Al 代替非球形 Al 后，推进剂的高、低温延伸率均得到改善。

复合推进剂在 −10 ℃和 −50 ℃时的拉伸断面形貌（图 8－8）表明，温度越低，黏合剂基体和 AP 颗粒的脆性程度越大，推进剂将变得硬且脆，这是导致其 −50 ℃时延伸率显著降低的主要原因[36]。为此，可减少 AP 含量或提高增塑比，以改善复合推进剂的低温延伸率[37]。

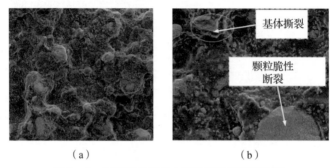

（a）　　　　　　　　　　　（b）

图 8－8　不同温度时复合推进剂的断面形貌图

（a）−10 ℃时复合推进剂的断面形貌；（b）−50 ℃时复合推进剂的断面形貌

填料的粒径决定着其与黏合剂基体的结合力和附加交联点数量。填料的粒径越小，其比表面积越大、表面活性越高，填料和黏合剂基体的结合力和交联点数量越多，这能够有效抑制"脱湿"的出现，有利于提高推进剂的力学强度。但实际上并不是填料的粒径越小越好，如粒径过小的 Al 会发生团聚，反而降低 Al 与黏合剂基体的结合力，导致推进剂出现更严重的"脱湿"，影响其力学性能[38]。

此外，氧化剂 AP 颗粒与黏合剂基体的结合力较弱，且在常、高温时其界面处的应力较为集中，易导致"脱湿"的出现，影响推进剂的力学性能[39]。为解决此问题，除使用键合剂外，对固体填料进行合理级配同样是减少"脱湿"出现的技术途径之一。Abdullah 等[40]通过研究 AP 粒度级配对 HTPE 推进剂力学性能的影响发现，对 AP 粒径为 20 μm、200 μm 进行级配后，体系中固体填料的装填结构更加紧密，减少了拉伸时推进剂"脱湿"的出现，提高了

HTPE 推进剂的力学性能。

3. 工艺性能

推进剂的工艺性能是指推进剂药浆在加工时的流变性能。工艺性能不佳会导致药浆无法均匀混合、难以浇铸成型、使推进剂药柱固化后产生缺陷，严重影响推进剂的力学等性能。因此，良好的工艺性能是实现推进剂制备和获得良好力学性能推进剂的基础。

推进剂药浆的工艺性能受多种因素影响[41]。增加增塑比能降低药浆的屈服应力和表观黏度，改善工艺性能[42]。固体填料的含量、形貌、粒径及粒度级配等显著影响着药浆的捏合性和浇铸性[43]。键合剂、燃速催化剂等功能助剂的加入将增加药浆的表观黏度，缩短其适用期[44]。

此外，待 HTPE 推进剂的基本组成确定后，其工艺性能还与外界条件相关。剪切速率影响药浆的捏合均匀性，捏合时间影响药浆的固化程度，工艺温度影响药浆的固化反应速率[45]。

1）剪切速率

图 8 – 9 所示为不同温度时 HTPE 推进剂药浆的剪切应力 – 剪切速率关系曲线[46]。

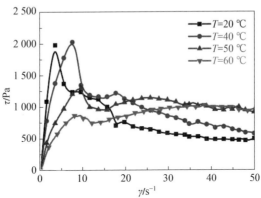

图 8 – 9　不同温度时 HTPE 推进剂药浆的剪切应力 – 剪切速率关系曲线

HTPE 推进剂药浆在剪切力作用下为分散相和连续相形成的两相层流。在图 8 – 9 中，剪切速率增加初期，两相层流间存在均匀的动能传递，流动连续稳定，因此药浆的剪切应力逐渐增加，此时 HTPE 推进剂药浆能够被均匀捏合。但是，剪切速率继续增加，连续稳定的两相层流间不再同步，出现的流动分离导致药浆所受黏滞拖拽力降低，桨式转子与药浆出现打滑。因此，剪切速率过高时，药浆的剪切应力降低，导致流动畸变出现，降低药浆的捏合均匀性。

温度升高后，HTPE 推进剂药浆的剪切应力降低、临界剪切速率增加。温度升高，可增加两相层流体系的内能，药浆流动阻力降低。另外，药浆各组分间的内摩擦降低，药浆的流动能力增强，因此剪切应力降低，临界剪切速率增加，HTPE 推进剂药浆能在更高剪切速率下保持稳定的流动，提高药浆的捏合均匀性。但是，升高温度将加快药浆的固化反应速率，缩短药浆适用期。

2）捏合时间

图 8 - 10 所示为不同工艺温度时 HTPE 推进剂药浆的表观黏度 - 捏合时间关系曲线。

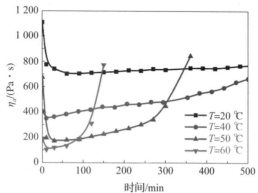

图 8 - 10 不同工艺温度时 HTPE 推进剂药浆的表观黏度 - 捏合时间关系曲线

由图 8 - 10 可知，在 20 ℃时，随着捏合时间延长，药浆的表观黏度无明显变化，这是因为在此温度下，药浆固化反应较慢；在 40 ~ 60 ℃温度时，药浆的表观黏度增加，固化反应成为影响表观黏度的主要因素，不断形成的交联网络结构阻碍了两相层流体系的流动，因此药浆的表观黏度呈指数增长。为保证 HTPE 推进剂药浆具有足够的适用期，以确保药浆能被均匀捏合为前提，可适当缩短其捏合时间。

3）工艺温度

表 8 - 11 所列为不同温度时 HTPE 推进剂药浆的交联密度。

表 8 - 11 不同温度时 HTPE 推进剂药浆的交联密度

温度/℃	交联密度/(×10⁻⁴ mol · cm⁻³)				
	60 min	120 min	240 min	360 min	480 min
20	0.294	0.293	0.296	0.305	0.301
40	0.385	0.663	1.112	1.661	1.806
50	0.414	0.724	1.332	2.015	
60	0.549	1.011	1.218(150 min)		

由表 8 - 11 可知，由于温度升高加快了药浆的固化反应速率，固化形成的化学交联作用越强，这将进一步增加药浆的流动阻力，因此温度越高，HTPE 推进剂药浆表观黏度的增幅越大，适用期越短。

4. 热分解性能

推进剂在发动机中通过燃烧过程将其化学潜能转化为高温气体的热能，再通过喷管将热能转化为火箭、导弹等武器飞行的动能。由此可见，推进剂燃烧性能的稳定性、可靠性是推进剂在武器中应用的关键。而推进剂的热分解性能是研究其燃烧性能的基础，对进一步掌握推进剂燃速、压力指数的影响因素具有重要意义。因此，本节对基础型 HTPE 推进剂的热分解和燃烧性能进行介绍。

为更好地研究 HTPE 推进剂的热分解性能，通常首先从 HTPE 黏合剂胶片着手，分析其各组分间的热分解性能及相互影响。相关研究[47]表明，HTPE 黏合剂胶片受热达到 105 ℃时，HTPE 黏合剂胶片中的 Bu - NENA 进行热分解，并形成氮氧化物，同时氨基甲酸酯硬段脱羧生成异氰酸根和 CO_2；温度升高至 256 ℃，HTPE 链段发生断裂，形成不同长度的碳、氧自由基，紧接着它们之间发生化合与重排，生成醇、醛、醚、烷烃、CO_2 和 H_2O 等小分子产物，并以气体放出形成残炭。

而加入 AP 后，AP 低温热分解生成的 $HClO_4$ 会促进 HTPE 的热分解，使其起始分解温度提前；而且 HTPE 黏合剂延缓了 AP 的低热温分解，这是因为 HTPE 热分解生成的小分子产物会吸附在 AP 低温热分解形成的空隙中，起包覆绝热的作用，延缓了 AP 的低温热分解，并抑制 AP 分解热的快速集中释放[48]。

因此，对于全配方的 HTPE 推进剂，增加 Al 含量、降低 AP 含量，将降低 HTPE 推进剂各分解阶段的热分解活化能[49]。

此外，在基础型 HTPE 推进剂中，还会以 PSAN 部分代替 AP。李辉等[50]通过研究 PSAN/AP 的含量比对 HTPE 推进剂热分解性能的影响发现，随 PSAN/AP 含量比增加，HTPE 推进剂的初始分解温度及热分解活化能降低，增加 PSAN 含量有助于提高推进剂的热分解速率，并降低推进剂对热刺激的响应程度。因此，可通过调节固体填料的配比，获得热分解性能理想的 HTPE 推进剂。

5. HTPE 推进剂的燃烧性能

国内外主要从固体填料、燃速催化剂等方面对 HTPE 推进剂的燃烧性能进行了研究。

1）固体填料对燃烧性能的影响

在通过改变固体含量调节推进剂燃速时，应考虑到含量变化对能量、力学性能的影响，因此只能在小范围改变固体含量。改变固体填料的粒径及粒度级配能增加推进剂的燃速可调节范围，并对其能量水平影响较小，但也应考虑到推进剂力学、工艺性能的变化。

增加细 AP(8~11 μm) 的相对含量，可提高 HTPE 推进剂在 3~15 MPa 的燃速。其原因在于，细 AP 的比表面积较大，单位时间内细 AP 的热分解速率较快，可增加细 AP 与其他组分的接触面积，有利于提高燃烧表面的热反馈作用，进而提高推进剂燃速[51]。

在推进剂的基本组成中使用微米级 Al(6.7~29.0 μm) 时，由于其粒径较小，燃烧形成的 Al 凝滴较大，导致燃烧表面的热损耗增加，燃烧效率降低，使推进剂的燃速降低、压力指数升高。但是，当 Al 的粒径接近或达到纳米级时，Al 的比表面积大幅增加，可提高 Al 与燃烧气相反应物的反应程度；而且纳米级 Al 自身的燃速较高，能以更高的质量消耗速率在嘶嘶区燃烧，增加热反馈作用，进而提高推进剂的燃速[52]。

2）燃速催化剂对燃烧性能的影响

含量较少的燃速催化剂就能有效调节推进剂的燃速和压力指数，且对推进剂其他性能的影响较小。

郑亭亭等[53]研究发现，亚铬酸铜和铜铬复合氧化物均能提高 HTPE 推进剂在 3~15 MPa 的燃速，其中推进剂在 7 MPa 时的燃速由 8.31 mm/s 分别提高至 11.14 mm/s、11.92 mm/s。上述两种燃速催化剂对推进剂在 3~9 MPa 的压力指数无明显影响，且能降低 9~15 MPa 的压力指数。这是因为亚铬酸铜和铜铬复合氧化物均能促进 HTPE 推进剂中氧化剂 AP 的高温分解、AN 的热分解，提高氧化剂的热分解反应速率。此外，郑亭亭等[54]还发现纳米 Al_2O_3 也能促进 AP 的高温分解，进而提高 HTPE 推进剂的燃烧性能。

6. HTPE 推进剂的不敏感性

HTPE 推进剂最大的特点就是其不仅有良好的能量、力学和工艺等性能，还具有优异的不敏感性，其 6 项不敏感性评估试验全部通过[55]。其中，对烤燃、撞击和冲击不敏感是 HTPE 推进剂最具优势的特性[56]。近年来，关于 HTPE 推进剂不敏感的工作主要集中在对其烤燃、撞击和冲击试验的影响因素和机理的研究。

1）HTPE 推进剂的烤燃试验

烤燃试验可反映推进剂在受到火焰加热、缓慢升温等热刺激时的不敏感性，通过分析推进剂烤燃的响应类型、响应程度等对其热刺激敏感性进行评估。Goleniewski[17]对采用 ATBC 增塑的 HTPE 推进剂进行了烤燃试验。测试表明，该推进剂的慢速、快速烤燃试验的响应类型均为燃烧，通过了烤燃特性测试。此外，Goleniewski[17]的研究还发现，Bu－NENA 增塑的 HTPE 推进剂同样通过了快速和慢速烤燃试验，响应类型均为燃烧。

HTPE 推进剂的烤燃特性明显优于 HTPB 推进剂。Caro 等[57]对相同固体含量的 HTPE/Bu－NENA 和 HTPB/癸二酸二辛酯（DOS）推进剂进行了慢速烤燃试验，试验结果如图 8－11 所示。结果表明，HTPE/Bu－NENA 推进剂的慢速烤燃响应类型为燃烧，烤燃弹壳体完整；而 HTPB/DOS 推进剂的响应类型为爆炸，烤燃弹壳体开裂，其响应程度较剧烈。

 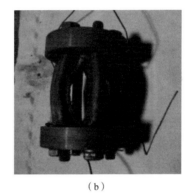

（a）　　　　　　　　　　　　　（b）

图 8－11　相同固体含量时 HTPE/Bu－NENA、HTPB/DOS 推进剂的慢速烤燃试验结果

（a）HTPE/Bu－NENA 推进剂；（b）HTPB/DOS 推进剂

李军强等[58]对相同能量水平的 HTPE/Bu－NENA 和 HTPB/DOS 推进剂进行了慢速烤燃试验，试验结果如图 8－12 所示。研究发现，HTPE/Bu－NENA 推进剂的响应温度为 166 ℃，响应类型为燃烧，烤燃弹壳体完整，仅烤燃弹端盖被破坏，响应程度较低；而 HTPB 推进剂的响应温度为 210 ℃，响应类型为爆炸，烤燃弹被严重破坏，响应程度较剧烈。

（a）　　　　　　　　　　　　　（b）

图 8－12　相同能量水平时 HTPE/Bu－NENA、HTPB/DOS 推进剂的慢速烤燃试验结果

（a）HTPE/Bu－NENA 推进剂；（b）HTPB/DOS 推进剂

Kim 等[59]通过对比未添加增塑剂的 HTPE/AP 和 HTPB/AP 推进剂的慢速烤燃试验发现，两种推进剂的响应类型均为爆炸，表明 AP 的低温热分解是引发推进剂点火爆炸的主要原因。

综上所述，可将 HTPE 推进剂慢速烤燃的作用机理概括为两个方面：①在 AP 低温分解形成孔洞前，Bu – NENA 就已经进行了热分解，使推进剂在低温时发生点火；②HTPB/DOS 黏合剂体系在受热时变硬，而 HTPE/Bu – NENA 黏合剂体系变软，能够减少烤燃时药柱中裂纹的出现，两方面原因避免了推进剂燃面的急剧增加、燃速的迅速加快。因此，HTPE 推进剂的慢速烤燃响应类型为燃烧，响应程度更低。

自 HTPE 推进剂问世以来，国内外学者就一直试图解释其热不敏感特性。目前，国内外学者对 HTPE 推进剂慢速烤燃特性的研究也主要集中于推进剂慢速烤燃特性影响因素（装药尺寸、装药结构、配方组成等方面），且大多都只是停留在总结各因素对推进剂的慢烤影响规律，而未涉及对推进剂慢烤影响机理的深入分析。

（1）黏合剂对 HTPE 慢烤性能影响机理。

根据近年来的文献报道，黏合剂对推进剂慢烤特性影响显著，如各组分含量相近的 HTPB/AP/Al 推进剂和 HTPE/AP/Al 推进剂在相同慢烤条件下，表现出截然不同的慢烤特性，HTPB/AP/Al 推进剂通常表现为爆燃或爆炸，而 HTPE/AP/Al 推进剂通常表现为燃烧及以下。Rodrigo I. Caro 等通过对三种推进剂配方（HTPE/AP/Bu – NENA、HTPE/PSAN/AP/Bu – NENA、HTPB/AP/DOS）进行小型慢速烤燃试验表明，HTPE 推进剂中黏合剂分子的受热断链液化对其慢烤燃响应程度有非常重要的影响。目前，国内外学者普遍认为，黏合剂在慢烤过程中能否"液化"，从而能否对 AP 颗粒在慢烤过程中产生的微空隙、裂纹等缺陷进行有效包覆，将对推进剂慢烤特性产生显著影响。因此，孙晓飞对聚丁二烯类（CTPB、HTPB）、聚醚类（PET）及叠氮聚醚类（PBT、GAP）黏合剂胶片进行马弗炉实验，结果表明，在升温过程中（25～400 ℃范围内），CTPB 及 HTPB 黏合剂体系胶片无明显的"熔化"现象，PET 黏合剂体系可以形成流动性很好的"熔化液"，GAP 和 PBT 黏合剂体系发生剧烈的分解反应，不存在"熔化"过程；同时他采用 DSC – TG 等手段，研究了不同黏合剂体系/AP 的热分解特征，结果表明，温度达到 AP 的低温分解温度时，CTPB 和 HTPB 体系只有少量的分解，依然能够保证结构的完整性，对 AP 的分解基本无影响；PET 在 AP 低温分解前网络结构发生破坏，形成流动性好的低聚物覆盖到 AP 的表面，阻碍 AP 的分解；而 GAP 和 PBT 在 250 ℃时发生剧烈的热分解反应，产生的热量进一步促进 AP 的分解。武威等[73]通过对相同 AP、Al

含量的 PET/AP/Al、HTPE/AP/Al、HTPB/AP/Al 推进剂进行慢烤试验，结果表明：HTPB 黏合剂中的—C ═C—在慢烤中发生交联反应，产生裂纹，导致 HTPB/AP/Al 推进剂慢烤响应最剧烈；PET 黏合剂中的无规聚醚结构在慢烤中分解损失严重，改变了慢烤后推进剂的组分，PET/AP/Al 推进剂慢烤响应程度仅次于 HTPB/AP/Al 推进剂；HTPE 黏合剂中的嵌段聚醚结构在慢烤中分解为低分子量液态聚醚链段，将 AP 包覆，HTPE/AP/Al 推进剂慢烤响应最温和。

但由于单独研究黏合剂胶片热行为或仅以热分析研究黏合剂与推进剂中其他组分的相互应用，并不能反映推进剂在慢烤过程的真实状态，导致热分析结果具有片面性。因此，将推进剂慢烤试验和热分析等技术相结合，来研究黏合剂对推进剂慢烤影响的机理较为合适。

（2）氧化剂对推进剂慢烤影响机理。

目前，推进剂中最常用的氧化剂为 AP，普遍认为推进剂慢烤响应是由于 AP 在慢烤过程中分解，变为多孔状态，一旦点火，导致燃面迅速增大，还可能发生对流燃烧、燃烧转爆轰现象。

Kenneth J. Graham 等研究了 HTPB/AP 推进剂慢烤特性的影响因素，他们也认为，HTPB/AP 推进剂在受到慢速升温时剧烈的响应是由于推进剂中 AP 的热分解所致的，AP 在 169 ℃开始分解，形成大量的孔隙，形成的多孔性物质使得推进剂的燃烧面积急剧增加，导致体积膨胀；同时，HTPB/AP 推进剂还发生自催化反应，当环境温度（200 ℃）超过推进剂点火温度时，推进剂会瞬间释放出大量的热，剧烈的反应导致烤燃弹壳体的破坏。因此，如果能够在 169 ℃以下，即在 AP 分解反应前使推进剂点火，便可避免 AP 热分解形成气孔的影响，且不会发生自催化加速反应，使 HTPB/AP 推进剂慢烤响应温和一些。因此，北大西洋研究公司在 HTPB/AP 推进剂中加入了一种代号为 ARCAPS 的功能助剂，虽然占整个推进剂体系的体积百分比为 2.5%，但推进剂的能量水平并未降低。更重要的是，在 HTPB/AP 推进剂热分解之前，功能助剂发生热分解反应，释放的热量使 HTPB/AP 推进剂在低温下点火，因而可以明显改善慢烤时的剧烈响应。

陈中娥等利用同步差热扫描 – 热重联用仪、扫描电镜和慢烤试验系统研究了 HTPB 推进剂的热分解特性与慢速烤燃行为的关系。实验结果表明，HTPB/AP/HMX 推进剂的 DSC – TG 曲线 257 ℃处出现剧烈放热峰，该温度下 AP 的低温分解已形成了大量空隙，慢烤时药柱点火过程的燃烧面积剧增，导致 HTPB/AP/HMX 推进剂的慢烤响应很剧烈，因此，他们认为 AP 低温热分解过程形成的多孔性形貌是导致 HTPB 推进剂慢烤响应剧烈的原因。

武威等[73]通过对不同 AP 含量、AP 粒径时 HTPE/AP/Al 推进剂进行慢烤试验，结果表明，AP 含量增加、粒径减小，均会导致 HTPE 黏合剂分解温度降低，在慢烤过程中，HTPE 黏合剂热分解损失增加，推进剂中有机相残留总量减少，进一步降低了有机相对 AP 颗粒的包覆程度，导致慢烤时药柱点火过程的燃烧面积剧增，HTPE/AP/Al 推进剂慢烤响应剧烈程度增加。

另外，为了进一步提高 HTPE 的不敏感性，将 PSAN 取代推进剂中的部分 AP。但根据目前的文献，有学者通过实验测试得到 PSAN 会加剧 HTPE 推进剂慢烤响应的结论。这可能还是由于 PSAN 对推进剂慢烤影响机理不明确，导致多种组分对推进剂的慢烤影响叠加导致的。

（3）增塑剂对推进剂慢烤影响机理

起初，美国加州海军武器研究中心为了得到低感度的 HTPB 推进剂，尝试在配方中加入了一种羟酯类的惰性增塑剂，起到稀释作用，以降低黏合剂的反应能力，从而使 HTPB 推进剂的感度减小。另外，这种增塑剂还可以形成熔化的薄膜包覆在 AP 颗粒表面，使 HTPB 推进剂的熄灭性能增强。经慢烤试验测试，含有羟酯类的增塑剂的 HTPB 推进剂在 257 ℃时仍无爆炸扩展现象，而推进剂的烤燃响应温度低（210 ℃），并伴有扩展、爆燃现象发生，实验结果证明增塑剂的确能够显著影响固体推进剂的慢烤特性。相应的在推进剂中加入一些含能增塑剂，也会对推进剂慢烤特性产生较大影响。

如 HTPE 推进剂配方中引入 Bu – NENA 后，在保持能量的前提下，大幅降低推进剂的固体含量，这对慢烤是十分有利的；另外，Bu – NENA 在慢烤过程中会挥发吸热，降低推进剂本体的温度，也会降低推进剂的慢烤响应剧烈程度。如武威等[73]分别对不同增塑比的 HTPE/DOS/AP/Al、HTPE/A3/AP/Al、HTPE/Bu – NENA/AP/Al 推进剂进行慢烤测试，发现在 DOS 增塑的 HTPE 推进剂体系中，增塑比增加，推进剂慢烤响应程度降低；然而，含能增塑剂 A3、Bu – NENA 增塑的 HTPE 推进剂体系中，增塑比增加，推进剂慢烤响应剧烈程度呈先增加后减小的趋势。

增塑剂对推进剂慢烤影响主要可分为几个方面：①在慢烤过程中，增塑剂的引入会对黏合剂体系的热行为产生影响；②增塑剂可能会影响推进剂的点火温度；③增塑剂的引入会改变推进剂的能量、燃烧性能等。

综上所述，HTPE 推进剂的慢烤机理尚未有系统阐释，导致推进剂配方设计无相应理论依据，而多是参考经验来指导设计。

2）HTPE 推进剂的撞击试验

研究人员还对 HTPE 推进剂的子弹撞击和破片撞击试验开展了相应工作。子弹撞击主要是模拟推进剂在战场中受到子弹撞击意外时的不敏感特性。吕玺等[60]研究发现，HTPE 推进剂的轴向和径向子弹撞击响应类型均为燃烧，通过了不同方向的子弹撞击试验。采用轴向撞击时，壳体被击碎，产生较多破片，壳体中含少量残余推进剂，响应程度较剧烈；采用径向撞击时，壳体被击穿，无碎片产生，壳体中含大量残余推进剂，响应程度较低，试验结果如图 8 – 13 所示。

（a）　　　　　　　　　　　　　（b）

图 8 – 13　HTPE 推进剂的子弹径向撞击试验结果

（a）试验前；（b）试验后

破片撞击试验可模拟推进剂在储运和战备等状态下受到碎片撞击时可能出现的响应及破坏形式。Comfort[61] 通过对比 25.4 cm 石墨壳体发动机装药的 HTPE 推进剂和 HTPB 推进剂的子弹和破片撞击试验发现，HTPE 推进剂两项试验的响应类型为燃烧；而 HTPB 推进剂的子弹撞击响应类型为爆燃、破片撞击程度为爆炸，两项试验均未通过。HTPE 表现出对子弹和破片撞击良好的不敏感性。

3）HTPE 推进剂的聚能射流冲击试验

聚能射流冲击试验是推进剂最难通过的不敏感评估试验之一。曹军等[62] 对 HTPE 推进剂进行聚能射流冲击试验发现，壳体被完全破坏，推进剂点火形成散射火球，判断其响应类型为爆燃，满足聚能射流冲击的响应类型不能比爆炸更严重的要求，试验结果如图 8 – 14 所示。

综上所述，HTPE 推进剂在受外界刺激时，展现了良好的不敏感特性，使其成为一类极具发展前途的高性能不敏感推进剂。

8.3.1.2　基础型 HTPE 推进剂的应用

目前，基础型 HTPE 推进剂已成功应用于武器装备，如美国海军空战中心武器分部（NAWCWD）开展了用于 ESSM 导弹的 HTPE 推进剂基本组成的研究，表 8 – 12 为其基本组成[63]。为达到 ESSM 导弹对推进剂燃烧性能的要求，在 HTPE 推进剂基本组成中加入了超细 Al_2O_3 作为燃速催化剂，并降低了 AN 的粒径，以提高 HTPE 推进剂的燃速，但与发动机的 HTPB 衬层黏结性不佳，将导致药柱与发动机壳体发生分离。

图 8 - 14   HTPE 推进剂的聚能射流冲击试验结果

表 8 - 12   ESSM 导弹中 HTPE 推进剂的基本组成   单位:%（质量分数）

HTPE/Bu - NENA	Al	AP	AN	Al_2O_3
19	18	52. 5	10	0. 5

HTPE 推进剂装药量为 119 kg 的 ESSM 导弹未能通过破片撞击、慢速和快速烤燃试验，其不敏感试验结果见表 8 - 13[64]。尽管 HTPE 推进剂装药的 ESSM 导弹达到不敏感特性要求，但 HTPE 推进剂的慢速和快速烤燃响应程度仍远低于 HTPB 推进剂，所以 ESSM 导弹最终仍选择了 HTPE 推进剂装药。

表 8 - 13   ESSM 导弹的不敏感性测试结果

不敏感性测试	响应类型(响应等级)
子弹撞击	燃烧(V)
破片撞击	爆燃(VI)
慢速烤燃	爆炸(III)
快速烤燃	爆炸(III)

8.3.2   高能型 HTPE 推进剂

为了进一步提高 HTPE 推进剂的能量，在配方中以高能量密度材料部分替代配方中的 AP，形成了高能型 HTPE 推进剂系列。高能量密度材料一般具有高生成焓、高密度等优点，将其用于 HTPE 推进剂后，可有效提高推进剂的能量水平，拓展不敏感推进剂在火箭、导弹中的应用范围。目前，较为成熟的高能量密度材料有 CL-20、HMX、RDX、FOX-7、NTO、TATB、TNT 等，综合这几种高能量密度材料的各种性能、成本等因素，多选择 RDX 作为含能添加剂，引入到 HTPE 推进剂中。高能型 HTPE 推进剂的主要由 HTPE 黏合剂、Bu-NENA 等含能增塑剂、AP 等氧化剂、RDX 等硝胺类高能材料、金属燃料 Al 及功能性助剂组成。

　　在高能型 HTPE 推进剂的配方中，由于硝胺类高能量密度材料 RDX、HMX 等的引入，会对推进剂的能量性能、力学性能、热分解性能等产生重要的影响。

8.3.2.1　高能型 HTPE 推进剂的性能

1. 能量性能

　　与基础型 HTPE 推进剂相比，RDX 或 HMX 等硝胺类高能材料含量为 10%～20% 的高能型 HTPE 推进剂的比冲会提高 2～5 s，实测比冲可达 245 s 左右。另外，与同等能量水平的经典 HTPB 推进剂相比，高能型 HTPE 推进剂的固体含量显著降低，如图 8-15 所示。

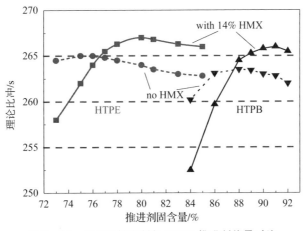

图 8-15　HTPE 推进剂与 HTPB 推进剂能量对比

2. 力学性能

　　在 HTPE 推进剂中引入硝胺类高能量密度材料后，会对其推进剂的力学性能产生重要的影响。

　　分析硝胺炸药类高能添加剂对推进剂力学性能的影响主要是因为相应有效键合剂的缺失。硝胺类物质颗粒表面性质与 AP 相差较大，因此适用于 AP 的键合剂对硝胺填料的作用微弱，导致硝胺引入后，推进剂的力学性能会有不同程度的下降，随着针对硝胺填料的键合剂应用后，如硼酸酯类、醇胺类、中性聚合物类等键合剂，高能型 HTPE 推进剂的力学性能得到较大改善。

　　近年来，国内外许多学者对硝胺类键合剂的应用开展了大量的研究，如 Landsem 等[65]发现，少量 NPBA 就能提高推进剂的力学性能。吴文辉等[66]通过研究 NPBA 键合剂对 PET 推进剂力学性能的影响发现，使用 NPBA 的推进剂，其在 $-40\ ℃$、$20\ ℃$ 和 $70\ ℃$ 的 σ_m 分别提高了 4.7 倍、3.3 倍和 2.4 倍。

　　由于常规键合剂的极性较强，面临着与低极性黏合剂、增塑剂的相容性较差，以及易被极性黏合剂、增塑剂溶解的问题。而中性聚合物键合剂（NPBA）为解决上述问题提供了可能。NPBA 与极性或非极性黏合剂、增塑剂均具有较好的相容性，在填料表面产生的极性吸附作用不会被完全破坏。

　　温晓沐等[67]将改性超支化聚酯（MHBPE）作为交联剂用于 HTPE 推进剂的基本组成中，结构如图 8-16 所示。研究发现，MHBPE 的多烷基支链能够分散应力，并且 MHBPE 与 RDX 形成的诱导作用能提高黏合剂基体与填料的界面作用，因此改性推进剂在 $25\ ℃$ 时的力学性能得以提高。

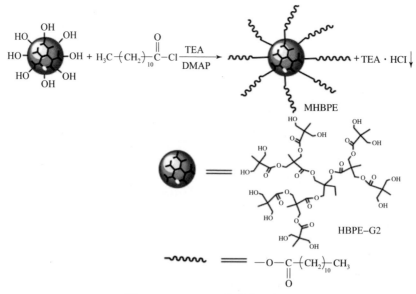

图 8-16　MHBPE 的结构示意图

然而，NPBA 与硝胺炸药的亲和力较强，对常用氧化剂（如 AP）的键合作用较弱。因此，为进一步提高四组元推进剂的力学性能，可将针对 AP 的键合剂和 NPBA 复配使用。

3. 工艺性能

在 HTPE 推进剂中引入硝胺类物质后，会对推进剂的表观黏度、适用期等产生影响。图 8 - 17 为不同工艺温度时 HTPE 推进剂药浆的表观黏度 - 捏合时间关系曲线。

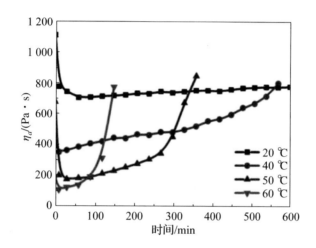

图 8 - 17　不同工艺温度时 HTPE 推进剂药浆的表观黏度 - 捏合时间关系曲线

在剪切初期（0 ~ 0.5 h），HTPE 推进剂药浆的表观黏度降低，这是由于在剪切作用下，药浆的流动阻力降低所致。进一步延长捏合时间，在 20 ℃时，药浆的表观黏度无明显变化，药浆在该温度下的固化反应较慢，因而无明显变化；在 40 ~ 60 ℃温度时，药浆的表观黏度增加，固化反应成为影响表观黏度的主要因素，不断形成的交联网络结构增加了两相层的流动阻力，因此药浆的表观黏度呈指数增长。随温度升高，HTPE 推进剂药浆的表观黏度降低。这是因为温度升高增加了药浆的内能，改善了黏合剂体系和填料之间的浸润性，提高了分子链的剪切取向程度，药浆的流动阻力降低。

对比基础型 HTPE 推进剂和高能型推进剂的工艺性能（表 8 - 14），相比于三组元推进剂，四组元推进剂药浆的工艺黏度较高，适用期较短。其原因在于，RDX 颗粒球形度较 AP 小，且 RDX 颗粒表面粗糙度较大，导致药浆的流动阻力增大，因此四组元推进剂药浆的工艺黏度较高，适用期较短。

表 8 - 14　推进剂的工艺性能对比

推进剂	$\eta_a/(Pa \cdot s)(1\ s^{-1})$			K			n			适用期/min		
	40 ℃	50 ℃	60 ℃	40 ℃	50 ℃	60 ℃	40 ℃	50 ℃	60 ℃	40 ℃	50 ℃	60 ℃
基础型	223.31	158.81	148.46	538.77	353.63	318.52	0.04	0.17	0.17	>500	>500	298
高能型	531.89	290.03	176.83	903.84	456.31	292.39	0.16	0.31	0.38	368	311	133

4. 热分解及燃烧性能

高能型 HTPE 推进剂中含有一定量的硝胺类高能添加剂。而硝胺类高能添加剂对推进剂热分解性能的影响，会导致推进剂燃烧性能、不敏感性能的改变。例如，李苗苗等利用热分析试验方法，研究了 HTPE/HMX 固体推进剂的热分解特性，并测试了其慢速烤燃。结果表明，该推进剂的能量释放速率过快，不利于其响应程度的降低。其中，当 HMX 含量超过 15% 时，该推进剂不能通过慢速烤燃试验。这为 HTPE 固体推进剂配方的热安全性研究提供了理论参考。

高能型 HTPE 推进剂中高能组分的热分解是影响其燃速的主要原因。含 RDX 的推进剂在 3～9 MPa 的燃速比含 HMX 的燃速更高、压力指数更低。这是因为 RDX 的熔融温度比 HMX 低、熔融吸热较少，燃烧时的热损耗较少。此外，相比于含 RDX 或 HMX 的推进剂，含 CL - 20 的推进剂在 3～9 MPa 具有更高的燃速，但压力指数较高。一方面 CL - 20 的生成焓较高；另一方面，CL - 20 热分解能产生更多的 NO_2，促进 Bu - NENA 的热分解，从而提高燃速。

降低高能型 HTPE 推进剂中硝胺高能组分的粒径，或增加其含量均会使推进剂的燃速降低、压强指数升高。这是因为硝胺炸药的氧平衡为负，含量过高会降低推进剂的氧系数，致使燃烧不完全；而且在热分解前，硝胺炸药需先经历熔融，其粒径越小，则比表面积越大，这将增加熔融的吸热量，降低推进剂燃烧时的热反馈作用，因此推进剂的燃速降低、压力指数升高。

另外，由于 1,1 - 二氨基 - 2,2 - 二硝基乙烯（FOX - 7）和 N - 脒基脲二硝酰胺（FOX - 12）具有的低感度特性，可将其应用于推进剂的基本组成中。王国强等[68]研究了 HTPE/FOX - 7 和 HTPE/FOX - 12 混合体系的热分解性能。研究表明，相比于 FOX - 7 和 FOX - 12 单质炸药，HTPE/FOX - 7 和 HTPE/FOX - 12 混合体系的主放热峰温度和热分解活化能均降低，故 FOX - 7 和

FOX – 12 的引入有利于提高 HTPE 推进剂的燃速。

综上所述，与基础型 HTPE 推进剂相比，高能型 HTPE 推进剂一般具有较低的燃速和较高的压强指数。

8.3.2.2　高能型 HTPE 推进剂的应用

由于高能型 HTPE 推进剂的比冲较高，成本也较基础型 HTPE 推进剂高，主要应用于高价值武器平台，如美国公布某型地面发射近程弹道导弹和空中发射近程攻击导弹的均采用了高能型 HTPE 推进剂，其配方见表 8 – 15。

表 8 – 15　某型路基近程导弹和空基近程导弹推进剂配方

组分	陆基近程导弹/%	空基近程导弹/%
HTPE	6.93	5.01
ATBC	8.50	6.50
二羟乙基酰胺	0.10	0.10
AP	54.00	53.00
Al	19.00	22.00
HMX	10.00	12.00
IPDI	1.05	0.72
N – 100	0.32	0.63
三苯基铋/顺丁烯二酸酐	0.10	0.04

8.3.3　高密度型 HTPE 推进剂

对固体推进剂而言，密度虽然是一个物理参数，但是推进剂的密度大小直接影响到同体积下推进剂的装药量，因此可以作为衡量推进剂能量大小的指标之一。例如，对于一定体积的火箭发动机如潜艇装载的火箭，推进剂的密度越大，装填的推进剂质量越大，发动机的总推力越大，能提高武器装备射程或增加有效载荷。因而所有有利于提高推进剂能量水平的技术途径，都可推动固体推进剂技术的发展与进步。所以从能量的角度出发，推进剂的密度越大越好。目前，大多数推进剂的密度为 $1.6 \sim 1.8 \ \mathrm{g/cm^3}$，高密度推进剂其密度一般在 $1.8 \ \mathrm{g/cm^3}$ 以上，部分甚至超过 $2.0 \ \mathrm{g/cm^3}$，具有明显的优势。目前，制备高密度固体推进剂的方法主要包括向推进剂中添加高密度组分，以及提高推进剂的固体含量等。

Bi_2O_3 在高温分解时释放的氧气可供推进剂燃烧时使用，因此 Bi_2O_3 可作为推进剂的氧化剂。由于 Bi_2O_3 的密度高达 8.9 g/cm³，使用 Bi_2O_3 的 HTPE 推进剂的密度可达 2.0 g/cm³ 以上。因此，采用 Bi_2O_3 部分或完全代替常规氧化剂，是获得高密度比冲 HTPE 推进剂的一种有效技术途径。将高密度无毒物质氧化铋（Bi_2O_3）部分代替 HTPE（端羟基共聚醚）推进剂配方中的高氯酸铵（AP），期望在提高推进剂的密度的同时，推进剂的力学性能、能量性能、燃烧性能等都能满足实际的使用要求。最终将此高密度 HTPE 固体推进剂应用于体积受限的发射器中，并为高密度 HTPE 推进剂的广泛使用奠定一定的理论和实验基础。

8.3.3.1　高密度型 HTPE 推进剂的性能

1. 能量性能

ATK 公司通过将较大比例的 Bi_2O_3 引入到 HTPE 推进剂配方中，获得了一种新型的固体火箭推进剂。与基础型的 HTPE 推进剂或其较早期改进配方相比，新的含 Bi_2O_3 推进剂可在不损失工艺性能和安全特性的同时获得更高的能量性能（密度比冲）。含 Bi_2O_3 的新型 HTPE 推进剂仍可使用传统的工艺方便地进行制造，且在实际应用中，该推进剂也比双基推进剂（1.1 级，易爆）更加安全（1.3 级，非易爆）。配方中的 Bi_2O_3 质量分数高达 20% 以上，可完全替代 HTPE 推进剂中的 AN 和部分 AP。虽然 Bi_2O_3 降低了推进剂的理论比冲，但推进剂的密度却得以大幅提高，因此该推进剂在体积受限的战术火箭发动机中应用时可提高发动机的总体性能。表 8 - 16 给出了普通 HTPE 推进剂和高密度型 HTPE 推进剂的理论性能。装药 42.18 kg 的火箭发动机点火试验中，装填了该新型高密度 HTPE 推进剂的总推力比普通 HTPE 推进剂提高了 10.2%。

表 8 - 16　高密度 HTPE 推进剂的能量性能参数

HTPE 推进剂	密度/(g·cm⁻³)	理论比冲/s	压力指数	密度比冲/(s·g·cm⁻³)
含 Bi_2O_3	2.19	235	0.44	514.65
不含 Bi_2O_3	1.77	264	0.44	467.28

采用 21% 的 Bi_2O_3 代替 AP 或 AN 作为氧化剂后，HTPE 推进剂的密度比冲较常规 HTPE 推进剂提高了近 10%，且 Bi_2O_3 的引入对推进剂的不敏感性无明显影响，可通过慢速烤燃和子弹撞击试验。高密度型 HTPE 推进剂的固体含量和其密度比冲的关系如图 8 – 18 所示。

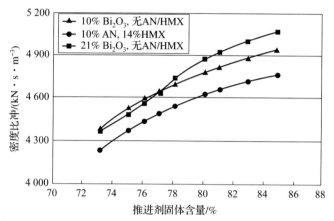

图 8 – 18　高密度型 HTPE 推进剂的固体含量与其密度比冲的关系

2. 力学性能

在高密度 HTPE 推进剂中，以 Bi_2O_3 部分代替 AP 后，会对 HTPE 推进剂的力学性能产生影响。刘文品等[70]研究了当 Bi_2O_3 的含量为 15% ~ 21% 时，HTPE 推进剂（固体含量 85%）力学性能的变化规律，如图 8 – 19 所示。

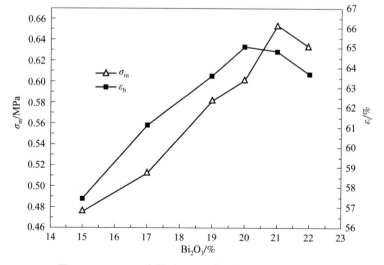

图 8 – 19　Bi_2O_3 含量对 HTPE 推进剂力学性能的影响

高密度 HTPE 推进剂的力学性能随着 Bi_2O_3 含量增加呈现先升高后降低的趋势，当 Bi_2O_3 含量为 21% 时，拉伸强度达到最大值 0.654 MPa，当 Bi_2O_3 含量为 20% 时，断裂延伸率达到最大值 65.06%。这主要是因为 Bi_2O_3 的粒径较小，Bi_2O_3 的加入可以使体系的受力更加均匀，并且固体颗粒间的相互作用增强，高密度 HTPE 推进剂中固体填料的级配效果好，固体颗粒之间的堆积更加紧密。但是，当 Bi_2O_3 的含量继续增加时，拉伸强度和断裂延伸率都有所下降；这是由于 Bi_2O_3 含量的增加会增加填料表面积，黏合剂对固体填料的润湿作用随之变差，引起 Bi_2O_3 团聚。因此 Bi_2O_3 对推进剂力学性能的改善作用有一最佳值。

另外，关于可作用于 Bi_2O_3 的键合剂的报道较少。因此，若 Bi_2O_3 固体颗粒发生"脱湿"现象，也会影响推进剂的力学性能。目前，尚无专门针对 Bi_2O_3 的键合剂，刘文品等将常用键合剂 MAPO、T313、HX – 752、NPBA、22#应用于高密度型 HTPE 推进剂，研究了这几种键合剂及复配对 Bi_2O_3 颗粒的键合效果。不同键合剂体系的高密度 HTPE 推进剂的力学性能如表 8 – 17 ~ 表 8 – 22 所示。

表 8 –17　MAPO 键合剂体系高密度 HTPE 推进剂的力学性能

MAPO 含量/%	拉伸强度 σ_m/MPa	最大延伸率/%	断裂延伸率/%
0	0.523	44.43	56.78
0.05	0.574	50.61	58.23
0.1	0.612	56.72	62.07
0.2	0.652	62.89	65.53
0.3	0.702	65.91	66.02
0.4	0.645	64.35	65.34

表 8 –18　HX –752 键合剂体系高密度 HTPE 推进剂的力学性能

HX –752 含量/%	拉伸强度 σ_m/MPa	最大延伸率/%	断裂延伸率/%
0	0.583	56.77	57.61
0.2	0.613	60.21	62.56
0.3	0.645	62.45	64.09
0.4	0.698	67.81	68.81
0.5	0.665	64.34	65.17

表 8 - 19　T313 含量对高密度 HTPE 推进剂常温力学性能的影响

T313 含量/%	拉伸强度 σ_m/MPa	最大延伸率/%	断裂延伸率/%
0	0.611	59.78	62.18
0.2	0.783	64.17	64.84
0.3	0.674	55.46	56.81

表 8 - 20　MAPO - T313 组合键合剂的协同作用

MAPO 含量/%	T313 含量/%	拉伸强度 σ_m/MPa	最大延伸率/%	断裂延伸率/%
0.20	0.10	0.895	60.21	61.74
0.15	0.15	1.023	63.92	66.83
0.10	0.20	0.904	58.35	58.91

表 8 - 21　MAPO -（HX - 752）组合键合剂的协同作用

MAPO 含量/%	HX - 752 含量/%	拉伸强度 σ_m/MPa	最大延伸率/%	断裂延伸率/%
0.20	0.10	0.671	53.30	60.63
0.15	0.15	0.652	46.40	50.19
0.10	0.20	0.563	51.40	57.28

表 8 - 22　T313 -（HX - 752）组合键合剂的协同作用

T313 含量/%	HX - 752 含量/%	拉伸强度 σ_m/MPa	最大延伸率/%	断裂延伸率/%
0.20	0.10	0.753	65.67	68.19
0.15	0.15	0.804	61.59	63.67
0.10	0.20	0.637	43.78	56.87

　　通过对比发现，MAPO - T313 的协同作用效果最好，在两者含量都为 0.15% 时，推进剂的拉伸强度可达 1.074 MPa，断裂延伸率 66.83%，可满足武器装备对高密度 HTPE 推进剂力学性能的要求。

3. 工艺性能

关于填料对推进剂药浆的影响，过去的研究多集中于高氯酸铵的含量、粒度级配以及与 Al 粉搭配后组成的推进剂药浆的流变特性。Bi_2O_3 代替 AP 加入高密度 HTPE 固体推进剂中，添加量一般占推进剂总重量的百分之几到 20% 左右，是固体推进剂的重要组分之一，其粒度为几微米到十几微米。而推进剂药浆体系在较低的体积分数范围内，黏度随体积分数增加变化较小。当达到一定的体积分数以后，黏度急剧上升，出现一个黏度突变点，此时的体积分数称为临界体积分数。当体积分数小于临界体积分数时，由于 Bi_2O_3 的粒径小于 AP，初始状态下碰撞概率低，药浆混合时不易接触，所以黏度较小。但当体积分数大于临界体积分数以后，Bi_2O_3 呈菱形、粒径不规则形占主导地位，碰撞频率增加，黏度迅速增加。因此 Bi_2O_3 的加入对药浆黏度的影响是较大的。

据文献报道，Bi_2O_3 对 HTPE 体系固化反应的表观活化能 E、指前因子 A 均有较大的影响；而固化的表观活化能 E 是衡量固化体系反应活性大小的重要参数，决定着固化反应能否顺利进行，指前因子 A 的物理意义反映分子之间的碰撞频率，它表征的是反应速率常数对活化能的依赖程度。HTPE 药浆的固化动力学参数据如表 8 – 23 所示。

表 8 – 23　HTPE 药浆体系的固化动力学参数据

类型	参数	333 K	338 K	343 K	353 K	$E/(\text{kJ} \cdot \text{mol}^{-1})$	指前因子 A
无 Bi_2O_3 药浆	t_{gel}/min	205.47	175.04	151.59	109.91	30.714	3.156×10^{-3}
	k_2	0.01012	0.0137	0.0182	0.0317	55.475	5.098×10^6
含 Bi_2O_3 药浆	t_{gel}/min	165.24	144.32	127.35	98.15	25.401	1.705×10^{-2}
	k_2	0.01419	0.0179	0.0226	0.0345	43.450	9.252×10^4

对于含 Bi_2O_3 的 HTPE 推进剂药浆体系，Bi_2O_3 使体系活化能 E_{gel} 和 E_{k2} 分别降低了 5.313 kJ/mol 和 12.05 kJ/mol，凝胶（黏度突变）时间缩短，说明 Bi_2O_3 对黏合体系的固化反应有明显的促进作用。

4. 热分解及燃烧性能

1）高密度 HTPE 推进剂热分解性能

在 HTPE 推进剂中引入的 Bi_2O_3 会对推进剂热分解及燃烧性能产生一定的影响。

据文献报道，Bi_2O_3 会影响推进剂组分中 HTPE、AP、Bu - NENA 的热分解，如图 8 - 20 ~ 图 8 - 22 所示。

由图 8 - 20 可知，Bi_2O_3 会促进 HTPE 的热分解，这主要是因为 Bi_2O_3 释放少量的氧化性物质促进了 HTPE 聚醚链段的断裂。

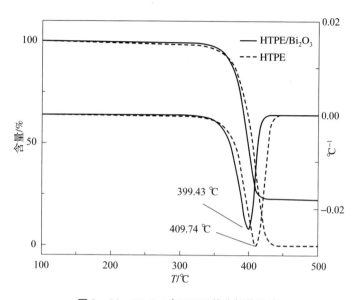

图 8 - 20　Bi_2O_3 对 HTPE 热分解的影响

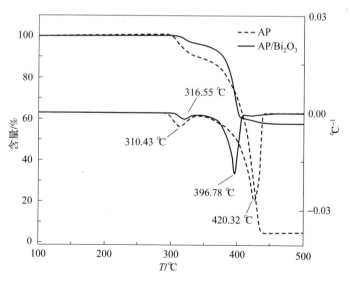

图 8 - 21　Bi_2O_3 对 AP 热分解的影响

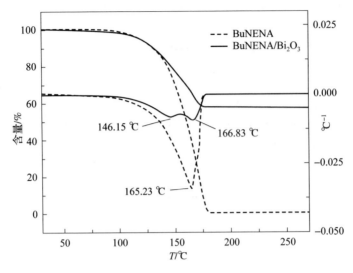

图 8 - 22　**Bi₂O₃ 对 Bu - NENA 热分解的影响**

由图 8 - 21 可知，Bi_2O_3 会抑制 AP 的低温热分解，但会促进其高温分解。

由图 8 - 22 可知，Bu - NENA 的挥发性较强，其热失重主要表现为 Bu - NENA 的挥发现象。Bu - NENA 的热失重速率最快的温度为 165.23 ℃，加入 Bi_2O_3 后，DTG 曲线出现两个峰，其热失重曲线分两个阶段，分别对应的温度为 146.15 ℃ 、166.83 ℃ ，这是由于 Bi_2O_3 表面对 Bu - NENA 的吸附作用造成的。

2）高密度 HTPE 推进剂热分解性能

刘文品等通过对高密度 HTPE 推进剂燃烧性能的测试，得到了其燃速方程，如表 8 - 24 所示。

表 8 -24　**高密度 HTPE 推进剂的燃烧性能**

燃速 $u/(\text{mm} \cdot \text{s}^{-1})$				n	b	燃速方程
5 MPa	7 MPa	9 MPa	11 MPa			
5.34	5.95	6.27	6.62	0.269	3.482	$r = 3.482p^{0.269}$

与基础型 HTPE 推进剂燃烧性能相比，引入 Bi_2O_3 后，推进剂的燃速和燃速压强指数均降低。尤其是燃速压强指数可降至 0.269，已接近平台推进剂的压强指数，这有利于保证固体发动机内弹道性能的稳定。

8.3.3.2　高密度型 HTPE 推进剂的应用

目前，高密度 HTPE 推进剂也已应用到多种导弹武器装备中，如"响尾蛇"（Sidewinder，空空导弹）、"地狱火"（Hellfire，空地导弹）、"陶"（TOW，反坦克导弹）等战术导弹。

NAMMO 公司将用于 TOW – 2 导弹装药的高密度 HTPE 推进剂与 HTPB 推进剂的性能进行了对比，其结果如表 8 – 25 所示[69]。

表 8 –25　HTPB 和 HTPE 推进剂的性能对比

性能	HTPB 推进剂	HTPE 推进剂
比冲/s	241.30	218.90
密度/(g · cm^{-3})	1.64	2.04
密度比冲/(s · g · cm^{-3})	395.73	446.56
燃速(6.9 MPa)/(mm · s^{-1})	1.37	1.08
不敏感性	基准	提高

从表 8 – 25 中可以看出，高密度型 HTPE 推进剂的能量性能、不敏感性能均比传统 HTPB 推进剂优异。

另外，刘文品[70]将 Bi_2O_3 部分代替 AP，以制备高密度 HTPE 推进剂。研究发现，该 HTPE 推进剂的密度、爆热和密度比冲分别高达 2.11 g/cm^3、5 779 kJ/kg 和 532.3 s · g/cm^3，且推进剂的机械感度和压力指数较低。Xia 等[71]将核壳结构的 Bi_2O_3/Al 高密度复合材料引入至 HTPE 推进剂，研究了 Bi_2O_3/Al 对推进剂燃烧性能的影响发现，引入 Bi_2O_3/Al 后，HTPE 推进剂的密度达到 2.06 g/cm^3，密度比冲达到 502.3 s · g/cm^3，均高于常规 HTPE 推进剂，具有一定的应用前景。

8.3.4　无烟、少烟型 HTPE 推进剂

固体推进剂是固体火箭发动机的推进能源，通常含有大量固体填料（高氯酸铵、Al 粉）和添加剂，它在发动机中燃烧后，会产生气体和固体颗粒等排气尾焰。而未来作战环境对高性能导弹武器及其作战平台的战场生存能力提出了越来越高的要求，既要满足远程打击的需求，又要满足推进剂战场安全性。同时，对于特定的作战环境或武器平台，还要求推进剂燃烧无烟或少烟，以避免暴露导弹的发射阵地和运动轨迹，或减少推进剂燃烧产生的固体颗粒对作战

平台的影响（如战机发射导弹时，烟雾对涡扇发动机的影响）。因此，如何实现其无烟、少烟特性，是当今 HTPE 推进剂研究和发展的一个重要方向。

对于 HTPE 推进剂，其在发动机燃烧产生烟雾的主要来源有两方面：AP 燃烧产生的 HCl 气体和 Al 颗粒燃烧产生的 Al_2O_3 粒子。因此 HTPE 推进剂无烟、少烟技术途径的目标就是尽可能降低燃烧产物中的 HCl 气体和 Al_2O_3 粒子。目前普遍认为以不含卤素的高能量密度化合物部分代替 AP，并减少金属燃料 Al 的含量或不加 Al，以碳氢燃料或高熔点燃烧稳定剂替代铝粉等。

目前，对于无烟型 HTPE 推进剂的公开报道较少，尚未披露其配方、性能数据，如 Pratt&Whitney Space Propulsion 的 CAD 和 NAWC 公司曾报道，他们采用廉价易得的聚四氢呋喃和聚己内酯的嵌段聚合物（HTCE）取代 HTPE 制备出几种含铝和微烟的推进剂，并对其进行了测试，结果发现，HTCE 可以减少高氯酸铵氧化剂在黏合剂中的溶解度，降低推进剂的敏感性。此后，NAWC 进一步探索并研制的 IMAD – 116 微烟推进剂，另含 10% 的 AN 作为第二种氧化剂，但因配方的低温伸长率差，所以改用 HTCE 与 HTPE 聚醚复配。结果发现，该推进剂的加工性能和力学性能都好，可满足安全性能的要求，其殉爆试验值为零，其他钝感测试尚未进行。

另外，美国也曾报道，采用 HTPE 推进剂的改进型"海麻雀"导弹有两种型号，分别采用了含铝 HTPE 推进剂和少烟 HTPE 推进剂，且两种配方均已进入生产阶段，而 HTPE 推进剂的其他应用仍在研制和试验鉴定阶段。该推进剂满足典型战术导弹的所有要求，并具有 IM 响应温和的特点。

在国内对无烟、少烟型 HTPE 推进剂的研究也较少，目前仅公开了潘新洲、李尚文等采用稳态剪切和小振幅振动剪切方法对铝含量为 5% 的 HTPE 推进剂药浆流变性能进行了研究，其研究表明，少铝 HTPE 推进剂药浆均具有假塑性屈服性、非线性黏弹性和触变性等流变特性。

|8.4 HTPE 推进剂发展趋势|

HTPE 推进剂具有良好的综合性能，已成为不敏感固体推进剂未来发展的重点方向之一。武器装备的不断发展也对推进剂的各项性能提出了更高要求，先进作战平台也要求推进剂具有高强度、高韧性和高安全性，高效毁伤要求推进剂具有高能量、燃烧性能可调范围大。因此，HTPE 推进剂未来的发展趋势主要包括以下几点。

8.4.1　HTPE 黏合剂基体的改进

HTPE 为聚四氢呋喃 – 聚乙二醇嵌段共聚醚，无论是两嵌段还是三嵌段结构，均具有一定的结晶性。这是因为聚乙二醇和聚四氢呋喃主链规整，柔性较好；并且分子链含有氧原子表现出一定极性，相互作用力比较强。无论改变分子量还是调节嵌段比，嵌段共聚醚的结晶性均不能避免。而嵌段共聚醚的结晶行为会导致推进剂低温性能较差。此外，相比于 HTPB 推进剂，HTPE 推进剂的增塑比较高（0.8~1.5），导致黏合剂基体在推进剂中占比较少，力学强度略低。由于黏合剂基体的力学性能与推进剂密切相关，改善黏合剂基体的力学性能，是提高推进剂力学性能的重要技术途径。有鉴于此，可通过以下两个方面对 HTPE 黏合剂基体进行改性。

1. 化学接枝改性

众所周知，超支化聚合物通常是无定形的，因为超支化结构完全破坏了分子链的规整性，使其不能按晶格规整排列。但是，由于超支化聚合物的球形拓扑结构，其分子链之间的缠结很小，倘若作为固体推进剂黏合剂，其在固化过程中很难形成良好的三维网络结构，进而给推进剂的力学性能带来不良影响；此外，超支化聚合物带有大量的端基，也是固化过程中需要考虑的不利因素。可采用低支化度的超支化聚合物与 HTPE 黏合剂进行接枝改性，其分子中少量的超支化结构足以消除聚合物结晶性，并且分子不会因为过于偏拓扑球形而影响分子链的缠结性。

2. 化学共混共固化

可采用化学共混法将力学性能优异的高聚物与 HTPE 预聚物共混，二者共同与异氰酸酯发生反应固化，以改善推进剂的力学性能。

8.4.2　HTPE 推进剂高能化、系列化

HTPE 推进剂是目前为止应用最为成功和广泛的不敏感推进剂，也是目前国内外研究的重点和热点。但其能量水平较低（HTPE/Bu – NENA/AP/RDX/Al 理论比冲仅为 267 s），与高能 NEPE 推进剂的 271 s 比冲尚有一定的差距，难以满足导弹武器对推进剂高能化、系列化的要求。

通过对 HTPE 推进剂配方体系的分析，其能量水平偏低，主要是由以下原因造成的。

（1）增塑剂能量较低。在 HTPE 推进剂配方体系中，多采用 Bu – NENA 或

A3 等低能钝感含能增塑剂，与 NG、BTTN 等高能增塑剂有一定的差距。

（2）固体含量较低。在国内外各品种 HTPE 推进剂配方中，固体含量大多在 80% 左右，如美国 ESSM 导弹用的 HTPE 推进剂固体含量为 81%。这主要是由于固体含量提高，HTPE 推进剂的不敏感特性则会下降，将无法顺利通过美军标 MIL – STD – 2105D 6 项不敏感测试。

（3）配方体系中含能添加剂 RDX 含量低。在 HTPE 推进剂配方体系中，含能添加剂 RDX 的含量仅为 10% ~ 18%，因此，总体能量偏低。大幅提升 RDX 含量，确实可有效提高推进剂的比冲，如将 RDX 含量提升至 25% ~ 30%，其比冲会提升 2 ~ 3 s，但其撞击、冲击波感度会大幅提高，以至于不能顺利通过六项不敏感测试。

（4）配方体系中所用含能添加剂 RDX 能量较低。在 HTPE 推进剂配方体系中，含能添加剂多为 RDX，而 RDX 的能量较低，密度仅为 1.82 g/cm^3，生成焓仅为 92.6 kJ/mol，其单元推进剂比冲仅为 $2\,608 \text{ N} \cdot \text{s/kg}$(266 s)。若以高能材料替换配方中的 RDX，推进剂的比冲将会提高；同时由于推进剂的总固体含量未变，HTPE 黏合剂体系含量也未变，又能在一定程度保持 HTPE 推进剂特有的安全性。

因此，通过高能材料替换 HTPE 推进剂配方中的 RDX，成为 HTPE 高能高安全化发展的重要途径。而国内外也对此进行了一系列的研究工作，但距工程化应用尚有一定的距离。如刘运飞等制备出 HTPE/Bu – NENA/AP/TKX – 50/Al 新型推进剂，相对于基于 RDX 的 HTPE 推进剂，以 TKX – 50 替换 RDX 后，虽然推进剂比冲增加，但其药浆工艺性能较差，尤其是 TKX – 50 含量大于 15% 后，药浆黏度增加，甚至失去流动性。以 HMX 取代 RDX 时，推进剂增幅较小（小于 1 s），这由于 HMX 的能量仅略高于 RDX，因此，对 HTPE 能量的提升有限。

综上所述，由于现役 HTPE 推进剂的能量偏低，而高能量水平始终是推进剂技术发展的主线。因此，在保持 HTPE 推进剂不敏感特性的基础上，将高能量密度化合物、新型燃料添加剂等引入推进剂基本组成，从而开发高能高安全性 HTPE 推进剂是一个重要的发展方向。

8.4.3 拓展 HTPE 推进剂的宽温域力学性能

由于武器装备平台的实际使用环境复杂多变，其搭载的武器装备面临较宽范围的温度变化，尤其对于机载和舰载武器装备，其使用温度范围为 – 50 ~ 70 ℃，温差较大。而温度变化会影响推进剂的力学性能，适用于常规温度 – 40 ~ 50 ℃ 的推进剂较难满足宽温域 – 50 ~ 70 ℃ 对其力学性能提出的更高要求，存在高温强度偏低、低温延伸率偏小的问题，这会降低在载荷作用下的装药结构完整性，影响发动机的正常工作，降低武器装备的可靠性和安全性。因此，急需改善推进剂的宽温域力学性能，以满足武器装备的任务需求。所以，应利用新型 HTPE 黏合剂体系分子结构设计、新型高效键合剂等完善 HTPE 推进剂网络结构、提高力学性能，进一步拓展推进剂力学性能的温度适用范围。

8.4.4　揭示 HTPE 推进剂不敏感机理

HTPE 推进剂具有优异的不敏感特性，但其机理尚不明确，各组分对推进剂不敏感的影响机理也不清晰，HTPE 推进剂配方设计多是依靠经验指导。因此，未来应继续研究深入剖析其不敏感机理，为 HTPE 推进剂配方设计提供理论依据。

8.4.5　拓宽 HTPE 推进剂燃速范围

含 Al、硝胺炸药的 HTPE 推进剂燃速可调范围较小、压力指数较高，未来应利用新型燃速催化剂或降速剂对 HTPE 推进剂的燃速进行调控，拓宽燃速范围，HTPE 推进剂由低燃速至高燃速呈系列化发展。

8.4.6　降低成本、加快 HTPE 推进剂在武器装备上应用

固体推进剂可占导弹总重量的 40%~90%，因此降低推进剂的成本，有利于推动其广泛应用。对于 HTPE 推进剂而言，其组分中的 HTPE 黏合剂、含能增塑剂 Bu – NENA 的成本较高，因此可通过原位制备 HTPE 黏合剂、采用相对廉价的含能增塑剂，降低 HTPE 推进剂的成本，推动 HTPE 系列化发展。

随着 HTPE 推进剂逐渐工程化、系列化，推动 HTPE 推进剂在武器装备上的应用即成为今后重要的发展方向之一。

参 考 文 献

[1] 宋晓庆，周集义，王文浩，等 . HTPE 推进剂研究进展 [J]. 含能材料，2008，16（3）：349 – 352.

[2] 张琼方，张教强 . 钝感固体推进剂的研制与进展 [J]. 含能材料，2004，12（6）：371 – 375.

[3] 闫大庆，徐丹丹，师经国 . 固体推进剂黏合剂 HTPE 研究及其分子设计思想概述 [J]. 固体火箭技术，2009，32（6）：644 – 649.

[4] 庞爱民 . 固体火箭推进剂理论与工程 [M]. 北京：中国宇航出版

社, 2014.

[5] Comfort T, Shanholtz C, Fletcher G. Process in HTPE propellants [C]// NDIA 39th Annual Gun&Ammunition/Missiles&Rocket Conference, Baltimore, USA, 2004.

[6] Donald M Porada. Progress, challenges and way ahead for the navy insensitive munitions program [C]//IMEMTS, 2006.

[7] Hevus I, Kohut A, Voronov A. Amphiphilic Invertible Polyurethanes: Synthesis and Properties [J]. Macromolecules, 2010, 43 (18): 7488 – 7494.

[8] 何利明, 郑剑, 罗运军. 含 Bu – NENA 钝感交联改性双基推进剂能量分析 [J]. 固体火箭技术, 2015, 38 (1): 90 – 94.

[9] Silver P A, Stanley N F. BuNENA gun propellant [C] // JANNAF Propulsion Meeting, Los Angeles, 1981.

[10] 李上文, 赵凤起, 袁潮, 等. 国外固体推进剂研究与开发的趋势 [J]. 固体火箭技术, 2002, 25 (2): 36 – 42.

[11] Chan M L TAD. Minimum signature propellant: U. S. Patent 6, 863, 751 [P]. 2005 – 3 – 8.

[12] 周学刚. 少烟高固体含量丁羟推进剂配方研究 [J]. 固体火箭技术, 2000, 23 (2): 56 – 59.

[13] 欧育湘, 孟征, 刘进全. 高能量密度化合物 CL – 20 应用研究进展 [J]. 化工进展, 2007, 26 (12): 1690 – 1694.

[14] Kubota N. Energetics of propellants and explosives [M]. Wiley – VCH Verlag GmbH & Co. KGaA, 2015: 73 – 117.

[15] 刘运飞, 庞维强, 谢五喜. TKX – 50 对 HTPE 推进剂能量特性的影响及应用可行性 [J]. 推进技术, 2017, 38 (12): 2851 – 2856.

[16] 付小龙, 蔚红建, 张崇民. HTPE 推进剂的能量性能研究 [J]. 兵器装备工程学报, 2020, 41 (11): 23 – 28.

[17] Goleniewski J R, Roberts J A. Solid propellant with non – crystalline polyether/energetic plasticizer binder: U. S. Patent 5, 783, 769 [P]. 1998 – 7 – 21.

[19] 朱国翠, 袁申, 刘长义, 等. HTPE/AP/Al/RDX 推进剂的准静态拉伸力学性能 [J]. 火炸药学报, 2021, 44 (5): 686 – 692.

[20] 张留成, 刘玉龙. 互穿网络聚合物 [M]. 北京: 烃加工出版社, 1990.

[21] Ou Y P, Zhao Q, Zhang W, et al. Fabrication of glycidyl azide polymer – hydroxyl terminated polyether semi – interpenetrating network via synchronous dual

curing system［J］. Materials Letters, 2019, 237: 152 - 155.

［22］姚启发, 杜修忻, 张艳杰, 等. 新型氟碳黏合剂的制备及性能［J］. 材料导报, 2020, 34（10）: 10187 - 10191.

［23］任治, 李笑江, 刘萌, 等. HTPE 交联改性 NC［J］. 含能材料, 2015, 23（7）: 638 - 634.

［24］Yuan S, Jiang S K, Luo Y J. Cross - linking network structures and mechanical properties of novel HTPE/PCL binder for solid propellant［J］. Polymer Bulletin, 2020, 78: 313 - 334.

［25］Chen K, Wen X, Li G, et al. Improvement of mechanical properties of in situ - prepared HTPE binder in propellants［J］. RSC Advances, 2020, 10（50）: 30150 - 30161.

［26］Kim C K, Bin Bae S, Ahn J R, et al. Structure - property relationships of hydroxy - terminated polyether based polyurethane network［J］. Polymer Bulletin, 2008, 61（2）: 225 - 233.

［27］Zheng Q, Wang G, Du J, et al. Investigation of Hydroxyl - Terminated Polyether Cured with Different Isocyanates: Curing Process and Mechanical Property［J］. Propellants Explosives Pyrotechnics, 2020, 45（12）: 1972 - 1978.

［28］Mao K, Luo Y, Xia M. Effect of Polyethylene Glycol on Curing Kinetic and Mechanical Properties of Polyether of Ethylene Oxide and Tetrahydrofuren/Polyfunctional Isocyante N - 100 Binder System［J］. Polymer Materials Science & Engineering, 2013, 29（8）: 34 - 37.

［29］蔡贾林, 郑申声, 郑保辉, 等. HTPE/增塑剂共混体系相容性的分子动力学模拟［J］. 含能材料, 2014, 22（5）: 588 - 593.

［30］Fu X L, Fan X Z, Ju X H, et al. Molecular dynamic simulations on the interaction between an HTPE polymer and energetic plasticizers in a solid propellant［J］. Rsc Advances, 2015, 5（65）: 52844 - 52851.

［31］张小平, 赵孝彬, 杜磊, 等. 相分离对 NEPE 推进剂性能的影响［J］. 推进技术, 2004, 25（1）: 93 - 96.

［32］Yuan S, Luo Y J. Mechanical Properties of HTPE/Bu - NENA Binder and the Kinetics of Bu - NENA Evaporation［J］. Central European Journal of Energetic Materials, 2020, 17（1）: 119 - 141.

［33］曲正阳, 翟进贤, 杨荣杰. 聚三唑交联固体复合推进剂力学及燃烧性能研究［J］. 推进技术, 2014, 35（6）: 846 - 851.

［34］郑亭亭, 李苗苗, 陈静静, 等. 键合剂对 HTPE 推进剂力学性能的影响

[J]. 化学推进剂与高分子材料, 2108, 16 (2): 39 - 42.
[35] 周学刚. 高能量特性丁羟推进剂研究 [J]. 推进技术, 1996, 17 (2): 71 - 76.
[36] 赖建伟, 常新龙, 龙兵, 等. HTPB 推进剂的低温力学性能 [J]. 火炸药学报, 2012, 35 (3): 80 - 83.
[37] 鲁国林, 尹瑞康, 刘爚. 宽使用温度范围的丁羟高燃速推进剂配方研究 [J]. 推进技术, 2001, 22 (2): 162 - 164.
[38] He Z C, Xia Z X, Hu J X, et al. Effects of Aluminum and Temperature on the Tensile Mechanical Properties of Lithium - Perchlorate/Polyvinyl Alcohol - Based Electrically Controlled Solid Propellants [J]. Propellants Explosives Pyrotechnics, 2020, 45 (3): 493 - 502.
[39] 杜磊, 肖金武, 尹瑞康. 高燃速 HTPB/IPDI 推进剂低温力学性能研究 (Ⅰ) 细 AP 及工艺助剂 PA 的影响 [J]. 固体火箭技术, 2000, 23 (3): 29 - 33.
[40] Mohamed A, Gholamian F, Zarei A R. Noncrystalline Binder Based Composite Propellant [J]. ISRN Aerospace Engineering, 2013, 20 (13): 1 - 6.
[41] 尹必文, 鲁国林, 吴京汉. 复合固体推进剂药浆工艺性能概述 [J]. 化学推进剂与高分子材料, 2015, 13 (3): 8 - 14.
[42] Jawalkar S N, Ramesh K, Radhakrishnan K K, et al. Studies on the effect of plasticiser and addition of toluene diisocyanate at different temperatures in composite propellant formulations [J]. Journal of Hazardous Materials, 2009, 164 (2 - 3): 549 - 554.
[43] 唐汉祥. AP 级配和铝粉对 HTPB 推进剂药浆流变性的影响 [J]. 固体火箭技术, 1998, 21 (1): 26 - 30.
[44] Rodic V M P. The effect of additives on solid rocket propellant characteristics [J]. Scientific Technical Review, 2004, 3 (4): 9 - 14.
[45] Muthiah R, Krishnamurthy V N, Gupta B R. Rheology of HTPB propellant. I. Effect of solid loading, oxidizer particle size, and aluminum content [J]. Journal of Applied Polymerence, 1992, 44 (11): 2043 - 2052.
[46] HTPE IPCL 四组元推进剂药浆的流变性能 [J]. 火炸药学报, 2021, 44 (03): 301 - 307.
[47] Yuan S, Zhang B, Wen X, et al. Investigation on Mechanical and Thermal Properties of HTPE/PCL Propellant for Wide Temperature Range Use [J]. Journal of Thermal Analysis and Calorimetry, 2022: 1 - 12.

［48］陈中娥，唐承志，赵孝彬．固体推进剂的慢速烤燃行为与热分解特性的关系研究［J］．含能材料，2005，13（6）：393 – 396.

［49］任晓宁，赵凤起，高红旭，等．HTPE 推进剂的热分解动力学研究．C// 中国化学会第六届全国热分析动力学与热动力学学术会议，中国广西南宁，2017.

［50］李辉，李苗苗，陈愿，等．HTPE 推进剂热分解特性研究［J］．上海航天，2018，35（1）：132 – 139.

［51］Dennis C，Bojko B．On the combustion of heterogeneous AP/HTPB composite propellants：A review［J］．Fuel，2019，254：115646.

［52］阳建红，徐景龙，刘朝丰，等．硝胺推进剂燃烧性能研究［J］．上海航天，2004，1：48 – 51.

［53］郑亭亭，顾静艳，李苗苗，等．铜铬类催化剂对 HTPE 低易损推进剂燃烧性能的影响［J］．火炸药学报，2017，40（2）：94 – 100.

［54］郑亭亭，李苗苗，陈静静．纳米 Al_2O_3 对 HTPE 低易损推进剂燃烧性能的影响．C//中国航天第三专业信息网第三十九届技术交流会暨第三届空天动力联合会议，中国河南洛阳，2018.

［55］石小兵，庞维强，蔚红建．钝感推进剂研究进展及发展趋势［J］．化学推进剂与高分子材料，2007，5（2）：24 – 32.

［56］Rao K P C，Sikder A K，Kulkarni M A，et al．Studies on n – Butyl Nitroxyethylnitramine（n – BuNENA）：Synthesis，Characterization and Propellant E-valuations［J］．Propellants Explosives Pyrotechnics，2004，29（2）：93 – 98.

［57］Caro R I，Bellerby J M，Kronfli E．Synthesis and Characterization of a Hydroxy Terminated Polyether（HTPE）Copolymer for Use as a Binder in Composite Rocket Propellants［J］．International Journal of Energetic Materials and Chemical Propulsion，2007，6（3）：289 – 306

［58］李军强，樊学忠，唐秋凡，等．HTPE 推进剂慢速烤燃及其热分解特性［J］．固体火箭技术，2019，42（05）：597 – 603.

［59］Kim K H，Kim C K，Yoo J C，et al．Test – based thermal decomposition simulation of AP/HTPB and AP/HTPE propellants［J］．Journal of Propulsion and Power，2015，27（4）：822 – 827.

［60］吕玺，庞维强，李军强，等．HTPE 钝感推进剂的子弹撞击和快速烤燃特性［J］．火炸药学报，2019，42（1）：79 – 83.

［61］Comfort T F．Solid rocket propellant：U. S. Patent 6，066，214［P］．2000 – 5 – 23.

［62］曹军，郭颜红．固体火箭发动机聚能射流低易损试验研究［J］．航空兵器，2019，26（3）：72－77．

［63］闫大庆，徐丹丹，师经国．固体推进剂黏合剂HTPE研究及其分子设计思想概述［J］．固体火箭技术，2009，32（6）：644－649＋653．

［64］Caro R．Hydroxy－terminated polyether binders for composite rocket propellants［D］．UK．Cranfield University，2007．

［65］Landsem E，Jensen T L，Hansen F K，et al．Neutral Polymeric Bonding Agents（NPBA）and Their Use in Smokeless Composite Rocket Propellants Based on HMX－GAP－BuNENA［J］．Propellants，Explosives，Pyrotechnics，2012，37（5）：581－591．

［66］吴文辉，黎玉钦，张聪，等．中性聚合物键合剂对硝胺推进剂相界面的作用［J］．推进技术，2001，22（4）：335－340．

［67］Wen X，Chen K，Sang C，et al．Applying modified hyperbranched polyester in HTPE/AP/Al/RDX composite solid propellant．Polymer International［J］．2020，70（1）：123－134．

［68］王国强，陆洪林，党永战，等．HTPE与FOX－7和FOX－12混合体系的热分解［J］．含能材料，2016，24（4）：336－342．

［69］Kaiseman M，Rodack M，Spate W，et al．An overview of the hypenelocity anti－tank missile（HATM）development program［C］//41st AIAA/ASME/ASEE Joint Propulsion Conference B．Exhibit．2005：4171

［70］刘文品．高密度HTPE推进剂的制备与性能研究［D］．北京：北京理工大学，2012．

［71］Xia M，Yao Q F，Yang H L，et al．Preparation of Bi_2O_3/Al Core－Shell Energetic Composite by Two－Step Ball Milling Method and Its Application in Solid Propellant［J］．Materials，2019，12（11）：1879－1891．

［72］汪存东，罗运军，夏敏．HTPE的合成及弹性体的性能［J］．含能材料，2011，19（5）：518－522．

［73］武威．HTPE推进剂慢速烤燃机理研究［D］．北京：北京理工大学，2022．

第 9 章

HTCE 固体推进剂

|9.1 概 述|

为满足高性能武器系统和航天发射的需求，高能量、低特征信号、低易损、低成本、低污染、灵活的能量调控和高可靠性成为当前及未来一段时间固体推进剂的发展方向。

黏合剂的更新换代是固体推进剂发展的重要标志[1]，目前在复合固体推进剂中使用较多的黏合剂品种有 HTPB（端羟基聚丁二烯）、PEG（端羟基聚环氧乙烷醚）、GAP（聚叠氮缩水甘油醚）、HTPE（端羟基嵌段共聚醚）等。HTPB 低温力学性能好，但黏合剂的分子链极性低，与硝酸酯类含能增塑剂不相容，且 HTPB 黏合剂本身不含能的属性限制了其高能量配方的发展；叠氮类黏合剂具有能量高、燃烧性能好、低特征信号和低易损性的特点，但由于其分子主链柔顺性差，与增塑剂相容性较差，导致其低温力学性能差，感度较高。HTPE 推进剂是美国海军资助的钝感弹药先进发展（Insensitive Munitions Advanced Development，IMAD）计划之一，成为研究者关注的热点[2-4]。然而，HTPE 黏合剂的成本较高，因此研究人员一直在寻找可替代的低成本黏合剂。

在保证推进剂点火质量的前提下，20 世纪末，美国将端羟基聚己内酯（PCL）与聚四氢呋喃醚（PTMEG）的嵌段共聚物（HTCE）黏合剂引入推进剂配方中，获得了性能优越的推进剂，成本大大低于 HTPE 推进剂（低于 2 美元/磅）。另外，由于引入了 PCL，增大了分子主链柔顺性，解决了叠氮类推进剂低温力学性能差的问题。因此 HTCE 推进剂具有良好的发展前景，有望应用于火箭、导弹发动机装药。

|9.2　HTCE 黏合剂|

9.2.1　HTCE 黏合剂系统的结构及特点

HTCE 是一种使用低相对分子质量的聚四氢呋喃（PTMEG）作引发剂，通过引发 ε – 己内酯单体的开环聚合反应生成的两端带有端羟基聚己内酯（PCL）链段的线性嵌段共聚物，其分子结构示意图如图 9 – 1 所示。

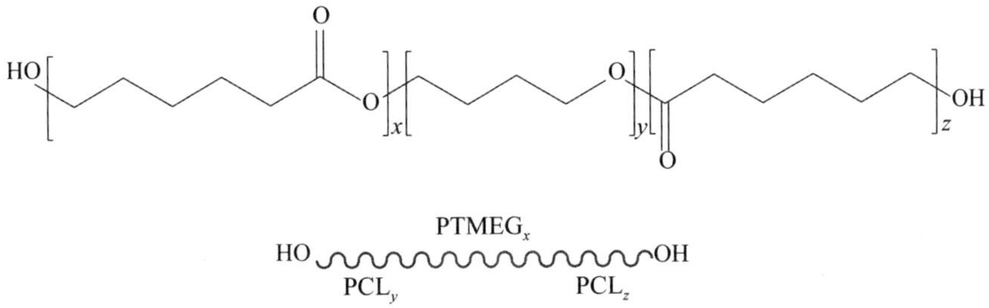

图 9 – 1　HTCE 分子结构示意图

HTCE 黏合剂常温下为蜡状固体，具有以下特点。

（1）PCL 是由己内酯开环聚合得到的半结晶脂肪族聚酯，其分子量分布较窄，主链柔顺性好，分子链呈线性规整排列[5]，因此 PCL 具有较高的承受载荷的能力，其 T_g 较低，能够解决高能黏合剂低温力学性能差的缺点[6-10]。同时，由于其分子链排列规整，也易发生应变诱导结晶。另外，PCL 与硝酸酯增塑剂具有良好的相容性，在推进剂制造、使用及储存温度条件下不产生相分离，以保证推进剂在使用温度范围内，特别是低温情况下不发生脆变。将 PCL 作为黏合剂引入推进剂中有望达到改善 HTPE 推进剂在 – 50 ~ 70 ℃温度范围内低温力学性能的目的[11]。Yuan 等[12]将 PCL 引入 HTPE 推进剂中，拓宽了 HTPE 推进剂的力学适用温度范围。HTCE 作为 PCL 与 PTMEG 的嵌段共聚物，其中 PCL 分布更加均匀，能够进一步提高推进剂体系的力学性能。

（2）HTCE 黏合剂相对分子量较小，体系中羟基含量较高，在推进剂体系中将会形成更多的化学交联点，导致体系交联密度提高，相较于其他推进剂具有较好的力学性能。

（3）HTCE 黏合剂中己内酯的酯键可提供水解位点，黏合剂中的聚醚键增加了对酸性和碱性水溶液的亲水性。因此，HTCE 黏合剂可以分解为对环境无害的化合物，而推进剂中的氧化剂和其他固体可以回收和循环利用，大大降低了废弃固体推进剂对环境的影响。

（4）HTCE 预聚物的氧含量较高，虽然其中的氧原子不处于氧化态，但在燃烧时可减少黏合剂对氧的需求量。

综上所述，HTCE 推进剂作为新一代环境友好型宽温域不敏感推进剂，具有较大的发展潜力。然而，由于 PCL 的熔点较高，常温下 HTCE 呈固态，给推进剂加工带来了一些困难。在以后的工作中，可考虑采用共混、形成 IPN 结构等手段降低推进剂的工艺难度。

9.2.2　HTCE 黏合剂的合成方法

考虑到合成工艺的简便性，大多数的 HTCE 的合成不添加催化剂。以聚四氢呋喃二醇为起始剂，己内酯为单体，在惰性气体氛围下高温（一般 180 ℃）反应一段时间，即可获得 HTCE 粗产品，如图 9 - 2 所示[13]，粗产品经真空加热方式去除未反应单体。

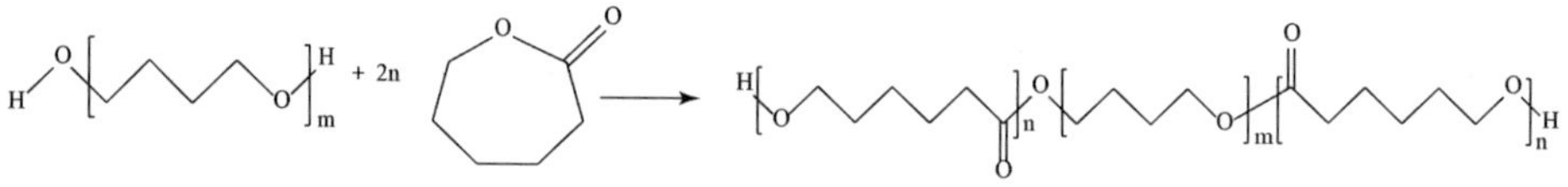

图 9 - 2　HTCE 合成示意图

常见的 HTCE 产品有瑞典伯斯托公司的 M_n = 2 000 的工业化产品 CAPA7201A，它的起始剂为相对分子质量为 1 000 的 PTMG，其分子式为 HO—$[(CH_2)_5—COO—]_n[(CH_2)_4—O—]_m$H，基本理化性质如表 9 - 1 所示。还有部分实验室报道了 M_n = 3 000 的 HTCE，其起始剂为相对分子质量 2 000 的 PTMG。

表 9 - 1　HTCE 的物化性质

牌号	官能度	羟值 /(mg KOH·g⁻¹)	酸值 /(mg KOH·g⁻¹)	相对分子质量	熔点 /℃	黏度 /(Pa·s)	T_g /℃
CAPA 7201A	2	56	< 0.1	2 000	30 ~ 40	0.315	- 60

9.2.3　HTCE 黏合剂的应用要求

由于复合固体推进剂主要由高分子预聚物、氧化剂、金属燃料和各类助剂构成。其中，黏合剂除了在燃烧过程中提供碳、氢等可燃元素外，更重要的是作为体系的骨架材料将各成分黏结在一起，赋予推进剂良好的力学性能。因此，应用于固体推进剂的 HTCE 黏合剂应具有以下性质。

（1）与体系中的其他成分具有良好的相容性。

（2）预聚物是低挥发性的液体高分子，能够承受药浆混合及浇铸时的高真空作用。

（3）具有较低的黏度，以便容纳更多体积分数的固体填料。

（4）有良好的固化交联反应性能，能够在较低的温度（60~70 ℃）下进行固化，反应过程中不释放任何小分子产物，反应过程放出的热量尽可能少，避免药柱因内部温度过高产生自燃。固化反应足够慢，使药浆在混合、浇铸期间具有良好的流动性，保证药浆具有合适的适用期。

（5）其预聚物具有尽可能高的生成焓 ΔH_f，具有较低的玻璃化转变温度 T_g，能够拓宽相应推进剂的使用温度范围，得到低温力学性能优良的推进剂；具有合适的平均相对分子量和较小的分散性，以保证推进剂药浆具有合适的黏度，利于加工。

9.3　HTCE 黏合剂体系的性能

薛淑娥等[14]研究了 CAPA 7201A 聚醚酯聚氨酯弹性体的性能，如表 9 – 2 所示。发现 CAPA 7201A 的强度、模量介于聚己内酯型聚氨酯弹性体（PCL – PUE）和聚醚型聚氨酯弹性体（PTMG – PUE）之间，冲击弹性和撕裂强度为三类中最佳，断裂伸长率却最差。CAPA 7201A 聚醚酯型聚氨酯弹性体由于含有较强的酯基，分解温度介于 PCL – PUE 和 PTMG – PUE 之间。由于醚基的内聚能小于酯基，且极性低，分子间作用力小，因此 CAPA 7201A 的低温性能与 PTMG – PUE 接近，优于 PCL – PUE。CAPA 7201A 的损耗正切与 PTMG – PUE 接近。

表 9 – 2　不同种类聚氨酯弹性体的性能

性能	PTMG	PCL	CAPA 7201A
冲击弹性/%	53	47	55
邵氏硬度/HA	83	80	80
拉伸强度/MPa	30	44	35

续表

性能	PTMG	PCL	CAPA 7201A
断裂伸长率/%	500	440	430
100% 模量/MPa	5.1	4.1	4.5
300% 模量/MPa	11	12	11
撕裂强度/(kN·m^{-1})	76	67	68
5% 失重率温度/℃	336	354	343
10% 失重率温度/℃	345	365	356
玻璃化转变温度 T_g/℃	<-60	-34	<-60

李伟等[15]研究了聚酯 PCL、聚醚 PTHF 和嵌段聚醚酯 HTCE 黏合剂间的力学性能差异，如表 9-3 所示。发现在非增塑情况下，PTHF 胶片具有最大的伸长率，HTCE 和 PCL 胶片具有更高的力学强度；在加入增塑剂后，HTCE 和 PCL 胶片的力学强度和伸长率均高于 PTHF。PTHF、PCL 和 HTCE 胶片的 T_g 分别为 -67.66 ℃、-72.27 ℃和 -77.10 ℃，增塑后聚酯和嵌段聚酯醚具有更好的低温性能；HTCE 推进剂的储能和损耗模量最低，推进剂的低温弹性最好。这是由于 HTCE 和 PCL 与增塑剂中硝酸酯表现出更好的相容性，分子链的柔性得到改善，因此 HTCE 和 PCL 胶片的力学性能较好。

表 9-3　黏合剂胶片性能参数

黏合剂	抗拉强度 σ_m/MPa		断裂伸长率 ε_b/%		玻璃化转变温度 T_g/℃	
	加入增塑剂	不加增塑剂	加入增塑剂	不加增塑剂	加入增塑剂	不加增塑剂
HTCE	0.36	12.90	261.9	1259.5	-77.10	-61.99
PCL	0.46	12.88	222.8	1111.8	-72.27	-43.94
PTHF	0.30	6.64	130.8	1635.9	-67.66	-66.98

|9.4　HTCE 推进剂种类|

普拉特·惠特尼太空推进化学系统部门（Pratt & Whitney Space Propulsion - CSD）的 Tzeng 等[16]首次报道将 HTCE 黏合剂用于固体推进剂，其配方总固体填料质量分数为 83%，基础配方含 63% AP 和 20%　Al 粉。

李伟等[15]在研究黏合剂对胶片和推进剂结构的影响时提到一种 HTCE 推进剂配方（表 9 – 4）。

表 9 – 4　某种 HTCE 推进剂配方表

原料	HTCE	催化剂	Al 粉	AP	HMX
质量分数/%	20 ~ 30	0.3 ~ 0.8	16 ~ 18	20 ~ 35	30 ~ 40

研究发现，HTCE 推进剂的储能和损耗模量较低，推进剂的低温弹性较好。

1. 低烟型 HTCE 推进剂

为降低推进剂在应用过程中的特征信号，可将硝酸铵（AN）、二硝酰胺铵（ADN）等燃气产物相对分子质量小的无氯氧化剂引入推进剂配方中[17]。

美国海军空战中心武器分部（NAWCWD）报道开发了一种加入 AN 的少烟型 HTCE 推进剂配方，命名为 IMAD – 116[18]。为了避免燃烧率斜率出现突跃，配方不使用大颗粒 AP(200 ~ 400 μm)。推进剂配方主要由黏合剂 HTCE、第一氧化剂（AP）和第二氧化剂（AN）组成。IMAD – 116 在高腔室压力 27.58 MPa 下发射，将达到 273 s 的理论比冲 I_{sp}，其配方如表 9 – 5 所示。

表 9 – 5　IMAD –116 配方表

原料	HTCE/Bu – NENA 或 TMETN(1 : 2)	AN	AP	交联剂和催化剂
质量分数/%	18	10	71	1

ADN 含氧量高，原料成本低，比 RDX、HMX 和 CL – 20 对冲击不敏感，对摩擦和静电放电不敏感。使用 ADN 部分替代 RDX 或 HMX，得到兼具低特征信号与高燃速性能的推进剂。ADN 的分子式如图 9 – 3 所示。

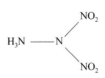

图 9 – 3　ADN 分子结构示意图

计算表明，当将 ADN 推进剂加入推进剂配方中时，其性能可达到或高于传统 HTPB/AP 推进剂。最理想的是，ADN 推进剂不会在排气中产生有毒且带有腐蚀性的氯化氢（HCl）气体，在推进剂配方中使用 ADN 大大减少了主要由 HCl 核化引起的二次烟雾问题[19]。近年来，研究人员一直在设计推进剂配方，试图体现 ADN 作为固体氧化剂的优势。

Jones 等[20]介绍了包括含铝型和少烟型在内的三种新的 HTCE 推进剂配方，配方组成如表 9-6 所示。

表 9-6　含铝型和少烟型的 HTCE 推进剂配方　　单位:%

组分	含铝推进剂 A	含铝推进剂 B	少烟推进剂
HTCE	8.80	4.21	6.21
CAPA316	0.18	1.05	1.04
DOA	4.84		
BuNENA		15.54	10.65
MNA		0.50	0.50
TPB	0.05	0.05	0.05
SiC			0.50
炭黑			0.20
DDI	3.13	2.50	3.40
AP	63.00	56.00	77.20
Al 粉	20.00	20.00	

在少烟推进剂配方中，加入 AN 作氧化剂的 HTCE 推进剂的标准理论比冲可达 244 s，加入 ADN 作氧化剂的 HTCE 推进剂的理论比冲可达 260 s。在加入 Al 粉后，使用 AP 作氧化剂的推进剂 I_{sp} 可达 263 s，使用 ADN 或 HMX 时的 I_{sp} 达 268 s。

但是，ADN 易吸湿、密度（1.82 g/cm³）及生成焓（-140.3 kJ/mol）较低、与异氰酸酯（推进剂常用固化剂）相容性差等问题也限制了其广泛应用。

CSD、NAWCWD 和美国加州中国湖海军空战中心（NAWC）开发了一种含铝低烟型 HTCE 推进剂——UTP-32070[21]，其基础配方理论比冲为 260.8 s，配方如表 9-7 所示。

表 9-7　UTP-32070 配方

原料	AP	Al	HTCE、固化剂、增塑剂、键合剂、固化催化剂、异氰酸酯等
质量分数/%	84		16

2. 高能高燃速型 HTCE 推进剂

在较高压力下，推进剂燃烧机制发生了变化：从扩散火焰控制变为固体 AP 火焰控制，相比于扩散控制型燃烧，固体 AP 燃烧对压力波动（即高斜率）更敏感。因此推进剂燃烧时，一般会在（17.2～24.13 MPa）出现高压波动而破裂，成为研发高性能发动机这一目标的障碍[22,23]。

NAWCWD 的研究人员考虑用 CL－20 和 RDX 等作共氧化剂，替代部分 AP，得到高能高燃速推进剂。他们在 IMAD－116 的基础上成功开发了一种基于 HTCE 新型黏合剂体系的 1.3 级航天运载火箭高能固体助推器火箭推进剂的新成员——IMAD－213[24,25]，其配方组成见表 9－8。

表 9－8　HTCE 钝感高能火箭助推器推进剂配方　　　单位：%

原料（括号内为粒径优选值）	质量分数/%（括号内为优选值）		
	IMAD－213－AP	IMAD－213－CL－20	IMAD－213－RDX
AP（90 μm）	18～24（20）	18～24（20）	18～22（20）
AP（11 μm）	25～32（30）		18～22（20）
CL－20（＜2 μm）		25～32（30）	
RDX（1.7 μm）			8～10（10）
Al（95 μm）	19～24（19）	19～24（19）	20～24（20）
AN（40 μm）	10～15（10）	10～15（10）	10～15（10）
CAPA720©（HTCE）	6.0～6.5（6.5）	6.0～6.5（6.5）	6.0～6.5（6.5）
CAPA316©			0.2－0.35
Al_2O_3	0.3～0.6（0.5）	0.3～0.6（0.5）	0.2～0.5（0.3）
MNA	0.3～0.4（0.3）	0.3～0.4（0.3）	0.3～0.4（0.3）
HMDI	0.3～0.6（0.5）	0.3～0.6（0.4）	0.5～0.7（0.57）
N－100	0.9～1.4（0.9）	1～1.4（1.4）	0.4～1.2（0.89）
BuNENA	7～12（9.7）	7～12（9）	2～8（5.7）
TEGDN	0～3（2.4）	0～3（2.1）	2～8（5.7）
TPB	0.03～0.06（0.03）	0.03～0.06（0.03）	0.03～0.06（0.03）
TMETN			2～8
HX－752		0.10～0.15	0.05～0.12
HX－878	0.05－0.12		

研究发现，IMAD – 213 系列在高达 55.16 MPa 的压力下表现出从 0.58 ~ 0.66 的恒定斜率，并且在整个测试压力范围内没有出现斜率突跃。由于这一理想的燃烧特性，如果这些推进剂可用于高压工作，其潜在性能可比传统的 1.3 级 HTPB/AP/Al 推进剂高出 10% ~ 15%。

挪威国防研究院（FFI）[26]将 HTCE 引入其开发的 GAP/球形 ADN/HMX 无烟复合推进剂配方中。基于 FFI 的研究积累，Landsem[27]增大了配方中 HTCE 含量，以进一步提高推进剂力学性能。表 9 – 9 列出了含 HMX 和 ADN 的无烟复合推进剂配方。

表 9 – 9　基于 ADN 和 HMX 的无烟复合推进剂配方　　单位:%

分类	GAP 推进剂	GAP/HTCE 推进剂	HTCE 推进剂
球形 ADN	45.0	45.0	45.0
GAP 二元醇	25.2	23.4	—
HMX(50 ~ 60 μm)	9.0	5.0	12.3
HMX(4 ~ 5 μm)	6.0	10.0	2.6
TMETN	8.0	8.1	8.0
N100	4.5	4.8	4.4
IPDI			1.3
HTCE		3.5	26.2
MNA	0.7		
沸石	0.7		
N,N' – 二苯基脲	0.7		
NPBA	0.2	0.2	0.2

3. 其他类型的 HTCE 推进剂

美国海军报道了一种以 HTCE 为黏合剂制备的低燃温、长航时，且具有洁净燃烧特性的推进剂（HFR – 05）[28]。其中，N – 脒基脲二硝酰胺盐（FOX – 12）可提高推进剂的灵敏度特性，同时对氧平衡和性能的影响最小。然而，它的能量密度和氧平衡过低，需要与其他氧化剂配合使用。HFR – 05 即为 FOX – 12 与 RDX 作为氧化剂，其配方如表 9 – 10 所示。

表 9 – 10　HFR – 05 配方

原料	质量分数/%
HTCE(CAPA 720)	7. 92
TEGDN	13. 50
四乙二醇二甲醚	6. 60
N – 3200	1. 08
HMDI	0. 50
MNA	0. 40
TPB 和二硝基水杨酸	逐个按需加入
RDX	40
FOX – 12	30

可根据不同需要对其中的组分作出适当调整，如 FOX – 12 用于低火焰温度和低冲击敏感性配方，而 1，1 – 二氨基 2，2 – 二硝基乙烯（FOX – 7）则可用在 RDX 对震动不敏感的配方中。

|9.5　HTCE 推进剂的燃烧性能|

9.5.1　HTCE 推进剂的燃烧性能

推进剂燃烧的规律性及稳定性是研究人员一直关注的重点内容。美国海军报道的型号为 HFR – 05 的 HTCE 型推进剂[28]具有很低的燃烧固体残留率，在 6.895 MPa 下的燃速为 4.06 mm/s，能够持续燃烧 15 min 以上。Jones 等[20]研究的含铝型和少烟型 HTCE 推进剂在 6.895 MPa 下的燃速为 46.6 ~ 7.11 mm/s，压强指数为 0.36 ~ 0.39。Tzeng 等[16]将 UTP – 32，042C 的 HTCE 推进剂配方在 70 g 发动机中进行了点火试验，具体参数如表 9 – 11 所示。

表9-11 UTP-32,042C点火试验参数

推进剂	增塑剂	固化剂	推进剂燃速(6.895 MPa) /(mm·s⁻¹)	压强指数
少烟型	Bu-NENA	N-100	5.84	0.27
含铝型	Bu-NENA	IPDI	7.11~8.64	0.35~0.42
	DOA	Desmodur-W	4.57	0.24

通常基于 HTPB/AP/Al 配方的常规 1.3 级固体火箭推进剂的燃烧率斜率远低于 1.0。然而，当发动机的燃烧室压强达到 17.2~24.13 MPa 的高压强时，推进剂会出现不稳定燃烧、压强指数突跃的现象，如图 9-4 所示。

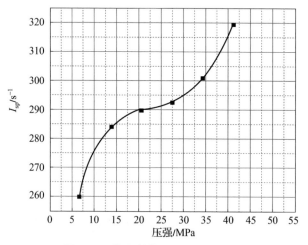

图9-4 推进剂的压强-比冲曲线

研究人员认为[29]，这是由于燃烧机制从扩散火焰控制转换为较高压强下固体 AP 火焰控制机制。随着压强升高，AP 焰离燃面距离缩短，热反馈增强并引起燃速升高，进而使压强指数增大[30]。如果发动机能够在高于 17.2 MPa 的压力下运行，则可以获得更高的比冲。复合材料外壳结构的最新进展，增加了外壳强度并减轻了重量，为高压燃烧发动机奠定了基础。为了解决斜率突跃的问题，研究人员开发了一系列推进剂配方。

IMAD-116 表现出理想的燃烧性能，如图 9-5 所示：在加入 Al_2O_3 后燃烧速率提高，在 6.89 MPa 的压强下，燃烧速率为 5.84~15.24 mm/s，斜率为 0.57~0.61。此外，在压强高达 55.16 MPa 时没有观察到任何的斜率突变。

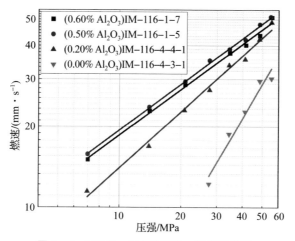

图 9 - 5 　 IMAD - 116 的压强 - 燃烧率曲线

2004 年 NAWCWD 公布的新型 HTCE 推进剂[24] IMAD - 213 - RDX、IMAD - 213 - CL - 20 和 IMAD - 213 - AP 推进剂在 6.895 MPa 下的燃速分别达到 9.42 mm/s、13.67 mm/s 和 17.96 mm/s，在 6.895 ~ 55.158 MPa 压强区间内推进剂的压力 - 燃速曲线具有一个介于 0.58 ~ 0.66 的恒定斜率，没有发生压强突跃现象，如图 9 - 6 所示。

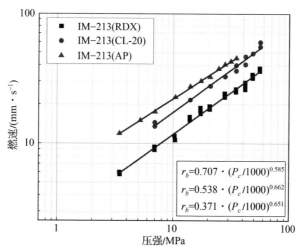

图 9 - 6 　 IMAD - 213 系列推进剂的压力 - 燃速曲线

9.5.2　HTCE 推进剂的能量特性

推进剂性能的优劣直接影响着以固体推进剂为主要动力的武器/航天系统的效能、突防和机动能力。提高能量水平一直是固体推进剂发展中追求的目标，在满足综合使用性能的情况下尽量提高能量水平，是增加射程或减少发动机体积的有效途径。

美国海军报道的 HFR – 05 的 HTCE 型推进剂[28]具有很低的燃烧固体残留率，理论计算可知，当燃烧室温度为 1 242 ℃（3.3 MPa）时，I_{sp} 为 209 s。Tzeng 等[16]公布的 HTCE 推进剂 UTP – 32，042C 基础配方比冲为 260.8 s，另外研究了增塑剂和氧化剂对 HTCE 推进剂能量性能的影响。结果发现，以 4% 的 DOA 增塑剂替代同比例 HTCE 黏合剂，比冲提高 0.4 s；以 4% 的 Bu – NENA 增塑剂替代 HTCE 黏合剂，比冲下降 0.9 s；以 4% 的 TMETN 增塑剂替代 HTCE 黏合剂，比冲提高 1.5 s。由于含能增塑剂组分的加入会导致推进剂对于破片撞击（FI）和子弹撞击（BI）试验的结果变差，因此首选 DOA 作为增塑剂。分别以质量分数为 10% 的 CL – 20、RDX 和 ADN 替代同等比例的 AP 氧化剂，均可使推进剂的比冲提高；而以 10% 的 AN 氧化剂替代 AP，则会使配方的比冲下降。

由于 IMAD – 116 不再使用大粒径 AP[18]，可实现高压下点火燃烧。对其作理论能量计算，发现推进剂如果在高腔室压强 27.58 MPa 下发射，将会达到 273 s 的理论比冲 I_{sp}，大大高于现有的推进系统（图 9 – 7）。

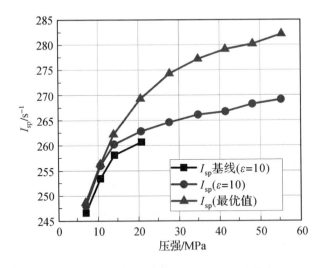

图 9 – 7　IMAD – 116 推进剂压强 – 比冲曲线

研究者将 IMAD – 213 系列新型 HTCE 推进剂与基准型 HTPB/AP/Al 推进剂和 HTPE 推进剂的理论性能参数进行比较[24]，如表 9 – 12 所示。经计算，如果 IMAD – 213 系列推进剂在高腔室压强 27.58 MPa 下发射，则 I_{sp} 将进一步提高，达 295 s。

表 9 − 12　新型 HTCE 推进剂与基准型 HTPB/AP/Al 推进剂和
HTPE 推进剂的理论性能参数对比

性能	基准型		新系列		
	HTPB/AP/Al	HTPE	IMAD − 213 − AP	IMAD − 213 − RDX	IMAD − 213 − CL − 20
理论比冲 I_{sp}/s	262.1	263.5	262.8	266.5	265.6
密度 /(g·cm^{-3})	1.83	1.812	1.79	1.77	1.81
密度× I_{sp}	479.6	477.5	470.4	471.7	480.7
压强突跃 (在 20.68 MPa)	有	有	无	无	无

9.5.3　HTCE 推进剂的力学性能

为了保证发动机的正常工作，要求固体推进剂应当在较宽的温度范围内具有良好的力学性能，使其在生产、储存和运输等环境中不被破坏。

在对 IMAD − 116 进行的早期研究中，发现使用 HTCE 作为黏合剂，推进剂材料经受低温循环时，应变值急剧降低。低温循环条件如下。

（1）冷却到 − 40 ℃，保持 2 天。

（2）升温至 − 17.78 ℃，保持 2 天。

（3）重复同一周期 5~7 次。

（4）在 − 40 ℃、− 28.89 ℃ 和 − 17.78 ℃ 下测试老化推进剂的力学性能。

经过大量努力，研究人员用聚醚聚合物代替部分 HTCE 解决了上述问题。表 9 − 13 给出了 IMAD − 116 推进剂在两种不同异氰酸酯/羟基比（NCO/OH）下的最佳力学性能。通过 HTCE 和聚醚黏合剂的适当组合，所得推进剂在较宽的温度范围（−54~63 ℃）内保持了优异的应变能力。7 个低温循环周期后，应变保持在 30% 左右。在两种不同的 NCO/OH 下，IMAD − 116 推进剂的优化力学性能如表 9 − 13 所示。

表 9 – 13　IMAD – 116 系列高能推进剂经过低温循环之后的力学性能

(拉伸速率 50. 8 mm/min)

IMAD – 116 ∗ (HTCE/聚醚(1 : 1)//TEGDN/BuNENA,NCO : OH = 1. 00) 的力学性能

性能	温度 /℃	弹性模量 E/MPa	抗拉强度 σ_m/MPa	最大伸长率 ε_m/%	断裂伸长率 ε_b/%
初始	62.78	3.53	0.86	28	28
	25	5.13	1.35	31	32
	– 40	9.98	2.79	41	45
	– 53.89	27.20	4.19	38	40
低温循环(5 次)	– 17.78	9.97	2.18	29	30
	– 28.89	17.23	2.91	29	32
	– 40	29.14	3.92	26	28
低温循环(7 次)	– 17.78	11.47	2.34	32	34
	– 28.89	17.09	2.91	27	29
	– 40	23.15	3.62	28	29

IMAD – 116 ∗ (HTCE/聚醚(1 : 1)//TEGDN/BuNENA,NCO : OH = 1. 05) 的力学性能

性能	温度 /℃	弹性模量 E/MPa	抗拉强度 σ_m/MPa	最大伸长率 ε_m/%	断裂伸长率 ε_b/%
初始	62.78	4.64	0.83	19	19
	25	7.52	1.51	22	23
	– 40	15.97	3.14	29	30
	– 53.89	28.93	4.58	35	37
低温循环(5 次)	– 17.78	13.9	2.60	29	31
	– 28.89	18.36	3.16	28	30
	– 40	32.42	3.44	26	28
低温循环(7 次)	– 17.78	11.85	2.39	29	30
	– 28.89	19.78	3.14	26	28
	– 40	27.91	3.54	25	27

在 IMAD－213－RDX 和 IMAD－213－CL－20 推进剂配方中加入少量（质量分数为 0.12%）键合剂（HX752）有利于提高推进剂的力学性能，在较宽温度范围内具有优越的应力和形变能力，延伸率提高到 50%~117%，如表 9－14 所示。然而，HX752 对于 IMAD－213－AP 配方无效，改为加入键合剂 HX878（四亚乙基五胺丙烯腈缩水甘油，质量分数为 0.06%）后力学性能得到一定程度的改善，但仍远不如 IMAD－213－CL－20 和 IMAD－213－RDX。因此，对于提升 IMAD－213－AP 的力学性能仍需继续开展研究。

表 9－14　IMAD－213 系列高能推进剂的力学性能（拉伸速率 50.8 mm/min）

	测试温度 /℃	模量 E/MPa	抗拉强度 σ_m/MPa	最大伸长率 ε_m/%	断裂伸长率 ε_b/%
IMAD－213－CL－20	62.8	1.61	0.41	90	93
	25.0	2.13	0.74	112	117
	－42.8	20.91	2.56	50	61
	－53.8	45.08	4.05	46	54
IMAD－213－RDX	62.8	1.30	0.39	52	53
	25.0	1.44	0.61	68	71
	－42.8	13.8	2.03	61	69
	－53.8	30.52	2.79	66	70
IMAD－213－AP	62.8	3.08	0.51	22	22
	25.0	4.28	0.84	23	24
	－42.8	100.39	6.01	11	18
	－53.8	63.05	5.20	15	32

Jones 等[20]指出，HTCE 黏合剂的力学性能可根据具体应用进行调整。模量可以从 2.07 MPa 变化到 4.83 MPa，抗拉强度可以从大约 0.52 MPa 增加至约 1.03 MPa，伸长率可以从 30% 变化至 150%。调整黏合剂力学性能的一种方法是改变异氰酸酯/羟基（NCO/OH）当量比，NCO/OH 当量比可以从 0.95 变化至 1.20。另一种方法是加入 0.1%~2.0% 的三官能或四官能羟基封端的己内酯作为交联剂，如 CAPA－310 和 CAPA－316（可从苏威国

际公司获得）。

Landsem 等[27]研究了不同含量 HTCE 对 GAP/球形 ADN/HMX 无烟复合推进剂的影响，发现推进剂的 T_g 随 HTCE 含量的增加而降低。由表 9-15 可知，与纯 GAP 推进剂相比，即使加入少量的 HTCE 黏合剂，相应推进剂的弹性模量也有相当大的提高。在单独使用 HTCE 作为黏合剂的推进剂配方中，断裂伸长率获得了显著提高。

表 9-15　不同含量 HTCE 的 GAP/球型 ADN/HMX 无烟复合推进剂的力学性能

推进剂	σ_m/MPa	σ_b/MPa	ε_m/%	ε_b/%	E/MPa	邵氏硬度/HA
GAP 推进剂	0.42	0.40	26.5	28.3	5.6	69
GAP/HTCE 推进剂	0.48	0.44	23.0	23.6	8.0	92
HTCE 推进剂	0.50	0.49	35.0	35.2	8.4	80

9.5.4　HTCE 推进剂的安全性能

固体推进剂在生产、储存和使用过程中不可避免地会受到热、摩擦、撞击、静电火花和冲击波等作用，因此，需要研究固体推进剂在外界能量激发下发生燃烧或爆轰的敏感程度作为安全规范的依据，钝感性能越好的推进剂在生产、储存和运输过程中的操作安全性越高。

Tzeng 指出[16]，在高能聚醚推进剂（1.1 级）配方中，AP 在黏合剂中的溶解度越大，推进剂对外部刺激的感度越高。HTPE 钝感推进剂中存在的聚乙二醇醚链段也会导致 AP 的溶解，溶解度约为 10%，从而增加了推进剂对冲击波刺激的敏感性，而 AP 在 HTCE 黏合剂中的溶解度低于 1.5%。因此，使用 HTCE 作为钝感推进剂的黏合剂可以进一步降低推进剂感度。Tzeng 在 HTCE 推进剂配方中采用了 AN 作为共氧化剂，但没有给出力学性能数据和钝感弹药（IM）试验结果。这部分内容在之后 NAWCWD 报道的少烟型的 HTCE 推进剂配方（IMAD-116）中得到完善。

CSD 和 NAWCWD 将 UTP-32,070 型号 HTCE 推进剂和作为参比的名为 UTP-33,000 的 HTPB 推进剂分别装填到 20.32 cm 的石墨复合发动机壳体中进行钝感试验[21]。由表 9-16 可知，HTCE 推进剂的使用可以提高发动机的钝感特性，尤其是慢速烤燃响应。

表 9 − 16　HTCE 推进剂与 HTPB 推进剂的钝感试验结果

试验项目	HTPB UTP − 33, 000		HTCE UTP − 32, 070	
子弹撞击	无过压，无测试区域外致命碎片，温和反应	通过	仅燃烧，温和的初始反应，无过压	通过
破片撞击	无过压，无测试区域外致命碎片，温和反应	通过	仅燃烧，无过压，无测试区域外致命碎片	通过
快速烤燃	无过压，无测试区域外致命碎片，燃烧	通过	仅燃烧，无过压，无测试区域外碎片	通过
慢速烤燃	19.99 kPa 开启，有测试区域外致命碎片，204 ℃烤燃，部分爆轰	未通过	仅燃烧，无过压，无测试区域外致命碎片，192 ℃烤燃	通过

　　IMAD − 116 配方的美国海军军械实验室（NOL）卡片隔板测试结果表明，IMAD − 116 是零卡推进剂。IMAD − 116 的慢烤试验（VCCT）结果表明，在温度为 141.67 ℃时发生了轻微的爆燃反应。IMAD − 116 推进剂的安全特性完全符合要求，且不存在已知的加工或处理问题。

　　IMAD − 213 系列新型推进剂具有理想的安全（撞击、摩擦和静电感度）特性，并具有 IM 特性。对 IMAD − 213 系列推进剂进行钝感试验，测试结果列于表 9 − 17。发现在慢速烤燃试验中，全部三种推进剂配方都显现出了非常温和的反应。对于 IMAD − 213 − CL − 20 测试，研究人员使用了限制较宽松的配置，测试响应很温和。但是，应当在更高的限制条件下再次进行此测试，以确保所观察到的慢烤行为的有效性。在 NOL 隔板试验中，IMAD − 213 − CL − 20 和 IMAD − 213 − RDX 配方的 50% 反应点介于 65 ~ 69（1.3 级），而 IMAD − 213 − AP 配方中由于不含硝胺氧化剂，其测试结果为零。

表 9 − 17　IMAD − 213 系列高能推进剂的慢烤反应相关数据

配方	测试响应	烤燃温度/℃
IMAD − 213 − RDX	燃烧	173.89 ∗∗
IMAD − 213 − AP	燃烧，爆燃	133.89, 242.22
IMAD − 213 − CL − 20 ∗	燃烧	123.33

　　注：测试配置：VCCT，最高限制，爆破压力 103.42 MPa，加热速率 3.3 ℃/h；∗ IMAD − 213 − CL − 20 在钢壁厚 1.14 mm，53.26 MPa 的爆破压力下进行了测试；∗∗ 数据丢失，估计温度。

美国海军报道的 HFR – 05 低温洁净燃烧推进剂的撞击感度超过 100 cm（RDX 标准 = 19 cm），摩擦/静电放电感度测试均无反应，表明该配方极不敏感。

对上述所有 HTCE 推进剂进行真空热稳定性筛选试验（VTS），均未发现热稳定性或相容性问题，见表 9 – 18。

表 9 – 18　HTCE 推进剂 VTS 结果

HTCE 推进剂型号	VTS/$(g \cdot mL^{-1})$
IMAD – 116	0.14
IMAD – 213 – AP	0.01
IMAD – 213 – RDX	0.02
IMAD – 213 – CL – 20	0.5
HFR – 05	0.46

9.5.5　HTCE 推进剂的环境友好性

固体推进剂的新配方在用于武器装备之前，通常需要进行测试和大规模演示，因此，推进剂开发计划通常会产生大量过剩的库存，另外长时间储存老化失效以及生产过程中的不合格产品，产生大量废弃的固体推进剂难以处理，因此需要一种环境友好型技术来妥善处置多余的库存或不符合规格的材料。HTCE 黏合剂中己内酯的酯键提供水解位点，HTCE 黏合剂中的聚醚键增加了对酸性和碱性水溶液的亲水性，这有利于将推进剂中的 HTCE 黏合剂分解为对环境无害的化合物，而推进剂中的氧化剂和其他固体可以回收和循环用于其他推进剂，大大降低了处理推进剂对环境的影响。

Jones 等[20,31]提供了一种可以环保化处理 HTCE 推进剂的方法：将固体推进剂预先加工成不超过 1.27 cm 的碎片后，加入 $c(HCl) = 6$ mol/L 的酸溶液或 $c(NaOH) = 12$ mol/L 的碱溶液中，升温到 60 ℃，搅拌提高溶解速度，HTCE 可在 24 h 内被完全分解为可溶于水、环境友好的化合物，水解的己内酯通常是 ω – 羟基己酸，以及可以回收的聚（四亚甲基醚）。推进剂中的固体填料如氧化剂等则被留在了水溶液中，可进行回收；配方中的 Al 粉则作为氧化铝回收。全部固体填料的质量回收率可达到 85% 以上，无法回收的水解残渣则通过适当的垃圾填埋方法进行无害化处理。

|9.6　HTCE 推进剂的发展趋势|

　　HTCE 推进剂作为新兴的高能推进剂，其优异的钝感性能、废弃产品环境可降解性以及原料价廉且可市售的优势使其成为新一代固体推进剂的发展重难点，拥有广阔的发展前景。目前，国内外对 HTCE 推进剂的配方、能量性能、燃烧性能及安全性能等进行了一定的研究，未来的发展趋势如下。

　　（1）生产自足化，改善黏合剂加工性能。目前，工业化的 HTCE 产品仅瑞典伯斯托公司的 CAPA7201A，需加强 HTCE 产品的实验室研究，并放大生产。且目前的 HTCE 产品常温下呈固态，加工性能较差，采用共混、形成 IPN 结构等手段降低其工艺难度将是重要的研究课题。

　　（2）发展高能 HTCE 推进剂。高能量水平始终是推进剂技术发展的主线。考虑采用加入高能量密度化合物、新型燃料添加剂、纳米含能材料等进一步提高 HTCE 推进剂的能量性能。

　　（3）HTCE 推进剂力学性能系统性研究亟需完善。力学性能是推进剂的基础性能，充分了解新型 HTCE 推进剂在不同承载环境下的受力状况，对其应用具有实际意义。

　　（4）目前，国内外仍未见到 HTCE 推进剂工艺与老化性能的相关报道，需对其工艺性能与老化性能进行必要的补充研究，以保证 HTCE 推进剂配方的生产及储存性能满足实用要求。

参 考 文 献

［1］刘建平. 国外固体推进剂技术现状和发展趋势［J］. 固体火箭技术，2000，23（1）：22-26.

［2］石小兵，庞维强，蔚红建. 钝感推进剂研究进展及发展趋势［J］. 化学推进剂与高分子材料，2007，5（2）：24-28.

［3］Caro R, Bellerby J M, Kronfli E. Synthesis and characterization of a hydroxy terminated polyether（HTPE）copolymer for use as a binder in composite rocket propellants［J］. International Journal of Energetic Materials and Chemical Propulsion, 2007, 6（3）：289-306.

［4］Yuan S, Jiang S, Luo Y. Cross - linking network structures and mechanical

properties of novel HTPE/PCL binder for solid propellant ［J］. Polymer Bulletin, 2021, 78 （1）: 313 – 334.

［5］ Wang X, Zhao H, Turng L S, et al. Crystalline morphology of electrospun poly （ε – caprolactone） （PCL） nanofibers ［J］. Industrial & Engineering Chemistry Research, 2013, 52 （13）: 4939 – 4949.

［6］ Min B S, Ko S W. Characterization of segmented block copolyurethane network based on glycidyl azide polymer and polycaprolactone ［J］. Macromolecular Research, 2007, 15 （3）: 225 – 233.

［7］ Min B S, Baek G, Ko S W. Characterization of polyether – type GAP and PEG blend matrices prepared with varying ratios of different curatives ［J］. Journal of Industrial and Engineering Chemistry, 2007, 13 （3）: 373 – 379.

［8］ Yoo J S, Kim M S, Lee D S, et al. Novel pH and temperature – sensitive block copolymers: Poly （ethylene glycol） – b – poly （ε – caprolactone） – b – poly （β – amino ester）［J］. Macromolecular Research, 2006, 14 （1）: 117 – 120.

［9］ Hong S W, Kim K H, Huh J, et al. Drug release behavior of poly （ε – caprolactone） – b – Poly （acrylic acid） Shell Crosslinked Micelles below the Critical Micelle Concentration ［J］. Macromolecular Research, 2005, 13 （5）: 397 – 402.

［10］ Kolonko K J, Barnes M W, Biegert L L. High molecular weight polycaprolactone prepolymers used in high – energy formulations: U. S. Patent 4, 775, 432 ［P］. 1988 – 10 – 04.

［11］ Abrishami F, Zohari N, Zeynali V. Synthesis and kinetic study on the thermal degradation of triblock copolymer of polycaprolactone – poly （glycidyl nitrate） – polycaprolactone （PCL – PGN – PCL） as an energetic binder ［J］. Polymers for Advanced Technologies, 2019, 30 （3）: 640 – 647.

［12］ Yuan S, Zhang B, Wen X, et al. Investigation on mechanical and thermal properties of HTPE/PCL propellant for wide temperature range use ［J］. Journal of Thermal Analysis and Calorimetry, 2022, 147 （8）: 4971 – 4982.

［13］ Kwak Y S, Kim E Y, Kim H D, et al. Comparison of the properties of waterborne polyurethane – ureas containing different triblock glycols for water vapor permeable coatings ［J］. Colloid and Polymer Science, 2005, 283 （8）: 880 – 886.

［14］ 薛淑娥, 张文新, 翟澎, 等. PTMG – PCL 聚醚酯聚氨酯弹性体的制备与性能研究 ［C/OL］//中国聚氨酯工业协会弹性体专业委员会 2013 年会

论文集. 中国聚氨酯工业协会弹性体专业委员会, 2013: 210 – 215

[15] 李伟, 汪越, 吴鹏, 等. 黏合剂结构对胶片及推进剂力学性能的影响 [J/OL]. 火炸药学报, 2021, 44 (02): 240 – 244.

[16] TZENG D D, JONES M. low cost binder for iM applications [C] //JANNAF Propulsion Meeting, 1998: 97 – 99.

[17] 李上文, 赵凤起, 袁潮, 等. 国外固体推进剂研究与开发的趋势 [J]. 固体火箭技术, 2002 (02): 36 – 42.

[18] Chan M L, Turner A D. Insensitive high energy booster propellant: U. S. Patent 6, 682, 615 [P]. 2004 – 01 – 27.

[19] Chan M L, Turner A D. Minimum signature propellant: U. S. Patent 6, 863, 751 [P]. 2005 – 3 – 8.

[20] Jones M L, Tzeng D D. Solid rocket propellant: U. S. Patent 6, 238, 499 [P]. 2001 – 5 – 29.

[21] Fisher M, Sharp M. Solid rocket propellants for improved IM response – recent activities in the NIMIC Nations [R]. NIMIC Report – 0 – 74, 2004.

[22] Boggs T L, Zurn D E, Netzer D W. Ammonium perchlorate combustion: Effects of sample preparation; ingredient type; and pressure, temperature and acceleration environments [J]. Combustion Science and Technology, 1973, 7 (4): 177 – 183.

[23] Atwood A I, Curran P O, Price C F, et al. High pressure burning rate studies of ammonium perchlorate (AP) based propellants [C] //The Applied Vehicle Technology Panel, AGARD Spring Meeting on Aging Systems: Small Rocket Motor and Gas Generators. Corfu, Greece. 1999.

[24] Chan M L, Turner A D. Insensitive high energy booster propellant: U. S. Patent 6, 576, 072 [P]. 2003 – 06 – 10.

[25] Chan M, Turner A. Solid propellant formulations, which exhibit good processing and safety characteristics, desirable combustion properties, mechanical attributes; for use in aerospace industry: US, US20020166612 A1 [P]. 2002

[26] Erik U. Preliminary work on HTCE, FFI/RAPPORT – 2006/02854 [R]. 2006.

[27] Landsem E, Jensen T L, Hansen F K, et al. Mechanical properties of smokeless composite rocket propellants based on prilled ammonium dinitramide [J]. Propellants, Explosives, Pyrotechnics, 2012, 37 (6): 691 – 698.

[28] Mason M H. Low temperature clean burning pyrotechnic gas generators: U. S.

Patent 7, 857, 920 [P]. 2010 – 12 – 28.

[29] A Review of Models and Mechanisms for Pressure Exponent Breaks in Composite Solid Propellants. Proc. of 23rd JANNAF Combustion Meeting 1986, CPIA Publication 457, Vol. Ⅱ, Oct, CPIA, Laurel, Maryland.

[30] 刘露，敖文，刘佩进，等. 复合推进剂压强指数影响因素及调控方法 [J]. 固体火箭技术，2021，44（4）：486 – 497.

[31] Jones M L, Tzeng D D. Solid rocket propellant：U. S. Patent 6, 905, 561 [P]. 2005 – 06 – 14.

第 10 章

双环戊二烯固体推进剂

|10.1　概　述|

　　黏合剂是固体推进剂的重要组成部分，虽然在整个推进剂体系中其质量分数不足20%，但黏合剂不仅为填料提供力学支撑，还为推进剂的燃烧提供燃料。传统的黏合剂大多是在异氰酸酯的参与下完成固化，而异氰酸酯对环境的湿度非常敏感，并且体系的固化过程通常需要在60 ℃恒温7天，具有对环境要求高、固化周期较长、能耗较大的缺点[1]。因此，有必要寻找非异氰酸酯固化的新型黏合剂，以弥补上述不足。

　　双环戊二烯（DCPD）是一种产量丰富、价格低廉的石油化工原料，其分子结构中含有两个不饱和双键，化学性质活泼，可与多种化合物发生反应，在有机合成和材料工程领域应用广泛。DCPD经开环易位聚合（ROMP）而成的聚双环戊二烯（PDCPD）是一种工程塑料，它有较高的拉伸强度，以及良好的物理和化学稳定性，广泛应用于汽车、航天等领域。其也可作为固体推进剂黏合剂的候选材料，原因有如下几点：①DCPD固化后形成的PDCPD具有较高的交联密度、较高的拉伸强度，可使DCPD推进剂能承受其他推进剂体系无法达到的加速度，也有望能承载更高的固体含量[2]；②DCPD能与多种单体或聚合物发生反应，使PDCPD的力学性能和燃烧性能都具有可调节性，如通过引入柔性链段可提高固体推进剂的断裂伸长率、添加含能结构单元可提高推进剂的能量等；③DCPD单体可在Grubbs体系催化剂的作用下完成固化，该催化剂的特点是活性高、对空气和水有较好的耐受性，使聚合反应速度较快、条件温和、固化时间较短而且可调，可极大降低固体推进剂制备过程中对环境的依赖性，大量节约加工时间，减少能耗，从而提高生产效率；④液态的 DCPD 单体黏度较低，与水相近，能快速润湿固体填料，使固体填料更易充分混合；⑤DCPD 是一种石油裂解产物，来源丰富，价格低廉。

DCPD 作为黏合剂的优点较为突出，但 DCPD 单体的低黏度和较大的饱和蒸汽压，易造成体系中固体填料的沉降以及单体在固化过程中的挥发，这些问题都需要进一步研究和解决。美国普渡大学的研究人员[3-5]成功将 DCPD 作为黏合剂引入到固体推进剂中，对黏合剂和推进剂的特性进行了广泛研究，并取得了一定的研究成果，实验表明 DCPD 固体推进剂的燃速几乎是 HTPB 的 2 倍，这为实现高燃速推进剂提供了一种可能。综上所述，DCPD 有望成为固体推进剂中一种新型的黏合剂。

目前，国内针对 DCPD 应用于推进剂的研究报道较少，为增强人们对 DCPD 性能以及应用的了解，本章将对国内外的研究进行归纳总结，以期为 DCPD 固体推进剂的研究和应用提供参考。

10.2　双环戊二烯黏合剂

PDCPD 具有较大的刚性，少量的 DCPD 黏合剂就可为固体推进剂提供有效的力学支撑[4]。同时，DCPD 单体若与柔性链段和含能结构单元发生共聚反应，便可实现对固体推进剂力学性能和能量性能等多方面的调控。

10.2.1　双环戊二烯的性质

DCPD 是一种价格低廉的化工原料，其分子结构可以看作由环戊烯环和降冰片烯环构成的碳氢化合物，分子式为 $C_{10}H_{12}$。商业化的双环戊二烯是一种混合物，主要包含两种异构体：桥式和挂式（图 10-1）[3]，其中以桥式异构体为主。

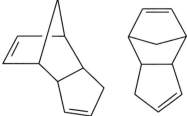

图 10-1　桥式（左）和挂式（右）双环戊二烯单体

与其他高分子量的黏合剂相比，DCPD 单体的相对分子质量仅为 132.2，分子量较低，使其黏度较小，因此更易混入固体填料，承载更高的固体含量[5]，表 10 - 1 列出了 DCPD 与 HTPB 的特性对比[2,3]。商业化的 DCPD 单体的熔点为 33.65 ℃左右，沸点为 170.1 ℃左右。因此，在室温下 DCPD 单体多为固态，需进行加热或溶于其他单体才能与固体填料混合，为了便于加工，一般将 DCPD 单体与少量的 5 - 亚乙基 - 2 - 降冰片烯（ENB）混合，制成溶液[9]。

表 10 - 1 DCPD 与 HTPB 的特性对比

参数	DCPD	HTPB
分子式	$C_{10}H_{12}$	$(C_4H_6)_n(OH)_2$
相对分子质量/$(g \cdot mol^{-1})$	132.12	$\approx 2\ 800$
密度/$(g \cdot cm^{-3})$	0.97	0.90
动力学黏度$(35\ ℃)$/$(mPa \cdot s)$	0.71	$5\ 000 \sim 20\ 000$
熔点/℃	33.65	N/A
饱和蒸汽压$(35\ ℃)$/Pa	976.77	N/A
汽化热/$(kJ \cdot mol^{-1})$	38.51	N/A
生成焓/$(kJ \cdot mol^{-1})$	219.17	12.43

10.2.2 双环戊二烯的聚合

开环易位聚合（ROMP）是指在金属卡宾络合物的催化作用下，环烯烃的双键打开并以头尾相连的方式形成聚合物的反应（图 10 - 2），与加成反应不同的是，ROMP 反应生成的聚合物骨架中还保留了原来单体的不饱和度，并且反应速度快、条件温和[10-12]。

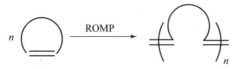

图 10 - 2 环烯烃的 ROMP 反应机理

DCPD 结构中含有的降冰片烯环和环戊烯环，可在催化剂的作用下发生 ROMP 反应形成交联聚合物[13]。由于降冰片烯环的环张力远大于环戊烯环，因此活性更高，在催化剂的作用下首先发生 ROMP 反应，形成线型聚合物的同时释放热量，促使环戊烯环发生 ROMP 或加成反应，形成交联聚合物 PDCPD[14-17]。

催化剂的作用机理：以 GC1 催化 DCPD 为例（图 10 - 3）[18]，当催化剂加入体系后，GC1 首先脱除其中一个三环己膦（PCy₃）配体形成钌金属卡宾活性中心，然后与降冰片烯环上的双键发生配位作用引发聚合，释放热量，促使环戊烯环发生反应，形成交联的 PDCPD。

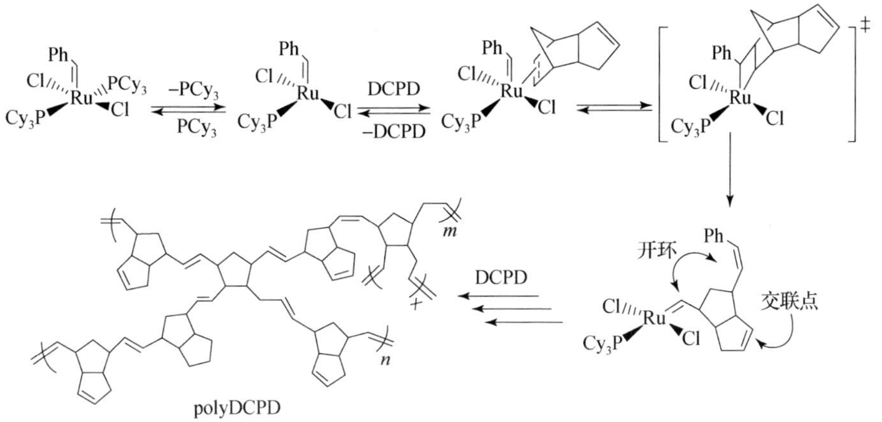

图 10 - 3　DCPD 的 ROMP 聚合机理

PDCPD 主链中存在大量的环状结构，并且交联密度较大，使得材料具有较高的刚性、模量、冲击性能和韧性[19]，而且 PDCPD 的物性变化受温度的影响较小，在低温下仍能保持较好的刚性和冲击性能[8]。表 10 - 2 列出了 PDCPD 与 HTPB 在力学性能方面的对比[20]。PDCPD 较高的交联密度使其断裂伸长率较低而玻璃化转变温度 T_g 较高（140 ℃），这对于推进剂来说是非常不利的，可能会造成固体推进剂药柱的断裂，增加燃烧的表面积，使固体推进剂失效。针对这些问题，研究者曾尝试添加增塑剂、凝胶剂或者共聚物以降低交联密度的办法进行解决，并取得了一定的进展[3-5]。

表 10 - 2　PDCPD 和 HTPB 胶片的性能

名称	密度/(g·cm⁻³)	拉伸强度/MPa	最大伸长率/%
PDCPD	1.029	39.354	5.436
HTPB	0.92	0.425~0.800	155~340

1. 双环戊二烯聚合

DCPD 聚合过程受多种因素的影响，每一种因素的改变均有可能影响聚合物的力学性能，因此需要进一步讨论催化剂、缓聚剂、固化时间、固化温度、共聚单体等对聚合物性能的影响。Bluestone[4]实验发现，在 Grubbs 一代催化剂的作用下，DCPD 的聚合在几分钟之内完成，而加入缓聚剂三苯基膦（TPP）会使聚合时间延长至几小时，这便有利于实际的药浆混合过程。如图 10-4 所示，定义纯胶片黏合剂体系发生拉丝现象为"String Time"，即线时间，凝胶现象为"Gel Time"，即凝胶时间，样品发生凝胶后，不利于填料的混入，因此，混药的可操作时间是在凝胶之前，定义为"Window Time"，即混药时间。其混药时间的长短可通过反应体系温度、催化剂和缓聚剂浓度进行调节。

（a） （b） （c）

图 10-4　DCPD 聚合过程

（a）纯 DCPD；（b）线时间；（c）凝胶时间

1）催化剂的影响

催化剂的种类和用量直接影响着反应体系中产生的活性中心的种类和数目，是影响聚合反应和产品性能的最关键因素，因此充分了解催化剂的种类、用量等对聚合反应的影响至关重要。其中，催化 DCPD 聚合的催化剂一般分为两大类：金属类催化剂和非金属类催化剂。

传统的 ROMP 催化剂是含金属元素（Ru、W、Mo）的络合物，主要分为两类：①多组分催化剂，一般由主催化剂和助催化剂组成，如 WCl_6/Et_2AlCl、MoO_3/Al_2O_3，这类催化剂的优点是价格便宜，但活性较低，对痕量水和氧较为敏感[21-24]；②单组分催化剂，如 Schrock 催化剂、Grubbs 催化剂，这类催化剂的活性较高，但 Schrock 催化剂同样对痕量的水和氧气敏感，Grubbs 催化剂是在 Schrock 催化剂的基础上进行了不断改进，得到了第一代、第二代和第三代 Grubbs 催化剂[20,25,26]，对水和氧的耐受性能有了很大的改善，为规模化的应用创造了条件。而第二代 Grubbs 催化剂（GC2）相比于第一代活性更高，相比于第三代价格更低廉。因此，目前针对 DCPD 的催化研究以 GC2 为主，其分子结构如图 10-5 所示。

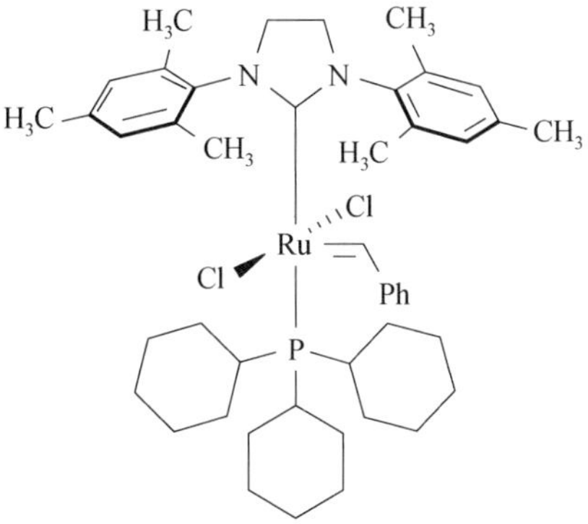

图 10 - 5　GC2 催化剂的分子结构

与传统金属络合物催化剂不同，Goetz[27]对非金属类催化剂引发 DCPD 聚合进行了研究。该反应以烯醇醚、吡喃盐作为光引发催化剂，在光照的条件下引发 DCPD 聚合。整个过程分成两步：首先发生降冰片烯环开环反应生成线型聚合物；然后利用硫醇 - 烯反应实现交联。目前，虽然此类催化剂对 DCPD 的转化率较低，但可通过控制光来控制反应的进行和停止，同时为开发新兴的催化剂提供了思路。

DCPD 体系中催化剂的浓度过高，体系的反应速率加快，不利于产品的加工，而催化剂浓度较低时，体系的反应速率和转化率会下降，因此，可通过改变催化剂的浓度，实现对体系反应时间的调节。以 GC1 催化 DCPD 的聚合为例，巩来江[14]的研究表明，催化剂的浓度能有效控制反应速率，但催化剂浓度的降低会造成单体转化率降低，如表 10 - 3 所示；吴美玲的研究表明[20]，随催化剂浓度的减少，PDCPD 的拉伸强度呈先增加后降低的趋势，因此可以通过调节催化剂的浓度来调整材料的力学性能。但是，反应体系中催化剂用量过多会使反应过快，降低了材料的加工性能，同时增加了成本；过少会使反应不充分，制备的聚合物力学性能较差。因此，在实际的应用中可根据具体生产要求对催化剂的用量进行调控。

表 10 - 3　不同浓度催化剂下 DCPD 反应情况

序号	单体∶催化剂	聚合时间/min	转化率/%
1	2 500∶1	6	99.3
2	5 000∶1	10	99.1
3	10 000∶1	17	99.2
4	20 000∶1	21	98.0
5	30 000∶1	28	96.9

2）缓聚剂的影响

由于 DCPD 的 ROMP 过程为强放热反应，反应过程中放出的大量热会加速反应的进行，在室温条件下，整个反应会在几分钟甚至几秒钟内完成，不利于加工。因此，通常需要向体系中加入少量缓聚剂以延缓反应的进行，如三苯基膦（TPP）、亚磷酸三甲酯（TMP）、亚磷酸三丁酯（TBP）、亚磷酸三乙酯（TEP）等，即使少量的缓聚剂也能使 DCPD 的聚合时间延长至 30 min 甚至几小时，而且对 PDCPD 材料的力学性能影响较小[9,28-34]。因此，在制备固体推进剂过程中，少量的缓聚剂可有效能延长黏合剂的适用期，这对于固体填料的混合是非常有利的。

缓聚剂的作用机理：以催化剂 GC1 和缓聚剂 TPP 为例（图 10-6），体系中的 TPP 和 GC1 解离出的 PCy$_3$ 配体以及单体 DCPD 三者与催化剂活性中心的结合形成竞争关系，致使 DCPD 在单位时间内与活性中心结合的概率降低，反应速率下降。

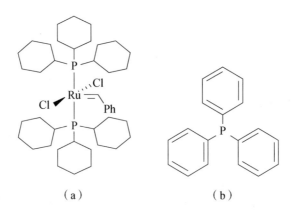

（a）　　　　　　　　　（b）

图 10-6　GC1 催化剂（a）和 TPP 缓聚剂（b）的结构图

(a) GC1 催化剂；(b) TPP 缓聚剂

Hinkelman[5]研究了 TPP 含量［式（10-1）］对 DCPD/GC1 黏合剂体系聚合的影响，如图 10-7 和表 10-4 所示。黏合剂体系的线时间和凝胶时间与 TPP 的含量呈正线性相关，缓聚剂可显著延长 DCPD 的聚合时间，可使 DCPD 的聚合时间由几分钟增加至数小时。但是，TPP 的含量也会影响样品的力学性能，综合考虑，TPP 的最佳含量为 0.01% ~ 0.02%，单体：催化剂 = 7 000 : 1。

$$m_{TPP} = m_{DCPD}\frac{TPP}{64\ g} \tag{10-1}$$

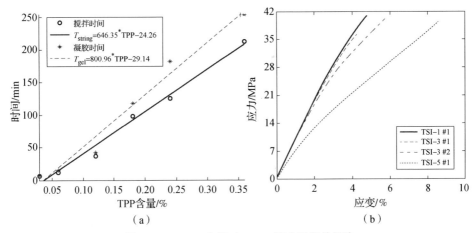

图 10 - 7 TPP 含量对 DCPD 聚合时间的影响

（a）PDCPD 力学性能；（b）应变

表 10 - 5 DCPD 的反应时间与 TPP 浓度的关系

样品编号	TPP/浓度	线时间/min	凝胶时间/min
TSI - 1	0.03	6	8
TSI - 2	0.06	12	14
TSI - 3	0.12	37	42
TSI - 4	0.18	99	118
TSI - 5	0.24	126	182
TSI - 6	0.36	213	253

O'neil[3]在 Hinkelman 的基础上，分别在 294.3 K 和 308.2 K 下研究了 TPP 浓度对 DCPD 聚合反应的影响，如图 10 - 8 所示，黏合剂体系的线时间和凝胶时间与 TPP 的浓度呈幂律关系，其拟合公式为式（10 - 2）。将拟合所得数值列于表 10 - 5 中，从 w 值可以看出，在不同温度下其值基本保持恒定，表明 TPP 浓度对延缓 DCPD/GC1 聚合反应的作用不受温度的影响。

$$t_{ST(GT)} = f(TPP) = Cx^w \qquad (10 - 2)$$

式中　$t_{ST(GT)}$——线和凝胶时间；

　　　C——指数因子；

　　　x——TPP 的浓度；

　　　w——线和凝胶时间对 TPP 浓度的敏感性。

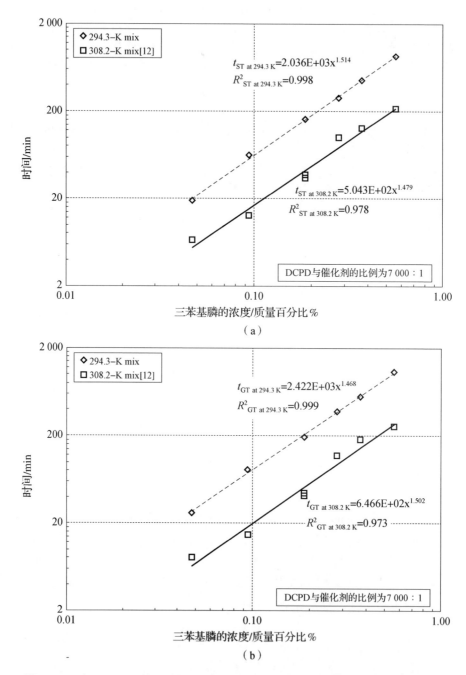

图 10-8　在294.3 K 和308.2K 下，DCPD 的线时间和凝胶时间与 TPP 浓度的关系

（a）和凝胶时间；（b）与 TPP 浓度的关系

表 10 - 5　TPP 浓度对黏合剂体系聚合影响的拟合参数

温度/K	聚合	C	w
294.3	线时间	2 036	1.514
	凝胶时间	2 422	1.468
308.2	线时间	5 043	1.479
	凝胶时间	6 466	1.502

3. 温度的影响

缓聚剂虽然能降低 DCPD 的反应速率，但也会使单体的反应程度下降，对 PCPD 的力学性能产生影响，如应力、应变[3-5]。同时，DCPD 的聚合速率也与温度有很大的关系，一般温度越高反应速率越快，从反应机理上分析：①DCPD 的聚合速率与催化剂活性中心的数量有关，即与催化剂上配体的解离速率有关，温度越高，分子的运动越快，配体解离速率越快，这会增加 DCPD 单体与活性中心碰撞的概率；②反应体系的温度越高，越容易达到反应所需的活化能。因此，也可通过调节反应温度来达到控制 DCPD 聚合速率的目的。

研究表明，温度的升高能明显加快 DCPD/GC1 体系的聚合反应，但对单体的反应程度没有明显的影响，如图 10 - 9[14]所示。O'neil 研究表明温度与 DCPD 黏合剂体系的聚合速率呈指数关系（图 10 - 10），拟合所得方程为式（10 - 3），所得参数如表 10 - 6 所示。由此可知，TPP 浓度和温度均会对 DCPD 黏合剂体系的聚合产生明显影响，作者进一步研究了两者对聚合速率的综合作用，将式（10 - 2）和式（10 - 3）联立得式（10 - 4），并将其用于拟合实验数据，发现匹配性良好。为了确定缓聚剂和温度哪个参数对聚合时间的影响较大，对式（10 - 4）分别以温度和 TPP 浓度为参数进行求导，得式（10 - 5）和式（10 - 6），并将所得数据绘制成图 10 - 11，表明温度与 TPP 浓度对聚合速率的影响几乎相同。因此，可以将温度作为控制聚合反应的主要手段，这样可以减少 TPP 的使用量。

$$t_{ST(GT)} = f(T) = Be^{\frac{-E_a}{RT}} \qquad (10-3)$$

$$t_{ST(GT)} = f(T, TPP) = Ge^{\frac{-E_a}{RT}}x^w \qquad (10-4)$$

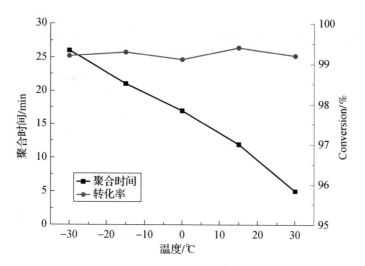

图 10-9　温度对 DCPD 聚合时间的影响

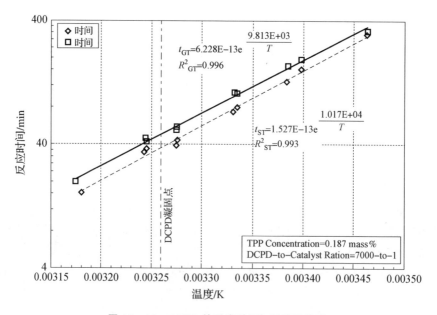

图 10-10　DCPD 的反应时间与温度的关系

$$\mathrm{d}t = G\mathrm{e}^{\frac{-E_\mathrm{a}}{RT}}x^{w-1}w\mathrm{d}x \tag{10-5}$$

$$\mathrm{d}t = G\,x^{w}\mathrm{e}^{\frac{-E_\mathrm{a}}{RT}}\frac{E_\mathrm{a}}{RT^2}\mathrm{d}T \tag{10-6}$$

表 10 - 6　温度对黏合剂体系聚合影响的拟合参数

参数	线时间	凝胶时间
B/min	1.527×10^{-13}	6.228×10^{-13}
$-E_a/RT/K$	1.017×10^4	9.813×10^3
$E_a/(\text{kJ} \cdot \text{mol}^{-1})$	-84.51	-81.58

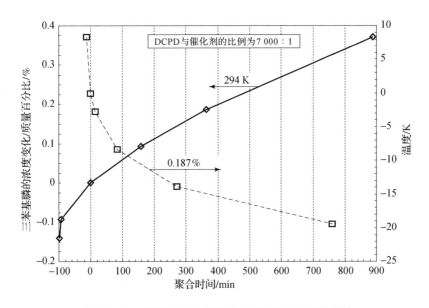

图 10 - 11　温度和 TPP 浓度对 DCPD 聚合时间的影响

2. 聚双环戊二烯改性

1. 增塑剂改性

DCPD 聚合而成的 PDCPD 本身虽然具有较大的拉伸强度，但断裂伸长率较低，使其在固体推进剂中的应用受到了很大的限制，因此必须提高聚合材料的断裂伸长率，通常的做法是添加增塑剂。Bluestone[4] 探究了癸烷、邻苯二甲酸二辛酯（DOP）和普通橄榄油三种增塑剂对 PDCPD 胶片的影响（表 10 - 7），研究表明癸烷、DOP 和橄榄油均能有效降低 PDCPD 的硬度，改善 PDCPD 的韧性，但前两者的添加量较大，而橄榄油的添加量较少并且能有效延长 DCPD 的断裂伸长率，按 5∶1（单体∶增塑剂）的比例进行添加时，制成的胶片几个月后仍具有很好的弹性。

表 10 -7　DCPD/增塑剂胶片的研究

样条	单体：增塑剂	邵氏硬度/HA
DCPD/橄榄油	5：1	84
DCPD/DOP	5：1	98
	2：1	97
DCPD/癸烷	5：1	99
	2：1	88
DCPD	N/A	100
HTPB	N/A	66

Hinkelman[5]在 Bluestone 的工作基础上，将添加的增塑剂含量提高至50%，并根据溶解度参数相似相溶的原则又筛选了多种增塑剂，包括壬酸异癸酯（IDP）、2 - 乙己丙烯酸酯（EHA）、癸二酸二丁酯（DBS）和邻苯二甲酸丁苄酯（BBP）。研究表明，IDP、DBS、BBP、DOP、DOS 的增塑作用类似，均能有效降低胶片的硬度，但增塑剂含量超过 20% 时，存在明显的析出现象，其中，对胶片增塑效果最好的是 EHA，但存在明显的老化现象，表面易产生裂纹（图 10 - 12）。而 DOP 对胶片的韧性改善也较为明显，当添加量为 20% 时，应力几乎不变，应变增加了 3 倍。

（a）

图 10 - 12　EHA 增塑的 PDCPD 样条及其老化

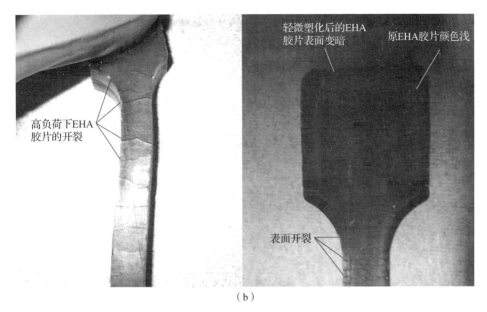

（b）

图 10-12　EHA 增塑的 PDCPD 样条及其老化（续）

2. 共聚、共混改性

DCPD 聚合而成的 PDCPD 具有较高的交联密度和 T_g，使得 DCPD 作为推进剂黏合剂的应用受到了一定的限制。研究表明，添加一定的共聚或共混填料可以改变聚合物 PDCPD 的力学性能，拓展 DCPD 的应用范围。

DCPD 单体中的环双键具有很高的活性，可与多种烯烃发生共聚反应，从而为调节材料的力学性能提供了多种可能。研究发现，DCPD 与乙烯、丙烯共聚制备的三元乙丙橡胶具有优异的断裂伸长率和较低的 T_g[35]；DCPD 与环戊烯形成的共聚橡胶具有较高的屈服强度和撕裂强度[14]；DCPD 与乙叉降冰片烯形成的共聚物比纯 PDCPD 具有更高的冲击强度和拉伸强度[36]，DCPD 与 1-辛-2，4-环戊二烯的共聚物比纯 PDCPD 具有较高的拉伸强度和模量[20]。

固体推进剂具备一定的拉伸强度和断裂伸长率才能满足应用要求，这就要求黏合剂必须有较高的拉伸强度和较高的断裂伸长率，因此针对具有较高交联密度和较低伸长率的 PDCPD 而言，可以通过添加适量的不含交联位点的共聚单体（如环戊烯、苯乙烯、降冰片烯等），与 DCPD 发生共聚反应，增长聚合物的链状结构，以此降低共聚物的交联密度，提高材料的柔韧性和弹性；也可以适当添加烯烃类的预聚物（如 HTPB、PS）降低材料的交联密度，从而提高 PDCPD 的断裂伸长率。同时，较长的分子链可以增加 DCPD 体系的黏度，从而避免固体颗粒的沉降问题。

10.2.3　聚双环戊二烯的燃烧性能

聚合物的燃烧是指聚合物在加热的条件下经熔融、热分解成为小分子碳氢化合物，再与氧发生燃烧的现象。固体推进剂的燃烧性能与黏合剂的类型有很大关系，高能黏合剂可使推进剂产生更高的燃速[37]。表 10-8 比较了 PDCPD 与几种黏合剂的热性能[3]。Bluestone[4] 研究发现，PDCPD 的分解温度明显低于 HTPB（图 10-13）。表明 PDCPD 可以在较低的温度下分解产生可燃气体，有利于聚合物的燃烧，但 PDCPD 样条在空气中的燃烧速率明显低于 HTPB，并且会产生大量的碳，阻碍进一步燃烧（图 10-14）。因此，维持 PDCPD 的燃烧可能需要额外的氧化剂，以使多余的碳及时充分燃烧，加快燃烧速率。将这两种黏合剂分别制成相同配方的固体推进剂，通过燃烧实验发现，DCPD 推进剂的燃烧速率是 HTPB 的 2 倍。因此，DCPD 黏合剂将会为实现固体推进剂的高速燃烧提供一种可能。

表 10-8　PDCPD 与几种黏合剂的生成焓

黏合剂	分子式	生成焓/(kJ·mol^{-1})
PDCPD	$C_{10}H_{12}$	-21.00
HTPB	$C_{7.33}H_{10.98}O_{0.058}$	-12.43
PBAN	$C_{10}H_{13}NO_2$	117.03
PS	C_8H_8	46.21

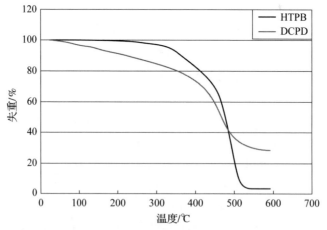

图 10-13　PDCPD 和 HTPB 的 TG 图

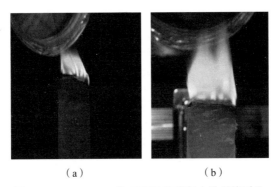

（a）　　　　　　　　　　（b）

图 10 – 14　PDCPD 和 HTPB 在空气中的燃烧对比

|10.3　双环戊二烯固体推进剂|

推进剂药柱会因重力和飞行过载而导致变形[38]，变形后将会阻碍内流场通气道，可能会引起发动机爆炸，因此，提高固体推进剂的力学性能对推进剂使用安全至关重要[39]。高强度、高模量和耐过载形变的推进剂药柱是解决安全问题的关键之一，国内外普遍采用加入交联剂[40]、扩链剂[41]、键合剂[42,43]等方法来提高固体推进剂的力学性能[44]。其中，黏合剂对推进剂力学性能的影响最大，通过改善黏合剂的力学性能可以从根本上解决推进剂的力学性能问题。

DCPD 通过 ROMP 反应可生成具有交联网络结构的高强度 PDCPD[17]，同时可以通过向 DCPD 体系中引入柔性链段增强 PDCPD 的韧性，因此它有望成为一种新型的高强度、高模量、高韧性的黏合剂。固体推进剂的制备是一个复杂的过程，通常需要将黏合剂、固体填料以及其他组分一起混合均匀，然后放在一定温度下经过一段时间让其充分反应。与传统的黏合剂（如 HTPB）相比，DCPD 黏合剂不仅具有反应过程简单、可控，所使用的 Grubbs 催化剂不会受到空气和水的影响，可满足固体推进剂在潮湿的环境进行生产的优点，而且 DCPD 具有像水一样的低黏度 0.736 cp[45]，很容易润湿固体填料[7]。但 DCPD 单体易挥发的特性，使其在制备过程中不能加载过高的真空度，这便可能造成少量的气泡很难去除，因此 DCPD 推进剂在加工工艺方面仍值得进一步研究。

文献报道，DCPD 固体推进剂能承受相同配方 HTPB 推进剂应变的 77%，而最大应力几乎是 HTPB 的 1.5 倍，并且 DCPD 固体推进剂的燃速高于 HTPB 固体推进剂[2,4,46,47]。美国普渡大学的研究工作者[3-5]对 DCPD 固体推进剂进行了广泛研究，包括：DCPD 的固化规律、DCPD 的改性以及氧化剂、金属燃料、燃烧催化剂、键合剂以及其他填料和 DCPD 推进剂的制备工艺、力学性能、燃烧性能、安定性和老化问题。

10.3.1 双环戊二烯固体推进剂的制备工艺

与传统的黏合剂不同，DCPD 单体的熔点在 33 ℃ 左右，在室温下多呈固态。因此，在添加其他填料之前，应先将 DCPD 预热至液态状，但不应温度过高，以防加快单体的挥发，同时填料也应预热至 33 ℃ 以上。普渡大学的研究人员[4]为解决此类问题采用了 Resodyn™共振声混合方法，该方法不仅能满足在一定的真空条件下混合，减少混合过程中气泡的引入，而且使混合过程在几分钟之内完成，缩短了混合时间，提高了混合质量和效率，并确定了固化周期为 60 ℃、48 h[3-5]。

关于药浆的混合过程，Bluestone[4]发现若催化剂最后添加，很难使催化剂在体系中均匀分散，造成局部催化剂浓度较高，导致 DCPD 固体推进剂固化不均匀。与传统的填料添加顺序不同，DCPD 推进剂的混合过程为：首先预热 DCPD 至液态，再依次加入缓聚剂、催化剂、铝粉、AP 等其他填料，充分润湿后，放入混合器中充分混合。在制备推进剂样条方面，由于 DCPD 固体推进剂的硬度较大，难以切割。因此，采用直接将药浆浇注在哑铃形模具中的方法进行制备，如图 10-15 所示。整个模具顶部和底部为铝板，中间为聚四氟乙烯模具。

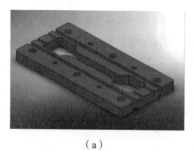
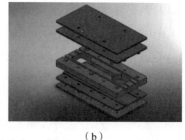

（a） （b）

图 10-15 哑铃型样条模具

Hinkelman[5]在 DCPD 推进剂的浇注方面也曾做过许多探索，首先采用早期的浇注方法，将推进剂药浆填充到模具中压紧，此方法对于不具有流动性的药浆来说是可行的，但缺点是残存大量气泡，如图 10-16 所示。然后尝试使用真空浇注的办法，对浇注时的真空度、狭缝板的缝隙宽度做了调整（图 10 - 17），此法所得药柱虽有明显改善，但因真空度不宜过高，导致内部仍残存许多小气泡。最后采用直接浇注再抽真空的办法，所得样条内部同样存在许多小气泡，以上现象主要是由于 DCPD 推进剂药浆的低黏度和 DCPD 单体较大的挥发性，而不能加载太高的真空度造成的。因此，在 DCPD 推进剂的制备过程仍需进一步研究。

图 10 - 16　直接浇注法的 DCPD 推进剂药柱

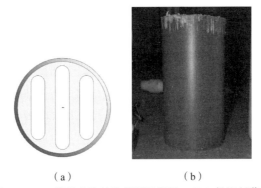

（a）　　　　　　　　（b）
图 10 - 17　浇注药浆的狭缝板及所得 DCPD 推进剂药柱

10.3.2　双环戊二烯固体推进剂的性能

DCPD 较低的黏度和 PDCPD 较大的拉伸强度可以使推进剂拥有较高的固体含量，PDCPD 较低的分解温度可以使推进剂获得较高的燃速，同时 DCPD 的固化过程简单、方便、固化周期短。此外，与相同固体含量的 HTPB 固体推进剂相比，DCPD 固体推进剂的危险等级更低[48]。综上所述，使得 DCPD 有望成为一种新型的黏合剂。美国普渡大学的研究工作者[3-5]对 DCPD 固体推进剂的固体含量和级配以及燃烧性能、力学性能的改进等做了深入研究。其中，Hinkelman 对 DCPD 和 HTPB 固体推进剂的理论性能进行了计算，结果见表 10 - 9[48]。DCPD 的特征排气速度 C^* 与 HTPB 相当，最大比冲比相同配方的 HTPB 低约 2 s，但其高密度特性使其在密度比冲方面有优势。

表 10 – 9   DCPD 和 HTPB 固体推进剂的理论性能

配方(质量分数)	$c^*/(m \cdot s^{-1})$	火焰温度/K	最大比冲/s	密度比冲/$(g \cdot s \cdot cm^{-3})$
12%DCPD/66%AP/22%Al	1 568	3 594.1	332.67	609.00
12%HTPB/65%AP/23%Al	1 573	3 556.7	334.26	605.71

注：燃烧室的压力：6.895 MPa，膨胀比：100。

1. 固体含量80%DCPD推进剂的性能

氧化剂是固体推进剂的重要组成部分，在固体推进剂中含量最高，一般超过50%[49]。因此，氧化剂的粒度、含量、级配，对加工工艺、力学性能和燃烧性能有重要的影响。

由于 DCPD 黏合剂的低黏度和 PDCPD 较高的拉伸性能，使推进剂的混合和加工变得更加容易。因此，可通过适当增加推进剂中的固体含量或减少填料粒径的方法，提高推进剂的燃烧性能。Bluestone[4]对 DCPD 固体推进剂的固体含量和粗细 AP 的级配进行了初步探究，在固体含量为 80% 的推进剂中，采用了粗细 AP 比为 1 : 3 的配方；随后，在此基础上将固体含量提高到85%，但推进剂呈现"干砂"状，很难被混匀，后改为粗 AP 与细 AP 比为 2 : 3，其基础配方如表 10 – 10 所示，并对 DCPD 固体推进剂的力学和燃速性能进行了表征。

表 10 – 10   DCPD 固体推进剂的基础配方

组分	80%固体含量/%	85%固体含量/%
DCPD	20.00	15.00
Al, 12 μm	15.00	15.00
AP, 200 μm	16.25	28.00
AP, 20 μm	48.75	42.00

1. 力学性能

Bluestone 测试了固体含量80%的 DCPD 固体推进剂的力学性能，如表 10 – 11 所示。由于 PDCPD 较大的刚性和交联密度，使得固体推进剂的拉伸强度是 HTPB 的 1.5 倍，但断裂伸长率仅为 HTPB 推进剂的 77% 。

表 10 –11 DCPD – HTPB 推进剂力学性能比较

推进剂样条	σ_m/MPa	ε_b/%
DCPD	3.86	2.35
HTPB	2.56	3.03

为提高 DCPD 推进剂的伸长率，作者对增塑剂类型和添加量进行了研究，表明虽然橄榄油、DOP 和癸烷均能增加推进剂样条的断裂伸长率（其值可达 25% 以上），但推进剂样条达到最大应力后便出现了裂纹，这对推进剂非常不利，因此伸长率设定为在最大应力处，如表 10 – 12 所示。与固体含量 80% 的推进剂相比，高固体含量推进剂的拉伸强度和伸长率均有所下降，其最大应力降低了 15%，最大应变降低了 33%。

表 10 –12 DCPD 推进剂样条的力学性能

黏合剂	σ_m/MPa	ε_m/%
DCPD	3.86	2.35
DCPD：橄榄油 = 5：1	1.13	1.01
DCPD：DOP = 5：1	1.08	1.08
DCPD：癸烷 = 5：1	0.89	1.10

2. 燃烧性能

在不同压力下，固体含量 80% 的 DCPD 固体推进剂的燃速几乎是 HTPB 的 2 倍，并且固体含量增至 85% 时推进剂的燃速提高了 13% 以上，如表 10 – 13 所示。

表 10 –13 DCPD 与 HTPB 固体推进剂的燃速

压力 /MPa	DCPD – 80% 燃速/(mm·s⁻¹)	DCPD – 85% 燃速/(mm·s⁻¹)	HTPB – 80% 燃速/(mm·s⁻¹)	固体含量 80% DCPD 与 HTPB 对比/%	固体含量 85% 与 80% DCPD 对比/%
3.45	19.75				
4.14	17.42	20.82	8.90	95.71	19.52
5.51	4.20				
6.89	25.00	28.90	11.00	127.18	15.60
9.65	26.80	31.68	14.60	83.60	18.21

为进一步提高推进剂的燃烧性能，作者随后以固体含量80%的推进剂为基础配方，向其中添加了0.3%的氧化铁（替代等量Al粉），以期提高推进剂的燃速，如表10-14所示，表明少量的氧化铁能显著提高推进剂的燃速。

表10-14　含0.3%氧化铁的DCPD固体推进剂的燃速

压力/MPa	固体含量80%燃速/($mm \cdot s^{-1}$)	含氧化铁的燃速/($mm \cdot s^{-1}$)	氧化铁对燃速的增量/%
4.14	17.42	23.93	27.18
6.89	25.00	28.90	13.48

为进一步探究提高推进剂燃速的办法，O'Neil[3]探究了几种Al粉的替代性燃料，包括B、Be、Ni、Ti、Zr。研究发现，只有Be的燃烧性能高于Al，但Be及其化合物对环境和人体危害较大，所以放弃使用。随后，尝试使用纳米Al粉改善推进剂的燃烧性能，发现纳米Al粉的高比表面积，一方面很容易吸附DCPD，造成体系黏度上升；另一方面，较高的比表面积加大了DCPD在固化过程中的挥发量，造成推进剂的力学性能下降，更易开裂，如图10-18所示。因此，必须综合考虑固体填料的总比表面积。研究发现，固体含量为80%时，所用固体颗粒的总比表面积为$4.82 \times 10^{-2} \sim 1.05 \times 10^{-1}$ m^2/g才更适于制备推进剂，最后确定了固体含量80%的配方：DCPD/AP(粗∶细=1∶3)/80 nm Al/12μm Al/Fe_2O_3=20/73.7/0.25/5.75/0.3。燃烧实验结果显示，含纳米Al粉的推进剂的燃速为4.62 cm/s，较之前的燃速增加85%，同时与相似配方的HTPB推进剂相比，燃速提高了81.3%。由此可见，少量的纳米Al粉可以大大提高DCPD推进剂的燃速。

图10-18　含有纳米Al粉的PDCPD推进剂

2. 固体含量 85% DCPD 推进剂的性能

Bluestone 仅对固体含量 85% 的 DCPD 固体推进剂进行了初步研究，但以其配方制备的推进剂药浆呈干砂状，存在难以混合、浇铸的问题，这主要是由于没有对填料的级配问题进行理论计算，在配方的设计上存在不足。Hinkelman[5]针对这一问题对填料的级配进行了充分考虑，提高了固体填料的填充密度，改善了药浆的混合黏度，并利用式（10-7）和式（10-8）计算出固体含量 85% 推进剂的最佳粗细 AP 比为 8.71∶1（实际采用了 9∶1 的配方），如表 10-15 所示，发现黏度明显降低，更利于浇铸（图 10-19）。

$$f^* = f_L + f_S(1 + f_L) \tag{10-7}$$

$$X^* = \frac{f_L}{f^*} \tag{10-8}$$

式中：f_s 为小颗粒物的堆积密度；f_L 为大颗粒物的堆积密度；f^* 为最佳组合固体物的堆积密度；X^* 为最佳组合时大颗粒物的质量分数。

（a）

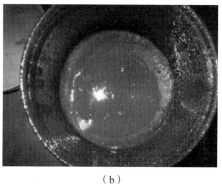
（b）

图 10-19　AP 粗细比为 1∶3 和 9∶1 的推进剂药浆

表 10-15　DCPD 固体推进剂的配方

组分	85% 固体含量/%
DCPD	15.00
Al, 12 μm	15.00
AP, 200 μm	63.00
AP, 20 μm	7.00

拉伸试验表明，固体含量85%的固体推进剂的最大拉伸强度为3.48 MPa，伸长率为0.68%，其拉伸强度为固体含量80%推进剂的90%[50]，仍明显高于相同配方HTPB推进剂的拉伸强度。显然，固体含量的增加没有对推进剂的力学性能产生太大不利的影响，表明DCPD黏合剂具有承载更高固体含量的潜力。

虽然增塑剂对固体含量80%推进剂的伸长率有改善作用，但在固体含量85%的推进剂中，增塑剂的添加使样条的拉伸强度降低了83%以上，而伸长率没有明显提高，因此需要进一步研究增塑剂的种类和用量。

燃烧试验表明，由于较大粒径AP含量的增加，使得AP燃烧时的比表面积降低，造成燃烧性能下降，但平均燃速仍是相同配方HTPB推进剂的2倍，表明DCPD推进剂的燃烧在本质上快于HTPB推进剂。同时，增塑剂DOP的添加使得推进剂的燃烧速率又进一步提高，但在力学方面仍需进一步改善。

O'Neil[3]在固体含量为85%的基础上，以氧化铁替代Al粉添加到DCPD推进剂中，发现添加量小于2%时，对推进剂的火焰温度和比冲影响较小，但大大降低了推进剂的特征速度，当推进剂中氧化铁含量由0增加至1.2%时，燃速提升了68.7%，如表10-16所示。在力学性能方面，氧化铁的添加量从0升至0.6%使推进剂的最大应力和最大应变分别下降了50.5%和31.4%，说明氧化铁严重影响推进剂的力学性能。同时，氧化铁的加入不仅会降低推进剂的力学性能，还会使配方的感度增加（表10-17）。因此，在使用氧化铁对DCPD推进剂弹道性能进行调节时，需要平衡其力学性能和燃烧性能。而将氧化铁代替AP后，发现推进剂的特征速度略微降低，但火焰温度和比冲明显提高，这是因为用氧化铁代替AP使得体系中Al的含量较高，呈现富燃料状态导致的。因此，有必要进一步研究氧化铁替代AP对推进剂的影响，以期更好地改善DCPD推进剂的性能。

表10-16　DCPD和HTPB固体推进剂燃速的对比及与氧化铁含量的关系

黏合剂	氧化铁含量/%	6.89 MPa 燃速/(mm · s^{-1})
HTPB	0.0	8.11
DCPD	0.0	16.09
DCPD	0.3	16.97
DCPD	0.6	25.03
DCPD	1.2	27.15

表 10 – 17　氧化铁含量对撞击感度的影响

成分	组成/%	撞击感度/cm
DCPD、AP、Al、Fe$_2$O$_3$	15、17、15.0、0.0	37.04
DCPD、AP、Al、Fe$_2$O$_3$	15、17、14.7、0.3	36.38
DCPD、AP、Al、Fe$_2$O$_3$	15、17、14.4、0.6	34.39
DCPD、AP、Al、Fe$_2$O$_3$	15、17、13.8、1.2	30.38

推进剂中固体填料的沉降与黏合剂自身的屈服应力有很大关系，较大的屈服应力可以有效减轻固体填料的沉降，为降低 DCPD 推进剂制备过程中的沉降问题，可以通过提高 DCPD 的分子量和添加胶凝剂的办法增加体系的屈服应力。O'Neil[3]对凝胶剂进行了初步研究，选择了与 DCPD 极性相似的有机胶凝剂——聚苯乙烯（PS）。研究表明，PS 可以起到增加体系黏度、防止固体填料沉降、减少 DCPD 挥发的作用。当 DCPD 中 PS 的含量为 20% 时，体系的黏度与 HTPB 相似，同时呈现剪切变稀的流变特性；而当添加量达到 30% 时，体系的屈服应力才与 HTPB 类似，但黏度明显高于 HTPB，这对于固体填料的混入非常不利。燃烧性能方面，PS 的添加量占黏合剂体系的 0~30% 时，对推进剂的真空比冲影响较小，但由于 PS 更大的生成热使得推进剂的火焰温度有所提高。

10.4　双环戊二烯富燃料推进剂

富燃料推进剂是含氧量较少的一种固体推进剂，主要用于冲压火箭发动机，该类型推进剂将于第 12 章详细介绍。DCPD 可用于富燃料推进剂的黏合剂，当在 DCPD 燃料中掺入 2% 的高氯酸钾时，推进剂平均燃速增加了 15%。60% 氢化铝锂/40% PDCPD 和 98% 火箭级过氧化氢（RGHP）在 O/F 比（氧燃比）为 2.0 的条件下，理论比冲为 342 s，50% RGHP/50% PDCPD 在 O/F 比为 1.465 9 时，燃烧速率为 0.19 cm/s，相比纯 PDCPD 有明显提升[17]。传统碳基混合燃料的比冲受到碳原子质量的限制，因此含氢或锂等较小原子的固体燃料逐渐受到研究者的重视。

金属氢化物能以比液体更紧凑的方式储存氢气，但易与水和潮湿的空气发生反应，需要储存在干燥的环境中，常规的黏合剂无法满足这一要求。PDCPD 的高致密交联网络结构，对于一些对空气和水分敏感的物质，可以起到有效的隔绝和保护作用。因此，将 PDCPD 与金属氢化物结合，可使金属氢化物在混合火箭发动机中得到应用。

Shark[18]等对 PDCPD/金属氢化物组成的燃料的理论性能进行了研究。研究表明金属氢化物和 DCPD 燃料体系有较高的比冲（图 10 - 20），且金属氢化物的加入使退移速率增加。如表 10 - 18 所示，50% BeH$_2$/50% DCPD 理论比冲可达 335 s，相同条件的 AlH$_3$ 和 LiAlH$_4$ 的理论比冲分别为 287 s 和 285 s，相比于纯 DCPD（277 s）提高了 21%、3.6% 和 2.9%；而其他氢化物如硼氢化钠的加入对比冲影响较小，但一些密度较高的金属氢化物可以增加密度比冲，且由于氢的释放增加了燃料的退移速率。

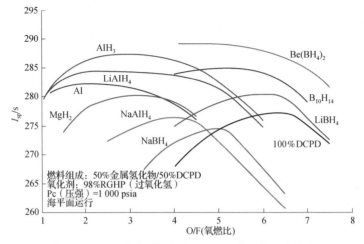

图 10 - 20　不同金属氢化物/PDCPD 体系的理论比冲

表 10 - 18　50% 金属氢化物/PDCPD 体系的最佳性能值

金属氢化物	理论比冲 I_{sp} /s	真空理论比冲 /s	密度比冲 /($s \cdot g \cdot cm^{-3}$)	特征速度 /($m \cdot s^{-1}$)	氧化剂/ 燃料比
	277	329	376	1 666	6.3
AlH$_3$	287	342	393	1 728	2.9
BaH$_2$	262	312	387	1 566	3.5
B$_{10}$H$_{14}$	285	336	382	1 701	5.2
BeH$_2$	335	398	359	2 027	1.4
Be(BH$_4$)$_2$	289	341	357	1 720	4.4
CaH$_2$	271	324	380	1 618	3.8
CsH	262	311	384	1 568	3.4

续表

金属氢化物	理论比冲 I_{sp} /s	真空理论比冲 /s	密度比冲 /($s \cdot g \cdot cm^{-3}$)	特征速度 /($m \cdot s^{-1}$)	氧化剂/ 燃料比
LiAlH$_4$	285	340	359	1 712	2.5
LiBH$_4$	280	333	363	1 688	6.0
LiH	265	318	351	1 596	5.5
MgH$_2$	281	335	387	1 664	3.6
Mg(AlH$_4$)$_2$	282	336	378	1 692	4.3
KBH$_4$	262	311	358	1 626	5.0
KH	263	313	364	1 578	3.8
NaAlH$_4$	276	331	376	1 656	4.0
NaBH$_4$	275	326	373	1 649	4.9
NaH	262	312	361	1 575	4.0
SrH$_2$	264	315	386	1 578	3.6
TiH$_2$	272	325	400	1 622	3.9
ZrH$_2$	270	321	403	1 630	3.6

注：燃料为 98% RGHP。

当加入 25% 硼氢化钠，燃速平均增加 30%；对燃速提升最大的是氢化铝，在高质量流下，加入 25% 的氢化铝可提高燃速近 85%。除此之外，NaBH$_4$ 的加入降低了点火延迟，将点火速度提升了约 75%[19]。氢向火焰区的快速扩散是燃速增加的重要原因。不同质量流时燃料的特征速度效率如图 10−21 所示。

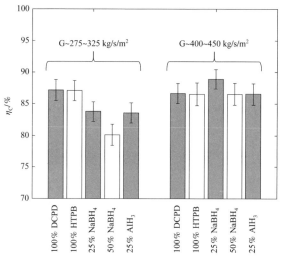

图 10 −21　不同质量流时各燃料体系的特征速度效率

研究者为了进一步分析硼氢化钠/DCPD 燃料体系的燃烧性能，设计了光学圆柱形燃烧室，实现了火焰可视化[20]。利用火焰可视化装置，可以更精确地测定火焰高度，发现金属氢化物的加入使火焰高度更加稳定。研究者对比了不同粒径的硼氢化钠对性能的影响，发现粒径对燃烧性能影响较小，低质量通量下，200 μm 和 20 μm 的 NaBH₄ 平均燃烧速率分别为 1.56 mm/s 和 1.61 mm/s，特征速度效率为 84.4% 和 85.1%，出现这一现象的原因是金属氢化物的分解温度低于金属添加剂的着火温度，金属氢化物脱氢速度很快，在低于理想燃烧温度下就可以分解。因此，无论颗粒大小，都有相同数量的氢释放，所以颗粒大小影响不明显。研究者进一步分析了燃速和火焰高度对质量通量和压力的敏感度，结果如图 10 - 22 所示。燃速和火焰高度对质量通量较为敏感，对压力的敏感性较低，主要原因是通量的增加会降低火焰高度，使自由流速度增加，从而使自由流与表面之间的平衡位置向燃料面移动，造成燃速的增加。

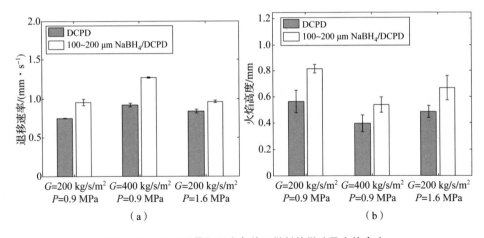

图 10 - 22　不同通量和压力条件下燃料的燃速及火焰高度

|10.5　其他双环戊二烯基推进剂|

PDCPD 的热化学性质与其他用于火箭推进剂的碳氢燃料相当，因此也可以作为混合火箭发动机的燃料。Humble 等[16]以液氧为氧化剂，对比了不同燃料在不同氧化剂/燃料比条件下的理论比冲，如图 10 - 23 所示。PDCPD 作为燃料在 O/F 比（氧燃比）较小时具有更高的理论比冲，在 O/F 比较大时，三种体系的理论比冲相差不大，但 DCPD 的密度高于 HTPB 和 RP‑1，因此可能具有更高的密度比冲。

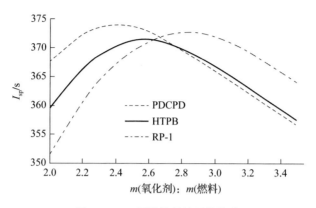

图 10 ‑23　不同燃料的理论比冲

Corpening 等[17]制备了一系列 PDCPD 药柱，并对比了不同体系的燃烧性能。实验结果表明，PDCPD 药柱表现出较好的燃烧效率，但燃速仅为 HTPB 的一半。以 98% 的火箭级过氧化氢（RGHP）作为氧化剂时，PDCPD 的 c^* 效率为 90%~98%，燃速相比其他测试体系较优异，结果如图 10 ‑24 所示。

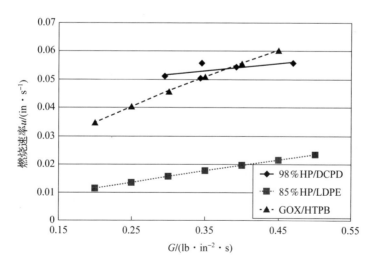

图 10 ‑24　不同燃料的燃烧速率

与传统的黏合剂相比，DCPD 的低黏度、易催化聚合及 PDCPD 较高的拉伸和冲击强度，使其更易混匀固体填料；同时缩短固化时间，减少能源消耗，并且所使用的催化剂对水和空气有较好的耐受性，消除了传统黏合剂加工过程易受环境影响的特性；DCPD 形成的高拉伸和冲击强度的聚合物，使其能承载更多的固体填料；DCPD 的双烯烃结构，也使其易于与其他烯烃发生共聚反应，从而达到改善聚合物特性的目的。由于 DCPD 的诸多优点，使其在推进剂研究领域也备受关注，有望成为一种新型的高性能黏合剂，但同时也面临诸多问题与挑战。

　　研究表明，DCPD 推进剂的燃速是相同配方 HTPB 推进剂的 2 倍，拉伸强度明显优于 HTPB，但伸长率较低限制了其应用范围；多种增塑剂对 DCPD 推进剂的伸长率均有改善作用，但仍存在增塑剂析出、老化的问题；燃速催化剂氧化铁可以提高推进剂的燃速，但对 DCPD 的聚合产生不利影响，降低了推进剂的力学性能；DCPD 黏合剂体系中胶凝剂的引入可改善固体填料沉降的问题，但黏度明显提高，不利于浇铸；同时，还面临 DCPD 推进剂药浆中气泡难除、DCPD 黏合剂易挥发等诸多问题。希望通过进一步研究使上述问题不断改善，充分发挥 DCPD 黏合剂应用的潜在价值。

参 考 文 献

[1] 王芮，李晓萌，王晓青，等. 非等温 DSC 法研究聚丁二烯点击化学固化动力学 [J]. 火炸药学报，2019，42（4）：328 – 334.

[2] Manship T D, Heister S D, O'Neil P T. Experimental Investigation of High – Burning – Rate Composite Solid Propellants [J]. Journal of Propulsion and Power, 2012, 28（6）: 1389 – 1398.

[3] O'Neil P T. Developments in processing and ballistics of dicyclopentadiene – based composite solid propellants [D]. West Lafa yette: Purdue University, 2012.

[4] Bluestone S R. Development of composite solid propellent using dicyclopentadien binder [D]. West Lafayette: Purdue University, 2010.

[5] Matthewc. Hinkelman. Development and testing of dicyclopentadiene based solid composite propellants [D]. West Lafayette: Purdue University, 2011.

[6] 李红. 高抗冲工程材料——聚双环戊二烯发展潜力巨大 [J]. 精细与专用化学品，2008（19）: 28 – 30.

[7] Corpening J H, Palmer R, Heister S D, et al. Combustion of advanced non – toxic hybrid propellants [J]. International Journal of Alternative Propulsion, 2007, 1（2 – 3）: 154 – 173.

[8] 王世明，秦技强. 中国 DCPD 生产现状和发展前景分析 [J]. 化工与医药

工程，2018，39（2）：58 - 62.

［9］ Robertson I D，Yourdkhani M，Centellas P J，et al. Rapid energy - efficient manufacturing of polymers and composites via frontal polymerization［J］. Nature，2018，557（7704）：223 - 227.

［10］ Bielawski C W，Grubbs R H. Living ring - opening metathesis polymerization ［J］. Progress in Polymer Science，2007，32（1）：1 - 29.

［11］ 潘庆燕，赵菲，庄涛，等. 烯烃复分解反应——一种制备特殊结构高分子的新途径［J］. 合成橡胶工业，2013，36（01）：74 - 78.

［12］ 孔勇，杨小华，王琳，等. 开环易位聚合研究进展［J］. 科学技术与工程，2015，15（30）：71 - 78.

［13］ Hillewaere X K，Du Prez F E. Fifteen chemistries for autonomous external self - healing polymers and composites［J］. Progress in Polymer Science，2015，49：121 - 153.

［14］ 巩来江. 聚双环戊二烯及其线形衍生物的制备与表征［D］. 长沙：湖南大学，2015.

［15］ Raptopoulos G，Anyfantis G C，Chriti D，et al. Synthesis and structural characterization of poly（dicyclopentadiene）gels obtained with a novel ditungsten versus conventional W and Ru mononuclear catalysts［J］. Inorganica Chimica Acta，2017，460：69 - 76.

［16］ Robertson I D，Pruitt E L，Moore J S. Frontal Ring - Opening Metathesis Polymerization of Exo - Dicyclopentadiene for Low Catalyst Loadings［J］. ACS Macro Letters，2016，5（5）：593 - 596.

［17］ Schaubroeck D，Brughmans S，Vercaemst C，et al. Qualitative FT - Raman investigation of the ring opening metathesis polymerization of dicyclopentadiene ［J］. Journal of Molecular Catalysis A：Chemical，2006，254（1 - 2）：180 - 185.

［18］ 李郭成，高康莉，邓兆静，等. 第二代 Grubbs 催化剂配体的合成及优化 ［J］. 化工时刊，2015，29（3）：18 - 21.

［19］ Jeong W，Kessler M R. Toughness enhancement in ROMP functionalized carbon nanotube/polydicyclopentadiene composites［J］. Chemistry of Materials，2008，20（22）：7060 - 7068.

［20］ 吴美玲. 聚双环戊二烯及其共聚物的改性研究［D］. 大连：大连理工大学，2017.

［21］ Gita B，Sundararajan G. W（CO）$_6$/CBr$_4$/h$_v$——a new system for metathesis po-

lymerisation［J］. Journal of Molecular Catalysis A：Chemical，1997，115
（1）：79 – 84.

［22］ 胡方圆，郑玉斌. 开环易位聚合聚双环戊二烯的合成及结构与性能的研
究进展［J］. 高分子通报，2011，149（9）：139 – 150.

［23］ 严一楠，余文杰，李俊贤，等. 聚双环戊二烯催化体系及成型方法
［J］. 化工新型材料，2009，37（10）：17 – 20.

［24］ 郭敬. 开环移位聚合合成聚双环戊二烯［D］. 西安：西北工业大
学，2007.

［25］ Sanford M S，Love J A，Grubbs R H. Mechanism and Activity of Ruthenium
Olefin Metathesis Catalysts［J］. Journal of the American Chemical Society，
2001，123（27）：6543 – 6554.

［26］ 白晨曦. 新型钌卡宾配合物的合成、表征及催化烯烃交互置换反应的研
究［D］. 大连：大连理工大学，2006.

［27］ Goetz A E，Boydston A J. Metal – Free Preparation of Linear and Cross –
Linked Polydicyclopentadiene［J］. Journal of the American Chemical Society，
2015，137（24）：7572 – 5.

［28］ Nechmad N B，Phatake R，Ivry E，et al. Unprecedented Selectivity of Ruthe-
nium Iodide Benzylidenes in Olefin Metathesis Reactions［J］. Angewandte
Chemie，2020，132（9）：3567 – 3571.

［29］ Staub H，Kleitz F，Fontaine F – G. Confinement of the Grubbs catalyst in al-
kene – functionalized mesoporous silica［J］. Microporous and Mesoporous Ma-
terials，2013，175：170 – 177.

［30］ Yoo H M，Jeon J I H，Li M – X，et al. Analysis of curing behavior of endo –
dicyclopentadiene using different amounts of decelerator solution［J］. Compos-
ites Part B：Engineering，2019，161：439 – 454.

［31］ Jeon J H，Lee W I，Choi J M，et al. Analysis of Cryogenic Impact Properties
for a Glass – Fiber – Reinforced Dicyclopentadiene with a Different Amount of
Decelerator Solution［J］. Materials，2019，12（19）：3246.

［32］ Yoo H M，Kwon D – J，Park J – M，et al. Mechanical properties of nor-
bornene – based silane treated glass fiber reinforced polydicyclopentadiene com-
posites manufactured by the S – RIM process［J］. e – Polymers，2017，17
（2）：159 – 166.

［33］ Sun Qili，Ma Song，Ge Zhen，et al. Preparation and curing behavior of high
stress solid propellant binder based on polydicyclopentadiene［J］. High Per-

formance Polymers，2017，29（8）：931 – 936.

［34］孙春水，谢家明，傅建松，等. 采用 Grubbs 催化剂的双环戊二烯开环移
位聚合速率调控［J］. 化学反应工程与工艺，2011，27（3）：
252 – 256.

［35］吴贻珍. 乙丙橡胶开发和应用研究进展［J］. 橡胶工业，2012，59
（2）：118 – 127.

［36］董晓光，张朝明，李俊贤，等. 双环戊二烯 – 乙叉降冰片烯共聚合研究
［J］. 塑料科技，2018，46（4）：39 – 43.

［37］许志伟. 含高能粒子的 HTPB 基混合推进燃料的配方设计及燃烧性能研
究［D］. 南京：南京理工大学，2017.

［38］李上文，赵凤起，袁潮，等. 国外固体推进剂研究与开发的趋势［J］.
固体火箭技术，2002，25（2）：36 – 42.

［39］李坐社，苏昌银，李葆萱，等. 高密度高强度丁羟推进剂配方及工艺性
研究［J］. 固体火箭技术，2004，27（1）：41 – 45.

［40］侯竹林，韩盘铭. NEPE 固体推进剂动态力学性能的研究［J］. 固体火
箭技术，1999，22（2）：39 – 41，53.

［41］赵孝彬，张小平，郑剑，等. 扩链剂对 NEPE 推进剂力学性能的影响
［J］. 推进技术，2003，24（1）：74 – 79.

［42］刘学. 复合固体推进剂用键合剂的种类及其作用机理［J］. 含能材料，
2000，8（3）：135 – 140.

［43］Nema S，Nair P，Francis A，et al. The effects of oxidizer bonding agents on
the low temperature properties of HTPB propellants［C］// 13th Propulsion
Conference，1977：932.

［44］Stacer R G，Husband D M. Molecular structure of the ideal solid propellant binder
［J］. Propellants，Explosives，Pyrotechnics，1991，16（4）：167 – 176.

［45］Hinkelman M，Heister S，Austin B. Evaluation of Solid Composite Propellants
Using a Dicyclopentadiene Binder［C］// 47th AIAA/ASME/SAE/ASEE Joint
Propulsion Conference & Exhibit，2011：5864.

［46］Bluestone S，Heister S，Son S，et al. Development of composite solid propel-
lants based on dicyclopentadiene binder［C］// 46th AIAA/ASME/SAE/ASEE
Joint Propulsion Conference & Exhibit，2010：6589.

［47］O'neil P，Heister S. Investigation of the Effect of Gelling Agents on Dicyclopen-
tadiene's Rheological Characteristics for Improvement of Composite Solid Propel-
lant Quality［C］// 48th AIAA/ASME/SAE/ASEE Joint Propulsion Conference

& Exhibit, 2010: 4319.

[48] 金凤, 靳海波, 韦伟, 等. 聚双环戊二烯在火箭推进系统中的应用 [J]. 化学推进剂与高分子材料, 2015, 13 (4): 6 - 10.

[49] 雷晴, 卢艳华, 何金选. 固体推进剂高能氧化剂的合成研究进展 [J]. 固体火箭技术, 2019, 42 (2): 175 - 185.

[50] Hinkelman M, Heister S, Austin B. Evaluation of Solid Composite Propellants Using a Dicyclopentadiene Binder [C] //2011.

第 11 章

含能热塑性弹性体推进剂

|11.1　概　述|

根据黏合剂类型的不同，固体推进剂分为以丁羟推进剂为代表的通过浇铸固化成型的热固性推进剂和以双基推进剂为代表的通过压伸挤出成型的热塑性推进剂两大类。热固性推进剂通过浇铸固化成型工艺制备，可满足各种直径发动机装药的制造要求，但成型过程中需要加入固化剂，固化时间长，且存在适用期、批间重复性不一致以及废旧推进剂不能重复利用等问题，对战时紧急动员、环境保护和健康发展是不利的。而热塑性推进剂是以热塑性聚合物为基体，具有无适用期、生产周期短、批间重复性好、可重复加工、废旧推进剂可回收再利用等优点。热塑性弹性体（TPE）推进剂克服了双基推进剂固体含量低的缺点，同时保留了其加工工艺方面的优势，具有良好的发展前景。含能热塑性弹性体（ETPE）推进剂进一步将惰性黏合剂替换为含能黏合剂，弥补了热塑性弹性体推进剂能量性能的不足，在保证推进剂具有上述优势的同时可进一步提高能量性能。

|11.2　基本概念与分类|

热塑性弹性体推进剂以线型结构的热塑性弹性体（TPE）为黏合剂，加入氧化剂、燃烧剂、增塑剂、催化剂等制备而成。它是结合双基固体推进剂的螺压成型工艺和复合固体推进剂组分的一种新型高能推进剂，兼备双基推进剂易加工成型和复合推进剂能量高等优点。随着武器装备的发展，对推进剂能量的需求越来越高，使用含能热塑性弹性体（ETPE）代替惰性热塑性弹性体应用于固体推进剂的研究越来越引起人们的重视。含能热塑性弹性体（ETPE）是指聚合物分子结构中含有—NO_2、—ONO_2、—N_3、—NF_2、—NNO_2 等含能基团的 TPE，其在燃烧时分解放热，并释放大量气体，可提高推进剂的比冲、燃速和燃烧温度，赋予固体推进剂更高的能量；或在不改变固体推进剂总能量的情况下降低固体含量，改善固体推进剂的加工性能、力学性能并降低其敏感性及特征信号。

ETPE 主要有叠氮类和硝酸酯类两大类，其中叠氮类主要包括以聚叠氮缩水甘油醚（GAP）、3,3'-双叠氮甲基环氧丁烷（BAMO）、3-叠氮甲基-3'-甲基环氧丁烷（AMMO）的均聚物及共聚物等为预聚物的 ETPE；硝酸酯类主要包括以聚缩水甘油醚硝酸酯（PGN）和聚 3-硝酸甲酯基-3-甲基氧丁环（PNIMMO）等为预聚物的 ETPE。此外，由于含氟高分子具有优异的力学性能，而且氟的存在可以改善推进剂中铝的氧化燃烧性能，目前还发展了含氟的含能热塑性弹性体。对 ETPE 合成制备、基本物理化学性能的研究已经广泛开展，对 ETPE 应用于固体推进剂的研究尚处于起步阶段。

|11.3　含能热塑性弹性体推进剂的基本组成|

含能热塑性弹性体推进剂与其他固体推进剂组成类似，其基本组成包括黏合剂、氧化剂、高能燃烧剂、其他功能助剂等，不同之处主要在于含能热塑性弹性体推进剂的黏合剂为含能热塑性弹性体。除黏合剂外，推进剂其他组分的选择主要以同黏合剂的匹配性为原则。

1. 黏合剂

以含能热塑性弹性体为黏合剂的推进剂克服了双基推进剂固体含量低的缺点同时保留了其加工工艺方面的优点，具有较好的发展前景。这类黏合剂包括GAP 基 ETPE、P(AMMO/BAMO) 基 ETPE、P(BAMO/THF) 基 ETPE、PNIMMO 基 ETPE、PGN 基 ETPE 等。这些黏合剂的特性将在 11.5.4 节介绍。

近年来的研究表明，GAP–ETPE 具有能量高、力学、燃烧性能好的特点，将其作为黏合剂制备的固体推进剂工艺性能好、力学性能优异，且由于其能量高有望进一步提高推进剂的燃速，同时黏合剂基体可吸收外界的作用力而使推进剂保持较低感度。

2. 氧化剂

目前含能热塑性弹性体推进剂中所使用的氧化剂为高氯酸铵（AP），此外应用较广泛的高能硝胺炸药有黑索今（RDX）、奥克托今（HMX）等，其普遍具有生成焓高、密度大、燃气无烟等优点，有文献也将其归类为氧化剂。近年来研究的具有较大应用前景的高能量密度化合物六硝基六氮杂异伍兹烷（CL–20）、二硝酰胺铵（ADN）等新型高能氧化剂的生成焓、密度和燃气清洁性都优于目前已有的氧化剂，有望未来在含能热塑性弹性体推进剂中获得应用。

3. 高能燃烧剂

目前，含能热塑性弹性体推进剂中的高能燃烧剂主要为 Al 粉，其具有密度高、燃烧热高、来源丰富、生产成本低等诸多优点，某些情况下也可应用硼粉和镁粉。这些高能燃烧剂能够提高含能热塑性推进剂的爆热，其本身对推进剂燃速的提高有一定贡献。此外，这些金属类燃烧剂在燃烧时会先熔融铺满推进剂燃烧表面，因此可以起到抑制推进剂不稳定燃烧的作用。近年来的研究表明，储氢合金等储氢材料在推进剂中的应用可有效提高推进剂的比冲。

4. 燃烧催化剂

目前，含能热塑性弹性体推进剂主要应用的是金属氧化物等传统催化剂，对新型碳材料、二茂铁衍生物等新型催化剂在含能热塑性弹性体推进剂中的应用研究尚在起步阶段。其中，对含能热塑性弹性体分解具有优异催化性能的含铜、铁等过渡金属类催化剂（氧化铜、亚铬酸铜、铁酸铜等）是研究重点。

5. 增塑剂

增塑剂在推进剂配方中的用量较少，但可有效降低含能热塑性弹性体的玻璃化转变温度、增加其柔韧性并使推进剂易于加工成型。含能热塑性弹性体推进剂中常用的增塑剂主要是与黏合剂相容性好的端叠氮基聚叠氮缩水甘油醚（GAPA）等。此外，北京理工大学设计制备了多种结构的叠氮超支化共聚物增塑剂（POG、POGA、POB 等），与叠氮类含能热塑性弹性体具有极好的相容性，同时其超支化结构也克服了增塑剂在推进剂中的迁移问题。

6. 键合剂

含能热塑性弹性体推进剂中还会用到增强黏合剂基体与固体填料（主要是氧化剂）之间相互作用进而改善推进剂力学性能的键合剂。脂肪族醇胺类键合剂对含 AP 的含能热塑性弹性体推进剂键合效果较好，酰胺类和含氰基的化合物对含 HMX、RDX 的含能热塑性弹性体推进剂键合效果较好。此外，将具有键合功能的基团接枝到含能热塑性弹性体分子链上，既可以起到键合的作用，又能有效避免键合剂的迁移等不利影响。例如，可以将含有氰基或酯基的分子以扩链剂的形式引入到 GAP 含能热塑性弹性体分子结构中（图 11 - 1），制备出具有键合功能的 GAP 含能热塑性弹性体，以此为黏合剂制备的推进剂力学性能更优。

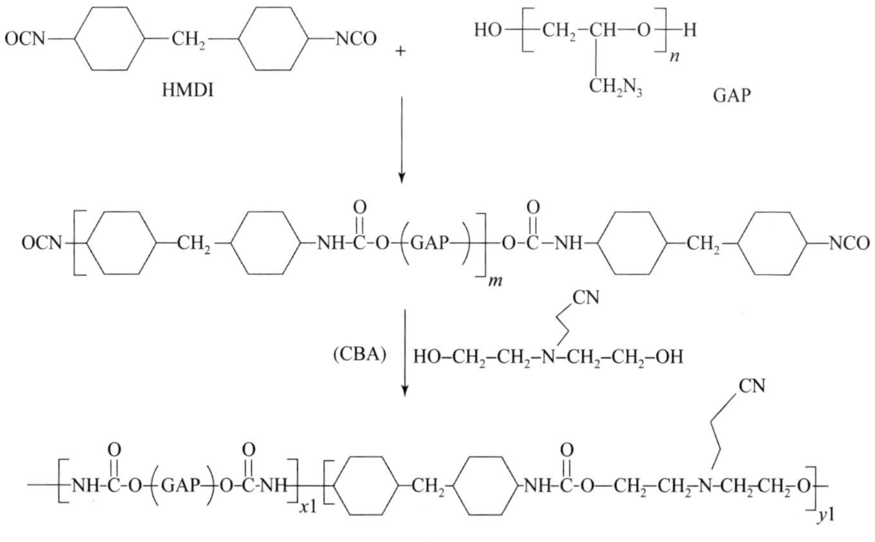

图 11 - 1　具有键合功能 GAP 含能热塑性弹性体的制备过程

（a）引入氰基

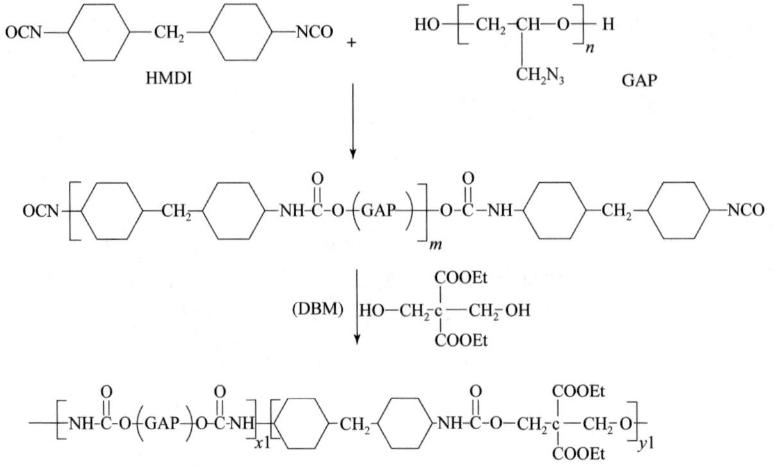

图 11-1　具有键合功能 GAP 含能热塑性弹性体的制备过程（续）

（b）引入酯基

|11.4　含能热塑性弹性体推进剂的基本性能|

提高推进剂能量可以使火箭发动机在容积一定的情况下装药量提高，总能量增加，进而提高其射程；推进剂是通过燃烧产生的高温高压气体对发动机做功，推进剂的燃烧性能受初温、燃烧室压力以及气流速度的影响越小，则火箭的飞行状态越稳定；推进剂在制造、加工、运输、储存以及使用过程中将遭受一系列热应力（膨胀和收缩）、快速和缓慢作用载荷的冲击，为保证发动机的正常工作，固体推进剂应该在一定的温度范围内具有较高的强度、足够的伸长率和尽可能低的玻璃化转变温度；推进剂在制造、加工、运输、储存以及使用过程中遭受一系列应力刺激的同时，还会受到撞击、摩擦、静电火花、冲击波等外界刺激，推进剂应该具有耐受这些刺激的能力，即具有较低的感度；固体推进剂的制备是一个非常复杂的过程，其工艺性能决定了推进剂的质量，同时由于固体推进剂的制备过程伴随一定的危险性，简便易操作可连续生产且生产周期短的工艺是研究的重要方向。综上所述，含能热塑性弹性体推进剂应具有尽可能高的能量性能、稳定的燃烧性能、理想的力学性能、较低的感度、优异的加工工艺性能等。此外，由于退役武器弹药的销毁会对环境造成污染，含能热塑性弹性体推进剂的可回收性能越来越受到重视。

11.4.1　能量性能

由于含能热塑性弹性体为具有—NO_2、—ONO_2、—N_3、—NF_2、—NNO_2 等含能基团的聚合物，其本身具有较高能量的优势，因此应用于推进剂后的含能热塑性弹性体推进剂通常具有较高能量，其生成热如表 11 – 1 所示。例如，Hamilton[1]制备了固体含量为 80% 的 P(BAMO – AMMO)基推进剂，其中 AP 含量为 65%，Al 粉含量为 15%，推进剂的实测比冲为 215 s，比冲效率为96.4%。调整 P(BAMO – AMMO)基推进剂配方，其爆热可达 6 256 kJ/kg，理论比冲可超过 275 s（表 11 – 2）。

表 11 – 1　含能基团的生成热

基团	生成热/($kJ \cdot mol^{-1}$)	基团	生成热/($kJ \cdot mol^{-1}$)
—NO_2	– 66.2	—NNO_2	74.5
—ONO_2	– 81.2	—NF_2	– 32.7
—N_3	355.0		

表 11 – 2　P（BAMO – AMMO）基推进剂的配方及理论比冲

推进剂		1	2	3
配方	P(BAMO – AMMO)/%	15.0	15.0	15.0
	AP/%	40.0	38.5	30.5
	高能炸药/%	18.5(RDX)	20.0(RDX)	28.0(HMX)
	Al 粉/%	18.0	18.0	18.0
	增塑剂/%	5.0(BuNENA)	5.0(BuNENA)	5.0(GAPA)
	其他/%	3.5	3.5	3.5
爆热/($kJ \cdot kg^{-1}$)		6 256	—	5 185
理论比冲/s		275.45	275.46	275.19

11.4.2　力学性能

1. 含能热塑性弹性体的力学性能

作为固体推进剂的黏合剂，含能热塑性弹性体本身力学性能是影响固体推进剂力学性能的关键因素。含能热塑性弹性体是一种由软硬段组成嵌段形成的共聚物，分子链结构中较多的软段部分是无定形结构，使材料具有较好的弹性；分子链结构中少量的硬段部分可形成结晶状态，起到增强的作用，从而使其兼具良好的弹性和较高的强度，提高其综合力学性能，例如，吕勇[2]制备的硬段含量为 50% 的 GAP – ETPE 黏合剂，σ_m 达到了 15.62 MPa，ε_b 达到了491%，表现出极佳的力学性能。比较以 GAP、PAMMO、PNIMMO 或 PGLYN为不同软段，以二异氰酸酯为硬段的含能热塑性弹性体，GAP 热塑性弹性体的综合力学性能更好，且 GAP 预聚体相对分子质量为 1 000 时制备的含能热塑性弹性体力学性能最佳。当使用传统扩链剂（BDO,1,4 – 丁二醇）和二苯基甲烷二异氰酸酯（MDI）为硬段时，其抗拉强度为 4 ~ 7 MPa，提高 GAP 热塑性弹性体中硬段的比例，可以提高弹性体的抗拉强度。但是，会降低其断裂延伸率。使用一缩二乙二醇（DEG）替代 BDO 作为扩链剂，合成的 GAP 热塑性弹性体力学性能更佳。分别以 BDO 和 DEG 扩链的不同硬段含量 GAP 热塑性弹性体（$R = 0.98$）的拉伸力学性能见表 11 – 3[3]。

表 11 –3　不同硬段的 GAP 弹性体力学性能

扩链剂	硬段含量/%	σ_m/MPa	ε_b/%
BDO	35	4.5	108
	40	6.1	71
	50	7.1	49
DEG	30	11.1	318
	35	14.6	414
	40	10.2	310
	45	11.0	192

综上所述，含能热塑性弹性体中硬段含量的增加会提高其强度，但会导致携带含能基团的软段含量相对降低，进而降低 GAP – ETPE 弹性体的能量，对其在推进剂中的应用产生不利影响。同时，含能热塑性弹性体推进剂中硬段含量的增加还会使其玻璃化转变温度 T_g 升高。因此含能热塑性弹性体的结构要与其应用需求相匹配。宋晓庆等[4]研究—NCO/—OH 摩尔比（R 值）对 GAP热塑性弹性体性能影响时发现，当 $R = 0.98$，硬段含量为40%时，该弹性体的 T_g 为 – 36 ℃，此时的 σ_m 为 6.12 MPa，ε_b 为71%。为了尽可能提高力学性能并降低硬段含量，张在娟[5]通过改进工艺（图 11 – 2、图 11 – 3），合成了硬

段含量为 30% 的 GAP 含能热塑性弹性体，σ_m 为 8.37 MPa，ε_b 为 792.32%，T_g 为 -35.6 ℃。所合成的热塑性弹性体可用于推进剂用黏合剂。

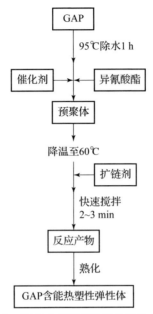

图 11-2　GAP 含能热塑性弹性体的合成工艺

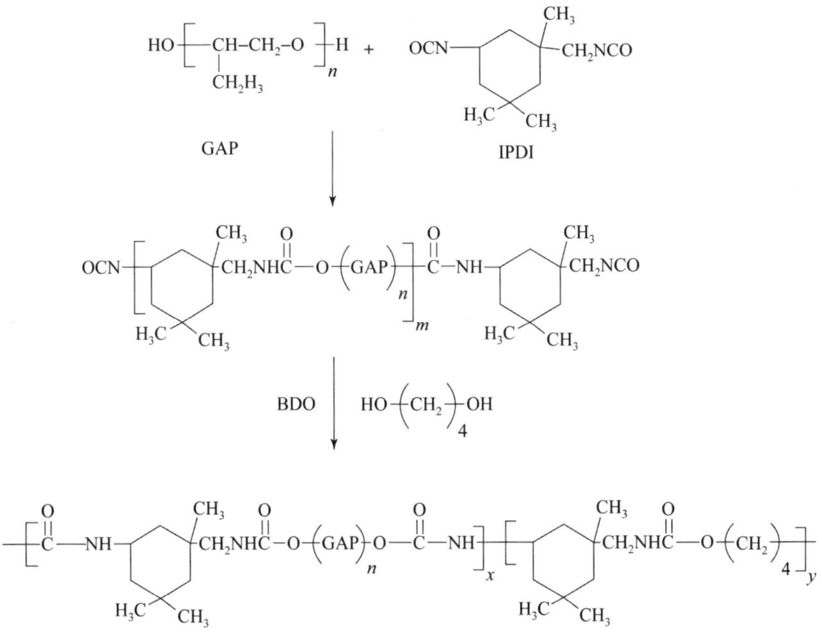

图 11-3　GAP 含能热塑性弹性体的合成反应式

此外，将 GAP 作为软链段与结晶性聚合物共聚，也是改善 GAP 热塑性弹性体黏合剂性能的有效途径。1999 年，Subramanian[6]以 GAP 为软段，PBAMO 为硬段，制备出 GAP – PBD – GAP 共聚物的 σ_m 为 1.72 MPa，ε_b 为 110%，T_g 为 – 59 ℃，其制备过程如图 11 – 4 所示。

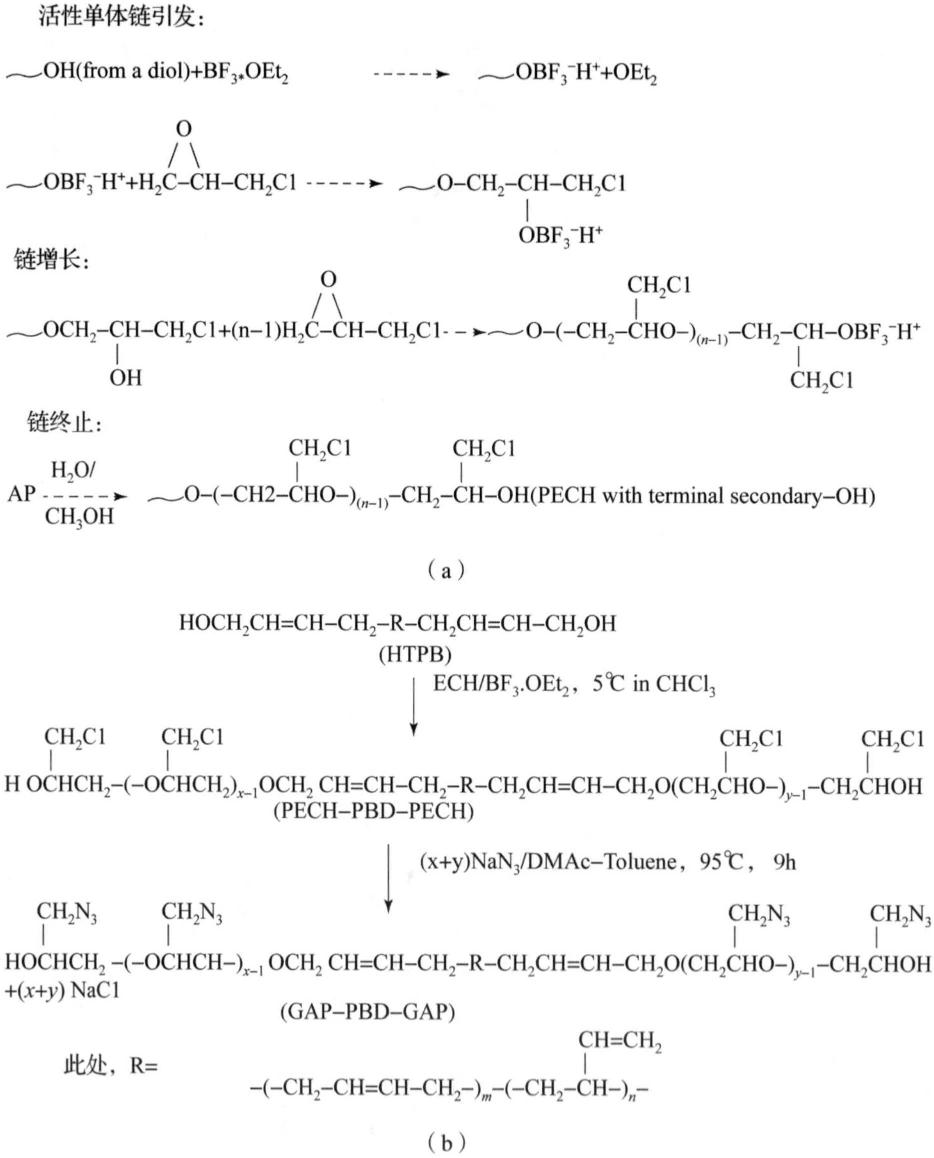

活性单体链引发：

$$\text{—OH(from a diol)} + BF_3 \cdot OEt_2 \dashrightarrow \text{—OBF}_3^- H^+ + OEt_2$$

$$\text{—OBF}_3^- H^+ + H_2C\overset{O}{\overset{/\backslash}{-}}CH-CH_2Cl \dashrightarrow \text{—O}-CH_2-\underset{\underset{OBF_3^- H^+}{|}}{CH}-CH_2Cl$$

链增长：

$$\text{—OCH}_2-\underset{\underset{OH}{|}}{CH}-CH_2Cl + (n-1)H_2C\overset{O}{\overset{/\backslash}{-}}CH-CH_2Cl \dashrightarrow \text{—O}-(-CH_2-\underset{\underset{CH_2Cl}{|}}{CHO}-)_{(n-1)}-CH_2-\underset{\underset{CH_2Cl}{|}}{CH}-OBF_3^- H^+$$

链终止：

$$AP \xrightarrow[CH_3OH]{H_2O/} \text{—O}-(-CH2-\underset{\underset{CH_2Cl}{|}}{CHO}-)_{(n-1)}-CH_2-\underset{\underset{CH_2Cl}{|}}{CH}-OH(\text{PECH with terminal secondary—OH})$$

（a）

$$HOCH_2CH=CH-CH_2-R-CH_2CH=CH-CH_2OH$$
$$(HTPB)$$

$$\downarrow ECH/BF_3 \cdot OEt_2,\ 5℃\ in\ CHCl_3$$

$$H\ OCHCH_2-(-OCHCH_2)_{x-1}OCH_2\ CH=CH-CH_2-R-CH_2CH=CH-CH_2O(CH_2CHO-)_{y-1}-CH_2CHOH$$
（CH_2Cl 基团标注于相应碳上）
$$(PECH-PBD-PECH)$$

$$\downarrow (x+y)NaN_3/DMAc-Toluene,\ 95℃,\ 9h$$

$$HOCHCH_2-(-OCHCH-)_{x-1}OCH_2\ CH=CH-CH_2-R-CH_2CH=CH-CH_2O(CH_2CHO-)_{y-1}-CH_2CHOH$$
（CH_2N_3 基团标注于相应碳上）
$$+(x+y)NaCl$$
$$(GAP-PBD-GAP)$$

此处，R=
$$-(-CH_2-CH=CH-CH_2-)_m-(-CH_2-\underset{\underset{CH=CH_2}{|}}{CH}-)_n-$$

（b）

图 11 – 4　GAP – PBD – GAP 共聚物的制备过程

（a）ECU 聚合；（b）端羟基 GAP – PBD – GAP 的制备

韩国汉阳大学 Jong – Sung You 等[7]研究表明，随着 GAP/PCL 共聚含能热塑性聚氨酯弹性体中 PCL 含量的增加，其储能模量、σ_m 和 ε_b 增大，这得益于 PCL 链段在聚合物体系中出现结晶状态，进而诱导相分离，使聚合物力学性能提高；此外，GAP/PCL 共聚含能热塑性聚氨酯弹性体的 T_g 会随 PCL 链段含量的增大而向高温方向移动（从 – 67 ℃ 升高到 – 37 ℃）。然而，在 GAP/PET 基热塑性弹性体中，随着 PET 含量增加，该热塑性弹性体的 σ_m 逐渐下降，ε_b 逐渐增大。当 PET 含量为 30% ~ 40% 时，GAP/PET 基热塑性弹性体表现出较优的综合力学性能（σ_m 高于 12 MPa，ε_b 高于 350%）。多种不同聚合物共聚得到的含能热塑性弹性体力学性能普遍能够得到增强，具体参数见表 11 – 4。其中，PBMAMO 的制备过程如图 11 – 5 所示，BAMO/THF 的分子结构如图 11 – 6 所示。

表 11 – 4　不同共聚物得到的含能热塑性弹性体力学性能与玻璃化转变温度

共聚物	σ_m/MPa	ε_b/%	T_g/℃	备注
GAP/PBAMO	1.72	110	– 59	–
GAP/PCL	—	—	—	—
GAP/PET	12	350	—	—
PBAMO/GAP	3.2	62.4	– 21.4	$T_m = 81.5$ ℃，制备过程见图 11 – 5
BAMO/NIMMO/PE	—	40(– 40 ℃)	—	BAMO/NMMO/PE 摩尔比为 7.4/2.6/0.39
BAMO/NIMMO	5.25	683	– 3	交替嵌段，$T_m = 82$ ℃
BAMO/THF	4	300	—	硬段含量为 40%，$R = 1.02$，分子结构见图 11 – 6
BAMO/AMMO	4.84	269	—	交替嵌段，分子量为 28 440 g/mol
BAMO/AMMO	5	400	—	分子量为 25 000 g/mol
BAMO/AMMO	9.21	375	– 42.14	交替嵌段，硬段含量为 20%
BAMO/AMMO	5.24	390	– 44.5	—

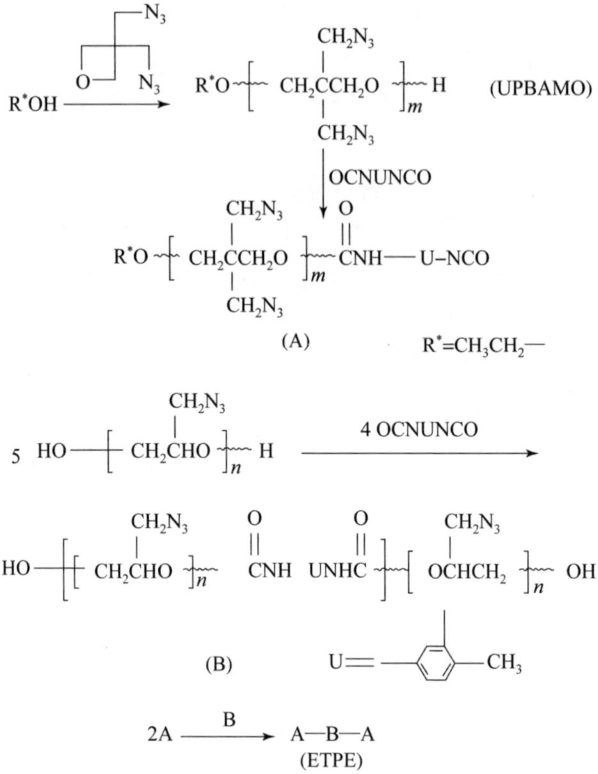

图 11-5　**PBAMO/GAP 热塑性弹性体的制备过程**

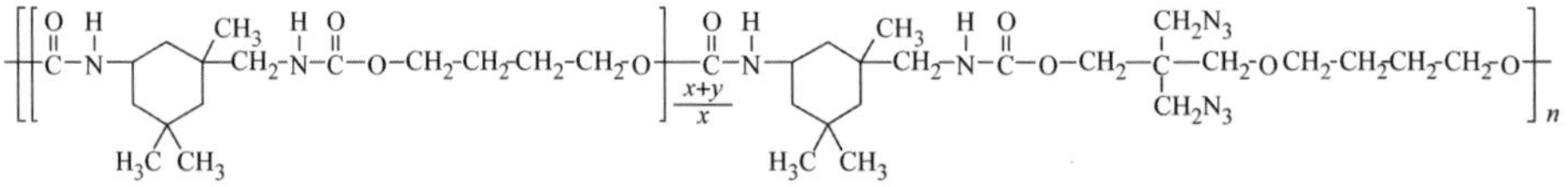

图 11-6　**P(BAMO/THF) 热塑性弹性体分子结构**

2. 含能热塑性弹性体推进剂的力学性能

含能热塑性弹性体的优异力学性能为推进剂获得良好的力学性能奠定了基础。1990 年，Biddle[8] 就分别研究了 P(BAMO-AMMO)/RDX 热塑性弹性体固体推进剂和 P(BAMO-NIMMO)/RDX 热塑性弹性体固体推进剂的力学性能，其制备的推进剂仅添加 RDX 作为固体填料，两种推进剂的固体含量均为78%，在 100~125 ℃下经双螺杆挤出后得到的推进剂力学性能良好，σ_m 分别对应为 2.58 MPa 和 3.17 MPa，ε_b 为分别对应为 1.7% 和 2.0%，这为含能热塑性弹性体推进剂的实际应用奠定了基础。将氧化剂（AP）、高能燃烧剂（Al

粉）添加到 P(BAMO - AMMO)基含能热塑性弹性体推进剂，当配方为黏合剂/氧化剂/燃烧剂 = 20%/65%/15% 时，推进剂的最大拉伸强度为 0.77 MPa，断裂伸长率可达 11%。添加 CL - 20 的 P(BAMO - AMMO)基含能热塑性弹性体推进剂的最大应力可达 12.2 MPa，此时的最大应力对应的应变为 49.7%。对于 GAP 基含能热塑性弹性体推进剂而言，RDX 表面的硝基能够与 GAP 的叠氮基团产生诱导效应。因此，推进剂配方中 RDX 含量越高，推进剂的强度越高；Al 粉表面的羟基能够和 GAP 含能热塑性弹性体分子链中的羰基等基团形成氢键作用，所以 Al 粉的加入也对推进剂起到了力学增强作用。

提高推进剂的固体含量可以提高推进剂的能量水平，但是会导致推进剂延伸率降低，影响其实际应用。在推进剂配方中适当添加增塑剂可以改善这一状况，特别是含能增塑剂的引入，可以在不影响推进剂能量的同时改善推进剂的力学性能。在 85% 固体含量的 P(BAMO - AMMO)含能热塑性弹性体推进剂中，分别加入 5% 的 BuNENA 和 5% 的 GAPA，前者可使推进剂的 σ_m 和 ε_b 分别达 1.56 MPa 和 20%，后者使推进剂的低温（- 40 ℃）断裂延伸率达到 2%，高温（50 ℃）抗拉强度达到 0.72 MPa。两种推进剂的配方类似，分别为 P(BAMO - AMMO)/AP/RDX/Al/BuNENA/催化剂 = 15%/40%/18.5%/18%/5%/3.5%，P(BAMO - AMMO)/AP/HMX/Al/GAPA/其他 = 15%/30.5%/28%/18%/5%/3.5%。

11.4.3　热分解性能

含能热塑性弹性体中含有大量—NO_2、—ONO_2、—N_3、—NF_2、—NNO_2 等含能基团，这些基团的分解温度通常低于热塑性弹性体分子主链的分解温度，并且这些含能基团的分解对分子主链以及推进剂其他组分的分解具有较大的影响。因此，研究含能热塑性弹性体中的这些含能基团的分解尤为重要。例如，GAP 热塑性弹性体的热分解有三个阶段，随着温度由低到高分别为叠氮基团分解、硬段分解、软段主链分解，其分解活化能随着硬段含量的不同而不同，总体在 190 ~ 200 kJ/mol 范围内。PBAMO - PNIMMO - PBAMO 共聚物则会在分解前的较低温度（82 ℃）下首先熔化，其热分解过程对应一个分解阶段，分解峰温度为 224 ℃。

桑超[9]的研究表明，GAP 含能热塑性弹性体（尤其是叠氮基）对固体推进剂常用组分的热分解具有较大影响：AP 的低温热分解会受到阻碍作用，高温热分解会受到促进作用；RDX 热分解受 GAP - ETPE 的促进作用比较强烈。GAP 含能热塑性弹性体叠氮基的热分解基本不会受到其他组分的影响。作者对其进行了详细研究，图 11 - 7 所示为 AP、RDX、GAP - ETPE 及其混合物在

0.1 MPa 下的 DSC 曲线，各曲线吸/放热峰对应的温度见表 11 – 5，其中 T_m 表示样品的熔融吸热峰，T_σ 表示样品的转晶吸热峰，样品放热峰由低到高分别以 T_{p1} 和 T_{p2} 表示。其中，GAP – ETPE 在 251.6 ℃ 为 GAP – ETPE 叠氮基的热分解峰；RDX 在 205.0 ℃ 处和 240.1 ℃ 处分别对应其熔融吸热峰和分解放热峰；AP 在 242.3 ℃、295.9 ℃ 和 423.7 ℃ 处分别对应其转晶吸热峰、低温分解放热峰和高温分解放热峰。由 AP/GAP – ETPE 的 DSC 曲线可知，样品在升温过程中呈现了一个吸热峰（AP 转晶）和两个放热峰，其中第一个放热峰和吸热峰相互叠加。这说明 AP 对叠氮基的热分解影响不大。叠氮基热分解会产生 NH_3、HCN 等气体，NH_3 被吸附在 AP 表面占据 AP 的活性位点进而阻止 AP 低温热分解的进行，随着温度的上升，吸附在 AP 表面的 NH_3 解吸附，AP 进入高温热分解阶段。由于 AP 被 GAP – ETPE 链段包裹，热量不易散失，同时解吸附的 NH_3 被进一步氧化放热并生成 NO_2 等气体催化 AP 进一步分解，因此 AP 更早地进入了高温热分解阶段，DSC 放热峰提前到 333.1 ℃。由 RDX/GAP – ETPE 的 DSC 曲线可知，样品在升温过程中出现了两个放热峰。其中，第一个放热峰（峰温为 213.9 ℃）主要为 RDX 分解放热导致，同时在 205.5 ℃ 处叠加了部分 RDX 熔融的吸热峰。这是由于 GAP – ETPE 黏合剂与 RDX 形成了较强的界面相互作用，抑制了 RDX 颗粒分解热量的散失和分解气体的扩散，进而促使 RDX 在熔融前发生部分分解。与纯 RDX 相比，添加 GAP – ETPE 后 RDX 的热分解峰温向低温方向移动 26.2 ℃。而第二个放热峰与纯 GAP – ETPE 的放热峰位置保持一致，说明叠氮基分解未受影响。

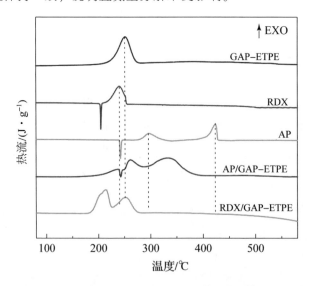

图 11 – 7　GAP – ETPE、RDX 和 AP 及其混合物的 DSC 曲线

表 11 −5　GAP −ETPE、RDX 和 AP 及其混合物的 DSC 曲线吸/放热峰对应温度

样品	T_m/℃	T_o/℃	T_{p1}/℃	T_{p2}/℃
GAP − ETPE			251.6	
RDX	205.0		240.1	
AP		242.3	295.9	423.7
AP/GAP − ETPE		242.9	261.9	333.1
RDX/GAP − ETPE	205.5		213.9	251.5

当固体含量达到 80%，GAP − ETPE/RDX 模型推进剂仅显示一个分解阶段，分解温度范围降低到 150～250 ℃，且分解活化能可从 170 kJ/mol 略微降低到 140 kJ/mol，原因是分解过程中 RDX 分解形成的气体更多，对体系自催化的作用更强，导致分解活化能降低。

此外，还有研究表明[10]，纳米复合后的 GAP − ETPE/HMX 比纯 HMX 在相同的加热速率下，分解放热峰可降低 6 ℃，分解活化能降低 63.08 kJ/mol，这说明 GAP − ETPE 对 HMX 的分解同样具有促进作用。

11.4.4　燃烧性能

固体推进剂推力的产生是由其在发动机燃烧室内燃烧实现的，而热分解是推进剂燃烧的基础，含能热塑性弹性体推进剂的热分解性能为其优异的燃烧性能奠定了基础。其中，全配方 GAP 含能热塑性弹性体推进剂在 10 MPa 下的燃速可高达 50 mm/s 左右，具体配方见表 11 − 6。

表 11 −6　高燃速 GAP − ETPE 推进剂的配方

GAP − ETPE/%	AP/%	Al/%	其他/%
20.0	60.0	18.4	1.6

含叠氮基的 P(BAMO − AMMO) 含能热塑性弹性体同样会促进 HMX、AN 等的热分解。例如，对于 P(BAMO − AMMO)/HMX、P(BAMO − AMMO)/AN/HMX 推进剂，含叠氮基团的黏合剂分解产生的热量可引发并加速 HMX 和 AN 的热分解，且重铬酸铵与铬酸铜复配使用时，能催化该推进剂分解进而提高燃速，降低燃速压力指数（推进剂配方见表 11 − 7）。将 CL − 20 引入到 P(BAMO − AMMO) 含能热塑性弹性推进剂中后，其燃速可达 114.81 mm/s

(75.86 MPa)、299.72 mm/s(179.31 MPa)。

表 11 −7　P(BAMO − AMMO)基推进剂的配方　　　单位:%

编号	BDR	HMX	AP	AN	C1	C2	C3	CB
1	25	75						
2	25	75			3			0.6
3	25	65	10					
4	25	65		10				
5	25	15		60				
6	25	15		60		2		
7	25	15		60			2	
8	25	15		60		2	2	

注：BDR 指 P(BAMO − AMMO) 含能热塑性弹性体黏合剂（BAMO/AMMO = 7/3），C1 指硬脂酸铅，C2 指重铬酸铵，C3 指铬酸铜，CB 为炭黑。

不同 BAMO/NIMMO 比例的 P(BAMO − NIMMO) 含能热塑性弹性体推进剂的热分解性能及燃烧性能也不同。例如，对表 11 − 8 所示的推进剂研究[11]发现，不同 BAMO/NIMMO 比例的 P(BAMO − NIMMO) 含能热塑性弹性体推进剂热分解的 DSC 曲线比较相似（图 11 − 8），叠氮化物黏合剂和 HMX 的放热反应发生在相同的温度范围内，说明推进剂总的分解历程受 BAMO/NIMMO 比例的影响较小，但是可发现 2 号推进剂（B/N = 7/3，BAMO/NIMMO 比为 7/3）分解的放热量最大。P(BAMO − NIMMO) 含能热塑性弹性体推进剂的燃烧性能和其热分解性能表现出的规律不同，黏合剂中的 BAMO 比例越高，燃烧速度越快（图 11 − 9）。

表 11 −8　不同 BAMO/NIMMO 比例的
P(BAMO − NIMMO) 含能热塑性弹性体推进剂配方　　　单位:%

推进剂编号	B/N(6/4)	B/N(7/3)	B/N(8/2)	HMX	CFe	CuC
1	25			75		
2		25		75		
3			25	75		
4		25		75	3	3

注：B/N 指 BAMO/NIMMO 比例。

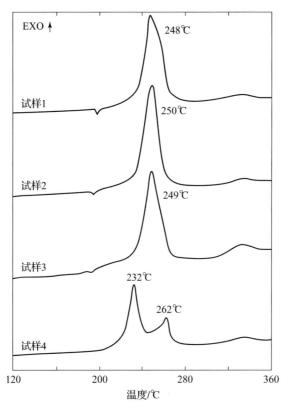

图 11 - 8　不同 **BAMO/NIMMO** 比例 **P(BAMO - NIMMO)** 含能热塑性弹性体推进剂的 DSC 曲线

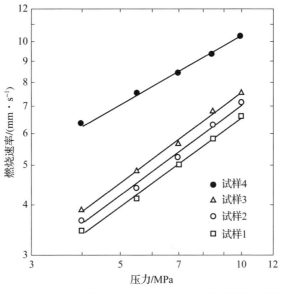

图 11 - 9　不同 **BAMO/NIMMO** 比例 **P(BAMO - NIMMO)** 含能热塑性弹性体推进剂的燃速

综上所述，含能热塑性弹性体中的含能基团，对推进剂的热分解有较大影响，进而对推进剂的燃烧性能产生明显影响。含能热塑性弹性体推进剂的热分解性能、燃烧性能的研究重点在于这些含能基团对其他推进剂组分的影响。

11.4.5 流变性能

推进剂的流变性能与其成型工艺密切相关。而黏合剂作为推进剂的"心脏"，使推进剂固体填料之间紧密结合，赋予推进剂一定的可塑性。因此，黏合剂的流变性能与推进剂的成型工艺密切相关。研究含能热塑性弹性体的流变性能、含能热塑性弹性体推进剂常用组分对含能热塑性弹性体流变性能的影响和含能热塑性弹性体推进剂的流变性能，可为含能热塑性弹性体推进剂的加工制备过程中配方的设计、最佳加工工艺条件的确定、成型工艺设备的设计等提供必要的理论基础。

蒋海[12]等研究发现，在 90 ℃下，随弹性体硬段含量的增加，弹性体中分子链之间形成的物理交联点和氢键作用增强，导致弹性体的黏度随硬段含量的增加而增大，储能模量和损耗模量同样随硬段含量的升高而增大；弹性体的黏度和储能模量随扩链剂 1,4 – 丁二醇（BDO）含量的增加呈现先增大后降低的趋势；弹性体的黏度对角频率的敏感性随弹性体软段含量的增加而降低，对温度的敏感性随硬度含量的增加而增大；随固体填料含量的增加，推进剂的黏度和模量不断增大；随固体填料等效直径的增大，模型推进剂的黏度明显增大；ETPE 的结构明显影响 ETPE 的流变性能，由于存在微相分离，PTMG 基的 ETPE 黏度小于 PCD 基和 PCL 基 ETPE；PCD 基 ETPE 表现出弹性特征，PTMG 基和 PCL 基 ETPE 则表现出黏性特征；PBAMO 聚合物因为结构对称具有最高的储能模量并呈现弹性特征，黏度随频率增加先降低后升高。

王真[13]系统研究了 GAP – ETPE 基推进剂的流变性能，首先研究了不同分子结构 GAP – ETPE 的流变性能，发现 GAP – ETPE 的硬段含量越高，其物理交联密度、最大拉伸强度、储能模量、损耗模量及复数黏度等越大，而断裂伸长率及临界剪切应变则越小，利用 Arrhenius 方程得到了 GAP – ETPE 的黏流活化能，次活化能也随其硬段含量的增加而增大。他进一步研究了 GAP – ETPE/NC、GAP – ETPE/NC/NENA 的流变性能，发现 NC 的加入使体系的物理交联密度、力学强度、储能模量、损耗模量及复数黏度等越大，NENA 的加入使体系的物理交联密度、力学强度、储能模量、损耗模量及复数黏度等显著降低，可以通过两相模型较好地描述 GAP – ETPE/NC 的黏弹性行为。最后，在研究了 RDX、Al 对 GAP – ETPE/NC/NENA 体系流变性能影响规律的基础上，研究了 ETPE/NC/NENA/Al/RDX/NC 推进剂的流变性能，得到了固体含量、各组分含量等对推进剂流变性能的影响规律，其研究对指导 GAP – ETPE 基推进剂加工具有重要意义。

11.4.6 加工工艺性能

含能热塑性弹性体推进剂可以利用制造效率高、批间重现性好、生产周期短、成本低的压延工艺制造，在此过程中含能热塑性弹性体的热塑化和药料流动过程是加工成型的关键，而影响这两个过程的主要因素是温度和剪切速率。

采用螺压成型制备的含能热塑性弹性体推进剂具有以下优点。

（1）高度连续的自动化生产工艺，人为干扰影响小，生产过程安全性高。物料连续流动的自动化生产过程中，操作人员的主观影响大大减少，能避免因人为操作而造成的批间重现性差、药柱不均匀的问题。另外，生产过程中可采用遥控自动化操作（人机分离），操作人员的危险性可降至最低程度。

（2）生产工艺均有数据记录，能实时监控生产，便于质量控制。

（3）根据固体推进剂的形状和类型要求，可以选用不同的出料模头，制备出符合推进剂应用的类型和形状。

（4）生产效率高。螺压工艺成熟、简单，可连续化生产，生产效率高，制造周期短、成本低，可实现复合固体推进剂的自由填装。

目前，以螺压技术制备含能热塑性弹性体固体推进剂的工艺尚处在研究阶段，取得工业化应用还需解决以下问题。

（1）螺压过程中，可能会出现固体床断裂，产生热点引起药料爆炸。表观黏度是推进剂本身的性能参数，对推进剂成型工艺非常重要，如果表观黏度过大，会消耗较大的剪切功，将会导致剪切强度下降而易形成固体床破裂，即药料被剪断。此时，药料的强度急剧下降，药料停止流动，药料随螺杆径向打转，产生剧烈的摩擦，药料温度上升，而热量却无法交换，导致热点迅速形成，极可能发生热点爆炸。

（2）成型温度较高。螺压成型工艺需要在较高温度下进行，推进剂组分比如 NC、NG 在高温下会有缓慢的热分解，随工艺温度的升高，热分解逐步加剧，使成型过程存在潜在的危险性。

为了改善 GAP – ETPE 基推进剂的工艺性能，作者制备了多种新型叠氮类超支化共聚物增塑剂，应用于 GAP – ETPE 推进剂后，推进剂的工艺黏度降低了 43%～59%、黏流活化能降低了 16%～37%，同时，推进剂的断裂伸长率增加了 25%～67%，比冲和爆热也有所提高，推进剂具有较低感度。

11.4.7　回收及重复利用

由于含能热塑性弹性体本身为热塑性高分子材料，具有可溶、可熔和可重复加工的性质，因此以其为黏合剂的含能热塑性弹性体推进剂具有加工工艺性能优异、环保、可回收再利用等优点。含能热塑性弹性体推进剂被认为是一种绿色固体推进剂，具有广阔的发展前景，已经成为各国3R（重回收、重循环和重利用）类常规武器、火箭用固体推进剂的重要研究对象。含能热塑性弹性体推进剂回收再利用的大致步骤为：将推进剂溶于低黏度、低沸点溶剂，加入固体填料后，去除溶剂得到可重复使用的含能热塑性弹性体黏合剂。

常用的低沸点溶剂通常为乙酸乙酯、四氢呋喃等。例如，P(BAMO-AMMO)含能热塑性弹性体能溶于乙酸乙酯以及四氢呋喃，溶解活化能约为20.16 kJ/mol，这为P(BAMO-AMMO)含能热塑性弹性体推进剂中固体组分的回收奠定了基础。以乙酸乙酯为例，Hamilton[14]于1999年报道了含能热塑性弹性体推进剂固体组分的回收方法，用乙酸乙酯溶解该推进剂，得到推进剂组分AP的回收率高于98%。凝胶渗透色谱分析表明，回收黏合剂的数均相对分子质量与使用前对比几乎没有变化，完全可再利用。其回收过程大致如下：①将含有热塑性弹性体的推进剂与水混合，加热搅拌粉碎，使AP溶解于水中，经过浓缩回收高氯酸铵，过滤分离出黏合剂/催化剂/铝粉；②将黏合剂/催化剂/铝粉混合物加入与乙酸乙酯混合，溶解、过滤，黏合剂溶解于溶剂之中，浓缩回收黏合剂；滤渣为催化剂/铝粉的混合物，回收示意图如图11-10所示。采用此法在推进剂的整个生产过程中，废品率不大于0.5%，使传统混合/浇铸/固化的推进剂生产工艺的废品率减少了85%。使用不同的溶剂回收推进剂的高能填料和黏合剂时，黏合剂的回收率能达到98%，RDX、CL-20等高能组分的回收率可达96%~98%。

使用回收的黏合剂二次加工，推进剂力学性能变化不大，不影响推进剂的应用。例如，有学者在较早时报道的P(BAMO-AMMO)基推进剂初次加工力学性能为：常温最大应力0.77 MPa，最大应变11%，模量13.2 MPa；二次加工力学性能为：常温最大应力0.62 MPa，最大应变16%，模量7.3 MPa。

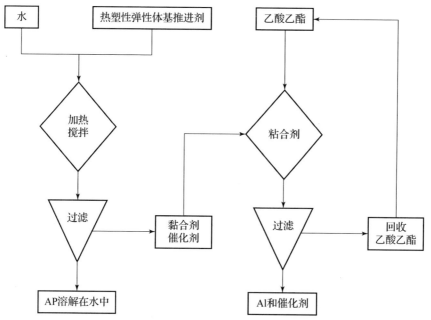

图 11 - 10　含能热塑性弹性体基推进剂的组分回收

11.4.8　其他性能

由于固体火箭发动机的体积有限，固体推进剂的密度越大，意味着在有限体积内填装的固体推进剂有效质量越大。固体推进剂的密度是其密度比冲、体积爆热大小的重要影响因素，影响其应用于火箭发动机推力的大小。根据固体填料的不同，含能热塑性弹性体推进剂的密度在 1.7 ~ 1.9 g/cm³ 范围内。

由于固体推进剂集化学变化所需要的氧化剂和还原剂于一身，因此，当这种关系具备化学变化所必需的激发能量（热、撞击、摩擦、静电火花、冲击波等）时，就可能发生自动进行的激烈化学变化——燃烧和爆轰。推进剂在制造、加工、运输、储存以及使用过程中难免会受到撞击、摩擦、静电火花、冲击波等外界刺激，因此固体推进剂应该具有耐受这些刺激的能力，即具有较低的感度。含能热塑性弹性体本身具有较低感度，以其为黏合剂得到的推进剂感度仍较低。例如，Ampleman[15]认为 GAP - ETPE 黏合剂具有低感度性能，GAP - ETPE 包覆 HMX 后得到的 GAP - ETPE/HMX 推进剂特性落高达到 64.9 cm，呈现出良好的钝感效果；P(BAMO/AMMO)基含能热塑性弹性体摩擦感度为 40% ~ 48%，撞击感度（H_{50}）为 47.5 ~ 62.5 cm。

除了前面所述的可回收外，绿色的含能热塑性弹性体推进剂对环境保护的贡献还表现在黏合剂的低毒/无毒方面。Monteil - Rivera[16]认为 GAP - ETPE 黏合剂无毒，是绿色组分，GAP – ETPE 遇水会收缩，可防止推进剂中的固体颗粒崩解并延缓这些颗粒暴露在水中的溶解、降低溶解速率，同时降低固体颗粒暴露在空气中爆炸的危险性。换句话说，含能热塑性弹性体能帮助我们保持在特定区域中含能热塑性弹性体包覆材料（推进剂）的完整性，给我们足够时间来进行物理清除。GAP – ETPE 被水浸泡前后形貌变化如图 11 – 11 所示。

 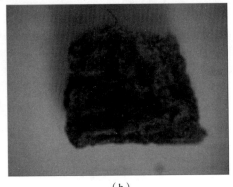

（a）   （b）

图 11 –11   被水浸泡前后 GAP – ETPE 的形貌变化

（a）浸泡前；（b）浸泡 329 天后

另外，含能热塑性弹性体的燃烧产物几乎不含氯化氢、二氧化碳等物质，在降低火箭、导弹的目标特征信号、减弱对制导系统干扰的同时，也具有良好的环境友好性。

11.5   叠氮类含能热塑性弹性体推进剂

叠氮基团具有正生成热（313 ~ 397 kJ/mol），分解时不消耗氧并会放出大量的热同时产生清洁的氮气。诸如聚叠氮基缩水甘油醚（GAP）、聚 3 – 叠氮甲基 – 3' – 甲基氧杂环丁烷（PAMMO）、聚 3，3' – 双叠氮甲基氧杂环丁烷（PBAMO）等的叠氮类预聚物，具有能量高、热稳定性好、燃温低、感度低、分解产物分子量低、与硝胺类炸药相容性良好等优点。目前广泛研究的叠氮类 ETPE 主要包括 GAP 基 ETPE、PBAMO – GAP 基 ETPE 和 P（BAMO – AMMO）基 ETPE 等。

11.5.1　GAP 基 ETPE 推进剂

作为最早开发成功的叠氮类黏合剂，GAP 因其具有正生成热、密度大、氮含量高、机械感度低、燃烧产物清洁等优点，自 20 世纪 70 年代首次合成以来，在固体推进剂中的应用越来越广泛，其分子结构式如图 11－12 所示。GAP－ETPE 通常是由 GAP 通过与二异氰酸酯反应封端，再由二元醇进行扩链得到的热塑性弹性体，即硬段由氨基甲酸酯和扩链剂构成，软段由 GAP 构成。GAP－ETPE 的结构式如图 11－13 所示，其中，R1 代表二异氰酸酯的碳链，R2 代表二元醇的碳链。

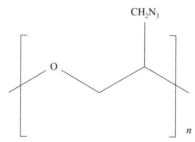

图 11－12　GAP 的结构式

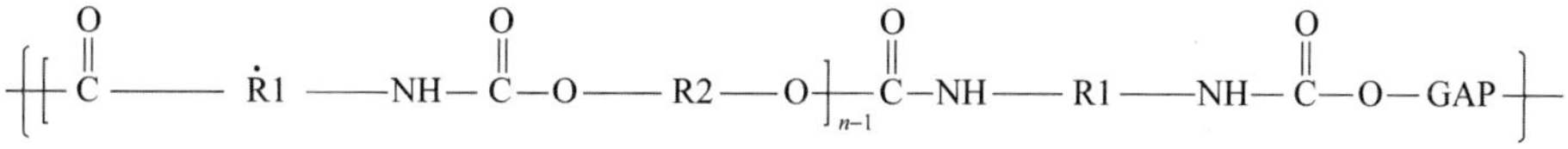

$$\left\{\!\!\left\{ \begin{matrix} O \\ \| \\ C \end{matrix} - \dot{R}1 - NH - \begin{matrix} O \\ \| \\ C \end{matrix} - O - R2 - O \right\}_{n-1} \begin{matrix} O \\ \| \\ C \end{matrix} - NH - R1 - NH - \begin{matrix} O \\ \| \\ C \end{matrix} - O - GAP \right\}$$

图 11－13　GAP－ETPE 的结构式

Diaz[17]将 GAP－ETPE 和推进剂常用的金属燃烧剂 Al 粉混合制备了 GAP－ETPE/Al 复合物，并研究了复合物的性能。他采用了两种方法制备复合物：一种是溶液共混法，将得到的 ETPE 溶于无水乙酸乙酯中，加入不同质量的 Al 粉；另一种将 Al 粉加入 GAP 中，然后和 MDI 固化。前一种方法得到的即为典型的热塑性弹性体模型推进剂。研究结果表明，Al 粉的含量和尺寸对 ETPE 的 T_g 影响不大，纳米尺寸的 Al 粉对 ETPE 的力学影响显著，随 Al 粉含量的增加，

Beaupre[18]等合成了不同分子量的 GAP 含能热塑性弹性体，并进一步和增塑剂 TEGDN、RDX 等一起经过溶液混合、干燥、挤出得到了含能热塑性弹性体推进剂。研究表明该推进剂低温力学良好，具有可回收利用的特性。

吕勇[2]开展了以 GAP 为软段的含能热塑性弹性体的合成和应用研究，并将其应用于改性双基推进剂中。研究表明添加 1% 含量的 GAP－ETPE 后，双基推进剂能量下降不明显，同时可以使其低温延伸率增加 80% 以上，具有良

好的应用前景。

韩国汉阳大学的 Jong Sung You[4] 通过溶剂法制备了 GAP – ETPE 基推进剂并研究了 GAP – ETPE 包覆 RDX 后的热分解行为。他首先制备出 GAP – ETPE/RDX 推进剂，具体方法为：将 RDX 分散到乙酸乙酯中；然后加入 ETPE 的乙酸乙酯溶液，混合一定时间后，将溶剂驱除，进一步通过挤出，切样，45 ℃下干燥 48 h 后得到了所需的模型推进剂。研究表明，该模型推进剂在 150 ~ 250 ℃ 完成热分解，通过热分解动力学得到推进剂的热分解活化能为 170 kJ/mol。他进一步采用双螺杆挤出工艺制备了固体填料 RDX 含量为 80% 的 GAP – ETPE/RDX 推进剂，并研究了其热分解性能。结果表明，GAP – ETPE 黏合剂对降低推进剂热分解温度起到很重要的影响；TG 结果表明，GAP – ETPE/RDX 模型推进剂仅显示一个分解阶段，分解温度范围为 150 ~ 250 ℃，且分解峰温提前了 13 ℃，原因可能是 GAP – ETPE 与 RDX 之间形成强烈的相互作用，从而促使更多的热量释放。他进一步进行了 GAP – ETPE/RDX 推进剂的热分解动力学研究，并从活化能变化的角度分析分解温度提前的原因，热分解活化能从 170 kJ/mol 略微降低到 140 kJ/mol。活化能降低的原因可能是：在分解过程中 RDX 分解形成的气体导致推进剂分解活化能的降低。

李鹤群等[19] 用丙酮溶剂溶解 GAP 热塑性弹性体后混合 HMX 于喷雾干燥仪中，制备 GAP – ETPE/HMX 推进剂，研究了 GAP – ETPE 包覆 HMX 后对推进剂的感度、热分解性能的影响。其中，HMX 粒径为 50 μm。研究表明，经 GAP – ETPE 黏合剂包覆后的 HMX 复合材料（模型推进剂），落高从 19.3 cm 提高到 64.9 cm，该推进剂呈现出良好的钝感效果；另外，热分解性能研究结果表明，在相同加热速率下，纳米复合的 GAP – ETPE/HMX 推进剂的分解放热峰提前 6 ℃，GAP – ETPE/HMX 推进剂的分解活化能降低 63.08 kJ/mol，表现出较易分解的特性。虽然他们研究了 GAP – ETPE 黏合剂包覆 HMX 的热分解性能，但是缺少对全配方推进剂的其他性能的研究，尤其未对该推进剂的分解峰提前和活化能降低的原因做出解释。

赵一博[20] 设计制备了以 PBAMO/GAP 无规嵌段型 ETPE 为黏合剂的热塑性复合推进剂。其最大理论比冲为 267.0 s(7 MPa)，密度为 1.781 9 g/cm，爆热为 6 410 kJ/kg，拉伸强度 0.89 MPa，断裂伸长率 9.5%，具有较好的力学性能。

Pei 等[21] 根据最小自由能理论，使用 ECS(Energy Calculation Star)能量计算软件计算了 PBAMO/GAP 共聚物（$M_n = 7\,500$，PDI = 3.35）热塑性推进剂的能量水平，同时分析了增塑剂、氧化剂以及高能燃料对推进剂能量特性的影响。研究发现，对含有 AP、RDX、HMX 及 CL – 20（六硝基六氮杂异伍兹烷）

的推进剂来说，有最优含量值存在；当使用 ADN 取代 AP 时，推进剂的能量水平线性增加；当使用 AlH₃ 取代 Al 时，推进剂的能量水平显著提高。根据理论计算的结果，通过挤出成型制备了不含 AP 的低特征信号推进剂，随 RDX 含量增加，低压燃速保持不变，高压燃速显著降低，使用三组元催化剂，低压燃速显著增加，燃速压强指数降低，燃烧表面的温度增加。

为提高硝胺推进剂的热性能及力学性能，Guo 等[22] 通过溶液法制备了 4 种不同比例 GAP – ETPE（$Mn = 31\,000$）/NC 黏合剂的硝胺推进剂。研究结果发现，GAP – ETPE 与 NC 具有较好的相容性，增加 GAP – ETPE/NC 中 ETPE 的含量，推进剂的热稳定性显著增加；ETPE 与 RDX 在固相中无相互作用；当 $m(NC):m(ETPE)$ 为 1∶1 和 1∶2 时，硝胺推进剂具有较好的力学性能。推进剂的组成及性能见表 11 – 9。

表 11 – 9　GAP – ETPE/NC/RDX 推进剂的组成及性能

推进剂编号	$w/\%$				$T_p/℃$	σ_m/MPa	$\varepsilon_m/\%$	$\alpha_m/$ (kJ·m^{-2})
	NC	ETPE	RDX	二苯胺				
A1	29.70	0	69.3	1.0	189.0	265.22	5.87	3.58
A2	14.85	14.85	69.3	1.0	207.7	200.85	7.82	5.74
A3	9.90	19.80	69.3	1.0	208.3	131.61	6.54	6.26
A4	0	29.70	69.3	1.0	2 139	33.19	5.36	7.39

目前，叠氮类含能热塑性弹性体推进剂的研究中，对 GAP 基含能热塑性弹性体推进剂的研究已经接近实际应用，有多种应用方向，如含能热塑性弹性体推进剂在低特征信号推进剂、高能推进剂、高燃速推进剂等领域的研究已经取得了初步成果。典型的 GAP 基含能热塑性弹性体推进剂主要有以下几种。

1. GAP – ETPE 基低特征信号推进剂

"低特征信号"是 21 世纪战术导弹固体火箭发动机的重要发展目标之一。固体火箭发动机低特征信号的技术关键是采用"低特征信号推进剂"，这是在微（少）烟推进剂基础上发展的"既无烟，又无焰"的新型推进剂品种，是当今固体推进研究和发展的一个重要方向。

固体推进剂燃烧产物是大量气体与少量凝聚物的混合物。气体主要为 CO、CO_2、H_2、H_2O、N_2 和 HCl。在羽流区有许多现象产生，如湍流、电子激发、电离作用和最为重要的后燃（Afterburning）现象，从而形成烟雾、噪声、辐射能，干扰制导或通信信号和污染环境。因此，推进剂中不用或少用（20% 以下）AP 会减少固体推进剂燃烧产物中 HCl 的生成，这样可降低二次烟的产生，从而降低推进剂的特征信号。

王真[13]研究了 GAP – ETPE 基低特征信号推进剂的流变性能，根据固体填料对推进剂抗拉强度、断裂伸长率等力学性能以及黏度、黏流活化能等流变性能影响的规律，制备了 GAP – ETPE/NC/NENA/Al/NC 低特征信号推进剂，表现出优异的力学性能和流变性能，同时其能量性能、感度等基本性能满足应用需求。其研究结果表明，推进剂在 60 ~ 100 ℃下黏度在 10^4 Pa·s 以上，并呈现出假塑性流体特征；推进剂的黏度和应力随温度升高而降低，随固体含量的增加而增大；低剪切速率时，推进剂的黏度受推进剂固体含量的影响较大；固体含量越高，推进剂的黏流活化能越小。当黏合剂含量大于 25% 时，推进剂的黏度和应力等明显降低。黏合剂含量相同时，推进剂的黏度随 Al 粉含量的增加而增大，黏流活化能随 Al 粉含量的增加略有增大。研究结果对指导 GAP – ETPE 基低特征信号推进剂加工具有重要意义。

以此理论研究为基础，孙启利[23]制备了以 GAP – ETPE/GAPA/RDX/Al 为基础配方的低特征信号推进剂，系统研究了推进剂的能量性能、工艺性能、力学性能、热分解性能等。这是一种理论比冲高于 257 s，密度高于 1.7 g/cm^3 的 GAP – ETPE 基低特征信号固体推进剂，该推进剂具有低感度的特点，在火箭、导弹等武器装备中具有很好的应用前景。课题组进一步利用蠕变变形叠加原理，建立了研究热塑性弹性体推进剂黏弹塑性本构关系的方法，揭示了热塑性弹性体推进剂受外加载荷作用下的黏弹塑性的变化规律，为 GAP – ETPE 低特征信号推进剂装药设计提供了指导。此外，他还研究了硝酸纤维素（NC）含量对 GAP – ETPE 推进剂蠕变性能的影响。课题组使用旋转流变仪研究了在各种剪切应力和温度下 GAP – ETPE 推进剂的蠕变行为。研究结果表明，GAP – ETPE/NC 基推进剂的蠕变应变和蠕变速率随着剪切应力的增加而增加，并且在高温下也呈现类似的蠕变行为趋势。GAP – ETPE/NC 基推进剂的蠕变应变和蠕变速率明显小于未添加 NC 样品，表明 NC 抑制了黏合剂链段的迁移率并改善了 GAP – ETPE 基推进剂的抗蠕变性。GAP – ETPE/NC 推进剂的抗蠕变机理来自 NC 改变了连续相的线性流动并限制了推进剂中链段的迁移率，从而提高了其抗蠕变性。

2. GAP – ETPE 基高能推进剂

固体推进剂的能量水平决定了火箭、导弹的射程。载荷相同时，提高火箭发动机的能量可以增大火箭的射程；射程相同时，发动机能量的提高可以增加战斗部质量进而提高毁伤能力。因此，固体推进剂能量水平的提高对火箭、导弹等具有积极意义。含能热塑性弹性体本身具有能量高的特点，以此为黏合剂制备高能推进剂具有很大发展潜力。

桑超[9]以 GAP – ETPE 为黏合剂，在添加传统高能填料的基础上，引入纳米复合含能材料，制备了 GAP – ETPE 基高能固体推进剂。以溶胶 – 凝胶法为基础，结合了低温煅烧等新技术，制备了多种功能性铝基纳米复合含能材料（其中 Fe_2O_3/Al 纳米复合含能材料的制备过程如图 11 – 14 所示），使其兼具能量高、比表面积大、催化性能优异等特点，应用于 GAP – ETPE 推进剂后可提高推进剂的能量性能，同时还能促进推进剂燃烧，提高其燃速。以 GAP – ETPE/RDX/Al/AP 为基本配方的推进剂添加不同铝基纳米复合含能材料后，其理论比冲达到 270 s 以上，实测爆热达到 6 600 J/g 以上。通过对推进剂制备工艺的优化，GAP – ETPE 高能推进剂的机械感度较低，摩擦感度为 22% 左右，特性落高 H_{50} 为 36 cm 左右。对此推进剂的综合性能研究发现，其力学性能、燃烧性能、密度、蠕变性能等均较为优异，可满足其应用需求。

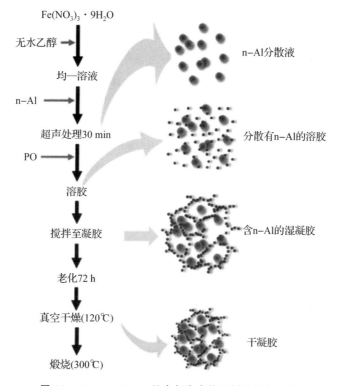

图 11 – 14　Fe_2O_3/Al 纳米复合含能材料的制备过程

3. GAP – ETPE 基高燃速推进剂

固体推进剂通过燃烧做功，固体推进剂燃烧过程的调控、能量的释放、燃速变化的规律和燃烧过程的稳定性是推进剂在武器中应用的关键，其燃烧性能是直接影响火箭发动机弹道性能的重要因素。高燃速固体推进剂可使固体火箭发动机在短时间内产生较大的推力，可提高反坦克导弹、防空导弹等的初速，增加其射程及精度。

李鑫[24]以 GAP – ETPE 为黏合剂制备了高燃速推进剂。在研究了过渡金属氧化物类等常用燃速催化剂对推进剂组分 GAP – ETPE 以及 AP 热分解性能影响的基础上，通过选择合适的燃速催化剂及 AP 粒径，制备了基础配方为 GAP – ETPE/Al/AP 的高燃速推进剂，在 20 ℃、10 MPa 下推进剂燃速可达 50 mm/s 左右。通过对推进剂进行热分析、燃烧波温度分布分析和熄火表面分析发现，超细 AP 对推进剂凝聚相热分解性能影响较小，其主要是促进了推进剂燃烧过程中气相反应区向燃烧表面的热反馈，进而提高推进剂燃面温度，使推进剂燃速增加。通过研究发现，制备的 GAP 基 ETPE 高燃速推进剂高温（50 ℃）抗拉强度均大于 2.0 MPa，低温（ – 40 ℃）断裂伸长率均大于 4%；密度均大于 1.84 g/cm³；摩擦感度均低于 64%，撞击感度（H_{50}）均大于 26.4 cm，具有广泛的应用前景。

11.5.2 PAMMO、PBAMO 基 ETPE 推进剂

PBAMO 氮含量高达 50%，生成热高于 GAP，是目前能量水平最高的叠氮类含能聚合物。PBAMO 每个结构单元含有两个对称叠氮甲基，具有规整链结构，室温下呈晶态，侧链含有大量刚性的叠氮基团，聚醚主链的柔顺性变差，力学性能不佳，不能直接用作黏合剂。

1990 年，Biddle 等[5]研究了 P（BAMO – AMMO）/RDX 热塑性弹性体固体推进剂的力学性能，所制备的推进剂配方，黏合剂和氧化剂比例为 22∶78，采用双螺杆挤出，加工温度为 100 ~ 125 ℃。研究发现，其 σ_m 为 2.58 MPa，ε_b 为 1.7%。

Oyumi 等[25]研究了 P（BAMO – AMMO）/HMX、P（BAMO – AMMO）/AN/HMX 推进剂的热分解和燃烧特性，并考察了催化剂的作用。所制得的推进剂的配方组成如表 11 – 10 所示。研究表明，P（BAMO – AMMO）黏合剂的分解放热引发并加速 HMX 和 AN 的热分解。对于该推进剂来说，重铬酸铵与铬酸铜复配能催化该推进剂并提供其燃速，降低燃速压力指数。

表 11-10　P(BAMO-AMMO)基推进剂的配方组成　单位:%

编号	PBA	HMX	AP	AN	硬脂酸铅	重铬酸铵	铬酸铜	炭黑
1	25	75						
2	25	75			3			0.6
3	25	65	10					
4	25	65		10				
5	25	15		60				
6	25	15		60		2		
7	25	15		60			2	
8	25	15		60		2	2	

Hamilton[1]制备了 P(BAMO-AMMO)基推进剂,其配方基本组成(质量分数)为:P(BAMO-AMMO)黏合剂含量为 20%;氧化剂 AP(级配 20 μm/200 μm,19.5%/45.5%)含量为 65%;Al 粉含量为 15%。研究表明,推进剂最大拉伸强度为 0.77 MPa,断裂伸长率为 11%;该推进剂可以重复加工使用。实测燃烧性能:实验压力为 3.92 MPa;实测比冲为 215 s,比冲效率为 96.4%。18 kg 实验发动机试车结果表明,该推进剂弹道性能良好;发动机低压下燃烧洁净,没有残渣;试车曲线规则平整。推进剂弹道性能:实验压力为 3.92 MPa;膨胀比/喷管直径/出口直径为 1.5/42.8 mm/52.58 mm;推进剂实测比冲为 215 s,比冲效率高达 96.4%。

张弛[26]采用双辊碾压成型法制备 P(BAMO-AMMO)含能热塑性复合推进剂,配方比例为:P(BAMO-AMMO)/AP/RDX/Al/BuNENA/催化剂(15/40/18.5/18/5/3.5),并研究它的力学、热学和能量性能。研究表明,所制备的推进剂,其 σ_m 和 ε_b 分别为 1.56 MPa 和 20%;T_g 为 -50.46 ℃;密度为 1.810 2 g/cm³;爆热为 6 256 kJ/kg,理论比冲达到 275.45 s。对比传统的 BAAB 基热塑性推进剂,P(BAMO-AMMO)含能热塑性复合推进剂具有良好的综合性能。

王刚[27]合成了 P(BAMO-AMMO)基含能热塑性弹性体,通过优化,PBA 黏合剂的最大拉伸强度达到 5.24 MPa,断裂伸长率达到 390%。他采用双辊压延工艺制备了 P(BAMO-AMMO)/Bu-NENA/RDX/AP/Al 基推进剂,配方组成为:BAMO-AMMO 黏合剂的质量分数为 15%,Bu-NENA 为 5%,

RDX 为 20%，Al 粉为 18%，AP 为 38.5%，其他为 3.5%。推进剂在 10 MPa 时理论比冲为 275.46 s，摩擦感度为 48%，撞击感度（H_{50}）为 47.5 cm，具有很好的应用前景。

另外，他还研究了 GAPA 增塑的 P(BAMO – AMMO)基推进剂，推进剂配方：P(BAMO – AMMO)黏合剂的质量分数为 15%，GAPA 为 5%，HMX 为 28%，AP 为 30.5%，Al 粉为 18%，其他为 3.5%。该推进剂在 10 MPa 时的理论比冲为 275.19 s，实测密度为 1.774 g/cm^3，爆热为 5 184.77 kJ/kg，撞击感度（H_{50}）为 62.5 cm，摩擦感度为 40%，低温（–40 ℃）ε_b 为 2%，高温（50 ℃）σ_m 为 0.72 MPa；老化性能测试表明，随着老化时间的增大，推进剂的力学性能基本不变。

|11.6 硝酸酯类含能热塑性弹性体推进剂|

硝酸酯类 ETPE 与硝酸酯类增塑剂相容性好，燃气较为洁净，由于含有富氧基团，提高了配方体系的氧平衡，可减少氧化剂用量，增加其他高能填料含量，从而提高总体能量。目前，国内外关于含有硝酸酯基团的 ETPE 报道较少，最具有代表性的硝酸酯类含能预聚物主要有聚 3 – 硝酸酯甲基 – 3' – 甲基氧丁环（PNIMMO）和 PGN 等。

11.6.1 PNIMMO 基 ETPE 推进剂

Kimura[28]以 P(BAMO – NIMMO)为黏合剂、HMX 为氧化剂制备了三种推进剂，并对推进剂中 BAMO 和 NIMMO 的比例对推进剂的影响做了详细的研究。他制备了 BAMO 和 NIMMO 的比例为 8:2、7:3、6:4 的三种推进剂，推进剂的燃速公式为 $u = 1.424\,1p^{0.718\,5}$，$u = 1.287\,5p^{0.733\,9}$ 和 $u = 1.253\,9p^{0.715\,7}$（图 11 – 15）。其中当 BAMO 和 NIMMO 比例为 8:2 时，所制备的热塑性弹性体固体推进剂燃烧速率最快，三种推进剂的压力指数相差不大。还对以 P(BAMO – NIMMO)23.8%、HMX 14.3%/AN 57%、亚铬酸铜 2.9% 和巴特辛 1.9% 为配方合成的推进剂与 HTPB 为黏合剂的推进剂作对比。研究发现，ETPE 为黏合剂的热塑性弹性体固体推进剂的燃烧速率几乎是 HTPB 推进剂的 3 倍；另外，FCO 测试证明了热塑性弹性体固体推进剂有更短的点火时间。

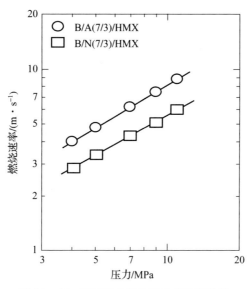

图 11-15 不同黏合剂体系的推进剂燃速

1990 年，Biddle 等[5]研究 P(BAMO - AMMO)/RDX 热塑性弹性体固体推进剂的同时，还研究了 P(BAMO - NIMMO)/RDX 热塑性弹性体固体推进剂的力学性能，所制备的推进剂配方，黏合剂和氧化剂比例都为 22 : 78，采用双螺杆挤出，加工温度为 100 ~ 125 ℃。研究发现，前者的 σ_m 为 2.58 MPa，ε_b 为 1.7%，后者的 σ_m 为 3.17 MPa，ε_b 为 2%。

11.6.2 PGN 基 ETPE 推进剂

美国[29]报道了一系列以 PGN 弹性体为黏合剂、AP 为氧化剂，以铍（Be）或氢化铍（BeH$_2$）为金属燃料的新型航天发动机高能固体推进剂配方，这些配方在标准条件下的理论比冲超过 350 s，而且完全避免了在推进剂配方中使用硝酸酯类的含能增塑剂组分。在 PGN/AP/BeH$_2$ 推进剂中，当配方中的高能固体质量分数为 60% ~ 85% 时，均可得到性能优越的固体推进剂配方。推进剂的比冲也随着配方中高能固体质量分数的增加而增加，当配方中的高能固体质量分数达到 80% ~ 85% 时，推进剂的理论比冲超过 400 s。而在 PGN/AP/Be 推进剂中，推进剂的性能（理论比冲）却并没有随着配方中高能固体质量分数的增加而进一步提高，这应该是由于推进剂燃烧火焰温度的大幅升高导致了较多其他对贡献能量不利的副反应发生。高能固体质量分数为 60% 的 PGN/AP/Be 推进剂配方的理论数据表明，HMX 和 DAG 都可以在 PGN/AP/Be 固体推进剂配方中用作降低燃烧火焰温度并提高推进剂能量水平的添加剂。

张在娟等[30]通过本体法合成了 PGN 基 ETPE。研究表明，ETPE 热分解分为 $-ONO_2$、氨基甲酸酯链段、聚醚主链和残留的硬段降解四个阶段，分解产物主要为 N_2O、CO_2、CH_2O 和 C_2H_4O。此外，他们通过调控混合扩链剂 DBM/BDO 或相对投料量，使用本体法合成了具有键合功能的 PGN 基 ETPE。研究发现 RDX/ETPE(DBM/BDO = 75/25) 推进剂试样不会出现"脱湿"现象，力学性能良好。

|11.7　含能热塑性弹性体推进剂的发展趋势|

含能热塑性弹性体推进剂具有力学性能好、生产周期短、批次重复性好、可回收再利用等优点，是未来推进剂研究的前沿和热点之一，发展趋势主要集中在以下几个方面。

1. 新型含能热塑性弹性体的制备和应用

ETPE 软硬段种类少，且聚合物链骨架通常为线型醚链聚合物，需制备多种类/多功能化 ETPE，进一步改善其能量、流变性能、力学性能等，解决加工及应用问题，以满足新型武器的发展要求。例如，开展含能热塑性弹性体黏合剂多功能化研究，通过引入功能化基团，使黏合剂既具有黏结的作用，又能具备键合剂、氧化剂和催化剂的功能。

2. 多种含能热塑性弹性体为基体推进剂的研究及应用

含能热塑性弹性体和固体填料种类非常多，性能各异。而含能热塑性弹性体推进剂的研究还处于初步阶段，对多种含能热塑性弹性体推进剂实际应用的研究还未见报道。因此，通过热塑性弹性体黏合剂与固体填料的选择和匹配设计，制备出不同领域应用的推进剂，开展力学、加工工艺、燃烧等基础性能研究满足未来武器系统多方面发展的需求有较大发展前景。以不同种类的含能热塑性弹性体为基础，结合其各自特点，对高密度、高能、高燃速等特殊性能推进剂的研究与应用还有待深入。

3. 含能热塑性弹性体推进剂成型工艺的研究

目前，含能热塑性弹性体推进剂制备成型过程中仍需使用有机溶剂，如 THF、二氯乙烷等，这些溶剂对环境有较大危害。因此，探索绿色、安全的新型成型工艺是非常迫切的，这些新型工艺包括螺压、油压工艺，本体法制备等。

参 考 文 献

［1］ Hamilton R，Mancini V. Demonstration of an aluminized BAMO – AMMO thermoplastic elastomer rocket propellant ［J］. Combustion and Detonation，1998：105 – 1.

［2］ 吕勇. GAP 型含能热塑性聚氨酯弹性体的合成及应用研究 ［D］. 北京：北京理工大学，2009.

［3］ 左海丽，肖乐勤，菅晓霞，等. GAP/MDI/DEG 含能热塑性弹性体的合成与性能 ［J］. 高分子材料科学与工程，2010，26（12）：20 – 23.

［4］ 宋晓庆，王文浩，周集义，等. GAP 基热塑性弹性体的合成与表征 ［J］. 化学推进剂与高分子材料，2011，9（4）：70 – 72.

［5］ 张在娟. 含能热塑性聚氨酯弹性体的合成与表征 ［D］. 北京：北京理工大学，2015.

［6］ Subramanian K. Hydroxyl – terminated poly（azidomethyl ethylene oxide – b – butadiene – b – azidomethyl ethylene oxide）—synthesis，characterization and its potential as a propellant binder ［J］. European Polymer Journal，1999，35（8）：1403 – 1411.

［7］ You J S，Kang S C，Kweon S K，et al. Thermal decomposition kinetics of GAP ETPE/RDX – based solid propellant ［J］. Thermochimica Acta，2012，537：51 – 56.

［8］ Biddle R A，Willer R L. Thermoplastic elastomer – based low vulnerability ammunition gun propellants：U. S. Patent 4，976，794 ［P］. 1990 – 12 – 11.

［9］ 桑超. 铝基纳米复合含能材料的制备及在 GAP – ETPE 推进剂中的应用研究 ［D］. 北京：北京理工大学，2021.

［10］ Mengyuan，Du，Hequn，et al. Preparation and characterization of HMX/GAP – ETPE nanocomposites ［J］. International Journal of Energetic Materials & Chemical Propulsion，2016，15（2）：131 – 140.

［11］ Kimura E，Oyumi Y. Effects of Copolymerization Ratio of BAMO/NMMO and catalyst on sensitivity and burning rate of HMX propellant ［J］. Propellants，Explosives，Pyrotechnics，2010，20（4）：215 – 221.

［12］ 蒋海，杨序平，杨文彬，等. HQEE 扩链聚氨酯弹性体的形态结构及动

态流变行为［J］. 含能材料，2012，20（3）：319 – 323.

［13］ 王真. GAP 基含能热塑性弹性体推进剂的流变性能研究［D］. 北京：北京理工大学，2017.

［14］ Hamilton R，Wardle R B，Hughes C D，et al. A fully recyclable oxetane TPE rocket propellant［J］. Energetic Materials – Modelling of Phenomena，Experimental Characterization，Environmental Engineering，1999：40 – 41.

［15］ Ampleman G. Development of a newgeneration of insensitive explosives and gun propellants［J］. International Journal of Energetic Materials & Chemical Propulsion，2010，9（2）：107 – 132.

［16］ Monteil – Rivera F，Deschamps S，Ampleman G，et al. Dissolution of a new explosive formulation containing TNT and HMX：Comparison with octol［J］. Journal of Hazardous Materials，2010，174（1 – 3）：281 – 288.

［17］ Emmanuela，Diaz，Patrick，et al. Polymer Nanocomposites from Energetic Thermoplastic Elastomers and Alex［J］. Propellants Explosives Pyrotechnics，2003，28（4）：210 – 215.

［18］ Beaupré F，Ampleman G，Nicole C，et al. Insensitive propellant formulations containing energetic thermoplastic elastomers：U. S. Patent 6，508，894［P］. 2003 – 1 – 21.

［19］ 李鹤群. 微纳米共晶含能材料的设计、制备及性能研究［D］. 太原，中北大学，2017.

［20］ 赵一搏. PBAMO/GAP 含能黏合剂的合成、表征和应用研究［D］. 北京：北京理工大学，2012.

［21］ Pei J，Zhao F，Wang Y，et al. Energy and combustion characteristics of propellants based on BAMO – GAP copolymer［M］. Chemical Rocket Propulsion：Springer，2017：341 – 363.

［22］ Guo M，Ma Z，He L，et al. Effect of varied proportion of GAP – ETPE/NC as binder on thermal decomposition behaviors，stability and mechanical properties of nitramine propellants［J］. Journal of Thermal Analysis and Calorimetry，2017，130（2）：909 – 918.

［23］ 孙启利. GAP 基含能热塑性弹性体推进剂的制备及性能研究［D］. 北京：北京理工大学，2018.

［24］ 李鑫. GAP 基 ETPE 高燃速固体推进剂研究［D］. 北京：北京理工大学，2016.

［25］ Oyumi Y，Inokami K，Yamazaki K，et al. Burning rate augmentation of

BAMO based propellants [J]. Propellants, Explosives, Pyrotechnics, 1994, 19 (4): 180 – 186.

[26] 张弛, 李杰, 罗运军, 等. 交替嵌段型 BAMO – AMMO 热塑性弹性体的性能 [J]. 高分子材料科学与工程, 2014, 30 (1): 62 – 65.

[27] 王刚. PBA 含能热塑性弹性体的合成, 表征及在固体推进剂中的应用研究 [D]. 北京: 北京理工大学, 2015.

[28] Kimura E, Oyumi Y. Sensitivities of azide polymer propellants in fast cook – off, card gap and bullet impact tests [J]. Journal of Energetic Materials, 1997, 15 (2 – 3): 163 – 178.

[29] Willer R L, Mcgrath D K. High performance space motor solid propellants: U. S. Patent 5, 798, 480 [P]. 1998 – 8 – 25.

[30] Zhang Z, Wang G, Luo N, et al. Thermal decomposition of energetic thermo-plastic elastomers of poly (glycidyl nitrate) [J]. Journal of Applied Polymer Science, 2014, 131 (21): 40965.

第 12 章

富燃料固体推进剂

|12.1 富燃料推进剂的定义及分类|

固体火箭冲压发动机具有重量轻、体积小、比冲高、速度快等特点，可以大幅提高武器系统在战争中的打击和生存能力，因此，固体火箭冲压发动机是空空导弹、反舰导弹、反辐射导弹、巡航导弹的理想推进系统，也是实现炮弹增程的有效途径。

冲压发动机比冲显著高于常规火箭发动机，这是由于常规火箭发动机自带氧化剂，且氧化剂在推进剂总量中占有较大比重。而冲压发动机能够充分利用空气中的氧气，可以不带或少带氧化剂，因此冲压发动机的比冲可提高至火箭发动机的 $4 \sim 6$ 倍。与涡喷发动机相比，在超声速（超声速指 $Ma1.5 \sim 5.0$，$1Ma$ 为 1 倍声速，记为 Ma）飞行条件下，冲压发动机的推重比和推阻比均优于涡喷发动机。另外，冲压发动机的工作速度范围很宽，在 $Ma1.5 \sim 5.0$ 的范围内均可以有效工作，即使在空气密度很高的海平面，其最大工作速度也可高达 $3Ma$。此外，冲压发动机驱动的导弹可以在巡航飞行状态实现全程有动力飞行，这将大大提高导弹的机动性，从而提高导弹的突防能力及末端轨道姿势修正能力。

固体火箭冲压发动机的性能很大程度上取决于富燃料推进剂的能量水平，富燃料推进剂性能越好，固体火箭冲压发动机就可以展现出越高的性能优势。经过几十年发展，针对不同性能要求，富燃料推进剂已经形成了多种分支，按照富燃料推进剂中燃料种类的不同一般可分为碳氢富燃料推进剂、中能富燃料推进剂和高能含硼富燃料推进剂。碳氢富燃料推进剂是以炭黑、石墨、聚立方烷等非金属物质为燃料。中能富燃料推进剂多以铝、镁为金属燃料，也有以锆、钛为燃料的富燃料推进剂，但由于成本、性能、安全等问题，锆基、钛基中能富燃料推进剂仍未大量工程应用。高能富燃料推进剂主要以硼为燃料，是目前为止能量最高的富燃料推进剂之一，也是最为理想的固体火箭冲压发动机用推进能源。

|12.2　冲压发动机工作原理|

冲压发动机按照燃料物态和储存燃料位置，可分为液体燃料冲压发动机、固体火箭冲压发动机、固体燃料冲压发动机。火箭冲压发动机的基本类型和结构如图 12 - 1 所示。

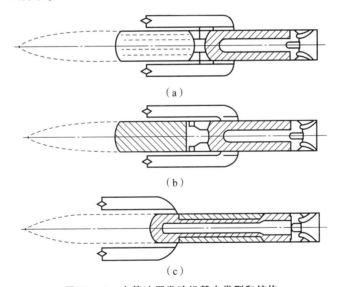

图 12 - 1　火箭冲压发动机基本类型和结构

（a）液体燃料冲压发动机；（b）固体火箭冲压发动机；（c）固体燃料冲压发动机

液体燃料冲压发动机主要由燃料储箱、燃烧室喷射系统、进气道、火焰稳定器、出口喷管组成，如图 12 - 1（a）所示。液体燃料冲压发动机运行时，燃料由储箱输送到喷射系统，经喷射后与空气混合并发生燃烧，产生的气体经出口喷管喷出。

　　固体火箭冲压发动机由燃气发生器、进气道、补燃室、喷管等几部分构成，如图 12-2 所示。固体火箭冲压发动机运行时，富燃料推进剂在燃气发生器中燃烧形成携带大量燃料的富燃气体，这些富燃气体通过气流控制系统被喷射到补燃室中。空气经进气道压缩后进入补燃室，与富燃气体混合并发生反应，完全燃烧后的气体产物经燃烧器后端的喷嘴排出做功。

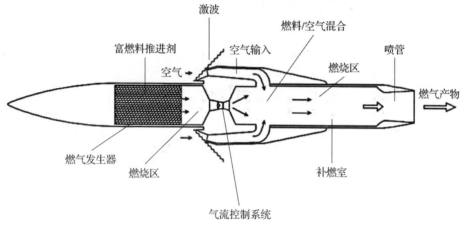

图 12-2　固体火箭冲压发动机运行示意图

　　固体燃料冲压发动机运行中，冲压空气经进气道进入燃烧室，流经固体药柱中心时与周围燃料药柱热解、蒸发产物进行混合、燃烧。固体燃料冲压发动机结构简单，具有燃气生成自适应调节能力，且固体燃料不含或含极少氧化剂，因此可获得更高比冲。

　　与常见固体火箭发动机不同，冲压发动机需要持续不断的高速气流从进气口流入燃烧室以保证稳定燃烧，因此冲压发动机往往需要携带助推燃料，将火箭加速到一定飞行速度后，冲压发动机才会开始工作，这也使得固体冲压发动机较常规固体火箭发动机结构更为复杂。

|12.3　冲压发动机对富燃料推进剂的需求|

12.3.1　固体火箭冲压发动机对富燃料推进剂的需求

　　多种新型武器系统均对固体火箭冲压发动机有重要需求，包括空空导弹、高速防空导弹、超声速反舰导弹、大口径增程炮弹等。

空空导弹的发展方向之一是远程化，而实现远距空空导弹的难点之一在于远距离推进动力技术。经过几十年的发展，固体火箭发动机技术已较为完善，短期内明显提高其性能的可能性很小，因此大多国家在积极寻求新的技术途径，而固体火箭冲压发动机就是一种经试验证明十分有效的技术途径，其主要优势在于可以提供较相同质量的固体火箭发动机高得多的能量，提供约 2 倍的有效动力射程，可使导弹获得更高的巡航速度以及更强的末段机动能力。空空导弹的发展将从采用双推固体火箭发动机、双脉冲固体火箭发动机，逐步过渡到使用及维护同样简单的、具有射程远、速度快、体积小、结构简单等诸多优点的固体火箭冲压发动机。固体火箭冲压发动机不仅是未来高速空射战术导弹的最佳动力方案，也非常适合地射型和舰射型高速防空战术导弹应用。

针对现代反舰作战的需求，反舰导弹既要飞得快、飞得远，又要机动能力强，这使得常规火箭发动机很难满足其要求。因此，未来超声速反舰导弹的动力装置，一方面大力寻求固体火箭发动机自身性能的提高和技术创新；另一方面将采用新型特种推进技术，如整体式固体火箭冲压发动机。整体式固体火箭冲压发动机兼有固体火箭发动机与冲压发动机的双重优点，理论比冲达到固体火箭发动机比冲的 3~4 倍，理想的工作速度范围为 $Ma\ 4\sim6$，是高速导弹的理想动力装置。随着整体式固体火箭冲压发动机大攻角进气道性能的提高和高能富燃料推进剂的研制成功，不远的将来，采用该发动机的反舰导弹将不仅具有速度快、射程远、体积小的优点，且可实施全程主动攻击，末段大过载机动，从而大大提高导弹的抗干扰和突防能力。

关于固体火箭冲压发动机用于炮弹增程方面，美国、瑞典、南非等国家从 20 世纪 80 年代开始对此进行了系统研究，其难点在于冲压发动机的小型化、小发动机中燃料的高效燃烧以及旋转条件下工作的稳定性等。

12.3.2　固体燃料冲压发动机对富燃料推进剂的需求

固体燃料冲压发动机最初采用的燃料主要是含金属的燃料和普通碳氢燃料，20 世纪 80 年代以后，研究者陆续研究了能量密度较高的聚立方烷碳氢燃料、硼基燃料、硼基 BAMO/NMMO 等富燃料推进剂。

Helmy、Segal 等[1]考察了高能量密度烃类化合物作为固体燃料的特点，将高能量密度燃料 PCU 烯烃二聚物与 10% 的苯乙烯/聚丁二烯共聚物黏合剂制成固体燃料进行了燃烧实验，为 $Ma\ 0.12\sim0.25$，静压、恒温为 $150\sim250\ MPa$、300 K 的空气中点火，发现高能量密度燃料放出的热量达到 HTPB

固体燃料的 2 倍。20 世纪 80 年代发展的含能共聚物 NMMO/BAMO 成为固体燃料可自持分解黏合剂的一种有价值的选择，Kuo、Hsich 等[2]研究了在燃料中使用含能黏合剂的可能性，以及 B/BAMO/NMMO 富燃固体推进剂的燃烧行为。90 年代初，主要研制了具有高体积比冲的高金属（包括硼燃料）含量固体燃料，典型配方是将 50% 的金属（硼或碳化硼）与 HTPB 聚合物混合，但是为了提高固体燃料的点火可靠性和燃烧效率，美国某些推进设备公司在固体燃料配方中加入少量氧化剂，以增强燃烧火焰的稳定性。在固体燃料冲压发动机中采用的类似于含硼富燃料推进剂的固体燃料已成为发展的主流方向。

|12.4 富燃料推进剂的发展|

自 20 世纪 60 年代以来，法国、苏联、德国、美国等国相继开始对冲压发动机和富燃料推进剂进行研究。苏联在 1967 年定型的 SA－6 型防空导弹就采用了固体火箭冲压发动机，其使用的是含镁富燃料推进剂（Mg 为 65.5%，$NaNO_3$ 为 24.4%，萘 7.5%，其他 2.6%），热值约为 18.8 MJ/kg，比冲接近 4.9 kN·s/kg。印度在 20 世纪 80 年代仿制 SA－6 导弹的阿卡什导弹也采用了类似的镁基富燃料推进剂。

20 世纪 70 年代开始，德、法、美等国率先开始对含硼富燃料推进剂进行研究，分别在 80 年代研究出了用于冲压发动机的高压强指数含硼富燃料推进剂配方。近几十年来，德国、法国通过多次飞行试验在富燃料推进剂研究及应用方面取得了长足的进步。21 世纪初，欧洲的"流星"空空导弹成功应用了含硼量为 40% 的含硼富燃料推进剂，其质量和体积热值分别达到 35.4 MJ/kg 和 60 MJ/L 以上，压力指数最高可达 0.55，代表了当前可工程应用的含硼推进剂的最高水平。

日本在富燃料推进剂方面也进行了大量研究，通过添加金属镁、钾盐等措施，显著改善了富燃料推进剂的点火和燃烧性能，制得的富燃料推进剂的密度大于 1 800 kg/m^3，燃速压强指数可大于 0.5，比冲接近 10 000 N·s/kg（表 12－1）。日本在 GAP 推进剂方面研究较为突出，GAP 推进剂显示出良好的自持燃烧能力，而且在工作压强范围内压强指数较高。

表 12 - 1　国外富燃料推进剂参数

国家	年份	代号	类型	燃料含量	压强指数	压力范围 /bar	热值 /(MJ·kg⁻¹)	比冲 /(N·s·kg⁻¹)
苏联	1967	SA - 6	含镁	65.5% Mg			18.8	< 4 900
德国	1980s	ANS 计划	含硼	40% B		4 ~ 100		
德国	1994	AMPT 计划	含硼		0.55			
德国	1999	EURAAM 计划	含硼	35% B		1 ~ 100	35	
欧洲	2004	"流星"导弹	含硼	40% B	0.3 ~ 0.55	4 ~ 100	35.4	
日本			含硼	32% B	> 0.5			10 000
德国		MBB 公司	含硼	最高 50% B			35.5 ~ 39.7	> 10 000

$$热值 /(MJ·kg^{-1})$$

我国在 20 世纪 90 年代以来也开始对富燃料推进剂进行研究,湖北航天化学技术研究所和内蒙合成化工研究所分别解决了 35% 含硼量的 HTPB 推进剂和 82% 固体含量的含硼推进剂的工艺难题,并成功将推进剂应用于型号冲压发动机[3,4]。近年来,国防科技大学[5]、西北工业大学[6]、兵器工业集团有限公司第 204 所[7]、航天科工集团第三研究院 31 所[8]等对富燃料推进剂的配方、工艺、性能也进行了很多有益探索和研究。

|12.5　富燃料推进剂的组成与作用|

富燃料固体推进剂与复合固体推进剂相似,是以黏合剂为基础填充固体填料的复合材料。其主要由黏合剂(如 HTPB、CTPB、GAP 等)、氧化剂(如高氯酸铵、高氯酸钾、硝酸铵等)、金属燃料(如硼粉、镁粉、铝粉、镁铝合金粉、聚立方烷等)、弹道改良剂、增塑剂和固化剂等组成见表 12 - 2。

表 12 - 2　富燃料推进剂与复合固体推进剂的基本配方

推进剂	氧化剂/%	金属燃料/%	黏合剂/%
富燃料推进剂	25 ~ 40	25 ~ 45	20 ~ 30
复合固体推进剂	60 ~ 80	0 ~ 22	8 ~ 15

富燃料推进剂固体含量一般为 70%～75%，金属燃料实际用量为 25%～45%，可达到一次喷射效率不小于 97%，燃速压强指数 0.1～0.6。与普通复合推进剂相比，富燃料推进剂中金属燃料含量大幅增加，氧化剂含量减少。富燃料推进剂的组成特点和应用环境也导致富燃料推进剂存在燃烧不稳定、燃烧缓慢、点火困难、燃烧不完等问题。

目前，主要是通过固体推进剂配方调节优化来解决富燃料燃烧和点火问题，包括：使用燃速催化剂，如二茂铁或碳硼烷及其衍生物；使用新型氧化剂及氧化剂复配；使用含能黏合剂；添加活性金属等方法。

添加燃速催化剂是改善富燃料燃烧问题的有效方法之一，添加液态金属化合物可以明显改善富燃料推进剂燃速，但这类催化剂在使用时会向衬层迁移，使得推进剂与衬层的黏结强度下降，导致推进剂力学性能降低。镁、锂等低熔沸点活性金属可显著降低推进剂点火能量，但由于其较低的能量水平，会导致富燃料推进剂能量性能下降。通过减小氧化剂粒径、使用高能氧化剂和不同氧化剂复配同样可以改善富燃料推进剂的燃烧特性，但过高的氧化剂含量不仅会导致推进剂能量降低，也可能影响推进剂的工艺性能和安全性能。因此，要获得综合性能优良的推进剂绝非易事，需要平衡包括能量水平、点火性能、燃烧性能（燃速、压力指数、喷射效率）、工艺性能等在内的综合性能。

12.5.1 黏合剂

富燃料推进剂使用的黏合剂主要包括 HTPB、CTPB、GAP、P（BAMO/THF）和 PNMMO 等。

HTPB 价格低廉、黏度低，可加入较多的固体成分，同时具有优异的力学性能、较高的热值、良好的耐水、耐酸碱、室温稳定等性能。HTPB 基富燃料推进剂由于其较为均衡的性能水平和应用优势，国内外对 HTPB 基富燃料推进剂有较多研究，

GAP、PBAMO 等叠氮类黏合剂具有生成热高、密度大、成气性好等特点，已成为高能、无烟推进剂研制中最活跃的领域之一。含 GAP 的推进剂具有燃速高、对压强敏感、燃温低等特点，其燃烧产物大部分为气体，较 HTPB 基推进剂更容易点火和燃烧，有利于解决富燃料推进剂点火困难、燃烧缓慢、成气性差等问题，适用于固体火箭冲压发动机（表 12-3）。

表 12 - 3 GAP 的理化性质

相对分子质量	燃烧热/(kJ·kg⁻¹)	活化能/(kJ·mol⁻¹)	绝对火焰温度/℃
500～5 000	20.94	175.7	1 200(5 MPa)
官能度	生成热/(kJ·mol⁻¹)	黏度/(Pa·s)	密度/(g·cm⁻³)
1.5～2.0(线型) 5～7(支化)	113.3(线型) 175.7(支化)	0.5～5.0	1.3

12.5.2 燃料

在富燃料推进剂燃烧时，金属燃料与氧化剂反应生成氧化物，释放出大量富燃燃气，同时提高推进剂燃烧温度。金属燃料对富燃料推进剂的能量水平具有决定性作用，因此金属燃料选择时应在综合考虑推进剂一次和二次燃烧性能、特征信号、燃速、温度敏感性、加工性、成本等多方面，尽量选择具有高燃烧热和高密度的燃料。

对富燃料推进剂用金属燃料能量水平进行比较，如表 12 - 4、表 12 - 5 所示。

表 12 - 4 常见金属性能参数

元素	密度 /(g·cm⁻³)	理论空气量 L_{st}	熔点/℃	沸点/℃	质量热值 /(kJ·kg⁻¹)	体积热值 /(kJ·L⁻¹)
铝	2.70	3.84	660	2 447	31 066	83 878
镁	1.74	2.84	650	1 117	24 739	43 046
锂	0.53	4.98	453	1 620	42 955	22 765
铍	1.85	7.67	1 284	2 970	66 485	122 965
硼	2.34	9.59	2 074/2 300	2 550	59 280	131 602
钛	4.50	2.88	1 933	3 591	19 744	88 849
锆	6.50	1.51	1 860	>2 900	12 043	78 162

表 12 - 5 金属氧化物性质

种类	密度/(g·cm⁻³)	相对分子质量	熔点/℃	沸点/℃
Al_2O_3	3.97	101.96	2 315	3 250～3 800
MgO	3.58	40.30	3 098	3 533
B_2O_3	2.46	69.42	723	2 320

种类	密度/(g·cm⁻³)	相对分子质量	熔点/℃	沸点/℃
Li_2O	2.01	29.88	1 843	2 836
TiO	4.23	79.9	2 023	3 933
Zr_2O	5.85	123.22	2 900	4 548 ~ 5 200

从热值方面来看，上述燃料质量热值由高到低依次是铍、硼、锂、铝、镁、锆。

在这些固体燃料中，尽管铍的热值最高，但铍的毒性很大，属于一类致癌物，人体吸入少量的 BeO 就会导致严重的中毒反应，加工和使用过程中也会对环境产生严重污染，因此不适于作为富燃料推进剂主要燃料。锂的密度过低，不利于推进剂质量热值的提高，且化学性质活泼，难以与其他组分相容。锆由于其难以被粉碎至微米或纳米级小颗粒，且感度较高，限制了其在富燃料推进剂中规模应用。尽管有研究者对含锆富燃料推进剂进行了研究，但距离实际应用还有较大差距。

硼是热值仅次于铍的固体燃料，而且硼及其燃烧产物无毒，因此被各国视为高能富燃料推进剂的最佳选择。但是，由于硼表面氧化层导致点火和燃烧性能不佳；非晶体硼导致推进剂工艺恶化等问题也限制了硼的应用。各国学者采用不同方法有效解决了这些问题，使得含硼富燃料推进剂工艺性能大幅改善，实现了将 40% 高含硼富燃料推进剂应用于欧洲流星空空导弹。

铝作为广泛用于推进剂的金属填料，其热值较高、密度较大，有利于提高富燃料推进剂的热值，已经广泛用于中能富燃料推进剂。但含铝富燃料推进剂仍然存在铝点燃温度高、一次燃烧易团聚导致喷喉堵塞等问题。

镁的热值不及铝热值的 1/2，仅为 24 739 kJ/kg，单从热值方面考虑，镁并不适合单独作为富燃料推进剂的金属燃料。但镁沸点较低、点燃温度低，有利于提高富燃料推进剂点火和喷射效率，同时具有耗氧量低的优势。因此镁适合作为添加剂被加入硼、铝基富燃料推进剂，或者加工形成铝镁合金，用于改善硼、铝基富燃料推进剂的点火性能、减少燃料团聚和沉积、提高推进剂喷射效率。

12.5.3　氧化剂

氧化剂作为富燃料推进剂的主要成分之一，可以为富燃料推进剂一次燃烧过程提供所需的氧。通过调整氧化剂种类、含量、粒度级配、加工工艺可以实现调控富燃料燃烧性能、喷射效果等作用。

高氯酸铵（AP）是固体推进剂中应用最为广泛的氧化剂，因此也被用于富燃料推进剂配方。富燃料推进剂燃速一般随着 AP 含量的增加而增加，压强指数则受 AP 含量影响较为复杂，一般情况下随 AP 粒度降低压强指数呈先增加后减小的变化规律。在相同 AP 含量条件下，AP 包覆的硼颗粒可以更有效改善推进剂的凝聚相反应，提高推进剂低压燃速，并且提高推进剂燃速调节能力和压强指数。

高氯酸钾（KP）一般作为高燃速、高压强指数固体推进剂的氧化剂成分被用于富燃料推进剂中。在富燃料推进剂中主要作为压强指数调节组分，推进剂中添加部分 KP 作为氧化剂可以提高富燃料推进剂的压强指数。

硝胺类氧化剂，如 HMX、RDX，具有生成焓高、密度大等特点，通过部分使用或全部使用硝胺类氧化剂可以明显提高推进剂压强指数。通过使用 10% 的 RDX 或 HMX 替换 AP，使推进剂压强指数达到 0.57 和 0.70，较原配方的压强指数（0.45）有大幅提高。但是硝胺的加入不利于推进剂燃速，加入 RDX 或 HMX 后推进剂燃速仅为原配方的一半左右，分别为 8.50 mm/s 和 8.70 mm/s。

|12.6　铝镁基富燃料推进剂|

固体火箭冲压发动机中的富燃料推进剂主要由氧化剂、金属燃料和高分子黏合剂组成，这些组分与复合固体推进剂中采用的组分基本相同。金属燃料通常采用镁粉、铝粉、硼粉及其组合。铝镁富燃料推进剂由于其耗氧量较低、燃烧和点火性能较好、成本适宜，可用于火炮增程、低成本靶弹等方面。

12.6.1　能量性能

通过提高推进剂能量水平可以增加冲压发动机燃烧室温度、提高发动机排气速度，从而提高比冲。配方优化、添加高能物质、添加催化剂是改善推进剂能量水平的主要方法。铝镁推进剂一般通过下列途径来提高推进剂能量。

1. 调整金属与氧化剂占比

根据盖斯定律对推进剂热值进行计算可知，推进剂配方中金属燃料占比越高，理论热值越大。但推进剂氧化剂含量过低会严重影响金属燃料的燃烧效率，推进剂实际热值并不高。

通过调节推进剂基础配方（丁羟黏合剂 17% ~ 20% ，金属粉 40% ~ 50% ，氧化剂 32% ~ 38% ，其他助剂占 2% ~ 5% ）中氧化剂和金属的比例，发现 20% 和 25% 的 AP 含量虽然不是推进剂点火和燃烧的极限量，但推进剂燃烧后呈硬的完整骨架，说明该推进剂并未燃烧完全。研究表明，推进剂保持稳定燃烧的氧化剂最低含量为 30% 左右。当 AP 含量为 30% ~ 32% 时，理论热值接近于 23 MJ/kg，与原推进剂相比提高了约 10% 。

2. 添加高能物质

当金属总含量为 40% ，AP 含量 38% ，以 8% 的硼替代 Al – Mg 时，推进剂实测热值提高 10% 。说明硼的加入可提高铝镁推进剂热值，但硼的加入量过高时也会导致推进剂生产工艺恶化、点火难度加大、燃烧效率降低等问题。

庞维强等[9]研究了不同金属燃料对含铝富燃料推进剂的各项性能影响规律。固定配方中 HTPB、AP、Al 等物质含量，改变了 Mg、Ti、Zr、TiH_2、ZrH_2 的含量，发现使用 ZrH_2、Zr 和 Mg 的推进剂配方实测热值较高，同时添加镁的推进剂实测热值达到计算热值的 98.26% ，高于使用 Zr 和 Mg 的样品。

将文献中不同镁铝富燃料推进剂能量水平进行总结，如表 12 – 6 所示。

表 12 –6　不同配方能量水平

作者	配方	理论热值 /(MJ·kg⁻¹)	实际热值 /(MJ·kg⁻¹)	体积热值 /(MJ·L⁻¹)
姜栋华[10]	丁羟 17% ~ 20% 、金属 40% ~ 50% 、氧化剂 32% ~ 38% 、其他助剂 2% ~ 5%	21.04 ~ 22.76	21.89 ~ 22.67	
杨威[11]	黏合剂 GR 0 ~ 10% 、氧化剂 20% ~ 30% 、Al 粉 20% ~ 28% 、镁 15% ~ 25% 、RDX 0 ~ 10%		21.0 ~ 25.5	
姜栋华[10]	AP 38% 、金属 40% （其中硼 2% ~ 8% 、其余为铝镁）	21.04 ~ 24.59	22.1 ~ 27.87	
庞维强[9]	丁羟 11.0% ~ 12.0% 、AP 30% ~ 40% 、Al 21% 、添加金属 21% （Mg、Ti、Zr、TiH2、ZrH2）、GFP 2.0% ~ 5.0% 、添加剂 5.0% ~ 8.0%	22.198(Mg) 21.137(Ti) 19.487(Zr) 22.166(TiH_2) 20.507(ZrH_2)	21.811 20.083 22.595 20.772 22.051	35.552 36.973 42.795 37.722 41.324

通过计算对比了相同推进剂配比条件下含能黏合剂与 HTPB 黏合剂对推进剂比冲的影响，如图 12 - 3 所示。发现由于叠氮含能黏合剂中的碳氢含量较 HTPB 更少，导致推进剂总体比冲较低。

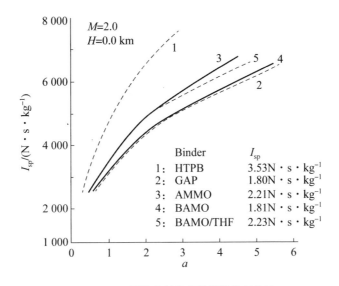

图 12 - 3　不同黏合剂的富燃料推进剂比冲

（推进剂中含有 40% AP、20% Mg、20% Al、20% 黏合剂）

但是，叠氮黏合剂的优点在于黏合剂本身可以自燃，因此可以显著改善富燃料推进剂的点火性能和燃烧性能。换言之，叠氮类黏合剂富燃料推进剂可适当减小配方中氧化剂的含量，并保持较好的点火性能和燃烧性能。

另外，HTPB 的密度为 0.9 g/cm^3，GAP、AMMO、BAMO/THF 等含能黏合剂的密度可达到 1.3 g/cm^3。含能黏合剂基富燃料推进剂的密度比冲较 HTPB 基推进剂更高，更有利于体积受限的推进系统。同时，由于叠氮黏合剂的强热解特性使燃料粒子由表面反应区扩散至主反应区，从而获得较高的喷射效率。

3. 镁铝比例

铝镁富燃料推进剂中铝的能量水平较高，但由于铝粉的点火性能较差，且高铝含量的富燃料推进剂一次燃烧中容易出现堵塞喷管的现象，因此一般富燃料推进剂中加入部分镁粉来改善其点火性能和燃烧性能。铝、镁金属燃料由于各自能量水平不同，在燃料体系中的比例对推进剂能量有显著影响。

表 12 - 7 列出了不同镁/铝比例富燃料推进剂配方的能量性能，图 12 - 4 为不同镁铝比例富燃料推进剂的比冲特性。

表 12 -7　镁铝富燃料推进剂能量性能（40% AP，20% HTPB，$\phi=10.0$）

镁/铝	热值/(MJ·kg⁻¹)	L_{st}	I_{sp}/(N·s·kg⁻¹)	T_{ram}/K	C^*/(m·s⁻¹)
40/0	18.89	3.333 8	7 381.5	2 102.3	1 147.8
30/10	49.53	3.433 7	7 513.9	2 142.3	1 158.5
20/20	20.16	3.533 6	7 643.9	2 182.3	1 169.2
0/40	21.42	3.733 4	7 887.5	2 260.8	1 193.4

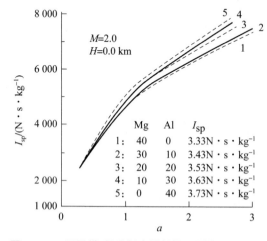

图 12 -4　不同镁/铝比例富燃料推进剂的比冲特性

　　由表 12 - 7 和图 12 - 4 可以发现，随着镁铝富燃料推进剂配方中，镁铝质量比增大，推进剂热值不断下降，推进剂所需理论空气量逐渐减小，同时推进剂特征速度和比冲也逐渐减小。在空燃比为 10 时，燃料全部为铝的富燃料推进剂比冲达到 7 787.5 N·s/kg，而燃料全部为镁的富燃料推进剂比冲为 7 381.5 N·s/kg，相差达到 506 N·s/kg。推进剂燃料体系中增加镁粉含量所引起的比冲下降主要是由于镁粉的燃烧热低于铝粉。从提高富燃料推进剂能量的角度出发，镁铝富燃料推进剂中镁粉含量越小越好；但提高镁粉含量又可改善该类富燃料推进剂的燃烧性能，综合两方面的因素，镁铝比例为 1∶1 时较好。

12.6.2　喷射效率

　　富燃料推进剂在固体火箭冲压发动机中燃烧时，需在燃气发生器中燃烧生成携带大量燃料的富燃燃气，这些气体通过气流控制系统喷射到补燃室中。富燃料推进剂一次燃烧中被传送到补燃室的产物与推进剂质量之比为推进剂的喷射效率。

对于高金属燃料含量的富燃料推进剂,一次燃烧产物中凝聚相组分的含量较高。当推进剂燃速较低时,少量的气体产物难以将所有的凝聚相产物传送到补燃室中,因此无法避免燃气发生器中凝聚相产物的沉积。喷射效率的高低,不仅会严重影响推进剂的能量释放效率,而且低喷射效率的富燃料推进剂,往往更容易发生燃料组分及其氧化物在燃气通道和冲压燃烧室喷管中的沉积,迫使喷管的结构参数发生改变,进而影响发动机的正常工作,情况严重的还会造成灾难性后果。

铝镁富燃料推进剂仍存在一些关键技术亟须解决,其中包括铝镁富燃料推进剂在燃气发生器中燃烧可能会产生大量残渣,不仅降低了推进剂的喷射效率和燃烧效率,而且残渣沉积于喷管处,影响冲压发动机的弹道性能和流量调节装置功能。因此,提高铝镁富燃料推进剂喷射效率、降低铝镁富燃料推进剂燃烧残渣是固体火箭冲压发动机工程应用的关键技术之一。

铝镁富燃料推进剂燃烧残渣是指燃烧时未能伴随气态产物喷出一次燃烧室的凝聚相产物。理论计算和实测结果均表明,铝镁富燃料推进剂一次燃烧室残渣主要组分为镁/铝金属及其氧化物、碳化物残渣和大量固体碳,其形成的主要因素与推进剂配方和燃气发生器的喷射装置有关。

在推进剂配方组成方面,氧化剂含量、铝镁比例、HTPB 黏合剂含量对富燃料推进剂燃烧残渣有重要的影响。

1. AP 含量

AP 含量是影响镁铝富燃料推进剂燃烧性能的关键因素。在镁铝富燃料推进剂中氧化剂含量一般为 30%~40%,低于 30% 时将导致富燃料推进剂的非正常燃烧,而高于 40% 时将降低富燃料推进剂的燃烧热值和冲压发动机的总能量。

固定富燃料推进剂 HTPB 黏合剂含量为 25%,镁/铝比例为 1:1,调整 AP 含量分别为 25%、30%、35%、40%、45%,计算对比不同 AP 含量的镁铝富燃料推进剂燃烧残渣成分,结果如图 12-5 所示。

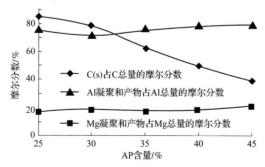

图 12-5 AP 含量对镁铝富燃料推进剂凝聚相燃烧产物组成影响

计算结果表明，燃烧产物中凝聚相主要有 AlN、MgO、Al_2O_3、C 和少量的 Al_4C_3，而且随 AP 含量的增加，推进剂氧系数提高，产物中无 Al_4C_3 生成，气态产物主要有 CO、H_2 和镁蒸汽。同时，C(s) 占 C 总量的摩尔分数随 AP 含量增加而降低，表明燃烧室氧化性气体增加后，促进了扩散相中 CH 碎片生成 CO 的氧化反应，减少了 C(s) 的形成；另外，AP 产生的氧化性气体物质也促进了镁和铝金属粉的氧化反应，铝凝聚相产物占铝总量的摩尔分数增加，而镁凝聚相产物占镁总量的摩尔分数增幅较小。

2. 活性金属及其含量

对使用铝、铝镁混合物、铝镁合金的富燃料推进剂的燃烧火焰进行对比，发现以镁铝合金为金属燃料的配方在燃烧过程中金属粒子的喷射效果较好，喷射十分均匀、距离较远，且未发现有大的金属液滴从燃面喷出。而以镁铝混合粉为金属燃料的配方，有少许金属液滴从燃面喷出，且喷出较远后才熄灭。以铝粉为金属燃料的配方，从燃面喷出的金属液滴明显增大增多。

在合金中添加部分铝粉时，合金在燃面上的点火燃烧虽能促进铝粉的点火，却不能完全阻止其团聚。随着铝粉含量的增多，铝在燃面上熔化、接触的机会增大，导致团聚程度加大。铝点火后的燃烧过程是典型的表面反应，因此速度较慢，加之点火后脱离燃面还需过程，这也是增加其团聚程度的因素。

镁铝合金作为一种固溶体，在镁含量超过 30% 时会有 $Al_{12}Mg_{17}$ 的生成，因此对于 50% 的镁铝合金而言，$Al_{12}Mg_{17}$ 的含量会有所增加。作为固溶液的镁铝合金在热的作用下温度迅速升高，当达到镁的汽化温度时，镁迅速从中挥发。同时挥发出来的镁在表面剧烈反应放出热量，使得温度再次升高，使得镁的挥发进一步加快。镁挥发后造成液滴内部局部点的蒸汽压下降，继而加快铝的挥发过程。

对于镁铝混合粉，尽管镁的点火燃烧对铝的点火有促进作用，但它们简单的物理混合与固溶液相比，镁、铝原子间的距离更大，镁的汽化燃烧对铝的挥发促进作用很弱，因此混合粉的燃烧性能明显弱于铝镁合金。

12.6.3　制备工艺

目前大部分铝镁富燃料推进剂是以 HTPB 为黏合剂，添加金属燃料、氧化剂和催化剂等，采用浇铸工艺进行制备。

富燃料推进剂的制备工艺过程与普通复合推进剂一样，需要经过原材料干燥、处理、混合、浇铸和固化成型等工序。复合推进剂药浆的工艺性能主要与配方中液体和固体组分的平衡及固体组分的粒度分布有关，由于富燃料推进剂配方中黏合剂体系含量高，药浆的工艺性能较好，能满足不同能量和燃速要求推进剂配方的制备。

浇铸工艺流程如下。

（1）按照按配方称量所需物料的量，在一定温度下充分混合。

（2）真空浇铸，控制保温漏斗和保温夹套温度在 50 ℃ 左右。将模具放在真空罩内，真空度达到 1.0×10^3 Pa 左右开始进行真空浇铸，浇铸完毕后，保持真空状态一段时间，以便将药浆中的气体除掉以免药浆内残留气孔。

（3）恒温固化，将浇铸好的贫氧推进剂放入隔水式电热恒温培养箱中固化，固化温度为（50 ±2）℃。

对纳米 Al 对铝镁富燃料推进剂药浆流变性能的影响进行研究如图 12 - 6 所示。研究发现，随着纳米 Al 含量的增加，镁铝富燃料推进剂药浆的初始屈服值和表观黏度增加。当纳米 Al 含量为 10% 以上时，药浆的屈服值和表观黏度急剧增大，表现在宏观流动性上，药浆的流动性和流平性变差，适用期缩短；当纳米 Al 含量为 20% 时，药浆的表观黏度在 2 h 达到 1 200 Pa·s 以上，失去流动性，适用期不足 2 h，而相同条件下，含普通 Al 的镁铝富燃料推进剂药浆的适用期在 5 h 以上。

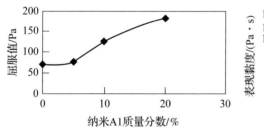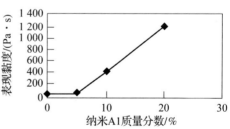

图 12 - 6　纳米 Al 含量对悬浮液流变性能的影响

（a）纳米 Al 质量分数对悬浮液屈服值影响；（b）纳米 Al 质量分数对悬浮液表观黏度影响

实际应用中，由于镁粉、铝粉的堆积密度大，在富燃料推进剂中的填充体积小，因此，配方中加入适量的镁粉、铝粉将不会恶化推进剂的工艺性能，多数镁铝富燃料固体推进剂药浆的屈服值和表观黏度小，适用期大于 5 h，均具有良好的工艺性能。杨威[11]报道了一种中能镁铝富燃料推进剂的工艺性能，配方中氧化剂含量为 25% ~ 32%，金属粉含量为 45% ~ 52%，黏合剂体系含量为 18% ~ 20%，推进剂的热值不小于 25 MJ/kg。推进剂药浆工艺性能曲线如图 12 - 7 所示。

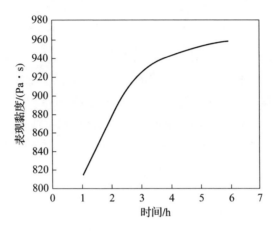

图 12 - 7　铝镁富燃料推进剂工艺性能曲线

12.6.4　铝颗粒的燃烧机理

推进剂中铝颗粒的燃烧一般会历经相变、团聚、点火、燃烧和燃烧产物的凝聚等过程，如图 12 - 8 所示。铝粉位于燃面凝聚相中，由于被高熔点氧化铝膜包裹而出现点火延迟，在 AP 热分解气体产物的推动下游动、碰撞堆积，并在氧化膜部分破裂的部位发生融联。当燃烧表面退移到一定程度，铝凝团脱离燃面进入气相火焰中点火燃烧。

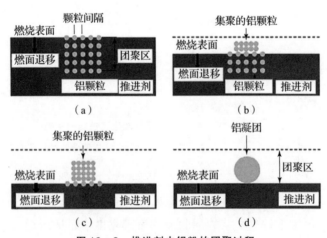

图 12 - 8　推进剂中铝粉的团聚过程

|12.7 硼/金属基富燃料推进剂|

尽管铝镁基富燃料推进剂通过配方优化可以实现较好的点火性能、燃烧性能和工艺性能，但由于铝、镁自身能量水平较低，限制了富燃料推进剂能量的进一步提升。添加高能燃料是提高富燃料推进剂能量水平的有效途径。硼粉具有很高的能量，而且硼及其燃烧产物无毒，因此，将硼和其他金属粉进行复配或制备含硼合金粉作为富燃料推进剂的燃料组分，不仅可以提高富燃料推进剂能量水平，同时有利于解决硼粉的点火困难及其燃烧效率低的问题。

12.7.1 能量性能

富燃料推进剂为固体火箭冲压发动机提供推进能源，其能量越高，则冲压发动机的能量越高。燃烧热值是衡量推进剂能量性能的重要参数，推进剂各组分的燃烧热值越高，推进剂的燃烧热值就越高。铝镁基、锆基等金属基富燃料推进剂尽管具有较好的燃烧性能，但由于其自身热值较低，因此镁铝基富燃料推进剂进一步提升能量水平受到限制。为提高金属基富燃料推进剂能量水平，研究者一般通过使用更高能量水平的燃料来提高能量性能。

1. 硼/镁富燃料推进剂

通过向镁基富燃料推进剂中添加硼粉，可以明显提高富燃料推进剂的热值和比冲等能量性能，如表 12 – 8 所示。

表 12 – 8 镁/硼富燃料推进剂的能量特性（40％AP/20％HTPB，$\phi=10$）

镁/硼	$Q/(\mathrm{MJ \cdot kg^{-1}})$	L_{st}	$I_{sp}/(\mathrm{N \cdot s \cdot kg^{-1}})$	T/K	$C^*/(\mathrm{m \cdot s^{-1}})$
40/0	18.89	3.333 8	7 381.5	2 102.3	1 147.8
20/20	25.76	4.683 5	7 917.3	2 216.2	1 189.3
10/30	29.20	5.358 3	8 148.6	2 268.4	1 208.1
5/35	30.92	5.695 7	8 257.9	2 293.7	1 217.2
0/40	32.64	6.033 1	8 365.7	2 319.5	1 225.9

从表 12-8 中可以看出，在镁基富燃料推进剂中加入硼粉，可以大幅提高富燃料推进剂的热值、特征速度和比冲。在空燃比 $\phi = 10$ 的情况下，全部含硼粉的富燃料推进剂的比冲可达到 8 365.7 N · s/kg，而全部含镁粉的富燃料推进剂比冲仅为 7 381.5 N · s/kg，两者相差 984.2 N · s/kg，比冲提高幅度达 13.3%。

图 12-9 给出了镁铝基和镁硼基富燃料推进剂能量性能的对比。

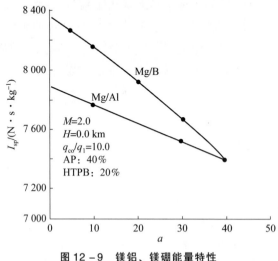

图 12-9　镁铝、镁硼能量特性

从图 12-9 中镁铝、镁硼基富燃料推进剂的能量特性可以看出，随着双金属添加剂体系中镁粉含量的减少，硼镁富燃料推进剂的比冲大大高于镁铝中能富燃料推进剂的比冲。

刘厅等[12]为研究硼粉含量对镁/聚四氟乙烯（Mg/PTFE）富燃料推进剂性能的影响，制备了 7 种不同硼粉含量的 Mg/PTFE 推进剂药柱。发现硼粉质量分数为 15% 时，推进剂线性燃速和质量燃速达到最高；当硼粉质量分数为 20% 时，燃烧温度达到最高。同时，随着推进剂中硼粉含量增加，爆热略有降低，推进剂燃烧热则随着硼粉含量的增加而增大。继而，研究者利用球磨法制备了 B/CuO 纳米复合燃料，将其添加到 Mg/PTFE 富燃料推进剂中，发现使用纳米复合燃料的推进剂燃烧速度和质量燃烧速度较 Mg/PTFE 推进剂分别提高了 5.6% 和 3.1%，平均燃烧温度降低了 16 ℃，最高燃烧温度则提高了 6 ℃。

郭洋[13]对比了有机硼化合物（MgB_2 和 MgB_4）、包覆硼（AP、LiF 包覆硼）及硼镁复合物（镁包覆硼复合物）对推进剂燃烧热、爆热及成气性的影响，发现与硼团聚推进剂相比，有机硼化合物、包覆硼、硼镁复合物对推进剂的能量释放效率均有不同程度的提高，其中硼镁复合物对推进剂能量释放效率改善效果最佳。同时，以有机硼化合物（MgB_2 和 MgB_4）、包覆硼及硼镁复合物为燃料的推进剂在定压爆热、成气性测试中较常规的团聚硼推进剂显示出更高的性能。

2. 硼/铝富燃料推进剂

铝被广泛应用于推进剂、炸药和火工品的配方中，较镁具有更高的能量水平，更利于提高富燃料推进剂的能量性能。结合铝和硼的优点，可以减少铝基富燃料推进剂凝聚相产物的生成，提高硼基富燃料推进剂的能量释放效率。因此，硼/铝在富燃料推进剂中具有一定的应用优势。

对铝/硼合金为燃料的 HTPB 推进剂燃烧特性进行研究，配方组成见表 12 – 9。

表 12 – 9　推进剂配方及燃烧性能数据

配方	金属		HTPB/%	AP1/%	AP2/%	HMX/%	燃速/$(mm \cdot s^{-1})$	火焰温度/℃
	金属质量分数/%	铝/硼比例						
0	18	100/0	15	27	40	—	1.4 ± 0.1	$1\,630 \pm 20$
1	18	50/50	15	27	40	—	1.3 ± 0.1	$1\,620 \pm 20$
2	18	30/70	15	27	40	—	1.2 ± 0.1	$1\,600 \pm 20$
3	18	10/90	15	27	40	—	1.2 ± 0.1	$1\,470 \pm 20$
4	18	16/84	15	27	40	—	1.8 ± 0.1	$1\,450 \pm 20$
5	18	64/36	15	27	40	—	1.3 ± 0.1	$1\,630 \pm 20$
6	18	100/0	14	21	32	15	1.8 ± 0.1	$1\,950 \pm 20$
7	19.6	50/50	15	20	31	14.4	1.7 ± 0.1	$1\,500 \pm 20$
8	18	50/50	14	21	32	15	1.5 ± 0.1	$1\,700 \pm 20$
9	18	50/50	14	21	32	15	1.5 ± 0.1	$1\,750 \pm 20$

注：AP1 为比表面积为 6 000 cm^2/g 的粉末，AP2 为粒径为 250 ~ 315 μm 的粉末，HMX 为 125 ~ 315 μm 的商业粉末。

实验结果表明，配方中的铝被铝/硼合金取代可使推进剂燃速增加。随着推进剂中合金和 HMX 含量的增加，推进剂燃速压力指数降低，燃速提高。进一步研究发现，影响推进剂燃烧的根本因素是合金中的硼含量和合金的粒径，合金的粒径依赖于原料的粒径和加工方法，含合金和 HMX 的推进剂中的金属完全燃烧率很高。

3. 硼/铝/镁富燃料推进剂

针对铝镁富燃料推进剂能量水平难以提高的问题，可以通过加入高体积、高质量热值的硼粉加以改善。由于硼粉表面硼酸等氧化物的存在，限制了其在推进剂中的直接添加量。然而，即使在低掺硼量的情况下，仍然可以明显提高铝镁基富燃料推进剂的能量水平。

在 HTPB 基铝镁富燃料推进剂中，保持燃料总含量为 40%，以 2%~8% 的硼代替铝/硼燃料，不同硼含量对推进剂能量性能影响的结果如表 12-10 所示。可以发现随着推进剂中硼的添加量不断增加，推进剂热值不断增大，实测热值可以提高 10%，达到 23.28 MJ/kg。

表 12-10　硼添加含量对推进剂热值影响

代号	硼/%	铝/硼/%	金属含量/%	理论热值/($MJ \cdot kg^{-1}$)	实测热值/($MJ \cdot kg^{-1}$)
1	0	39.6	39.6	20.82	21.6
2	2	38	40	21.04	21.87
3	4	36	40	22.22	22.1
4	6	34	40	23.39	23.18
5	8	32	40	24.59	23.28

注：AP 含量 38%，HTPB 含量为 22%

12.7.2　燃烧性能

尽管硼粉可以提高富燃料推进剂能量性能水平，但由于硼粉表面氧化硼熔沸点较高，在硼颗粒燃烧过程中会阻碍氧和硼的扩散，因此会导致推进剂的点火和燃烧性能变差。

对含硼镁复合燃料富燃料推进剂与含硼富燃料推进剂的燃烧热和低压燃速进行对比，结果见表 12-11 和图 12-10。

表 12-11　含硼镁复合粉推进剂燃速特性

样品	燃烧热值/($MJ \cdot kg^{-1}$)	$u/(mm \cdot s^{-1})$				$n(0.5~3 MPa)$
		0.5 MPa	1 MPa	2 MPa	3 MPa	
1(硼粉)	27.524	1.25	1.48	1.87	2.27	0.33
2(硼镁复合粉)	28.321	1.44	1.91	2.22	2.98	0.38

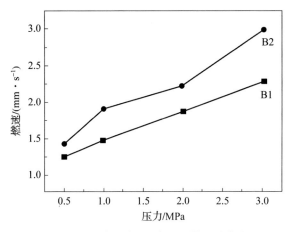

图 12 - 10　含硼富燃料推进剂的燃速曲线

由表 12 - 11 和图 12 - 10 可看出，在相同条件下，含硼镁富燃料推进剂的燃速明显高于含硼富燃料推进剂。其中，在 0.5 ~ 3 MPa 下，推进剂 B2 的燃速比 B1 高了 36.7% ~ 58.5%，压力指数提高了 0.05。这可能是由于在富燃料推进剂一次燃烧过程中，硼粉作为一种惰性吸热物质，不参与燃烧，只参与凝聚相反应而放热。推进剂在相同压力下燃烧时，硼粉吸热使推进剂凝聚相温度降低，产物气流速度减缓，气相反应物浓度降低，使气相反应速度和扩散速度均降低，进而使气相扩散反应区的反应温度降低，从而向凝聚相的热反馈减少，致使含硼富燃料推进剂的燃速降低，压力指数稍微降低。含硼镁富燃料推进剂温度升高到燃点时吸收推进剂的热量少，而且其表面影响硼粉点火燃烧的 B_2O_2 和 H_2BO_2 含量非常小，有利于硼粉的充分燃烧和热量的释放，因此推进剂的燃速较高。

同时，对两种富燃料推进剂的热值进行比较，发现以硼镁复合粉为燃料的推进剂热值较以硼粉为燃料的推进剂增加了 2.81%，这可能由于镁粉较低的熔沸点，在推进剂燃烧过程中较硼粉更早发生反应，反应释放出大量能量加速了硼粉表面氧、硼的物质扩散，同时镁蒸汽也会与硼反应，进一步提高硼的能量释放效率。这也说明硼镁复合粉可以促进含硼富燃料推进剂的二次燃烧能量释放。

12.7.3　制备工艺

目前，大部分富燃料推进剂采用浇铸工艺进行制备。但是，由于非晶硼粉的比表面积大，且表面存在着 B_2O_3、H_3BO_3 等杂质，在推进剂料浆混合过程中，硼粉表面杂质会与黏合剂分子的端基反应形成交联网络，造成料浆黏度急剧上升，导致浇铸困难，且固化后的推进剂容易存在气孔等瑕疵。因此通常需要对硼粉进行包覆或团聚预处理，以满足富燃料推进剂制备工艺要求。为了解决这个问题，可以采用包括包覆、团聚硼等单独或复合的方法对硼进行预处理，将预处理后的硼用于推进剂，使得推进剂工艺性能得以提升。

12.7.3.1 硼粉包覆工艺

对硼颗粒表面进行包覆不仅可以加快推进剂分解过程中硼表面氧化层的去除，提高硼粉点火和燃烧性能；也可以阻隔硼粉与 HTPB 的直接接触，改善端羟基黏合剂基含硼推进剂的工艺性能。

对硼粉的包覆主要通过液相包覆技术，液相包覆技术就是通过物理或化学方法在液体中对颗粒表面包覆涂层的技术，与其他方法（如 CVD 和 PVD）相比具有工艺简单、成本低等优点。AP、KP 包覆硼主要采用非溶剂法及沉积法等重结晶方法进行包覆。

重结晶法作为一种典型的液相包覆方法，该方法是通过将 AP 或 KP 溶液中的溶剂去除或者加入其他不良溶剂，使得 AP 或 KP 结晶包覆在硼颗粒表面，工艺流程如图 12 – 11、图 12 – 12 所示。

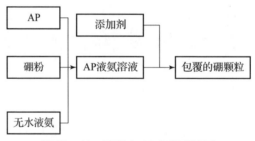

图 12 – 11　液氨中 AP 包覆硼流程

图 12 – 12　AP、KP 包覆硼粉的自组装工艺流程

12.7.3.2 团聚硼工艺

团聚硼工艺是借助高聚物的黏结作用，通过机械搅拌、离心等造粒方法，将松散的硼粉黏合团聚为球形团聚硼颗粒。

德国 MBB 公司从 20 世纪 70 年代研究用于冲压发动机的富燃料推进剂时，就采用了团聚硼的工艺方法。研究发现，推进剂中团聚硼粉的使用可以提高燃速、喷射效率、压强指数等性能；在一定范围内，团聚硼粒度越大，推进剂燃速越高，有利于推进剂压强指数改善。美国大西洋公司也采用了类似的团聚硼制造工艺来制备含硼富燃料推进剂。韩国及我国台湾的研究者也对团聚硼在富燃料推进剂中的应用开展了大量研究[14]。

团聚硼颗粒方法包括以下几种。

（1）流化制粒：采用流化制粒包衣机对无定形硼粉进行团聚处理，即将硼粉、催化剂等干料经混合后加入流化床中，从颗粒底部鼓入预热的空气，使干料在流化床中循环流动，同时从顶部喷洒黏合剂溶液，使硼粉碰撞结合为球形颗粒，最后将球形颗粒进行真空干燥，以完全除去其中的溶剂，即得到团聚硼颗粒（图 12 – 13）。

图 12 – 13　流化制粒法团聚硼颗粒的工艺流程

（2）水悬浮造粒：采用与球形药类似的水悬浮法，整体分为溶解、成球、预蒸溶、脱水、蒸溶、烘干几个步骤。具体为在水中按比例加入硝化纤维素、硼粉和乙酸乙酯，升温溶解，使硝化纤维素完全溶解，通过搅拌将硝化纤维素和硼粉的乙酸乙酯溶液打成小液滴。成球后，升温预蒸溶剂，蒸出溶剂量的 25% 左右。接着在水中加入硫酸钠，脱水。逐步升高温度，蒸出体系中剩余溶剂。蒸溶后水洗去除团聚硼颗粒表面的明胶和硫酸钠，过滤后烘干（图 12 – 14）。

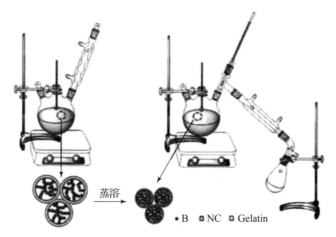

图 12 – 14　水悬浮团聚硼实验装置

（3）其他造粒方法还包括挤出滚圆造粒、喷雾干燥、静电纺丝法等。

|12.8 硼基富燃料推进剂|

硼作为一种高热值燃料，燃烧热可达 1 264 kJ/mol。硼和硼化物的热值比碳氢燃料高30%，体积热值是碳氢燃料的3倍。富燃料推进剂按照40%燃料、40%氧化剂和20%黏合剂的典型配方进行计算，可知要获得 10 kN·s/kg 以上的比冲，必须采用硼为推进剂燃料。国外很早就开始考虑在富燃料推进剂配方中使用硼燃料。德国、美国、法国等国家基本都研制过含硼富燃料推进剂，配方中硼粉含量一般在 30%～40%，黏合剂主要是 HTPB 和 CTPB，也有少量采用聚酯和 GAP 黏合剂，氧化剂主要是 AP、KP 和少量硝胺。为了赋予富燃料推进剂某些特定性能，推进剂配方中还添加不同功能助剂和性能调节剂，如燃速催化剂、键合剂、防老剂等。这些硼基富燃料推进剂质量热值为 35～40 MJ/kg，体积热值为 60～65 MJ/L，燃速为 4～12 mm/s，压力指数为 0.3～0.6，且力学性能良好，一般采用与常见复合推进剂相同的浇铸工艺。

德国 MBB 公司从 1973 年开始研制含硼推进剂，其配方基本组成为：含 AP 25%～28%、B 30%～45%、Mg/Al 6%～8%、黏合剂 20%～30%，燃速为 12～14 mm/s，压强指数为 0.1～0.3，质量热值可达 34 MJ/kg，密度为 1.7 g/cm³，燃烧效率大于80%。美国空军20世纪80年代研制的含硼富燃料推进剂，其中，含硼50%、AP 40%、HTPB 10%，质量热值为 35 MJ/kg，密度 1.89 g/cm³。美国研制的碳氢燃料富燃料推进剂和含硼富燃料推进剂配方及能量性能水平，如表 12－12 所示。

表 12－12 美国研制的富燃料推进剂

性能项目	碳氢燃料富燃料推进剂	含硼富燃料推进剂
配方	65% HTPB/35% AP	10% HTPB/40% AP/50% B
密度/(g·cm⁻³)	1.31	1.887
质量热值/(MJ·kg⁻¹)	26	35
体积热值/(MJ·L⁻¹)	38.7	65.6
燃气温度/K	1 264	2 228

性能项目	碳氢燃料富燃料推进剂	含硼富燃料推进剂
一次燃烧排气分子量	29.1	32.5
燃气发生器比热比	1.25	1.17
理论空燃比	8.5	5.6

　　法国 SNPE 研制的富燃料推进剂，其中报道比较详细的三种推进剂分别为富碳氢燃料推进剂（AEROLITE）、富硼推进剂（AEROLEBE）和碳填料推进剂（AEROLEGUE），所有配方使用的 HTPB 黏合剂，力学性能较好，能用于浇铸型药柱，其主要组分、燃烧性能见表 12-13。

表 12-13　SNPE 公司三种推进剂的主要组分和燃烧性能

组分	AEROLITE	AEROLEBE	AEROLEGUE
黏合剂/%	52	30	43
AP/%	38	30	30
硼/%		35	
碳/%			29
添加剂/%	10	5	8
密度/($g \cdot cm^{-3}$)	1.267	1.62	1.44
比冲/($N \cdot s \cdot kg^{-1}$)	11 670	18 240	14 024
燃速/($mm \cdot s^{-1}$)	2.16	14	17
压力/MPa	0.86	5	5
压力指数	0.6	0.3	0.2
温度敏感系数/($\% \cdot ℃^{-1}$)	0.15		

12.8.1　能量性能

　　富燃料推进剂为固冲发动机提供推进能源，富燃料推进剂的能量越高，固冲发动机就可以展现出越高的性能优势。富燃料推进剂能量性能受推进剂配方中各物质能量水平影响，具体包括硼粉含量、氧化剂种类和含量、黏合剂种类和含量等。富燃料推进剂中高能物质含量越高、密度越大，那么推进剂的装填质量越高，发动机的总冲就越高，火箭或导弹的射程就越远。另外，富燃料推进剂中硼粉的能量释放效率也会对推进剂能量性能产生影响，因此推进剂配方中硼粉晶型、硼粉粒度、硼粉表面氧化层都会对推进剂能量水平产生影响。

12.8.1.1　硼基富燃料推进剂能量性能的影响因素

1. 硼粉含量

以端羟基聚丁二烯（HTPB）为黏合剂体系，质量含量固定为20%，计算硼粉含量在25%~55%时富燃料推进剂的理论比冲 I_{sp}、特征速度 C^* 和燃烧温度（T），结果如图12-15所示。

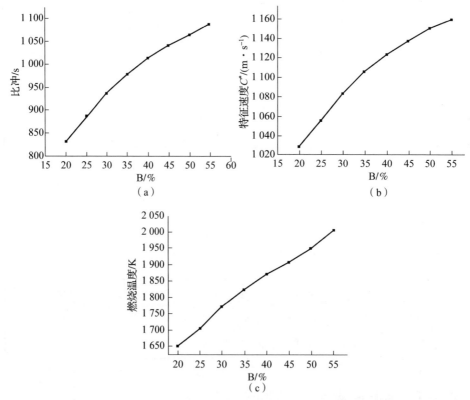

图12-15　硼粉含量与硼基富燃料推进剂能量性能

（a）硼粉含量-推进剂比冲；（b）硼粉含量推进剂特征速度；（c）硼粉含量推进剂燃烧温度

从图12-15可以看出，在HTPB黏合剂体系质量含量一定的条件下，含硼富燃料推进剂的能量性能随硼粉质量含量的增加而增加。当推进剂中硼粉质

2　提高含硼富燃料推进剂能量性能的途径

含硼富燃料推进剂能量性能的影响因素，为了提高含硼富燃料推
，一般可以通过以下途径进行改善。

硼粉含量

料推进剂中硼粉含量是提高含硼富燃料推进剂能量水平最直接的
基含硼富燃料推进剂中硼含量由 25% 增加到 55%，推进剂比冲可
N · s/kg 提高到 10 656.63 N · s/kg（20% HTPB、5% Mg、50% ~
~55% B）。类似地，BAMO/THF 基含硼富燃料推进剂硼含量由
0%，其比冲可由 7 739.69 N · s/kg 提高到 10 466.66 N · s/kg
THF、5% Mg、25% ~ 60% B、50% ~ 15% AP）。

等[15] 对比了不同硼含量的 HTPB 基富燃料推进剂（27% HTPB、
5% 镁、2% 添加剂）的能量水平及能量释放效率，如表 12 - 14

表 12 - 14　不同非晶硼含量的富燃料推进剂能量性能

样品	B - 33	B - 35	B - 37
HTPB	27	27	27
AP	33	31	29
B	33	35	37
Mg	5	5	5
添加剂	2	2	2
理论燃烧热/(kJ · kg⁻¹)	33 404	34 432	35 461
爆热/(kJ · kg⁻¹)	4 553	4 403	4 449
实测燃烧热/(kJ · kg⁻¹)	26 017	25 969	24 542
η_{c1}/%	13.63	12.79	12.55
η_{c2}/%	74.40	71.82	64.79
η_B/%	65.48	61.60	51.68

- 14 可以看出，推进剂的一次能量释放效率 η_{c1} 一般不超过 15%，
进剂大部分潜能将在二次燃烧时释放。由于 HTPB 的点火燃烧性

量分数为 50%、AP 的质量分数为 20% 时，推进剂的理论比冲可达到 1 000 s
以上，表明硼粉可明显提高富燃料推进剂能量。

燃烧热值也是富燃料推进剂能量特性的主要表征参数之一。计算硼粉与
AP 和 HTPB 不同质量配比对富燃料推进剂质量热值和体积热值的影响，结果
如图 12 - 16 所示。

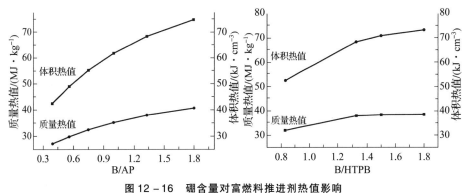

图 12 - 16　硼含量对富燃料推进剂热值影响

（a）B/AP 配比 - 推进剂热值；（b）B/HTPB 配比 - 推进剂热值

从图 12 - 16 可以看出，随着推进剂中硼粉质量含量的增加，推进剂的质
量热值和体积热值均增加。其中，质量热值增加的幅度较体积热值增加的幅度
小，曲线较平滑；随 B/AP 质量比的增大，富燃料推进剂的质量热值最大值为
40.673 MJ/kg，体积热值最大值为 74.671 kg/cm³，其体积热值几乎是质量热
值的 2 倍。

2. 硼粉粒度

燃烧效率低是含硼富燃料推进剂面临的主要问题，要使推进剂的能量得以
有效发挥，必须提高硼粉的燃烧效率。硼粒子在固体火箭冲压发动机中的滞留
时间仅为 5 ms 左右，这就要求硼粒子在发动机的 5 s 滞留时间内完全燃烧，以
提高富燃料推进剂能量。单个硼粒子的燃烧时间与粒子平均半径的平方成正
比，也就是说，硼粉粒径越小，越有利于硼的燃烧。因此，在推进剂中应选用
粒径较小的硼粉。

3. 氧化剂

AP 作为含硼富燃料推进剂中的主要氧化剂之一，其含量对富燃料推进剂
的能量性能有明显的影响。以 HTPB 含量为 30%，计算 AP 含量对含硼富燃料
推进剂能量特性的影响，结果如图 12 - 17 所示。

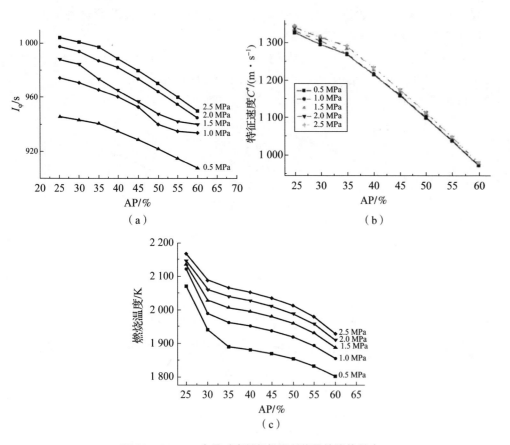

图 12 - 17　AP 含量对富燃料推进剂能量性能的影响

（a）AP 含量 - 推进剂比冲；（b）AP 含量 - 推进剂特征速度；（c）AP 含量 - 推进剂燃温

从图 12 - 17 可以看出，在 HTPB 质量一定时，推进剂配方中随着 AP 含量的增加，富燃料推进剂的理论比冲、特征速度和燃烧温度均降低；其中，随 AP 含量的增加，理论比冲大致呈"直线"下降的规律，特征速度和燃烧温度的降低趋势与理论比冲曲线趋势基本相似。同时，含硼富燃料推进剂的理论比冲、特征速度和燃烧温度均随压强的增大而增大。

4. 黏合剂

黏合剂作为推进剂配方中的重要组分，黏合剂含量和种类同样会对推进剂能量性能产生明显影响。

在 HTPB 基含硼富燃料推进剂中，确定硼粉含量为 40%，对不同 HTPB 含量的富燃料推进剂的能量性能进行计算，结果如图 12 - 18 所示。

12. 8. 1

综合上
进剂能量性

1. 提高

提高富
方法。HTP
由 8 684.52
20% AP、2
25% 增加到
（20% BAMC
张先瑞
66% AP/硼
所示。

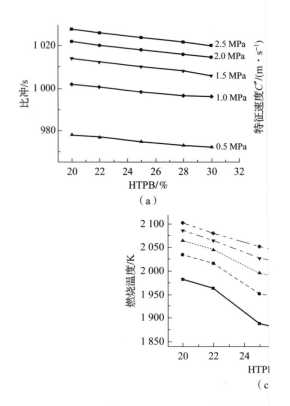

图 12 - 18　HTPB 含量对富燃料

（a）HTPB 含量 - 推进剂比冲；（b）H

（c）HTPB 含量 - 推

从图 12 - 18 可以看出，在硼粉含量一
燃料推进剂的理论比冲、燃烧温度和特征速
度较大，基本呈"直线"下降，而燃烧温度
低幅度相对最小。同样，富燃料推进剂的理
压强的增大而增大。

与惰性黏合剂相比，含能黏合剂往往具
因此使用含能黏合剂可以提高富燃料推进剂
系统很重要。含能黏合剂基富燃料推进剂与
他有利的方面：一方面由于其强热解特性使
区，从而获得较高的硼燃烧效率；另一方面
角飞行或加速爬升等条件下工作时，该推进
且包括硼的硝化，从而具有较高性能。

从表 1
含硼富燃料

能明显要优于硼粉，硼粉在一次燃烧中参与反应的比例可能更小，这说明其"热沉"效应（硼粉温度未随传递到它的热能增加而明显增长）十分明显。因此，含硼富燃料推进剂中硼粉的能量应有 90% 以上是在二次燃烧过程中释放的。

另外，随硼粉含量增加，推进剂的一次能量释放效率 η_{c1}、二次能量释放效率 η_{c2} 和硼粉能量释放效率 η_B 均明显降低，说明硼粉含量过高对含硼富燃料推进剂能量释放不利。这也表明在 HTPB 基含硼富燃料推进剂中，试图通过大幅提高硼粉含量来提高推进剂能量水平具有局限性。

2. 减小硼粉粒度

对添加细粒度硼粉的含硼富燃料推进剂能量性能进行研究。研究发现，使用了细粒度硼的含硼富燃料推进剂具有更高比冲，如表 12 - 15 所示。

表 12 - 15　硼粒度对推进剂能量影响

配方编号	硼含量/%	硼粉直径/μm	添加剂	比冲/$(N \cdot s \cdot kg^{-1})$
1	42	5	无	5 858
2	40	2	F1	8 985
3	40	2	F2	9 189
4	40	2	F3	9 502

3. 调节氧化剂含量、粒度

富燃料推进剂由于氧化剂含量较低，工作状态下燃料一直处于贫氧状态燃烧，因此通过氧化剂促进推进剂反应，可以在一定程度上提高推进剂的一次燃烧能量水平。

王英红等[16]研究了 AP 含量、粒度、工艺对硼基富燃料添加剂能量性能的影响。结果表明，在一定程度上提高 AP 含量、减小 AP 粒度、使用 AP 包覆硼，都可以提升推进剂一次燃烧能量水平。对比不同 AP 含量的推进剂，AP 含量越高添加剂的爆热值越高。这是由于推进剂在燃烧过程中，AP 和 HTPB 会首先分解，分解所得的产物会与硼、镁等组分反应。AP 含量越高，有效分解产物越高，促进了硼的氧化反应过程。AP 粒度越小，单位质量 AP/硼混合物放热越高。这是由于两者接触面积越大，越有利于混合物充分反应。

使用 AP 包覆工艺的硼颗粒，加入富燃料推进剂中可以使推进剂爆热增加 6%，如表 12 – 16 所示。并依此计算含硼富燃料推进剂的燃烧温度增加 100 ~ 150 ℃。

表 12 – 16　AP 对含硼富燃料推进剂能量影响

配方	氧化剂	爆热/(kJ·kg⁻¹)
HTPB 26% ~ 29%、不同粒径 AP 32% ~ 35%、硼 30%、催化剂 4%、镁 5%	32%（17% 粗 AP、15% 细 AP）	4 054
	33%（5% 粗 AP、15% 细 AP、13% 包覆用 AP）	4 309
	32%（20% 粗 AP 12% 细 AP）	3 974
	33%（8% 粗 AP、12% 细 AP、13% 包覆用 AP）	4 247

由表 12 – 16 可以发现，使用 AP 包覆硼可以使推进剂的爆热由 4 054 kJ/kg 增加到 4 247 kJ/kg，推进剂中反应的硼与总含硼的比例由 11.03% ~ 11.18% 增加到 12.59% ~ 12.94%。

尽管氧化剂含量提高可以促进富燃料推进剂的一次燃烧放热并提高燃温，但在黏合剂含量相同的情况下，AP 含量越高，推进剂中燃料含量越低，导致推进剂质量和体积热值越低，推进剂密度越低，如图 12 – 19 所示。

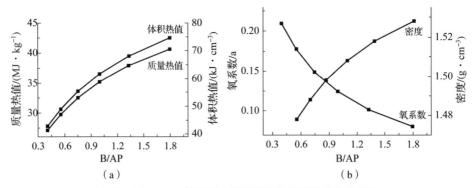

图 12 – 19　B/AP 配比对含硼富燃料推进剂能量性能影响

（a）B/AP 配比对含硼富燃料推进剂质量热值和体积热值的影响

（b）B/AP 配比对含硼富燃料推进剂氧系数和密度的影响

4. 使用含能黏合剂

对 BAMO/THF 和 HTPB 为黏合剂的推进剂进行能量计算后发现，HTPB 富燃料推进剂比冲高于相同比例的 BAMO/THF 富燃料推进剂。但由于 BAMO/THF 的密度（1.3 g/cm³）明显高于 HTPB（0.9 g/cm³），因此 BAMO/THF 富燃料推进剂比冲（18 245 N·s/kg）较 HTPB 富燃料推进剂（17 049 N·s/kg）

更高。由此可以发现，叠氮类推进剂具有以下优点。

（1）具有更大的密度，因此更适宜用于体积受限的推进系统。

（2）叠氮类黏合剂的强热解特性使硼粒子由表面反应区扩散至主反应区，从而获得较高的硼燃烧效率；

罗运军等[17]采用含能热塑性弹性体（GAP – ETPE）为含硼富燃料推进剂的黏合剂，通过简单快速的挤压成型法制备了含硼富燃料推进剂。研究发现，随着推进剂中黏合剂的 GAP 含量越高，推进剂火焰亮度和强度不断增加（图 12 – 20）；同时，火焰外部的颗粒喷射形成的高温亮部区域面积扩大。随着推进剂中黏合剂的 GAP 含量增加，推进剂爆热和燃烧热值不断增加（图 12 – 21）。这证明推进剂中的含能组分 GAP 有利于提高推进剂的燃烧强度，使推进剂中硼粉燃料具有更好的喷射分散性和更高的温度，有利于促进推进剂一次燃烧和二次燃烧的能量释放。

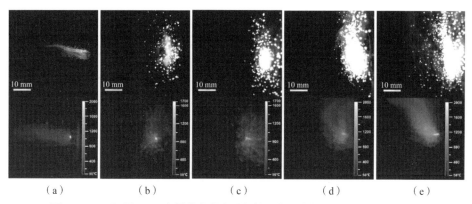

图 12 – 20　不同 GAP 含量的含硼富燃料推进剂燃烧摄影和火焰红外成像图

（a）使用不含 GAP 的黏合剂；（b）使用含 70% GAP 的黏合剂；（c）使用含 75% GAP 的黏合剂；
（d）使用含 80% GAP 的黏合剂；（e）使用含 85% GAP 的黏合剂

5. 其他添加剂

镁粉、铝粉、铝镁合金粉作为含硼富燃料推进剂添加剂，不仅可以改善含硼富燃料推进剂燃烧喷射性能，同时，与其他燃烧促进剂相比，可以维持富燃料推进剂较高的能量水平。对不同镁、铝添加量的含硼富燃料推进剂能量水平进行计算，可以发现，富燃料推进剂中分别添加铝粉、镁粉为燃烧促进剂，同时提高硼粉比例，推进剂能量水平反而会提高。这是由于硼粉的添加弥补了镁铝粉造成的能量损失。向含硼富燃料推进剂中添加相同含量的铝粉、镁粉，铝粉由于其自身热值更高，因此推进剂能量水平更高。

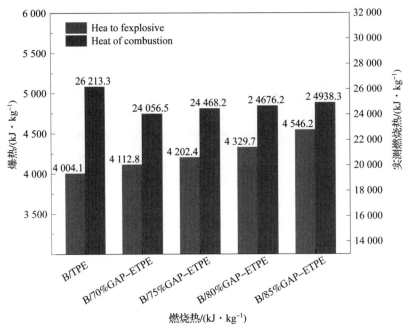

图 12 - 21　不同 GAP 含量的含硼富燃料推进剂爆热及燃烧热值

　　硼粉的氟包覆改性处理对含硼富燃料推进剂的能量释放特性具有显著影响。氟包覆可以大幅提高含硼富燃料推进剂的能量释放效率，如表 12 - 17 所示。

表 12 - 17　包覆硼粉对推进剂能量释放效率的影响

样品	理论燃烧热 /(kJ·kg^{-1})	爆热 /(kJ·kg^{-1})	实测燃烧热 /(kJ·kg^{-1})	η_{c1}/ %	η_{c2}/ %	η_B/ %
硼基推进剂	33 404	4 553	26 017	13.63	74.40	65.48
LiF 包覆硼推进剂	31 741	4 749	27 715	14.96	85.08	81.57

　　注：推进剂配方为38% 金属燃料（B + Mg）、33% 氧化剂、27% 黏合剂体系、2% 添加剂

　　从表 12 - 17 可知，与含无定形硼粉相比，含 LiF 包覆硼粉推进剂的一次能量释放效率 η_{c1}、二次能量释放效率 η_{c2}、硼粉能量释放效率 η_B 分别提高了 9.76% 、14.35% 和 24.57% ，特别是硼粉的燃烧效率提高幅度更为明显。氟包覆对燃烧性能的改善归因于吸热反应的除膜作用。一次燃烧时，这一作用提升了硼粉与有限氧化剂反应的竞争力（相对 HTPB），由于硼粉的单位耗氧放热为 HTPB 的 2 倍，因而可以明显提高推进剂的爆热；二次燃烧时，则可以加速硼氧的反应，从而明显提高 η_B，进而显著提高二次能量释放效率 η_{c2}。

李疏芬[18]通过改变含硼推进剂中配方物质含量，对比了不同配方制得推进剂的能量、燃烧、点火等性能。研究结果表明，尽管添加镁、LiF 可以改善推进剂点火燃烧性能，但由于物质能量水平较低，推进剂加入 3% LiF 后热值有一定降低。

刘泰康[14]通过在团聚硼中添加氟化石墨，由于氟化石墨分解释放出不饱和氟碳和氟化物等高活性产物，与硼反应释放出了更高的热量，进一步提高了推进剂能量水平。

含硼推进剂中加入含氟高聚物，如 PTFE，不仅可以改善点火延迟，燃烧过程中硼也会与含氟高聚物进行氟化反应：

$$4B + (C_2F_4)_n \rightarrow 4BF_3 + 6C(无氧条件)$$

与不添加含氟物质推进剂相比，产物（如 OBF 和 BF_3）释放能量更高。

12.8.2　喷射效率

富燃料推进剂一次燃烧中被喷射到补燃室的产物与推进剂质量之比为推进剂的喷射效率。喷射效率的高低不仅会严重影响硼基富燃料推进剂的能量释放效率，而且过低的喷射效率往往容易导致燃料组分及其氧化物在燃气通道和冲压燃烧室喷管中的沉积，进而影响发动机的正常工作。

目前，国内外研究工作者主要通过调整推进剂配方、硼粉预处理、使用添加剂等方法对富燃料推进剂喷射效率进行改善。

1. 氧化剂

含硼富燃料推进剂的氧含量越高，一次喷射效率越高。当推进剂中氧化剂含量过低时，不利于提高一次喷射效率，还会造成严重积碳，严重时可破坏稳定燃烧。但氧化剂含量过高会严重限制推进剂能量水平，因此氧化剂含量一般选择在 40% 左右。

胡松启[19]较为全面地研究了推进剂配方对燃烧性能影响，发现 AP 含量增加可以提高推进剂喷射效率，但 AP 含量大于 35% 后，AP 含量增加对喷射效率的提高变得缓慢。AP 粒度对推进剂喷射效率有明显影响，超细 AP(1 μm)含量的提高，可以降低火焰距离，增加火焰对推进剂表面反馈热，提高推进剂燃速，同时增加一次燃烧中硼燃烧比例，从而提高次燃烧温度和喷射效率。

Tsujikado 研究发现，在高氯酸铵中掺少量钾盐，可以显著降低残留在燃气发生器中的固体残渣，并可确保其在冲压燃烧室内的二次燃烧。

AP 包覆硼可以提高推进剂喷射效率。王英红[20]通过对燃烧火焰进行照相，证明使用 AP 包覆硼所制的推进剂燃面上方有更多炙热粒子喷射出来，且离燃烧表面越远粒子的亮度越低。

2. 团聚硼

含团聚硼的推进剂喷射效率稍低：使用团聚硼的配方喷射效率达到93%，含未团聚硼的推进剂喷射效率为95%。且团聚硼粒度越大，喷射效率越低，尤其在$105 \sim 280 \ \mu m$区间变化时，喷射效率下降很快。但通过将$1 \sim 3 \ \mu m$硼与$85 \sim 105 \ \mu m$的团聚硼进行级配可使推进剂喷射效率达到96.3%。但团聚硼粒度超过$360 \ \mu m$时会导致燃烧室内沉积量增加。

3. 活性金属、含氟化合物

对添加镁的富燃料推进剂在常压下的燃烧规律进行考察，发现添加5%镁的富燃料推进剂燃烧时白炽粒子喷射现象增强，且火焰大小及剧烈程度均大于原推进剂，燃烧后残渣量明显减少。通过发动机实验同样证实，添加镁粉可以明显提高含硼富燃料推进剂的一次喷射效率，且对富燃料推进剂喷射效率的改善较铝粉更加明显。

使用LiF包覆硼同样可以有效改善富燃料推进剂的喷射效率。含LiF包覆硼的富燃料推进剂燃烧时，火焰面积最大、燃烧平稳，喷射粒子细而密，残渣具有良好的分散性，而使用AP/KP包覆硼、添加镁的含硼富燃料推进剂燃烧残渣均有结块现象。对使用含LiF包覆硼的推进剂燃烧现象进行记录，可以发现推进剂较其他配方燃面上喷射出更多的白炽粒子，表明LiF包覆硼更有利于推进剂喷射。

12.8.3　制备工艺

根据推进剂制备工艺的不同可以将含硼富燃料推进剂分为浇铸型和压制型两种。目前大部分含硼富燃料推进剂通过在HTPB黏合体系中添加金属燃料、氧化剂和催化剂等，采用浇铸工艺进行制备。与铝镁富燃料推进剂相比，含硼富燃料推进剂的工艺性能更为复杂，前者药浆的工艺性能主要与配方中液体和固体组分的平衡及固体组分的粒径分布有关，由于配方中黏合剂体系含量高，药浆的工艺性能较好，能满足不同能量和燃速要求的配方。含硼富燃料推进剂由于硼粉表面氧化层等杂质的存在，直接加入推进剂药浆会导致黏度上升而无法浇铸。因此需要对硼粉进行预处理。常用的预处理工艺包括清洗、包覆和团聚。包覆和团聚工艺流程见12.7.3节。

按照配方将预处理后的硼粉、黏合剂、固化剂、氧化剂等组分进行称量，并依次加入混合机中进行混合，直至形成具有良好流动性、流平性、混合均匀的药浆。药浆通过真空浇铸法浇铸到所需模具或发动机中，并进行恒温固化、脱模整形，即可得到含硼富燃料推进剂（图 12–22）。

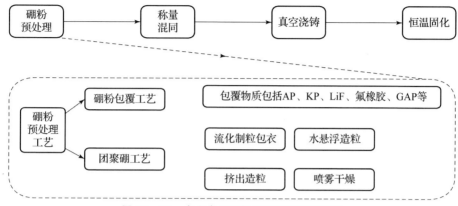

图 12–22　含硼富燃料推进剂浇铸工艺流程

除常规的浇铸工艺，也可以采用模压工艺实现富燃料推进剂的快速成型和连续生产。

20 世纪 70 年代，德国拜恩化学公司（Bayern – Chemie）在对高含硼富燃料推进剂（45% 含硼量）研究中就使用了模压工艺，以模压工艺作为浇铸工艺的替代工艺。印度高能材料研究实验室采用模压工艺制备了主要成分为硼/高氯酸铵/Viton – B 的高含硼量的富燃料推进剂，其中黏合剂含量仅为 22%。

12.8.4　硼燃烧机理

硼粉因其具有很高的熔点和沸点（熔点 2 075 ℃、沸点 4 000 ℃），不易点火燃烧；且硼表面附着的氧化硼沸点较高，在燃烧过程中，硼表面的氧化硼会阻碍硼的氧化，导致硼颗粒很难快速氧化。

国内外学者对硼的点火燃烧机理进行了大量的研究，建立了一套较为准确合理的半经验模型。在硼的点火燃烧模型中，将整个过程分为点火和燃烧两个阶段。点火阶段主要是硼氧化层的反应和蒸发，燃烧阶段一般认为只发生硼与氧化剂的氧化反应，大部分硼是在燃烧阶段发生反应被消耗。

虽然目前对点火燃烧模型反应阶段有了基本相同的判断，但点火阶段的物质扩散机理仍有一定争议。点火阶段的物质扩散机理主要分为三种观点。

（1）King 等[21] 提出的点火模型认为，在硼颗粒的点火过程中，物质扩散过程主要是 O 的扩散，反应环境中的 O 首先由最外层 B_2O_3 表面移动至 B – B_2O_3 的界面，再与 B 发生氧化反应生成液态 B_2O_3。

（2）Glassman、Li、Kuo 等[22,23] 提出的硼颗粒点火阶段物质扩散过程是：

B 粒子内部纯净硼溶解于液态 B_2O_3 生成聚合物 $(BO)_n$，聚合物再不断由 $B-B_2O_3$ 的界面向 B_2O_3 表面扩散，并在 B_2O_3 表面发生反应释能，如图 12-23 所示。

（3）浙江大学能源清洁利用国家重点实验室近年来也对硼粒子点火燃烧机理进行了研究，提出了硼粒子点火阶段物质双向扩散模型[24]：认为在硼点火过程中既有 O 的向内扩散，也有聚合物 $(BO)_n$ 向外扩散。这一模型结合前两种机理，可以更好地解释硼粒子点火物质扩散过程。

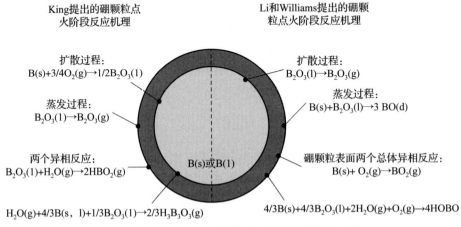

King提出的硼颗粒点火阶段反应机理

Li和Williams提出的硼颗粒点火阶段反应机理

扩散过程：
$B(s)+3/4O_2(g) \rightarrow 1/2B_2O_3(l)$

蒸发过程：
$B_2O_3(l) \rightarrow B_2O_3(g)$

两个异相反应：
$B_2O_3(l)+H_2O(g) \rightarrow 2HBO_2(g)$

$H_2O(g)+4/3B(s,l)+1/3B_2O_3(l) \rightarrow 2/3H_3B_3O_3(g)$

B(s)或B(l)

扩散过程：
$B_2O_3(l) \rightarrow B_2O_3(g)$

蒸发过程：
$B(s)+B_2O_3(l) \rightarrow 3BO(d)$

硼颗粒表面两个总体异相反应：
$B(s)+O_2(g) \rightarrow BO_2(g)$

$4/3B(s)+4/3B_2O_3(l)+2H_2O(g)+O_2(g) \rightarrow 4HOBO$

图 12-23　King 与 Li 提出的点火阶段反应机理对比

燃烧阶段主要是纯净硼与氧化剂的异相反应，如式（12-1）~式（12-4）所示。纯净硼在理想条件下几乎能与除了稀有气体外的所有非金属元素反应。

$$2B(s) + O_2(g) \rightarrow B_2O_2(g) \tag{12-1}$$

$$2B(s) + H_2O(g) \rightarrow BH(g) + HBO(g) \tag{12-2}$$

$$2B(s) + HF(g) + 3/2O_2(g) \rightarrow OBF(g) + HBO_2(g) \tag{12-3}$$

$$B(s) + 3F(g) \rightarrow BF_3(g) \tag{12-4}$$

经历近半个世纪的研究，人们对常规条件下硼颗粒点火燃烧机理的认知体系已逐渐形成。但硼在点火燃烧过程中具体的基元反应路径及质能扩散迁移规律尚不明确。此外，对于特殊环境下硼点火燃烧机理的研究还相当匮乏。

12.9　富燃料推进剂发展趋势

富燃料推进剂除了满足固体火箭冲压发动机工作所需要的基本性能要求之

外，武器系统的应用与发展还提出了一些特殊性能要求。

12.9.1　低特征信号

随着高新技术特别是反导技术在现代化战争中的大量应用，对导弹的隐身性能提出了更高的要求。为进一步提高导弹的精确制导能力和隐蔽性能，各国积极开展低特征信号推进剂的研究。采用低特征信号推进剂一方面使得发动机排气无可见烟雾，具有低的红外线、紫外线、可见光辐射等特征信号，保证导弹具有可靠的隐身性能；另一方面减少了烟雾对导弹的制导和通信信号的干扰和衰减作用，保证导弹具有高的制导精度。为了提高武器系统隐身性能、突防概率、制导精度和自身生存能力，国外对采用冲压发动机导弹的研制也提出了低特征信号的应用要求。因此，低特征信号富燃料推进剂日益引起重视。

对于富燃料推进剂而言，不用或少用金属燃料，可有效降低烟雾信号，所以采用非金属燃料的碳氢富燃料推进剂是一种低烟雾信号的富燃料推进剂。法国宇航公司在设计空空导弹冲压发动机调节方案时，曾考虑过富燃料推进剂中含硼或铝等金属添加剂的烟雾对导弹隐身、制导、机载安全的影响问题。美国陆军 MICOM 推进技术指导委员会已对新研究的冲压发动机燃气发生器提出低特征信号的要求，并领导了发展低特征信号和有烟的富燃料燃气发生器的研究工作，该配方的研究目标是达到：高有效体积热值，燃速和燃速压强指数可调，低温度敏感性，良好的力学性能，低燃温，在宽广的温度范围内有良好的点火性能。其研究内容包括在 GAP（聚叠氮缩水甘油醚）黏合剂系统中加入碳燃料而不是金属燃料，形成一个 GAP 体系的碳氢富燃料推进剂配方。MICOM 进行了冲压发动机用低特征信号富燃料燃气发生器推进剂的研究，通过应用含能黏合剂为主要组分改善推进剂燃烧性能的方法。依据黏合剂的类型可将研究分为两类：一类是采用 GAP/异氰酸酯固化剂/炭黑的配方；另一类是采用硝胺预聚物黏合剂/异氰酸酯固化剂/炭黑/ZrH_2 的配方，与 GAP 体系推进剂相比，该体系的相容性、力学性能、点火性能和燃烧性能均有改善。日本有关机构也对低特征信号富燃料推进剂进行了较多研究，他们对 GAP 等含能黏合剂和无氯氧化剂 AN（硝酸铵）在富燃料推进剂中的应用给予了较多关注。

降低富燃料推进剂的特征信号的主要技术途径：①以碳氢富燃料推进剂配方为基础，不用或少用金属燃料，采用固体碳氢燃料或以黏合剂为主要燃料，可有效避免一次烟的产生；②提高燃烧性能，消除因黏合剂燃烧不完全而产生的烟雾，采用含能黏合剂是改善燃烧性能的重要途径之一；③通过采用不含 Cl 的氧化剂，为改善燃烧性能可加入少量的 AP，同时添加 Al - Mg 合金消除 AP 产生的 HCl。另外，碳氢富燃料推进剂的配方组成决定了其燃烧产物中含有较

多的 CO_2 和 H_2O，故具有较强的红外信号，因此降低富燃料推进剂的红外信号将是研究低特征信号富燃料推进剂的难点。

12.9.2 高热值、高燃烧效率富燃料推进剂

武器系统对于推进剂的性能期望不断提高。可以通过不断开发新的高能物质，如新型碳氢材料、硼烷化合物，将这些高能物质用于富燃料推进剂有利于提高推进剂能量水平和燃烧性能。此外，也可以通过提高金属燃料燃烧效率来实现提高现有富燃料推进剂的能量水平。庞维强等研制了采用含能黏合剂 GAP 取代 HTPB 的富燃料推进剂，虽然 GAP/ADN/B 推进剂的理论比冲小于 HTPB/ADN/B 推进剂，但采用点火性能十分优异的 GAP 和生成热较高的含能增塑剂 NG，将有利于增加燃烧室的温度，可以提高 B 粉的燃烧效率，因此燃烧效率应高于 HTPB/ADN/B 推进剂；此外，应用成气量较大、生成热远高于 AP 的新型高能氧化剂 ADN，将使推进剂的热值提高，在 3 MPa 燃烧室压强下，燃烧温度比 AP 含硼推进剂提高 241 K，有利于 B 粒子冲破 BO 膜的包围而燃烧，可大大提高硼的燃烧效率和含硼推进剂的能量。

12.9.3 采用纳米材料和金属复合物

采用金属复合物或纳米技术的发展为解决富燃料推进剂的某些性能问题带来机遇，尤其是纳米级燃料组分的高反应活性为解决其燃烧问题提供了理论上的可能性。纳米燃料成分应用于复合含能材料配方已成为近几年的研究热点，如纳米铝粉用于改善固体推进燃烧性能。鉴于纳米硼粉可改善燃烧效率的特点，美国海军 2003 年获得了可提高硼点火、燃烧效率的含纳米硼粉推进剂的美国专利。

对于含碳为主要燃料成分的富燃料推进剂，主要存在两个方面的问题：①富燃料推进剂的燃速较低，并且喷射效率低；②碳在进入二次燃烧室后存在点火延迟，需要在二次燃烧室停留较长的时间才能燃烧比较完全，否则燃烧效率低下。为了解决这些问题，美国陆军申请获得了采用纳米碳 – 富勒烯衍生物作为燃料组分的富燃料推进剂美国专利，配方主要含富勒烯及其衍生物成分和含能黏合剂。

参 考 文 献

[1] Segal C, Friedauer M J, Udaykumar H S, et al. Ignition characteristics of a new high – energy density fuel in high – speed flows [J]. Journal of Propulsion

and Power, 1997, 13 (2): 246 – 249.

[2] Hsieh W H, Peretz A, Huang I T, et al. Combustion behavior of boron – based BAMO/NMMO fuel – rich solid propellants [J]. Journal of Propulsion and Power, 1991, 7 (4): 497 – 504.

[3] 陈涛, 张先瑞, 肖金武, 等. 镁粉对含硼富燃料推进剂能量释放特性的影响 [J]. 固体火箭技术, 2018, 41 (4):

[4] 吴战鹏, 卢兴福, 王锐鑫, 等. 整体级发动机用叠氮含硼推进剂研究 [J]. 推进技术, 2003 (6): 567 – 570.

[5] 张炜, 朱慧, 方丁酉. 固体贫氧推进剂研究 [J]. 火炸药学报, 2002 (1): 25 – 28.

[6] 邰红勤. 高含硼、高燃速固体推进剂研究 [D]. 西安: 西北工业大学, 2004.

[7] 庞维强, 樊学忠, 张教强, 等. 无定形硼粉的团聚技术 [J]. 火炸药学报, 2008 (2): 46 – 48.

[8] 王玉清, 李立翰, 刘鸣霁, 等. 固体火箭冲压发动机燃烧性能评价方法 [J]. 推进技术, 2011, 32 (04): 520 – 524.

[9] Pang W, Fan X, Zhao F, et al. Effects of Different Metal Fuels on the Characteristics for HTPB – based Fuel Rich Solid Propellants [J]. Propellants, Explosives, Pyrotechnics, 2013, 38 (6): 852 – 859.

[10] 姜栋华, 肖月环. 中能贫氧复合固体推进剂提高性能的研究 [J]. 推进技术, 1992 (5): 68 – 73.

[11] 杨威, 储强, 王利军. 中能富燃料推进剂技术研究 [C]//. 固体火箭推进技术学术会议论文集, 上海, 2004: 1 – 4.

[12] 刘厅, 陈昕, 胥会祥, 等. 硼粉含量对 Mg/PTFE 富燃料推进剂性能的影响 [J]. 火炸药学报, 2015, 38 (4): 71 – 75.

[13] 郭洋. 硼化合物和包覆硼的制备、燃烧性能及应用研究 [D]. 长沙: 国防科学技术大学, 2014.

[14] Liu T K, Shyu I M, Hsia Y S. Effect of fluorinated graphite on combustion of boron and boron – based fuel – rich propellants [J]. Journal of Propulsion and Power, 1996, 12 (1): 26 – 33.

[15] 张先瑞, 王园园, 陈涛, 等. 含硼富燃料推进剂的能量释放特性 [J]. 固体火箭技术, 2020, 43 (6): 701 – 706.

[16] 王英红, 李葆萱, 胡松起, 等. AP 粒度和包覆层对硼燃烧的影响 [J]. 固体火箭技术, 2004 (1): 50 – 52, 68.

[17] Zhang X, Wu W, Jin P, et al. Effect of azide polyether pyrolysis property on combustion and heat release of boron – based fuel – rich propellant [J]. Combustion and Flame, 2022, 245: 112269.

[18] 李疏芬. 含硼贫氧推进剂燃烧性能实验研究 [J]. 固体火箭技术, 1997 (3): 43 – 48.

[19] 胡松启. 含硼富燃推进剂一次燃烧研究 [D]. 西安: 西北工业大学, 2004.

[20] 王英红, 李葆萱, 胡松启, 等. 含 AP 包覆硼的富燃推进剂燃烧机理研究 [J]. 火炸药学报, 2004 (2): 44 – 47.

[21] King M K. Boron Particle Ignition in Hot Gas Streams [J]. Combustion Science and Technology, 1973, 8 (5 – 6): 255 – 273.

[22] Li S, Williams F. Ignition and combustion of boron in wet and dry atmospheres [C]. Symposium (International) on Combustion, 1991: 1147 – 1154.

[23] Yeh C L, Kuo K K, Klimkiewicz M, et al. Environmental scanning electron microscopy studies of diffusion mechanism of boron particle combustion [J]. Scanning, 1997, 19 (2): 114 – 118.

[24] Ao W, Zhou J H, Liu J Z, et al. Kinetic model of single boron particle ignition based upon both oxygen and (BO) n diffusion mechanism [J]. Combustion, Explosion, and Shock Waves, 2014, 50 (3): 262 – 271.

索　引